高等院校“十二五”规划教材

现代工程制图学

（下 册）

主　　编　李荣隆

副 主 编　阳明庆　潘克强　纪　斌

编写人员　姚丽华　陈晓玲

南京大学出版社

内容提要

本教材适用于80～160学时的本科机械类、近机械类及相关工程技术类专业，适用于高、中职机械类专业，也可作为相关工程技术人员的参考书。

本教材全部采用最新颁布的“技术制图”与“机械制图”国家标准，注重培养学生的空间想象能力、创新设计能力，内容由浅入深，图文并茂。

本教材精选的例题和习题严格采用新的国家标准规范，题型、题量、题目难度、知识点覆盖面有机结合、互为补充，完全按照教学大纲要求进行组合，并突出了应用知识和计算机绘图知识。

图书在版编目(CIP)数据

现代工程制图学．下册／李荣隆主编．—3版．—南京：南京大学出版社，2014.8(2024.7重印)

高等院校“十二五”规划教材

ISBN 978-7-305-13883-6

Ⅰ．①现… Ⅱ．①李… Ⅲ．①工程制图—高等学校—教材 Ⅳ．①TB23

中国版本图书馆CIP数据核字(2014)第192079号

出版发行　南京大学出版社
社　　址　南京市汉口路22号　　邮　　编　210093

丛 书 名　高等院校“十二五”规划教材
书　　名　现代工程制图学(下册)
　　　　　XIANDAI GONGCHENG ZHITU XUE(XIA CE)
主　　编　李荣隆
责任编辑　吴　华　　编辑热线　025-83596997

照　　排　南京开卷文化传媒有限公司
印　　刷　广东虎彩云印刷有限公司
开　　本　787 mm×1092 mm　1/16　印张20　字数486千
版　　次　2014年8月第3版　2024年7月第10次印刷
ISBN　978-7-305-13883-6
定　　价　50.00元(上、下册合计定价98.00元)

网　　址：http://www.njupco.com
官方微博：http://weibo.com/njupco
官方微信号：njupress
销售咨询热线：(025)83594756

前　言

《工程制图》是工科院校学生必须掌握的一门技术基础课。本教材是根据教育部工程图学教学指导委员会2004年通过的《普通高等院校工程图学课程教学基本要求》的精神，为适应21世纪高等工科院校教学内容和课程体系改革的需要而编写的。

本教材适用于60—145学时的本科机械类、近机械类及相关工程技术类专业，可作为普通高等学校本科机械类和化工、电工、冶金、矿业、制药、资源与环境工程等专业的工程制图教材，也可作为相关工程技术人员的参考书。

本教材全部采用最新颁布的《技术制图》与《机械制图》国家标准，注重培养学生的空间想象能力、看图画图的能力，内容由浅入深，图文并茂。

本教材精选的例题和习题严格采用新的国家标准规范，题型、题量、题目难度、知识点覆盖面有机结合、互为补充，完全按照教学大纲要求进行组合，并突出了应用知识和计算机绘图知识。

为了使学生能适应现代工程图样绘制的要求，我们编写了AutoCAD章节，并以AutoCAD 2006为主，详细介绍了AutoCAD的工作界面、环境设置、绘图功能、编辑功能、尺寸标注等，着重培养学生的应用能力。

为了最大程度上地有利于教与学，本教材对所有的习题都作出了正确解答，详细地给出了解题原理和解题步骤，对复杂的题型还附有参考立体图，并对多解题也作出多种参考解答。

本教材分上、下册，习题附于各册理论知识之后，并附有参考答案。

本教材编写组由贵州理工学院机械工程学院基础教研室和贵州大学机械工程学院制图教研室的部分教师组成。

上册由蔡群主编，何船、陈晓玲、聂龙担任副主编，参加编写的有蔡群（第一章、第二章、第三章、第四章），陈晓玲（第五章），何船、聂龙参与了全书的修订和绘图工作，研究生任荣喜、张昊、吕俊参与了绘图和做习题答案的部分工作。

下册由李荣隆主编，阳明庆、潘克强、纪斌担任副主编，参加编写的有：姚丽华（第六章），李荣隆（第七章、第八章、附录及模拟试题），阳明庆（第九章、第十章、第十一章），陈晓玲（第十二章），潘克强、纪斌参与了全书的修订和绘图工作。

本教材编写过程中，参阅了大量的文献专著，在此向这些编著者表示感谢！

由于水平有限，书中的缺点和错误在所难免，诚请读者和同行批评指正。

《现代工程制图学》编写组

2014年7月

目　录

第一部分　理论知识

第二部分　实践性习题

第三部分　参考答案

第一部分　理论知识

工程制图的主要任务是使用投影的方法用二维平面图形表达空间形体，因此，本部分的编写以体为核心和主线，通过形体将投影分析和空间想象结合起来，通过形体介绍常用二维图形表达方法的特点和应用。

下册知识点包含：制图、剖视图、断面等二维图形表达方法的特点及应用场合；连接件及常用件的表达方法及注意事项；零件图及装配图的作用、内容以及它们的绘制和阅读方法；最后，介绍用计算机软件绘制工程图样的方法和步骤以及焊接图的相关知识。

第 6 章　机件的常用表达方法

在生产实践中，机件的结构和形状复杂多变，仅采用前面介绍的主、俯、左三个视图往往会出现虚线过多、图线重叠、结构表达不清的情况。为此“机械制图”国家标准中规定了机械图样的一系列的表达方法。本章将介绍视图、剖视图、断面图、局部放大图和简化画法与规定画法。

6.1 视　图

6.1.1 基本视图和向视图

用正投影法将机件向投影面投影所得的图形称为**视图**。而将机件运用正投影的方法向基本投影面投影所得到的视图则称为**基本视图**。基本投影面是在原有 H、V、W 三投影面体系的基础上，增加三个投影面，组成的一个由六个投影面组成的正六面体。将机件向六个基本投影面投影得到六个基本视图，即主视图、俯视图、左视图、后视图、仰视图和右视图。除了前面已经介绍过的主视图、俯视图、左视图以外，另外三个视图及其投影方向是：

- 后视图：由后向前投影所得的视图；
- 仰视图：由下向上投影所得的视图；
- 右视图：由右向左投影所得的视图。

六个基本投影面的展开方法是：正立面保持不动，其他投影面按图 6－1 中箭头所示方向展开到与正立面成同一平面，展开后基本视图的配置关系如图 6－2 所示。

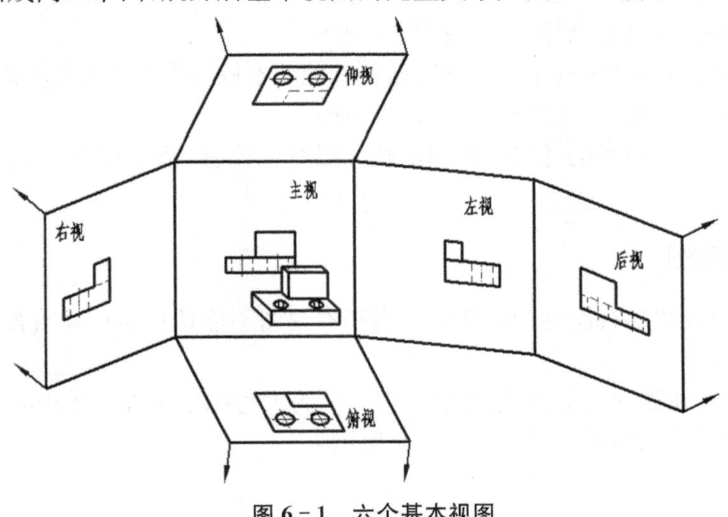

图 6－1　六个基本视图

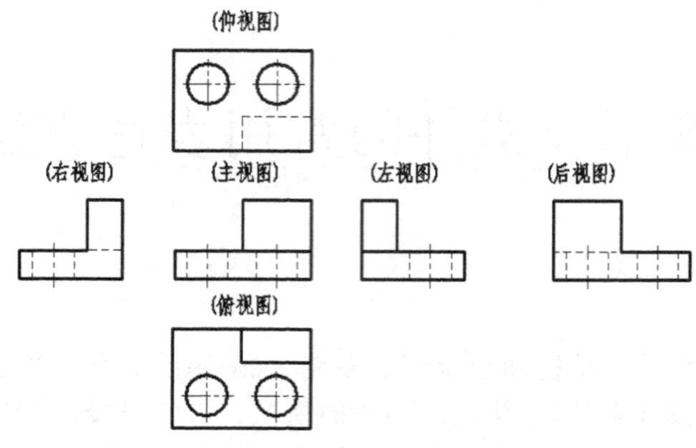

图 6-2　六个基本视图的配置

六个基本视图之间仍然符合长对正、高平齐、宽相等的投影规律,其投影规律和方位如图 6-3 所示。

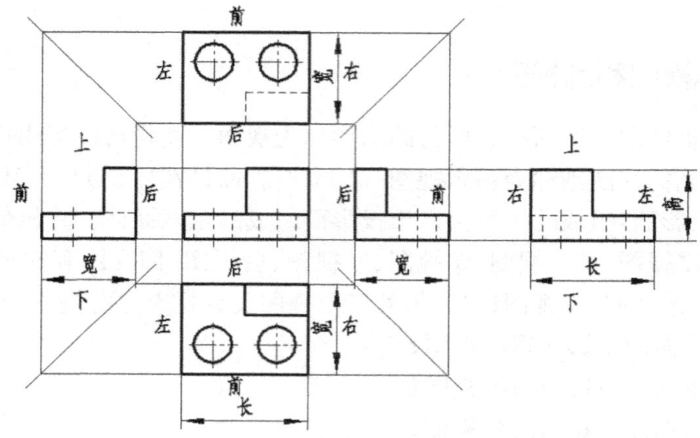

图 6-3　六个基本视图的投影关系和方位

应该说明的是虽然有六个基本视图,但并不是每一个机件都需要画出六个基本视图,应该根据机件结构的特点及其复杂程度来选择基本视图。

对于不可见部分,当其中一个基本视图已将其他基本视图中不可见部分表达清楚,其他基本视图中表示这些不可见部分的虚线是可以省略的。

视图主要用来表达机件的外部结构和形状。视图主要有:基本视图、向视图、斜视图和局部视图。

6.1.2　向视图

位置可以自由配置的视图称为**向视图**。当基本视图不能按规定的位置配置时,则可采用向视图的表达方式。

绘制向视图时,在视图的上方应标注"×"("×"为大写拉丁字母),在相应视图附近用箭头指明投影方向,并标注相同的字母,如图 6-4 所示。

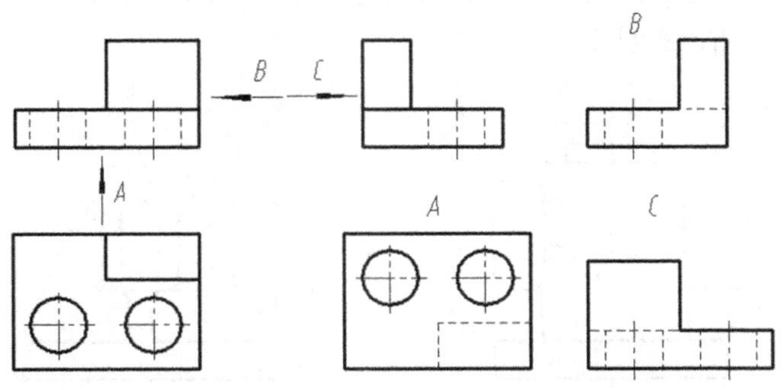

图 6-4 向视图

6.1.3 局部视图

将机件的局部结构向基本投影面投影，所得的视图称为**局部视图**。如图 6-5 所示，当画出主、俯两个基本视图后，只有左右两侧的凸台没有表达清楚，增加一个左视图和一个右视图将重复表达底板和中间套筒，因此可以采用两个局部视图来表达，这样既可以避免结构的重复表达，又便于绘图和读图。

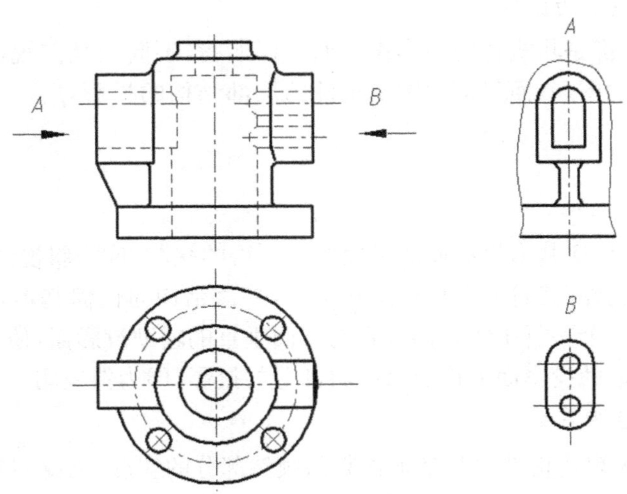

图 6-5 局部视图

1. 画局部视图时的注意点

① 局部视图主要用于机件只有局部结构需要表达，没有必要画出完整的基本视图的时候。

② 局部视图的断裂边界通常用双折线或者波浪线画出，如图 6-5 中 A；当所表达的局部结构完整，且外形轮廓线又成封闭时，双折线或波浪线可省略不画，如图 6-5 中 B；绘制波浪线或双折线时应注意不能超出机件的边界，如图 6-6 所示。

2. 局部视图的配置与标注

画局部视图时，可以按照向视图的配置方式进行配置并标注，如图 6-5 中 A、B；为看图方便，局部视图应尽量按照投影关系配置；有时为了合理布图，也可把局部视图布置在其他适当位置,如图 6-5 中 B;当局部视图按投影关系配置,中间又没有其他图形隔开时,可省略标注,如图 6-5 中 A 视图可省略标注。

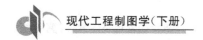

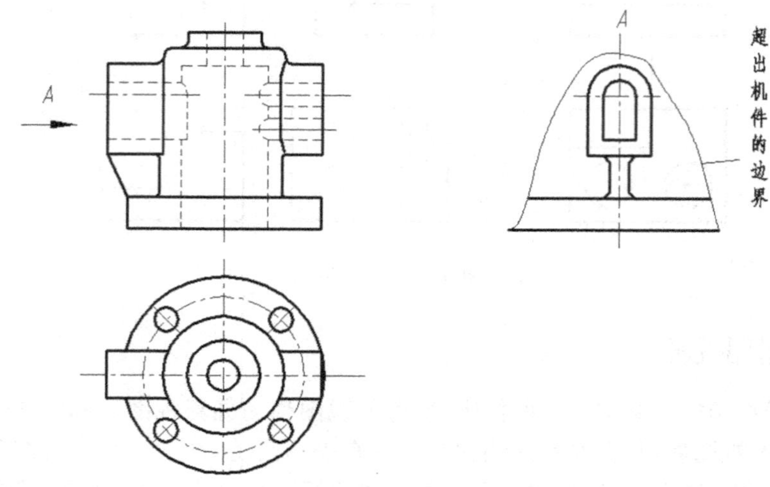

图 6-6 局部视图的错误画法

3. 向视图与局部视图的区别

向视图和局部视图都是将机件向基本投影面投影所得,不同的是向视图是整个机件的投影,因此必须画出完整的图形,而局部视图是机件的局部结构的投影,所以只需要画出局部的图形。

6.1.4 斜视图

将机件向不平行于任何基本投影面的平面投影所得的视图,称为**斜视图**。

如图 6-7 所示的机件,其右上方具有倾斜结构,将该结构向任何基本投影面投影均不能反映实形,因此可选用一个平行于倾斜部分且与正面垂直的辅助投影面,使该投影面与倾斜部分的主要表面平行,在辅助投影面上作出该倾斜部分的投影,即为斜视图。

1. 画斜视图时的注意点

① 斜视图主要用来表达机件中与基本投影面倾斜部分的实形,因此在斜视图中只需画出机件的倾斜部分,而机件的其余部分不必画出。

② 用波浪线或双折线表达斜视图的断裂边界。

2. 斜视图的配置与标注

① 斜视图通常按照投影方向进行配置和标注。画斜视图时必须在视图上方注出视图的名称“×”,并在相应的视图附近用箭头指明表达部位和投影方向,并注上同样的字母,如图 6-7(a)所示。

② 考虑到图纸的合理布局,也可以配置在其他适当的位置,如图 6-7(b)所示;必要时,在不至于引起误会时还可将图形旋转配置,使图形的主要轮廓线(或中心线)成水平或铅直位置,若将斜视图旋转配置时,应加注旋转符号,表示斜视图名称的大写拉丁字母应靠近旋转符号的箭头端,如图 6-7(c)所示;必要时,也允许将旋转角度注在字母之后,如图6-7(d)所示。

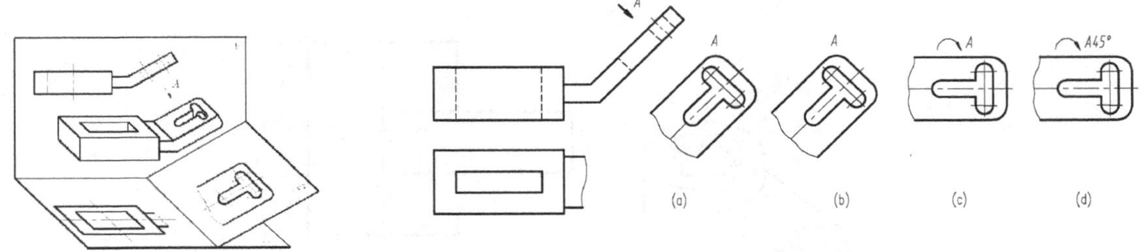

图6-7 斜视图

3. 斜视图与局部视图的区别

① 局部视图和斜视图均用于表达机件的局部结构。斜视图主要用于表达倾斜结构的实形。

② 局部视图是向基本投影面投影所得的视图，而斜视图则是向与基本投影面倾斜的投影面投影所得的视图。

6.2 剖视图

6.2.1 剖视图的基本知识

1. 剖视的概念

假想用剖切面将机件剖开，把处于观察者和剖切面之间的部分移去，而将其余部分向投影面投影，所得的图形称为**剖视图**，简称**剖视**，如图6-8所示。

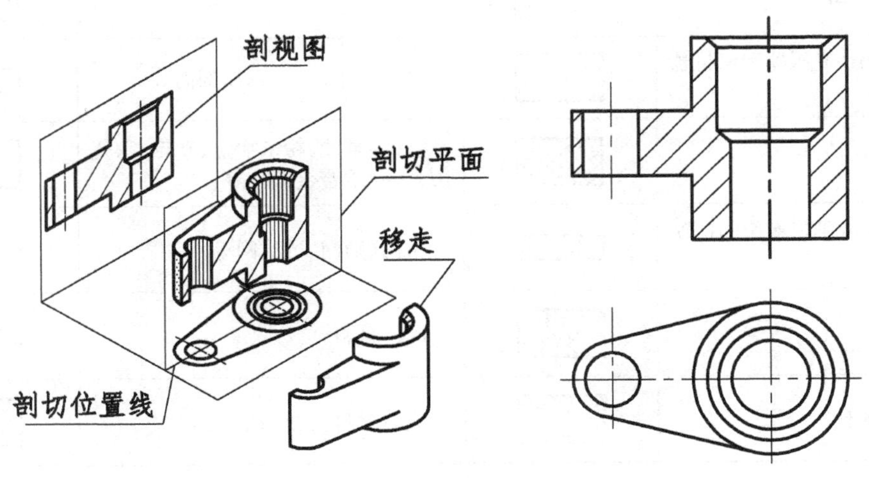

图6-8 剖视图

机件的内部结构由于投影时不可见，在视图中用虚线表示，如图6-9所示。如果机件内部结构较为复杂时，视图中就会出现较多的虚线，不利于绘图和读图。而采用剖视的表达方法，将剖切平面前面的部分移走，使得原来视图中不可见的内部结构变成了剖视图中的可见结构，因此避免了在视图中出现过多的虚线，如图6-8所示，所以剖视图主要用来表达机件内部的结构，视图则用于表达外形。

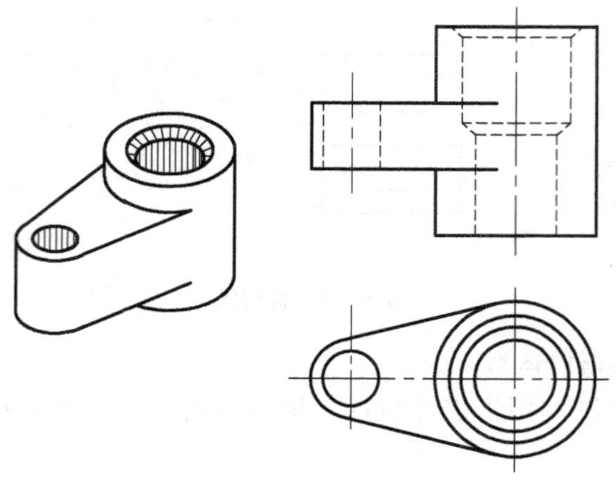

图 6－9　视图

2. 剖视图的画法

假想用剖切面剖开机体时，剖切面与机件的接触部分称为剖面区域，简称剖面。通常画剖视图时，为了使机件被剖切到与未被剖切到的部分能明显地区分开来，在剖面区域中要画出剖面符号。机件的材料不同，其剖面符号也不同，常见的剖面符号见表 6－1 所示。

表 6－1　剖面符号

<table>
<tr><td>金属材料</td><td></td><td colspan="2">木质胶合板</td><td></td></tr>
<tr><td>线圈绕组元件</td><td></td><td rowspan="2">木材</td><td>横剖面</td><td></td></tr>
<tr><td>转子、电枢、变压器和电抗器等的叠钢片</td><td></td><td>纵剖面</td><td></td></tr>
<tr><td>非金属材料</td><td></td><td colspan="2">型砂、填沙、粉末冶金、砂轮、陶瓷刀片、硬质合金刀片等</td><td></td></tr>
<tr><td>玻璃及其他供观察用的透明材料</td><td></td><td colspan="2">格网（筛网、过滤网等）</td><td></td></tr>
<tr><td>混凝土</td><td></td><td colspan="2">固体材料</td><td></td></tr>
<tr><td>钢筋混凝土</td><td></td><td colspan="2">液体材料</td><td></td></tr>
</table>

金属材料或不需在剖面区域中表示材料的类别时，可采用通用剖面线表示。通用剖面线的画法有以下几点规定：

① 通用剖面线一般用以与主要轮廓线或剖面区域的对称线成 45°角的细实线绘制，如图 6－10 所示；当画出的剖面线与主要轮廓线或剖面区域的对称线平行时，也可采用 30°或 60°绘制，如图 6－11 所示。

② 剖面线间隔应按剖面区域的大小选择。

③ 同一机件的各个剖面区域,其剖面线方向和间距应一致。相邻机件的剖面线必须以不同的方向或以不同的间隔画出以示区别。

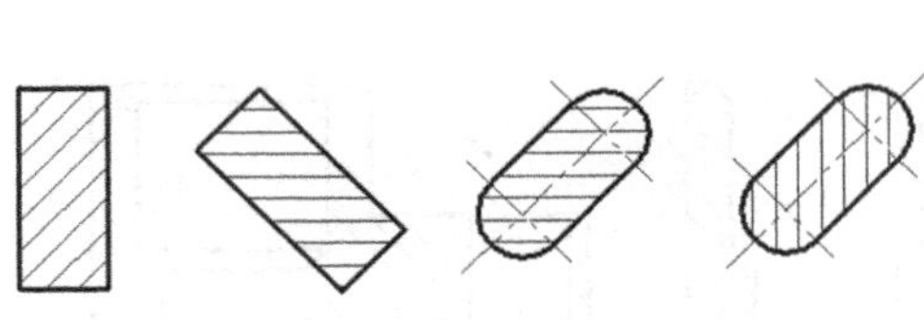

图 6-10 剖面线的角度(一)

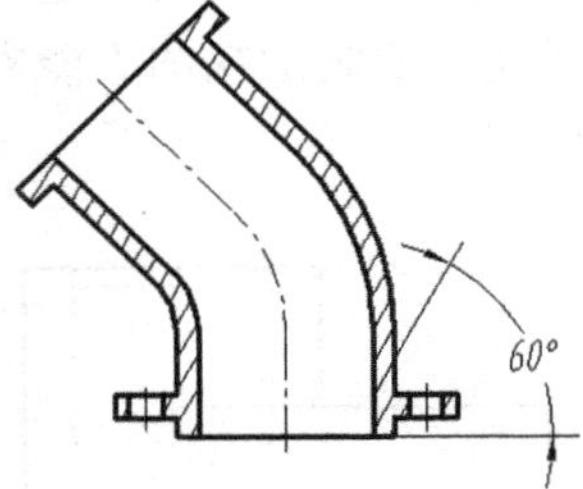

图 6-11 剖面线的角度(二)

3. 剖切面的位置

为了能够清楚地表达机件的内部形状,避免剖切出不完整要素或不反映实形的截面,应根据机件的结构选择合适的剖切平面的位置。通常剖切平面应通过机件的对称面或孔、槽的轴线或中心线,并选择平行投影面的位置剖切。

4. 剖视图的标注

剖视图一般应进行标注,以指明剖切位置及视图间的投影关系。标注的内容包括:

(1) 剖切线　用以指示剖切面位置的线,即剖切面与投影面的交线,用细点划线表示,也可以省略不画,如图 6-12 所示。

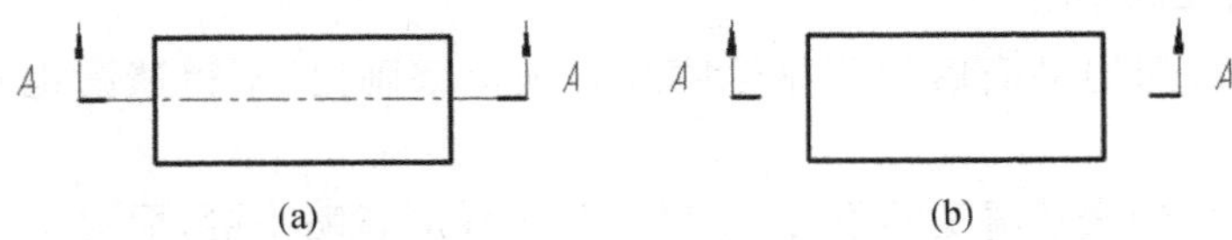

图 6-12 剖面符号和剖切线的标注

(2) 剖切符号　用以指示剖切面起讫和转折位置(用粗实线画)及投影方向(用箭头表示投影方向),应该注意剖切符号尽量不要与轮廓线相交。

(3) 剖视图名称　一般应在剖视图的上方标注剖视图的名称"×—×"(×为大写拉丁字母),且在箭头外侧注写相同的大写字母,如图 6-13 所示。

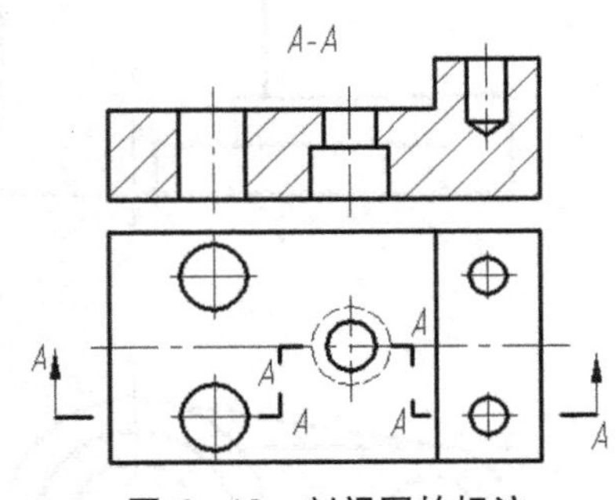

图 6-13 剖视图的标注

剖视图可简化或省略标注的情况:

① 当单一剖切平面通过机件的对称平面,且剖视图按投影关系配置,中间又没有其他图形隔开时,可省略标注,如图 6-8 所示。

② 当剖视图按投影关系配置,中间又没有其他图形隔开时,可省略箭头。

5. 绘制剖视图的步骤

① 形体分析。分析清楚机件的结构,确定有哪些内部结构需要表达。

② 确定剖切平面的位置。剖切平面应通过机件的对称面或孔、槽的轴线及中心线,并选

择平行投影面的位置剖切,以反映剖面的实形。如图 6-14 所示机件为反映通孔的实形,选择通过孔轴线的正平面进行剖切。

③ 画出剖面,在剖面上画上剖面符号。

④ 补全剖切平面后的可见轮廓线。

⑤ 标注。所画剖视图不能省略标注的,应该根据剖视图标注的有关规定进行标注。

⑥ 检查。

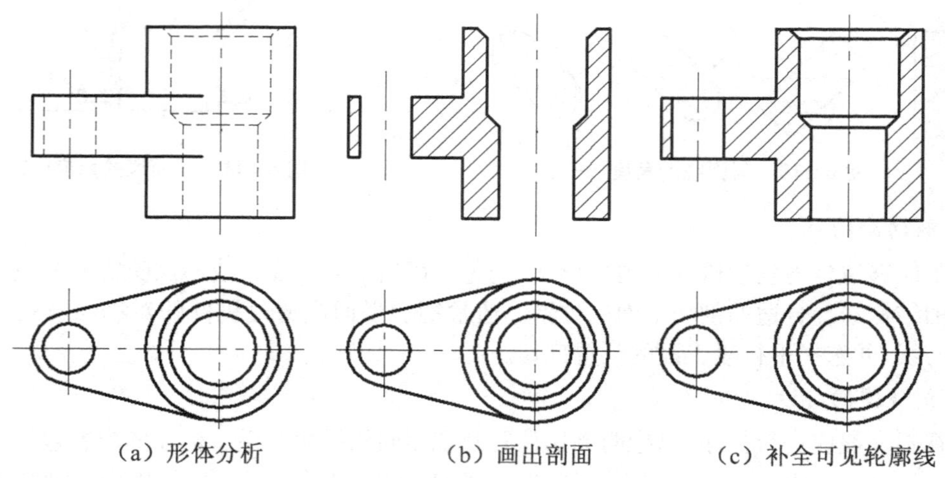

图 6-14 绘制剖面图的步骤

6. 画剖视图的注意事项

① 画剖视图时,剖切平面后的可见轮廓线必须全部画出,不得遗漏也不能省略,如图 6-15 所示。

② 在剖视图中已经表达清楚的不可见结构,其虚线应省略不画,而对于没有表达清楚的不可见结构,其虚线不能省略,如图 6-15 所示。

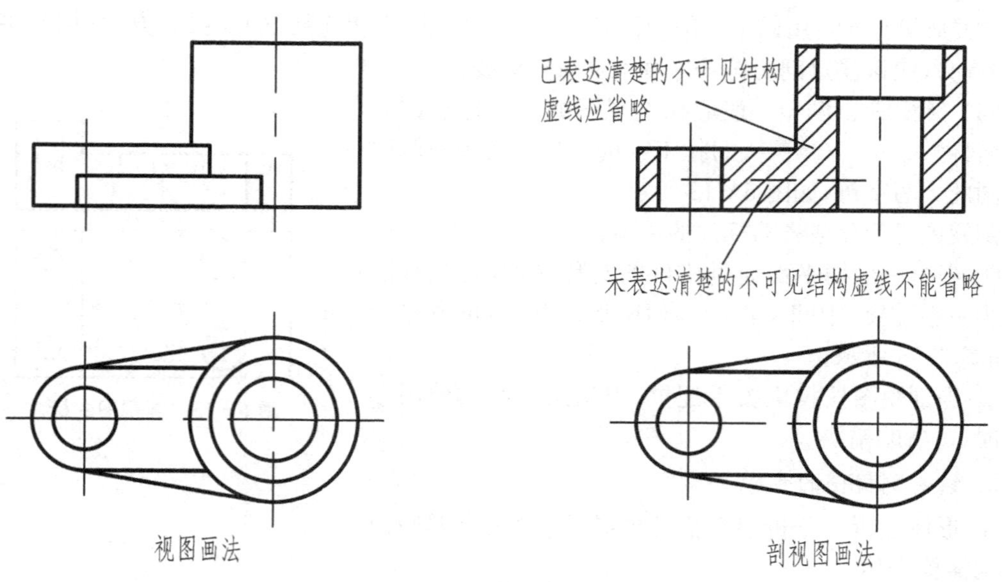

图 6-15 画剖视图的注意事项

6.2.2 剖切面的种类

剖切面可分为单一剖切面、几个平行的剖切平面和几个相交的剖切面几种，在画剖视图时，应根据机件内部结构的特点和表达的需要选用不同的剖切面。

1. 单一剖切面

指用一个剖切面剖开机件的方法称为单一剖。单一剖切面分为单一剖切平面、单一斜剖切平面和单一剖切柱面三种。

(1) 单一剖切平面　如图6-8所示。

(2) 单一斜剖切平面　当机件具有倾斜内部结构时，在基本投影面上不能反映实形，因此可采用斜剖切平面来剖切。用不平行于任何基本投影面的剖切平面(垂直于某一基本投影面)来剖开机件的方法称为斜剖，其配置和标注如图6-16所示。

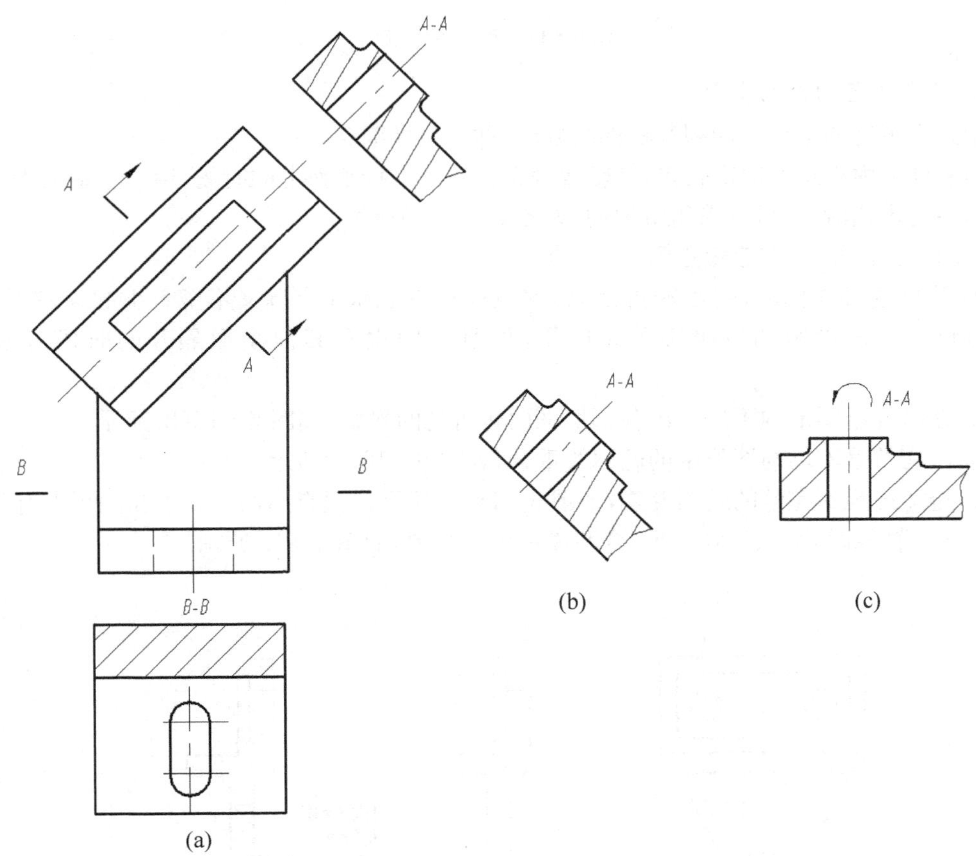

图6-16　斜剖视图

斜剖主要用来表达倾斜部分的内部结构。斜剖得到的剖视图最好放在与原视图保持直接投影关系的位置，以便于看图，如图6-16(a)所示；考虑到图面的布局，斜剖视图也可以放置在其他位置，如图6-16(b)所示；在不至于引起误会的时候，也允许将图形旋转布置，但是要在剖视图的上方注明名称和旋转方向，如图6-16(c)所示。

(3) 单一剖切柱面　如图6-17所示。

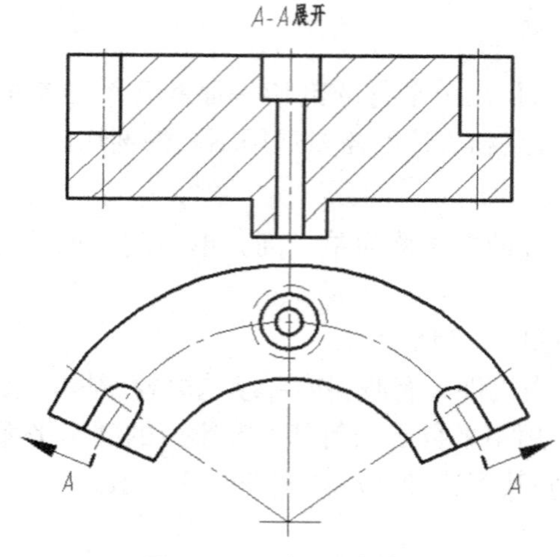

图 6-17　单一剖切柱面

2. 几个平行的剖切平面

用几个平行的剖切平面剖开机件的方法,称为阶梯剖。

当机件的内部结构层次较多,其轴线分布在几个平行平面上的时候,用一个平面无法将这些内部结构表达清楚,可以采用阶梯剖,如图 6-18(a)所示。

在画阶梯剖视图时应该注意以下几点:

① 阶梯剖必须标注,但当转折处地方有限,不便于标注字母又不至于引起误解时,字母允许省略。如果投影图按投影关系配置,而且中间没有其他图形隔开的时候可以省略箭头。

② 在阶梯剖图形内不应画出各剖切平面转折处的界线,如图 6-18(b)所示。

③ 剖切符号不能与图形中的轮廓线重合,如图 6-18(c)所示。

④ 避免出现不完整的结构要素,如图 6-18(d)所示。只有当两个要素在图形上有公共对称中心线或轴线时,可以各画一半,合并成一个剖视图,如图 6-19 所示。

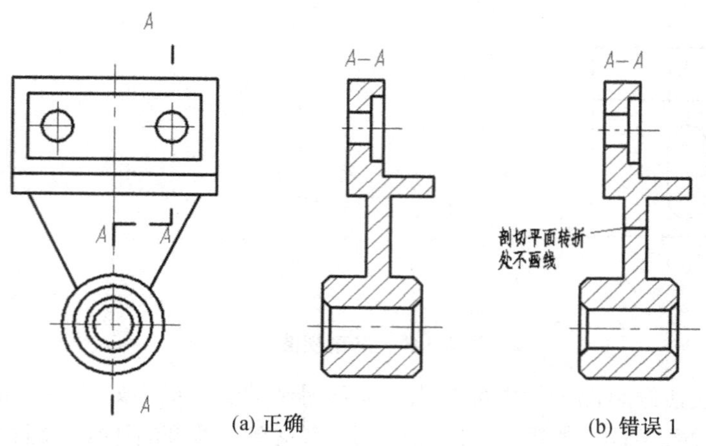

(a) 正确　　(b) 错误 1

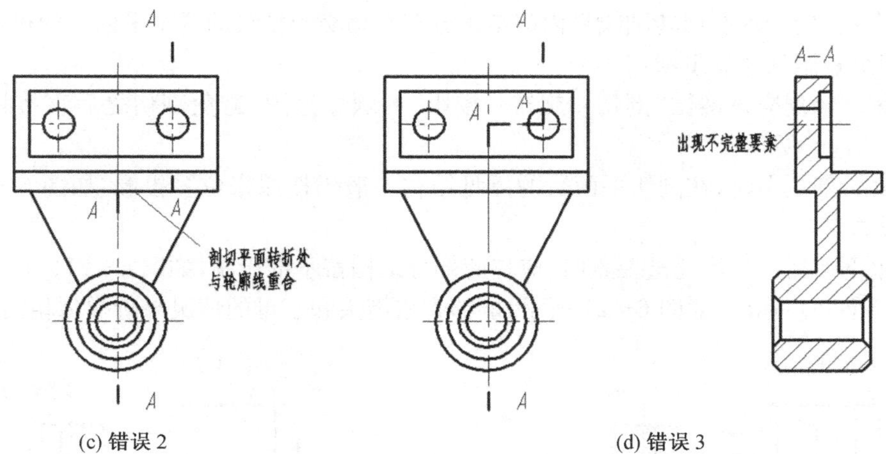

(c) 错误 2　　　(d) 错误 3

图 6-18　阶梯剖的画法

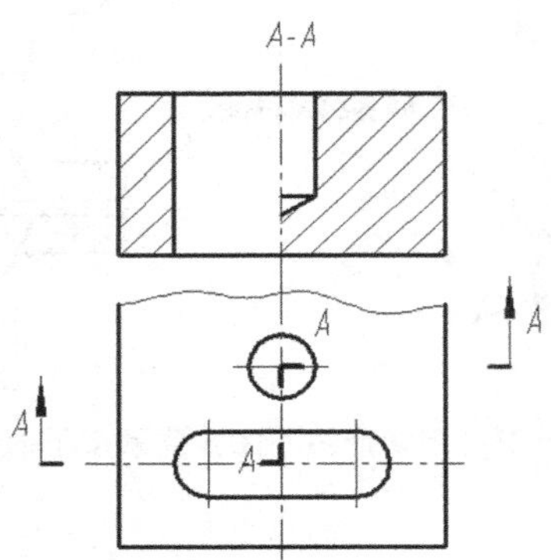

图 6-19　具有公共对称线两要素阶梯剖的画法

3. 几个相交的剖切平面(交线垂直于某一投影面)

(1) 两个相交的剖切平面

用两相交的剖切平面(交线垂直于某一基本投影面)剖开机件的方法，习惯上称为旋转剖。

采用旋转剖时，先假想用两相交剖切平面剖开机件，然后将被倾斜剖切平面剖到的结构及其有关部分旋转到与选定的基本投影面平行后再进行投影，如图 6-20 所示。

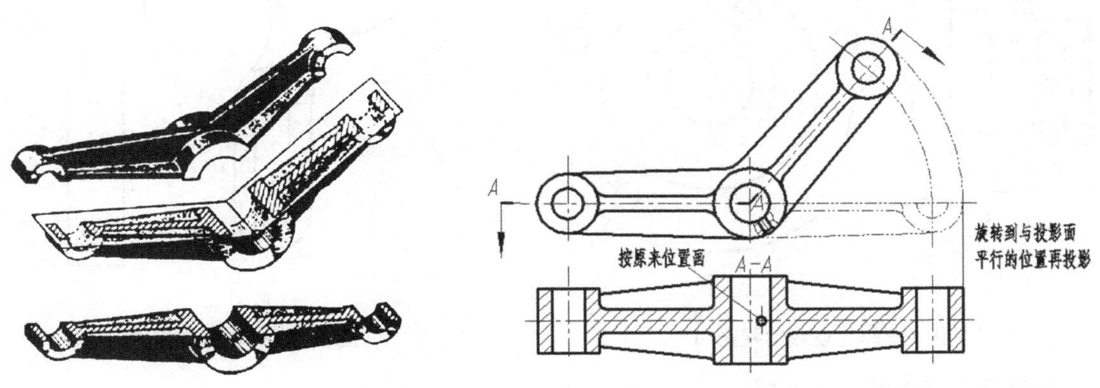

图 6-20　旋转剖

旋转剖主要用于具有回转轴线且内部结构分布在相交于轴线的两个平面上的机件。

画旋转剖视图的注意事项：

① 绘制旋转剖应该遵循“剖切—旋转—投影”的顺序绘图，避免剖切之后直接投影的错误，如图 6-21(b)所示。

② 画旋转剖视图时，在剖切平面后的可见结构一般仍按原来位置投影，如图 6-20 中的小油孔的投影。

③ 如果剖切后产生不完整要素时，应将此部分结构按不剖绘制，如图 6-21(a)中的臂。

④ 旋转剖必须标注，如图 6-21 所示，能够省略箭头和字母的情况与阶梯剖相同。

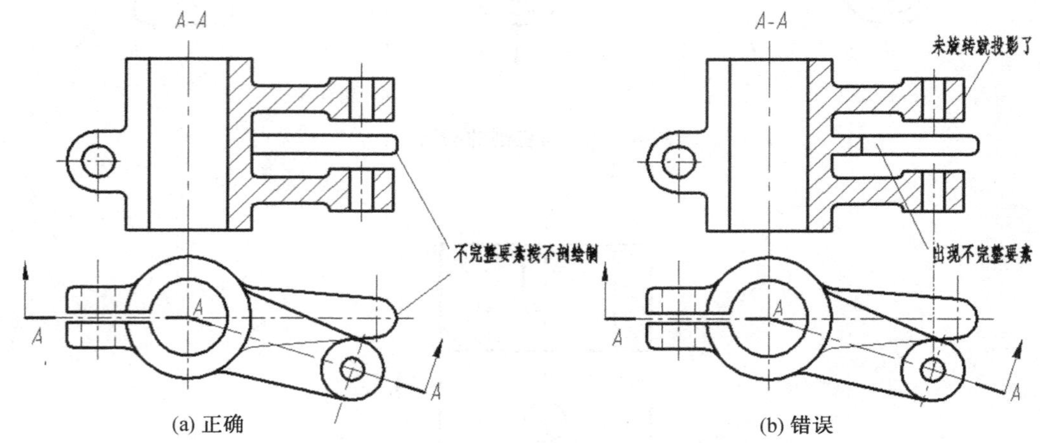

(a) 正确　　(b) 错误

图 6-21　剖切产生不完整要素按不剖绘制

(2) 两个以上相交的剖切面

用两个以上组合的剖切面切开机件的方法习惯上称为复合剖。当机件的内部结构较为复杂，用前面所述的剖切方法均不能表达完全时，可以采用复合剖，如图 6-22 所示。

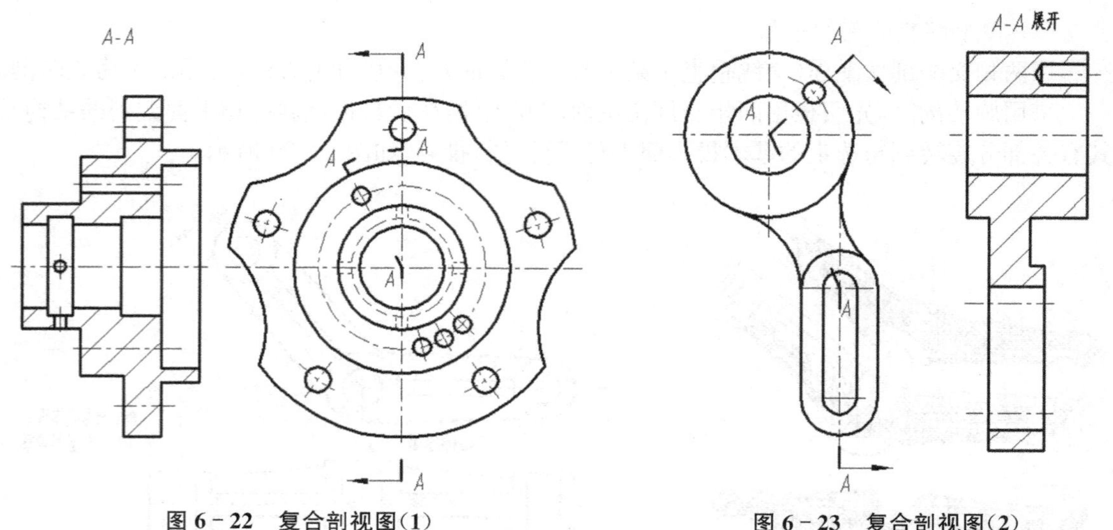

图 6-22　复合剖视图(1)　　**图 6-23　复合剖视图(2)**

画复合剖视图的注意事项：

① 倾斜的剖切平面剖切到的结构及相关部分要先旋转到与投影面平行的位置再进行

投影。

② 复合剖必须进行标注，能够省略箭头和字母的情况与阶梯剖相同。

③ 采用几个连续相交平面剖切时，为避免结构投影重叠，可采用展开画法，即将被剖切平面剖到的部分及其相关部分旋转或平移到与选定投影面平行的位置后再投影，因此剖视图在图形上拉长展开了，所以剖视图的上方应标注"×—×展开"，如图6-23所示。

6.2.3 剖视图的种类

剖视图可分为：全剖视图、半剖视图、局部剖视图三种。

1. 全剖视图

用剖切面完全地剖开机件所得的剖视图称为全剖视图，如图6-8、图6-18、图6-20、图6-22、图6-23所示。

全剖视图主要用于机件外部形状简单或其外部形状已在其他视图中表达清楚而其内部结构需要表达的情况。

2. 半剖视图

当机件具有对称平面时，在垂直于对称平面的投影面上的投影可以对称中心线为界，一半画成视图，另一半画成剖视图，这种剖视图称为半剖视图，如图6-24所示。

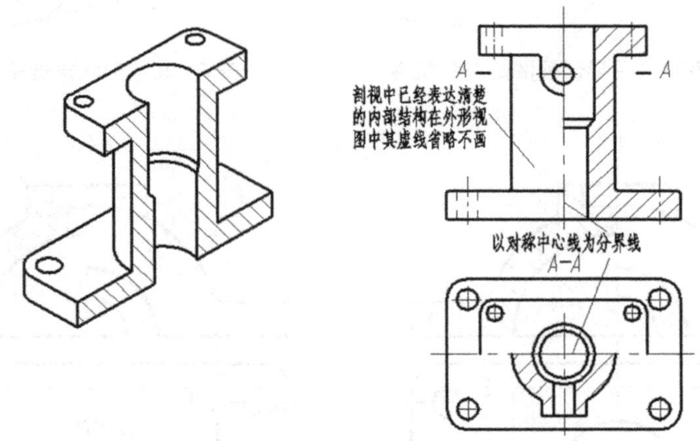

图6-24 半剖视图

由于半剖视图一半剖视一半视图的特点，使其能同时反映出机件的内外结构形状，因此，对于内外形状都需要表达的对称机件，一般常采用半剖视图表达；当机件虽然对称，但在对称中心线处有轮廓线时，却不能采用半剖视图，如图6-25所示。

当机件的形状接近于对称，而且不对称的部分另有图形表达清楚时，也可画成半剖视图，如图6-26所示。

画半剖视图的注意事项：

① 用单一剖切面、几个平行剖切面或者几个相交剖切面剖切机件均可得到半剖视图。图6-24、图6-26为采用单一剖切平面剖切机件得到的半剖视图，图6-27(a)为采用几个平行平面剖切机件得到的半剖视图。

② 半剖视图的标注方法与全剖视图相同，应避免图6-27(b)所示的标注错误。

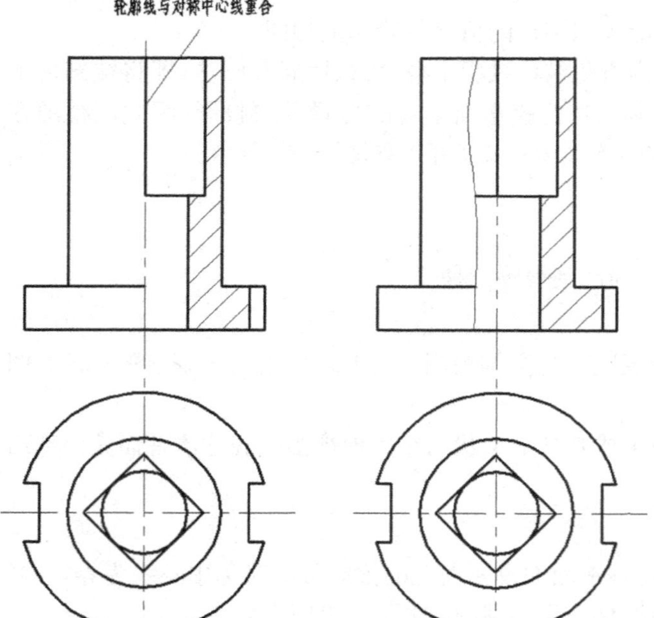

(a) 错误　　(b) 正确

图 6-25　不宜采用半剖视图的对称机件

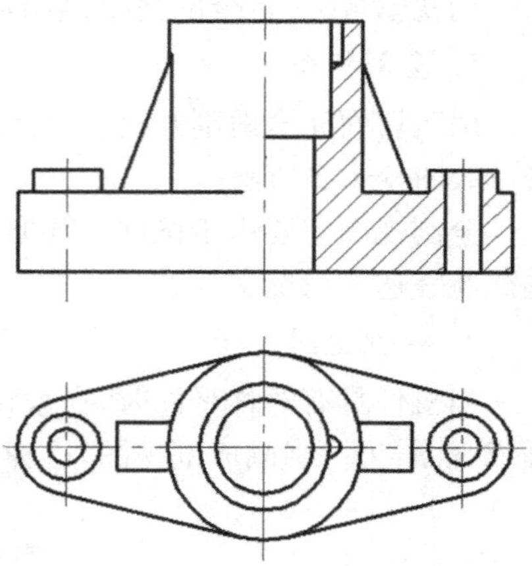

图 6-26　形状接近于对称机件的半剖视图

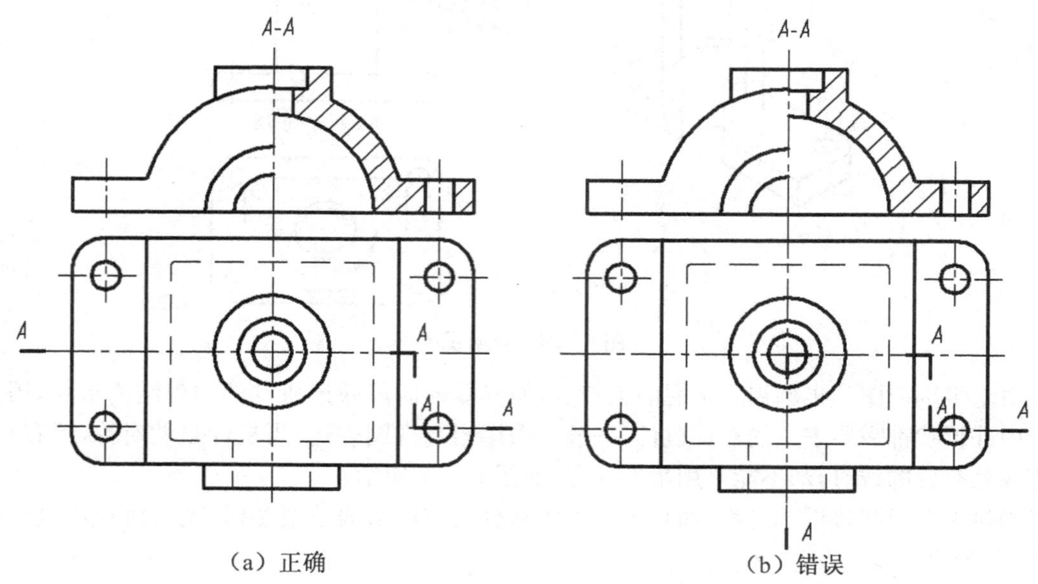

（a）正确　　（b）错误

图 6-27　半剖视图的注意事项

3. *局部剖视图*

用剖切面将机件局部剖开所得的剖视图，称为局部剖视图，如图 6-28 所示。

局部剖视图适用的情况：

① 机件只有局部的内部结构需要表达，如图 6－29 所示实心轴上的键槽和孔。

② 内外结构都需要表达的不对称机件，可采用局部剖视图。如图 6－28 所示的机件如果采用全剖，将使前方圆柱凸台和左侧方孔无法表达清楚，所以主视图和俯视图分别采用了局部剖。

③ 对称中心线与轮廓线重合的对称机件，不能采用半剖视图，可以采用局部剖，如图6－25(b)所示。

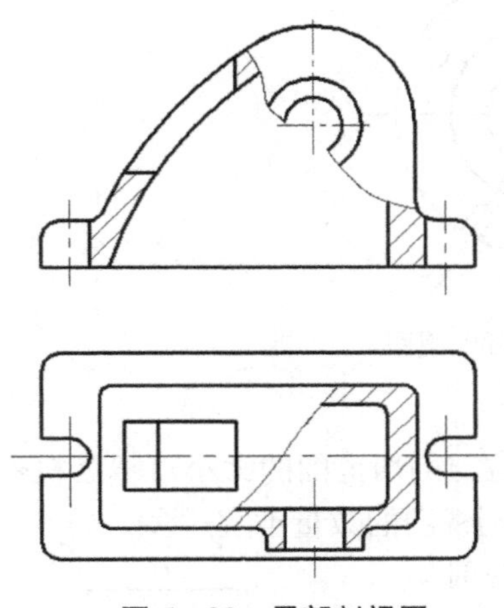

图 6－28 局部剖视图

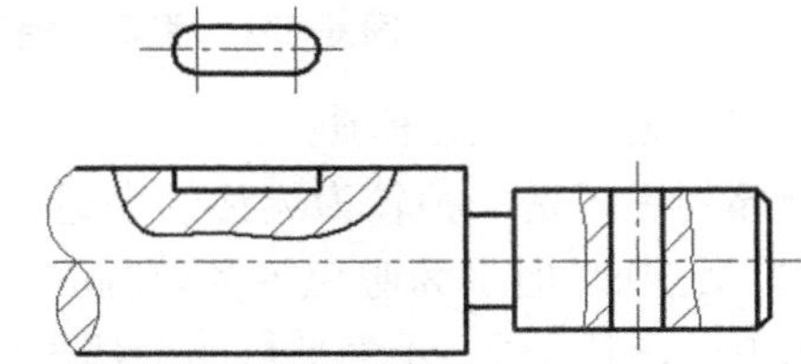

图 6－29 表达机件的局部内部结构的局部剖视图

局部剖视图采用波浪线或双折线表示剖切范围。绘制时应该注意波浪线只能画在机件的实体部分，不能超出机件的轮廓线、不能穿越空孔，也不能与其他图线重合或绘制在它们的延长线上。图 6－30 为波浪线的常见错误，学习时应注意避免。

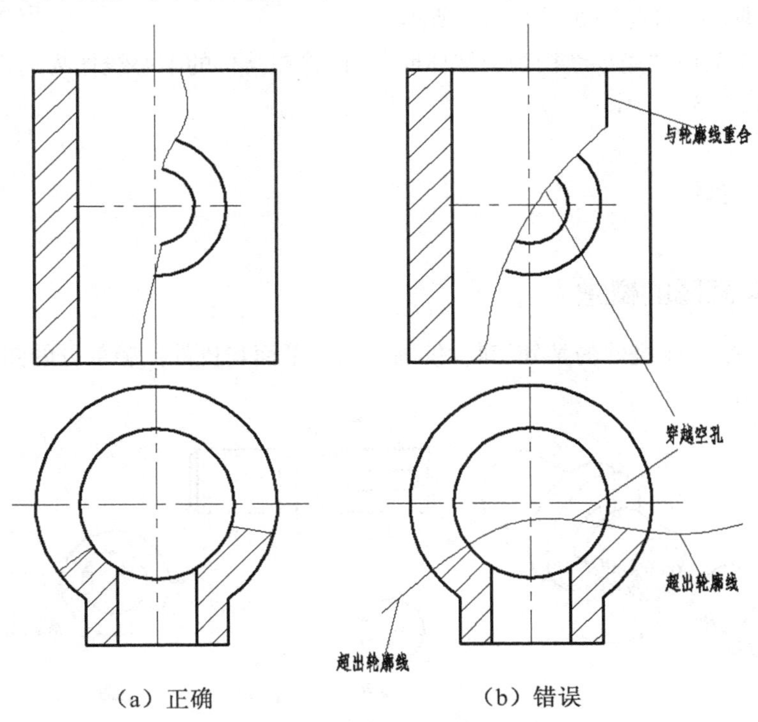

(a) 正确 (b) 错误

图 6－30 波浪线的常见错误

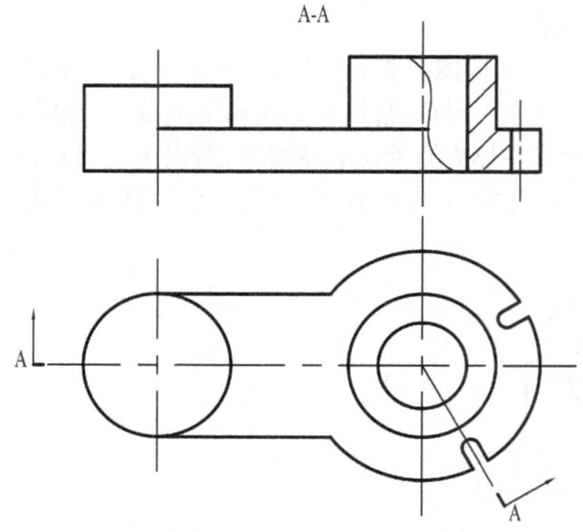

图 6-31 用两个相交平面剖切的局部剖视图

画局部剖视图的注意事项：

① 局部剖视图是一种较为灵活的表达方式，剖切的部位与剖切范围的大小可根据机件表达的需要灵活选取，但是为避免零乱，在同一张图形中局部剖视图的数量不宜过多。

② 用单一剖切平面、几个平行的剖切平面和几个相交的剖切平面剖切机件均可得到局部剖视图，如图 6-28、图 6-29 为采用单一平面剖切机件得到的局部剖视图，图6-31 为采用两个相交平面剖切机件得到的局部剖视图。

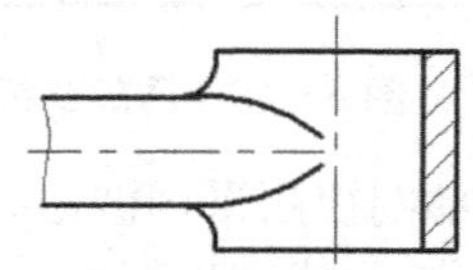

图 6-32 以中心线为分界线的局部剖视图

③ 当剖切位置明显时，局部剖视图的标注可以省略，如图 6-28 所示，否则，应该标注，如图 6-31 所示。

④ 当被剖切部位的局部结构为回转体时，允许将该结构的中心线作为局部剖视图与视图的分界线，如图 6-32 所示。

6.3 断面图

6.3.1 断面图的概念

假想用剖切平面将机件的某处切断，仅画出剖切平面与机件接触部分的图形称为断面图，简称断面，如图 6-33 所示。

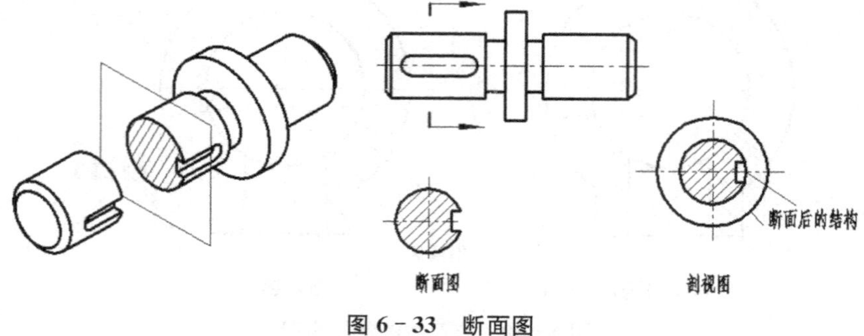

图 6-33 断面图

断面图常用来表达机件上某处断面的形状，如轴上孔、槽或机件上的轮辐和肋板等结构，图 6 - 33 采用断面图表达键槽的深度。

6.3.2 断面图的种类

1. 移出断面

画在视图外的断面称为移出断面，如图 6 - 33 所示。

移出断面的画法：

① 移出断面的轮廓线用粗实线绘制，配置在剖切线的延长线或其他适当的位置，如图 6 - 33 所示。

② 由两个或多个相交的剖切平面剖切得到的移出断面，图形的中间一般应断开，如图 6 - 34 所示。

③ 当剖切平面通过回转面形成的孔、凹坑的轴线时，这些结构按照剖视画，如图 6 - 35 所示。

图 6 - 34 移出断面(1)

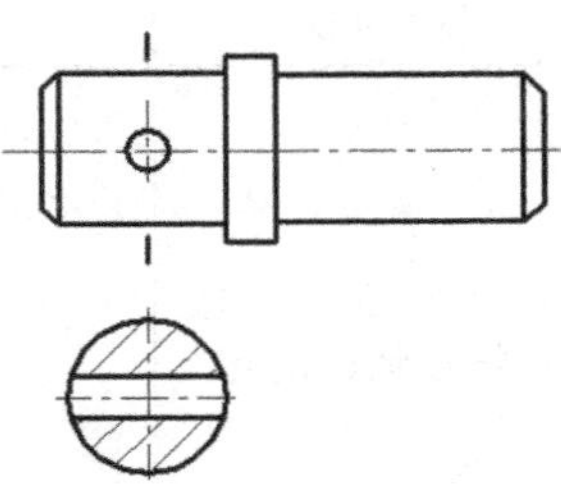

图 6 - 35 移出断面(2)

④ 当剖切平面通过非圆孔(槽)，会导致出现完全分离的两图形时，该结构应按照剖视画，如图 6 - 36 所示。

⑤ 图形对称的移出断面可以画在图形的中断处，如图 6 - 37 所示。

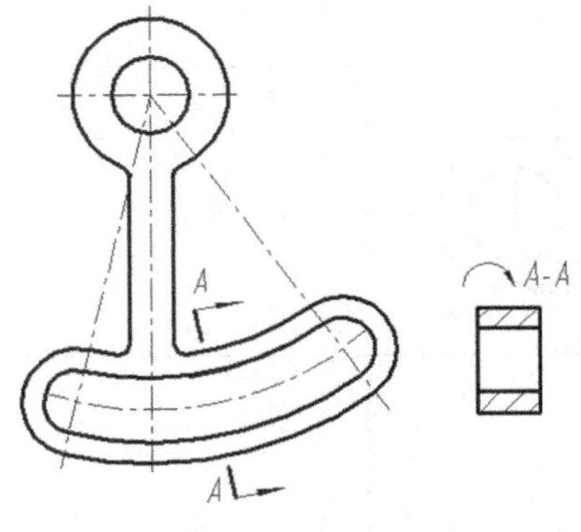

图 6 - 36 移出断面(3)

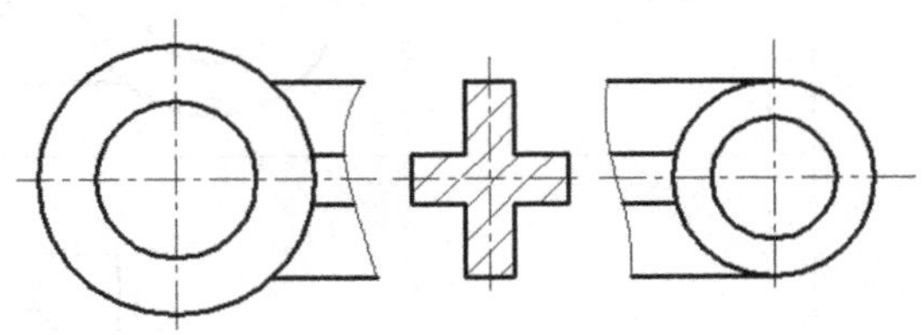

图 6 - 37 移出断面(4)

2. 重合断面

画在视图内的断面称为重合剖面，重合断面的轮廓线用细实线绘制，如图 6 - 38 所示。

当重合断面图形和视图的轮廓线重叠时，视图中的轮廓线仍然连续画出，如图 6 - 39 所示。

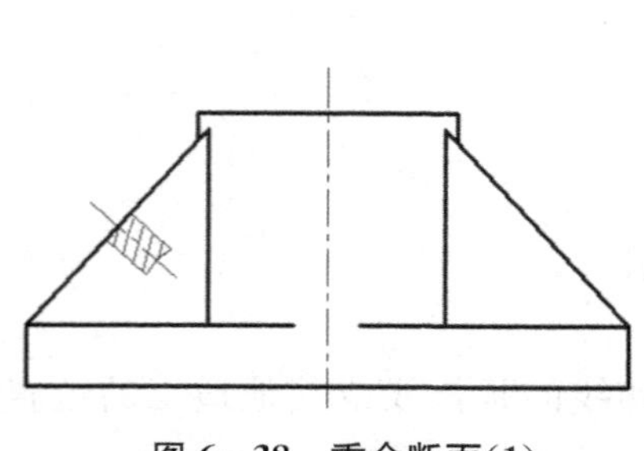

图 6-38　重合断面(1)

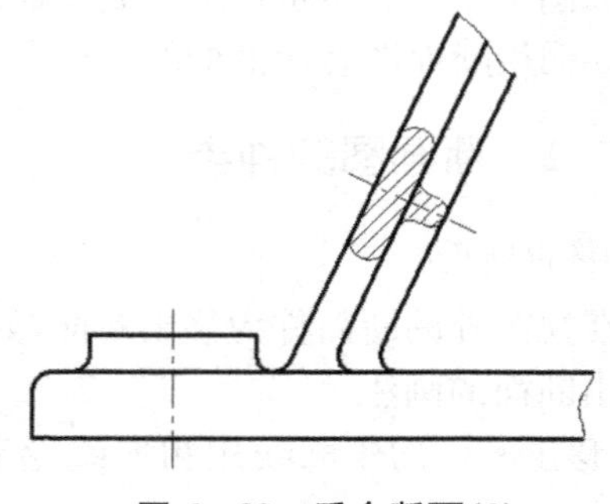

图 6-39　重合断面(2)

6.3.3　断面图的标注

断面图的标注见表 6-2。

表 6-2　断面的标注

断　面	断面位置	标注示例	说　明
对称移出断面	配置在剖切线或剖切符号延长线上		不必标注剖切符号和字母
	按投影关系配置	A A-A A	不必标注箭头
	配置在中断处		不必标注
	配置在其他位置	A A A-A	不必标注箭头

（续表）

断 面	断面位置	标注示例	说 明
不对称移出断面	配置在剖切线或剖切符号延长线上	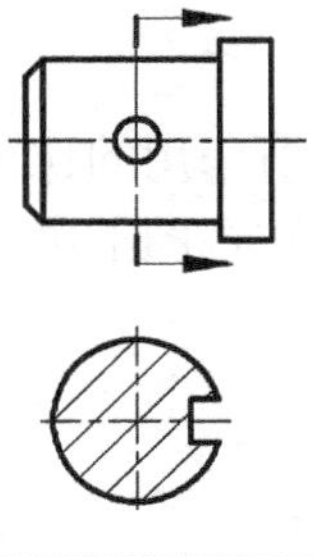	不必标注字母
	按投影关系配置	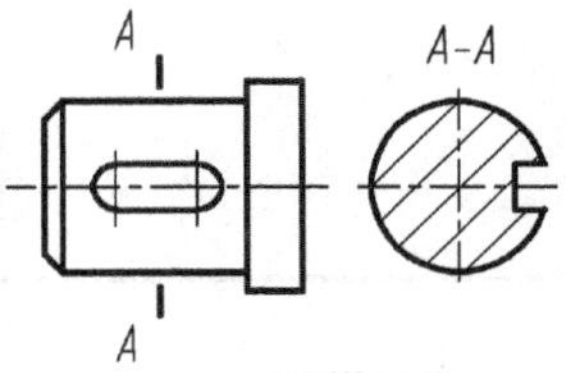 A A A-A	不必标注箭头
	配置在中断处	无	移出断面图形不对称时不能画在中断处
	配置在其他位置	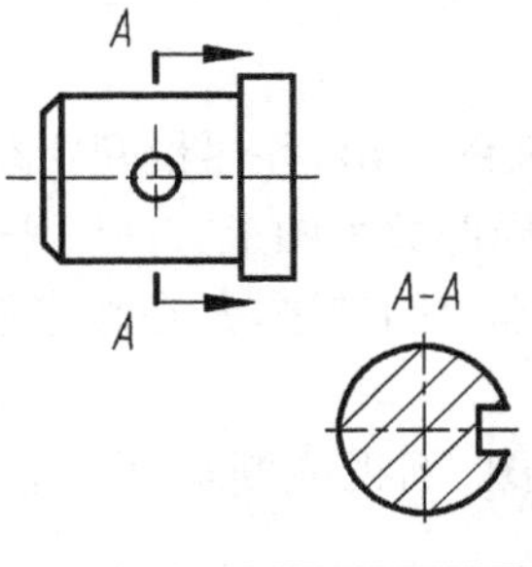 A A A-A	字母、剖切符号均应标注
对称重合断面		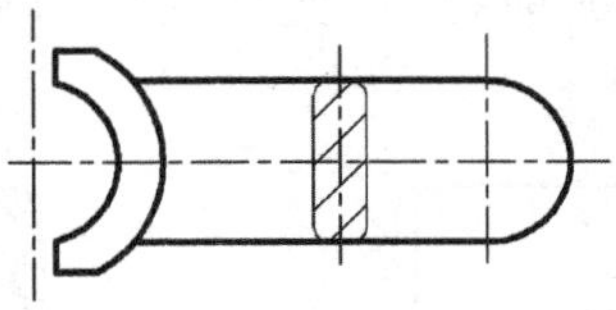	不必标注
不对称重合断面		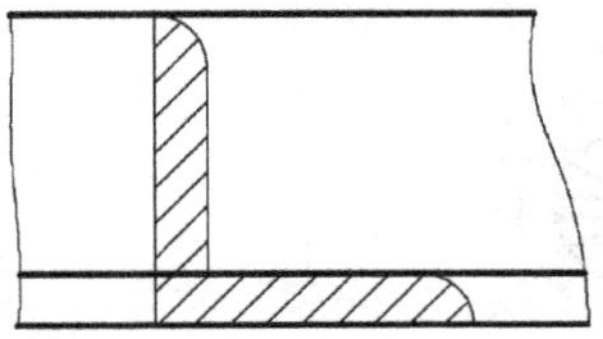	只标投影方向

6.4 局部放大图

将机件局部结构用大于原来图形所采用的比例单独绘出的图形,称为局部放大图。局部放大图常用于当机件上的某细小结构在视图上由于图形过小而表达不清或标注尺寸有困难的场合,如图 6-40 所示。

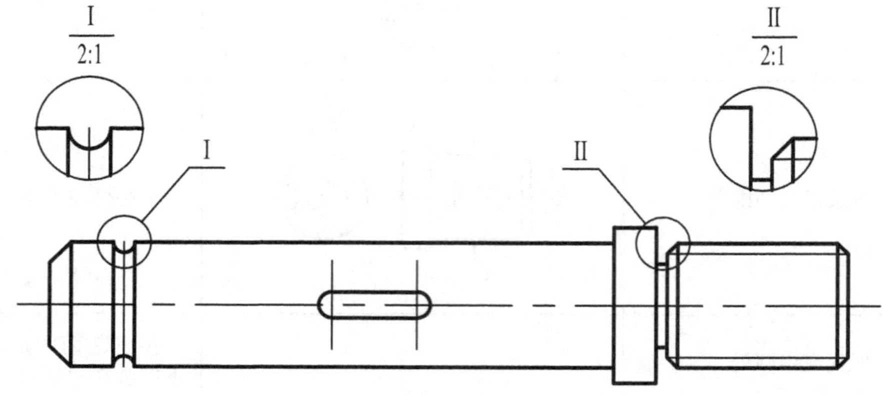

图 6-40 局部放大图(1)

画局部放大图注意事项:

① 应该将被放大部位用细实线圈出,并尽量配置在被放大部位附近以方便看图。如果机件只有一处部位被放大,只需在局部放大图上方注明采用的比例;如果同一个机件有几处放大部位时,需用罗马数字标明放大部位的顺序,并在相应放大图上方标注相应的罗马数字及所采用的放大比例,如图 6-40 所示。

② 局部放大图可以画成视图、剖视或断面图。它与被放大部分的表达方式无关,如图 6-40 所示。

③ 在局部放大表达完整的前提下,允许在原图形中简化被放大部位的图形,如图 6-41(a)和(b)所示。

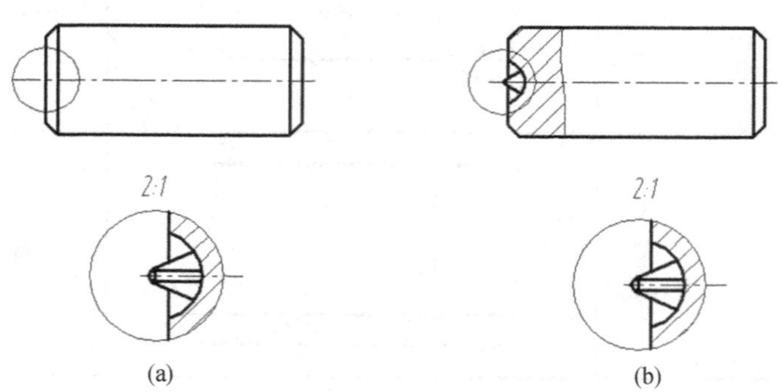

图 6-41 局部放大图(2)

6.5 简化画法和其他规定画法

1. 机件上的肋、轮辐及薄壁的画法

机件上的肋、轮辐及薄壁等结构，如果剖切面通过薄板的对称平面或轮辐的轴线纵向剖切时，这些结构都不画剖面符号，而用粗实线将它与其邻接部分分开，如图6-42所示。

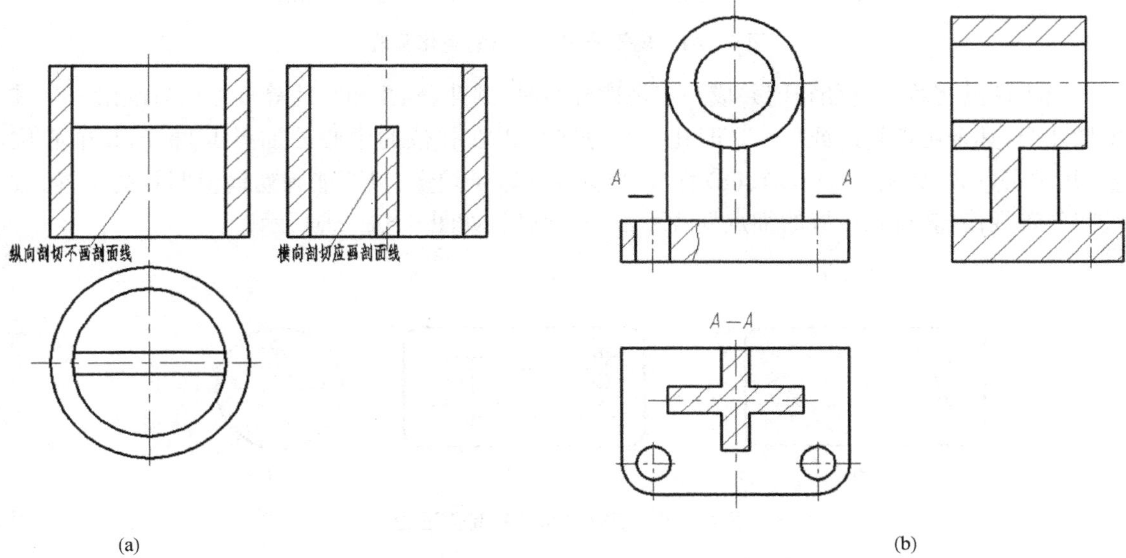

图6-42 肋板的剖切画法

2. 回转机件上均匀分布的肋、孔、轮辐等结构的画法

回转机件上均匀分布的肋、孔、轮辐等结构剖切平面没有剖切到的，可以将这些结构旋转到剖切面上画出，如图6-43所示。

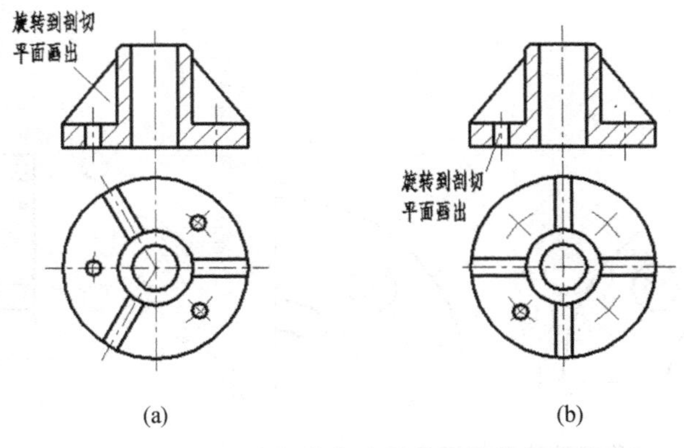

图6-43 均匀分布孔及肋板的简化画法

3. 相同结构要素的画法

当机件具有若干相同结构(如齿、槽等)按一定规律分布时，只需画出几个完整的结构，其余用细实线连接，但在图中应注明该结构的总数，如图6-44所示。

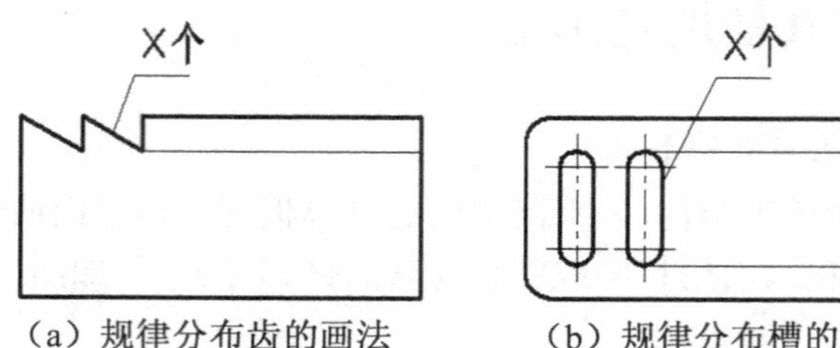

(a) 规律分布齿的画法　　(b) 规律分布槽的画法

图 6-44　规律分布齿或槽的简化画法

当机件具有若干直径相同并成一定规律分布时(圆孔、螺孔和沉孔等),可以只画出一个或少量几个,其余用点划线或“-+-”(即孔交叉分布可以在孔位的中心处加黑点)标出其中心位置,并注明总数,如图 6-45(a)、(b)所示;当等径孔数量较多,只要能确切地说明孔的位置、数量和分布规律,表达孔位置的细点划线不必一一画出,如图 6-45(c)所示。

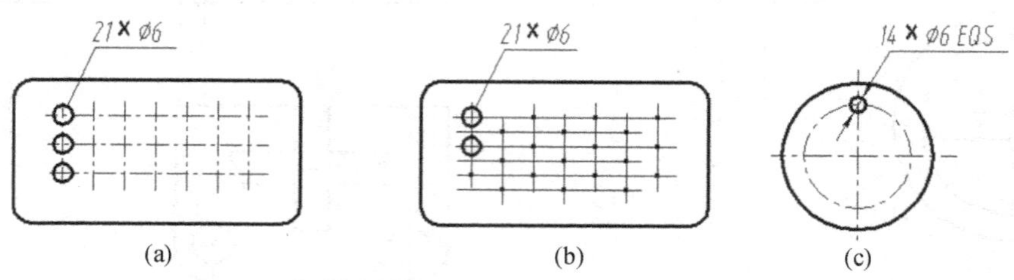

(a)　(b)　(c)

图 6-45　规律分布孔的简化画法

4. 对称机件或对称结构的画法

在不致引起误解时,对称机件或对称结构的视图可以只画一半或者 1/4,并在对称中心线的两端画出对称符号(与对称中心线垂直的两条平行细实线),如图 6-46 所示。

5. 沿圆周均匀分布的孔的画法

圆柱形法兰或类似机件上均匀分布的孔允许按如图 6-47 所示的方式表示。

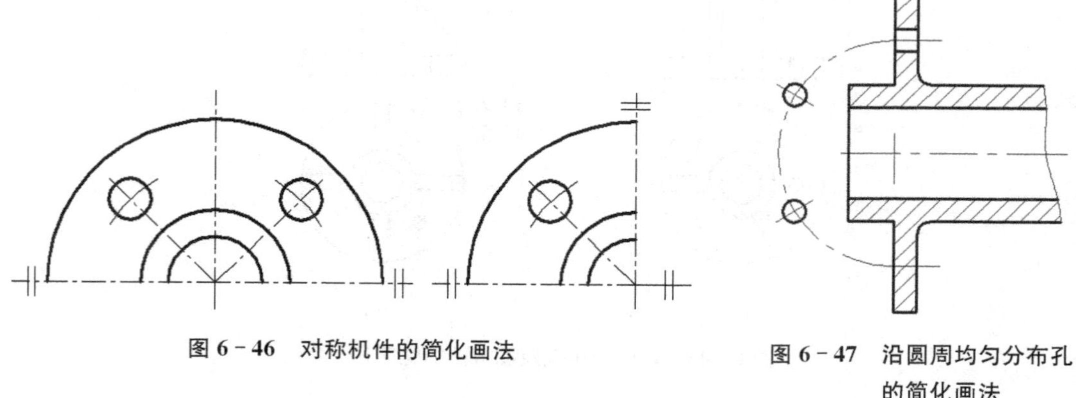
图 6-46　对称机件的简化画法

图 6-47　沿圆周均匀分布孔的简化画法

6. 平面的表达方法

平面结构在图形中不能充分表达时,可以用平面符号(两条相交的细实线)表示,如图 6-48 所示。

7. 折断画法

较长的杆件、轴、型材、连杆等沿长度方向的形状一致或者按一定规律变化时，可以折断缩短后绘制，断裂边界线用波浪线或双折线绘制，但必须标注原长，如图 6－49 所示。

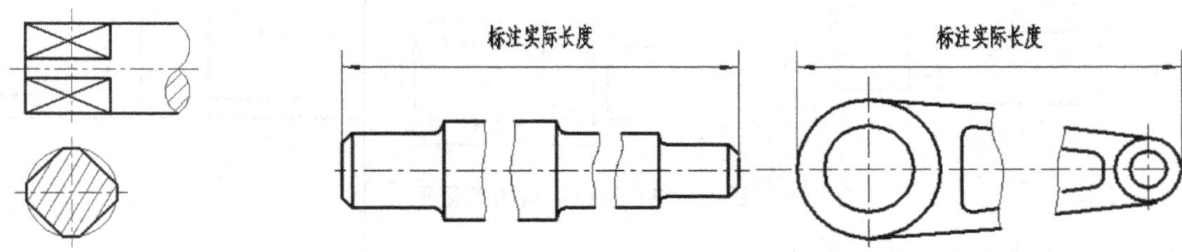

图 6－48　平面的简化画法

图 6－49　较长机件的简化画法

8. 假想画法

在需要表示位于剖切平面的结构时，可以采用假想画法，即该结构的轮廓线采用双点划线绘制，如图 6－50 所示。

9. 网状物和滚花表面的画法

沟槽、滚花等网状结构，一般采用在轮廓线附近示意的方法表达，也可省略不画，但是图中应该注明其具体要求，如图 6－51 所示。

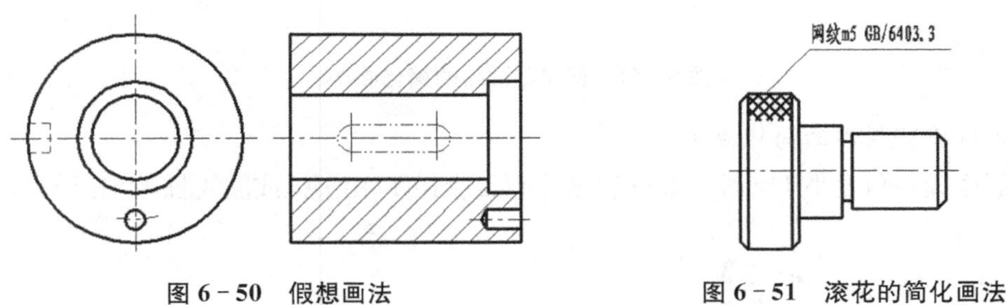

图 6－50　假想画法

图 6－51　滚花的简化画法

10. 机件上小圆角、小倒角的简化画法

机件上的小圆角、小倒角在不至于引起误解时可省略不画，但是必须注明尺寸或在技术要求中加以说明，如图 6－52 所示。

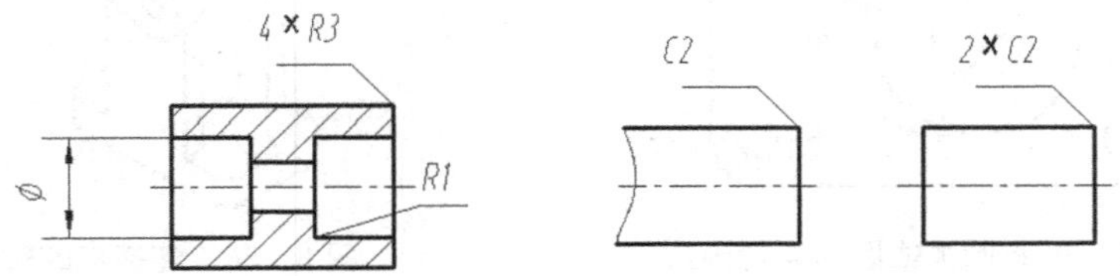

图 6－52　圆角和倒角的简化画法

11. 较小结构的简化画法

对于机件上较小结构及斜度，如果在一个图形中已经表达清楚时，其他视图可以简化画出，如图 6－53 所示。

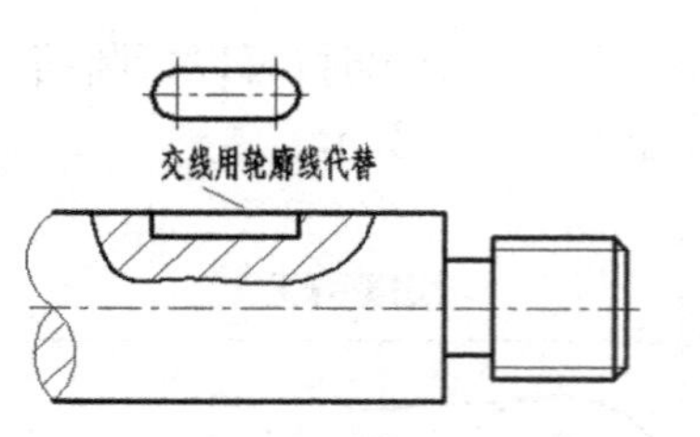

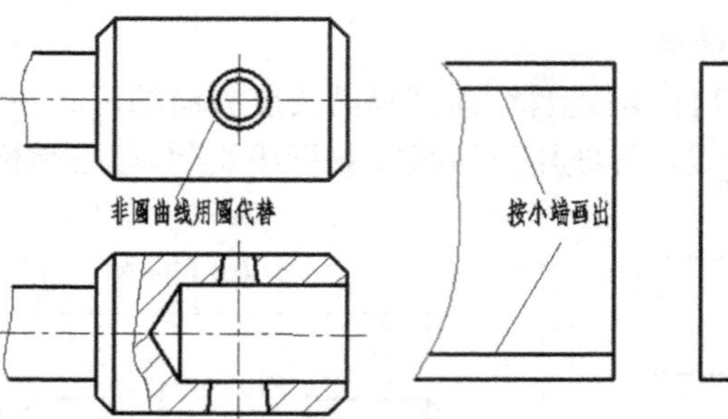

图 6－53 较小结构的简化画法

12. 省略剖面符号的简化画法

在不至于误会的情况下，零件图中的剖面线可以省略，如图 6－54 所示。

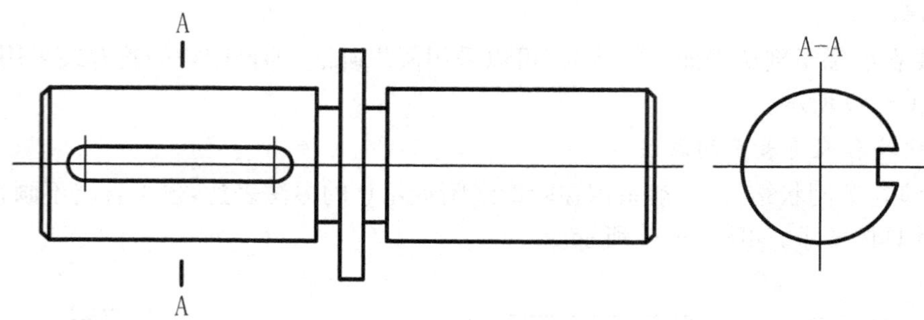

图 6－54 省略剖面线的简化画法

13. 倾斜圆弧或圆的简化画法

与投影面倾斜角度小于或等于 30°的倾斜圆弧或圆可以用圆弧或圆代替，如图 6－55 所示。

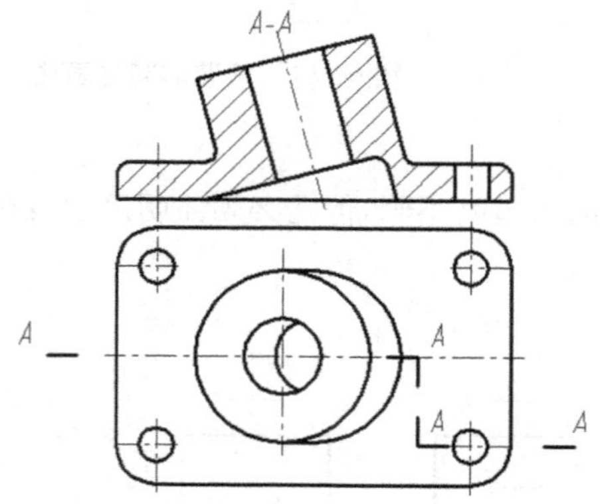

图 6－55 倾斜圆弧或圆的简化画法

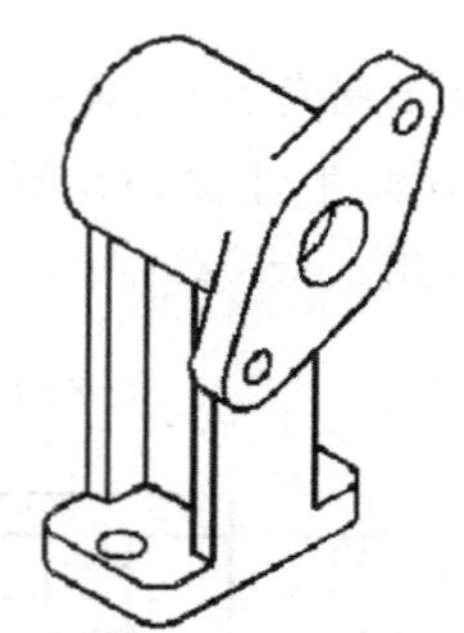

图 6－56 连接座的轴测图

6.6 综合应用举例

绘制机械图样时，应根据机件的具体结构和形状综合运用各种表达方法，在完整清晰地表达机件形状结构的前提下，力求制图简单、看图方便。下面以图 6－56 所示的支架为例进行表达方案的分析。

1. 形体分析

观察支架的立体图，可以看出支架由底板、十字肋板、圆筒和法兰盘组成。

2. 视图的选择

(1) 主视图的选择　主视图选择能够反映机件的结构特征和位置特征的方向作为投影方向，根据该支架的特点，选择与中空圆柱轴线平行的方向作为主视图投影方向。

由于该机件前、后外形复杂，而内形相对简单，因此主视图采取局部剖视，以表达支架法兰盘的形状、法兰盘孔的分布情况、肋板和底板上的孔。

(2) 其他视图的选择　为了同时表达底板形状、底板上孔的分布及十字肋板，俯视图采用 B—B 全剖视图；为表达斜法兰盘孔的实形和圆筒通孔，采用 A—A 斜剖视图；最后为了表达十字肋板和圆筒的连接关系，在左视图采用局部视图，支架的表达方案如图 6－57 所示。

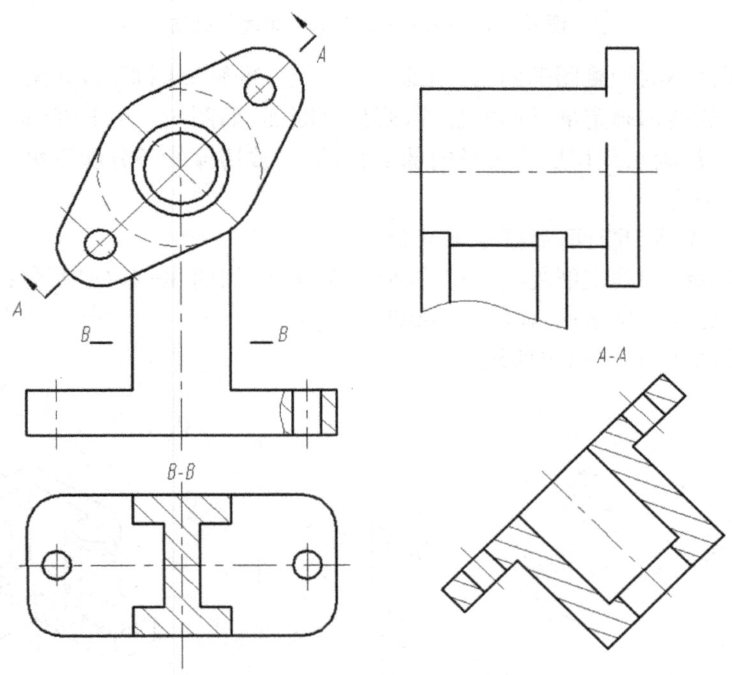

图 6－57　连接座的表达方案

6.7　轴测剖视图

轴测图中，为了表达机件的内部结构，可采用剖切的画法，称为轴测剖视图。

在轴测图中剖切，用两个相互垂直的剖切平面切去 1/4 的方法剖切机件以保证能够清晰地表达出机件的内外形状。

1. 轴测图中剖面线的方向

轴测图中剖面线一律采用等距平行的细实线表示，但相邻剖面方向不同，常用的三种轴测图的剖面线的画法如图 6－58 所示。

2. 轴测剖视图的画法

轴测图有两种画法(以正等测轴测图为例)：

(1) 方法一　先画外形，后画剖视。

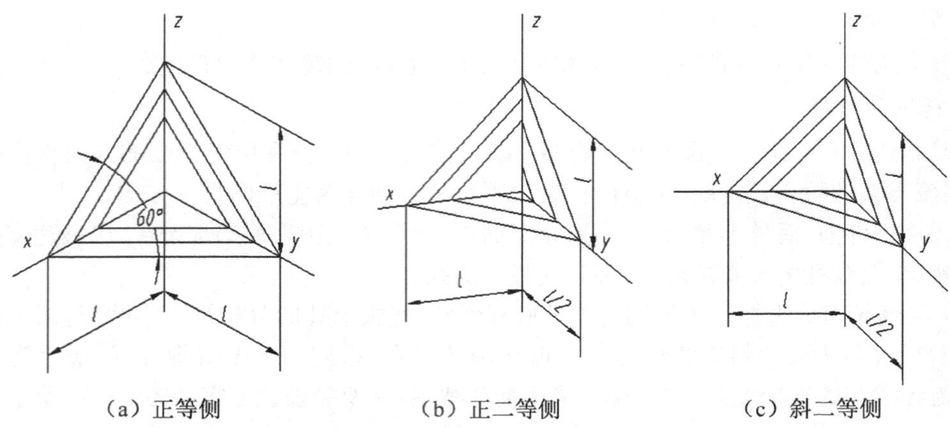

(a) 正等侧　　(b) 正二等侧　　(c) 斜二等侧

图 6-58　轴测剖视图中剖面线的画法

① 按照前面介绍的轴测图的画法,用细实线将机件的轴测图画出,如图 6-59(a)所示;

② 根据机件的结构确定剖视图的位置,画出剖断面,如图 6-59(b)所示;

③ 画出剖面线,画出剖切后的可见内部形状,擦去被切掉的部分和不可见部分,并加深图线,如图 6-59(c)所示。

(2) 方法二　先画剖断面,后画余下部分。

① 根据机件的结构确定剖视图的位置,画出剖断面,如图 6-60(a)所示;

② 画出剖切后的可见结构,如图 6-60(b)所示;

③ 加深图线,如图 6-60(c)所示。

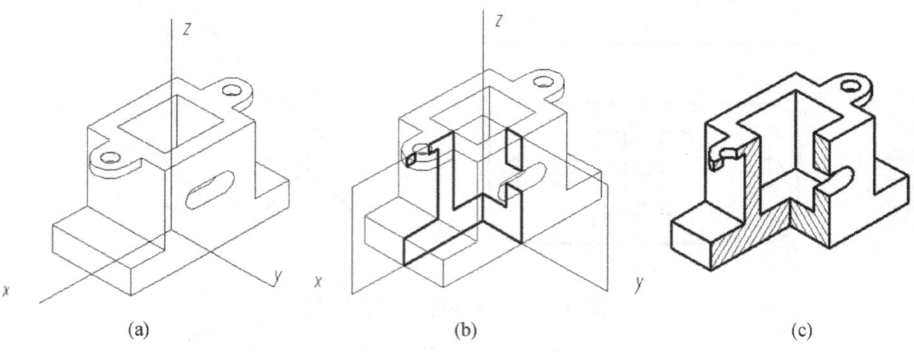

(a)　(b)　(c)

图 6-59　轴测剖视图的画法(1)

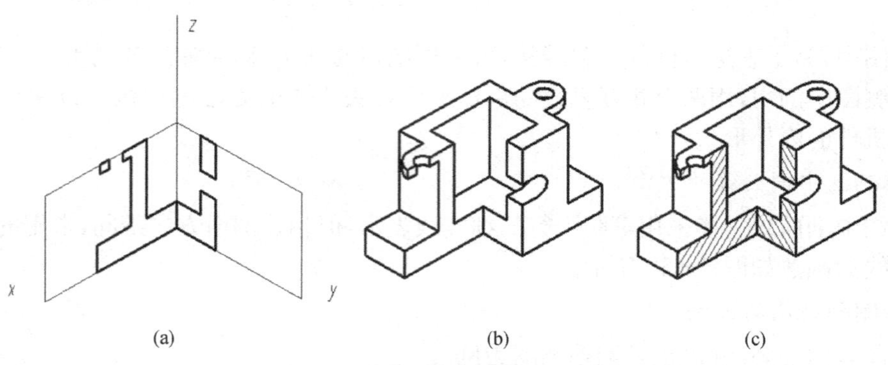

(a)　(b)　(c)

图 6-60　轴测剖视图的画法(2)

方法一步骤清楚，容易入手，适合初学者，方法二能少画线，出图快，绘图者可以自由选择。

6.8 第三角投影简介

6.8.1 第三角投影的概念

在前面章节我们介绍过 H、V、W 三个互相垂直的投影平面将空间分为八个分角，分别称为第Ⅰ角、第Ⅱ角、第Ⅲ角、第Ⅳ角、第Ⅴ角、第Ⅵ角、第Ⅶ角、第Ⅷ角，如图 6-61 所示。

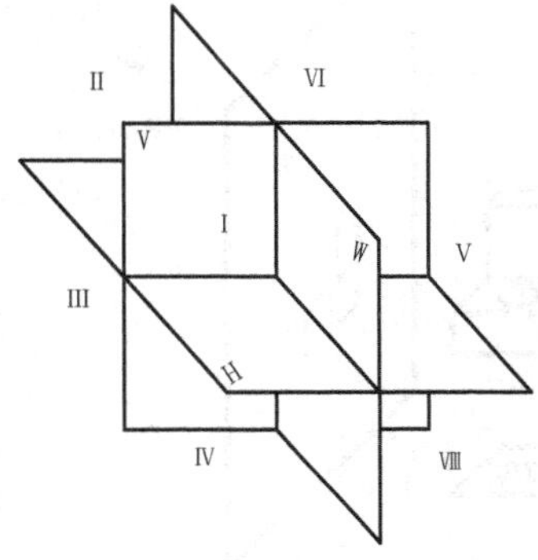

图 6-61 八个分角

第三角投影（也叫第三角画法）是将机件置于第Ⅲ角内，使投影面处于观察者与机件之间而得到正投影的方法。用这种方法画视图，是把投影面假想成透明的来处理，就如同隔着玻璃观察机件而在玻璃上来画它的形状一样，如图 6-62 所示。

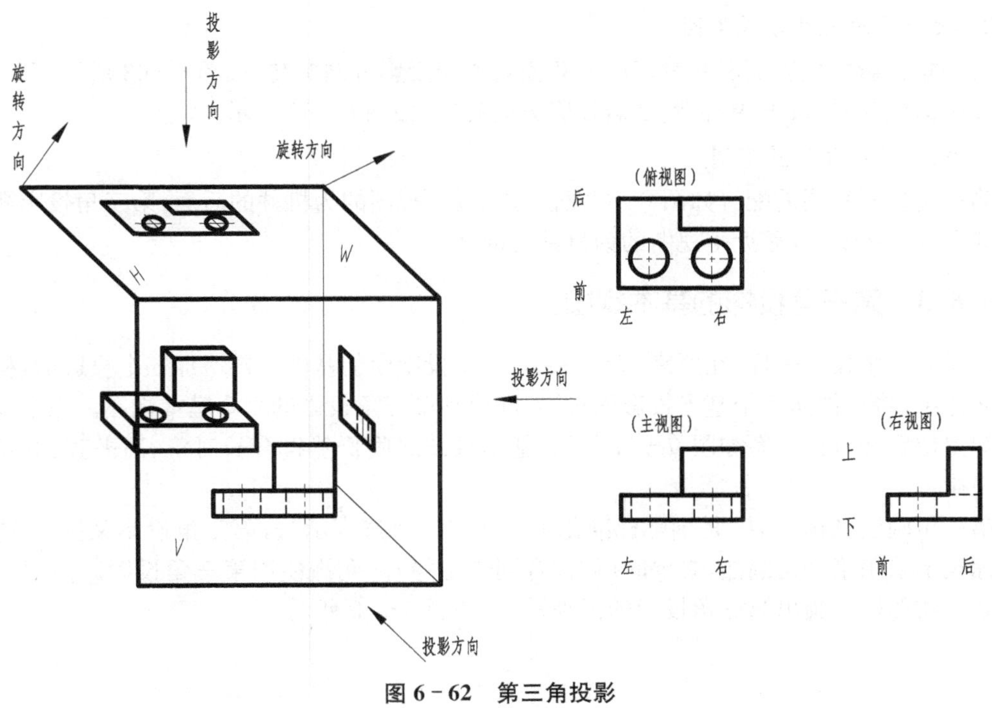

图 6-62 第三角投影

6.8.2 第三角与第一角投影的区别

1. 投影面、机件与观察者的相对位置不同

第一角投影为:观察者—机件—投影面的相对位置关系,如图 6-63 所示;第三角投影为:观察者—投影面—机件的相对位置关系,如图 6-62 所示。

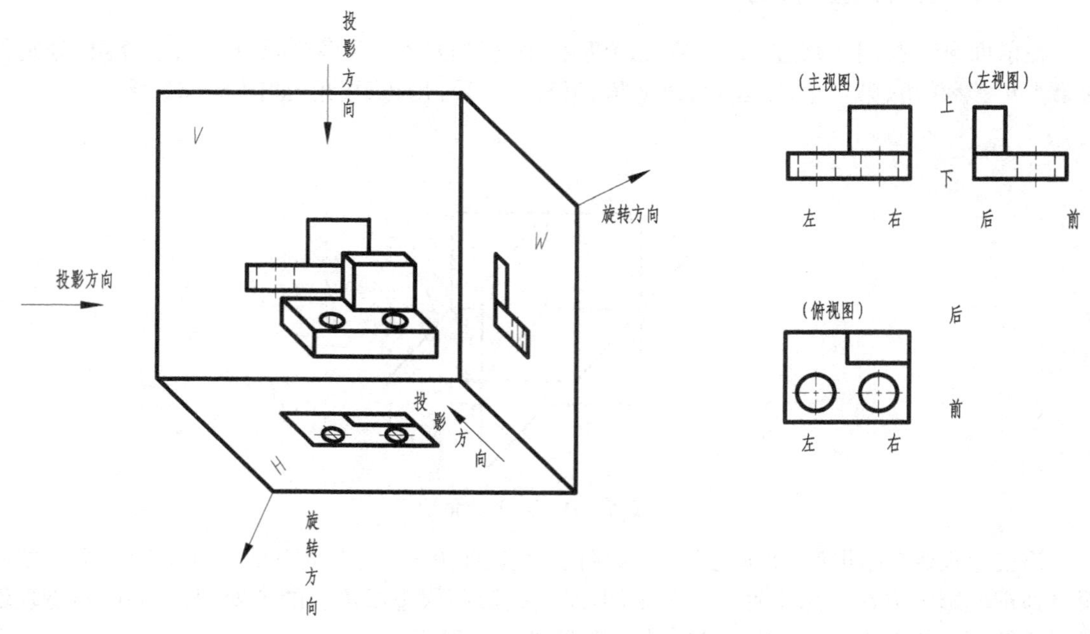

图 6-63 第一角投影

2. 投影面的展开方式不同

第一角投影中投影面展开时,H 与 W 面均顺着投影方向旋转,如图 6-63 所示;第三角投影中投影面展开时,H 与 W 面均逆着投影方向旋转,如图 6-62 所示。

3. 视图的配置位置不同

第一角投影视图的配置如图 6-63 所示,靠近主视图的为机件的后面;第三角投影视图的配置如图 6-62 所示,靠近主视图的为机件的前面。

6.8.3 第三角投影的基本视图

如同第一角投影一样,在原来 H、V 和 W 三个投影面的基础上再增加三个投影面,构成六投影面体系,将机件向六个基本投影面投影,即得到第三角投影的六个基本视图。六个基本视图的配置位置和方位关系如图 6-64 所示,基本视图之间仍然符合长对正、高平齐、宽相等的投影规律。

第一角画法又称 E 法,是国际标准化组织认定的首选表示法,第三角投影又称 A 法。我国国标规定采用第一角画法,必要时(如按合同规定等)才允许使用第三角投影。使用第三角投影必须在图样中画出第三角投影的识别符号,如图 6-65 所示。

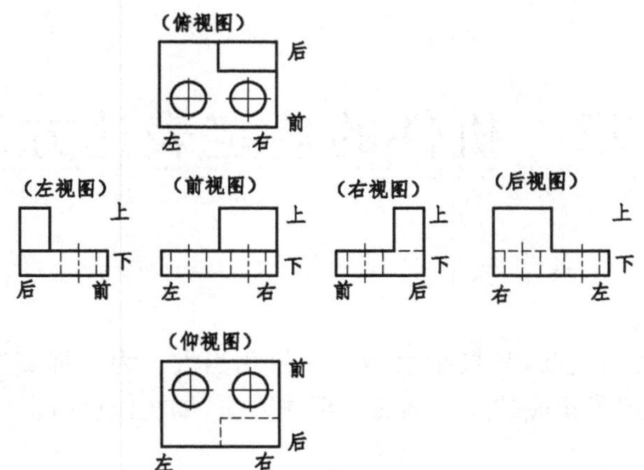

图 6-64　第三角投影六个基本视图的配置位置和方位关系

(a) 第一角投影　　(b) 第三角投影

图 6-65　第一角画法和第三角投影的识别符号

第7章　机件的规定表达方法

不少机件的结构较为复杂，其投影绘制工作量相当大。为了提高绘图效率，缩短设计周期，对这些机件国标制定了相应的规定画法和标注方法，如机械设备上广泛使用的标准件和常用件。

所谓标准件，即是指结构、尺寸等各方面都已经标准化了的零件，如螺钉、螺栓、螺母、键、销等。所谓常用件，即是指部分重要参数已经标准化、系列化的零件，如齿轮、弹簧等。

本章主要介绍螺纹、螺纹紧固件、键、销、齿轮等的规定画法和标记方法。

7.1　螺纹结构

7.1.1　螺纹的形成和要素

1. 螺纹的形成

螺纹是在圆柱或圆锥表面上沿着螺旋线所形成的、具有相同轴向剖面的连续凸起和沟槽。在圆柱或圆锥外表面上形成的螺纹称为外螺纹，在圆柱或圆锥内表面上形成的螺纹称为内螺纹，内、外螺纹一般成对使用。螺纹的加工方法很多，图7-1即为车床上加工圆柱外螺纹和内螺纹的示意图。图7-2为手工加工小直径内螺纹和外螺纹的示意图，其中(a)所示为用板牙加工外螺纹的方法，(b)所示为用钻头和丝锥加工内螺纹的方法。加工内螺纹时，先用钻头钻光孔(光孔的直径即是内螺纹的小径)，再用丝锥攻丝(即攻螺纹)。

(a) 加工外螺纹

(b) 加工内螺纹

图7-1　车床上加工螺纹的方法

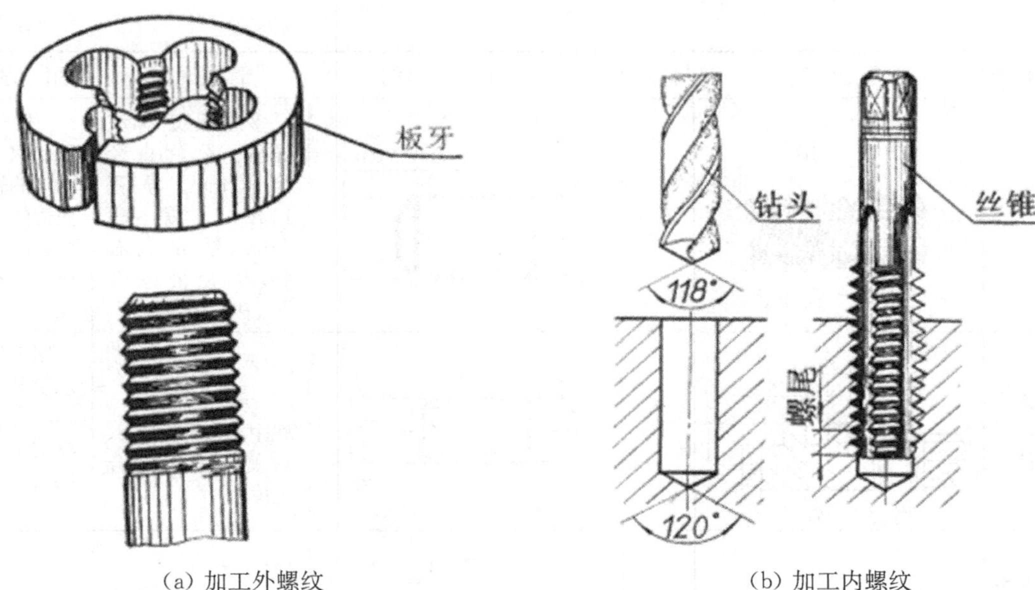

(a) 加工外螺纹　　(b) 加工内螺纹

图 7-2　手工加工小直径螺纹的方法

2. 螺纹要素

(1) 牙型　用一个平面沿螺纹轴线方向剖切,所得到的螺纹轮廓形状称为螺纹牙型,常见的牙型有三角形、梯形、锯齿型等。常用牙型及代号、用途见表 7-1 所示。

表 7-1　常用标准螺纹的牙型及符号

螺纹种类		牙型图例	代号	标记或标注示例	标注说明	用途
	粗牙普通螺纹	60° 牙型为等边三角形	M	M20	粗牙普通螺纹不标注螺距。公称直径为 20 mm,右旋	用于一般机件的连接
	细牙普通螺纹		M	M8×1	细牙普通螺纹要标注螺距。公称直径为 8 mm、螺距为 1 mm、右旋	用于薄壁或精密零件的连接
	非螺纹密封的管螺纹	G1A 牙型为等边三角形	G	G1A	55°英吋制管螺纹。外管螺纹的尺寸代号为 1 英寸,中径公差等级为 A 级,右旋	常用于水管、油管、气管等薄壁管子的连接
	用螺纹密封的管螺纹	55° 牙型为等腰三角形	Rc Rp	Rc$\frac{3}{4}$LH	55°英吋制管螺纹。Rc(圆锥内螺纹),尺寸代号为 3/4 英寸,公差等级只有一种,省略,左旋。另 R(圆锥外螺纹),Rp(圆柱内螺纹)	

(续表)

螺纹种类		牙型图例	代号	标记或标注示例	标注说明	用途
	梯形螺纹	30° 牙型为等腰梯形	Tr	B32×6(P3)	多线螺纹,标注导程。公称直径为 40 mm、导程 14 mm、螺距 7 mm、线数 2、右旋、中径公差带 7e、中等旋合长度	用于承受两个方向的轴向力的场合,如车床的丝杠
	锯齿形螺纹	16 8 Ø20 Ø28 牙型为锯齿形	B	B32×6(P3)	公称直径为 32 mm、导程 6 mm、螺距 3 mm、线数 2、右旋、中等旋合长度	用于只承受单向轴向力的场合,如虎钳、千斤顶
	非标准螺纹			16 8 Ø20 Ø28	应画出部分牙型,并标注尺寸	

(2) 直径　螺纹的直径有三个,分别为大径、小径、中径,如图 7-3 所示。

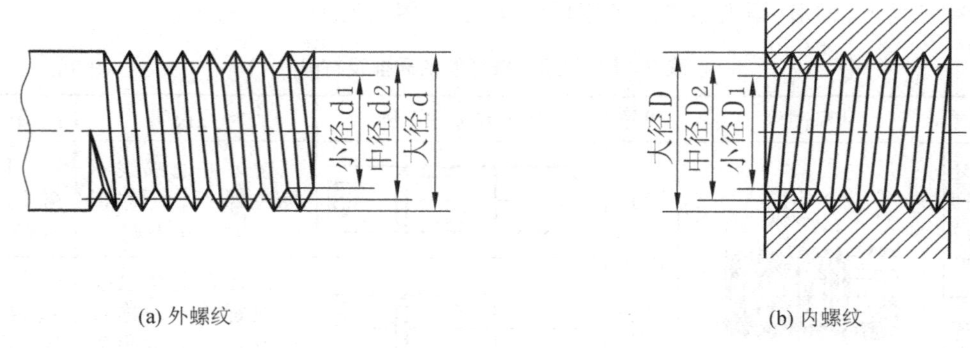

(a) 外螺纹　　(b) 内螺纹

图 7-3　螺纹直径及参数

① 大径(D,d):与外螺纹牙顶或内螺纹牙底相重合的假想圆柱面的直径称为大径,大径即为公称直径。

② 小径(D_1,d_1):与外螺纹牙底或内螺纹牙顶相重合的假想圆柱面的直径称为小径。

③ 中径(D_2,d_2):它是假想圆柱面的直径,即在大径和小径之间,其母线通过牙型上的沟槽和凸起宽度相等之处,这个假想圆柱面的直径称为中径。

④ 线数(n):螺纹有单线和多线之分,沿一条螺旋线所形成的螺纹称为单线螺纹,沿两条或两条以上的螺旋线所形成的螺纹称为多线螺纹。

⑤ 螺距(P)和导程(P_h):相邻两牙在中径线上对应点之间的轴向距离称为螺距,用 P 表示。同一条螺旋线上相邻两牙在中径线上对应点之间的轴向距离称为导程,用 P_h 表示,$P_h = n \times p$,如图 7-4 所示。

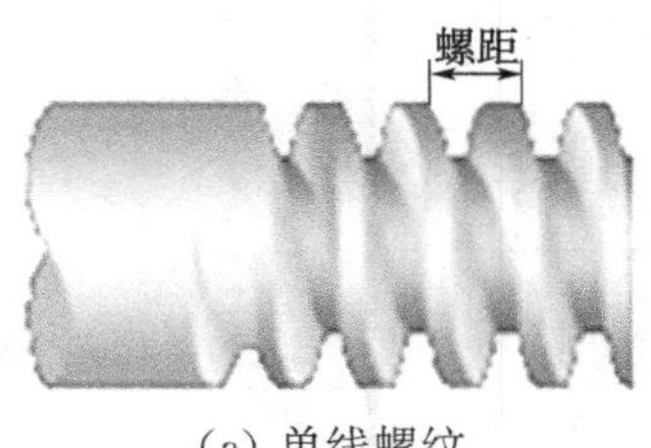

(a) 单线螺纹　　(b) 双线螺纹

图 7-4　螺纹的螺距与导程

⑥ 旋向：螺纹的旋向有左旋和右旋之分。若顺着螺杆旋进的方向观察，顺时针旋转时旋进的螺纹称右旋螺纹，逆时针旋转时旋进的螺纹称左旋螺纹，如图 7-5 所示。工程上常用右旋螺纹。

内、外螺纹旋合时，螺纹的五项要素必须完全相同。如牙型、直径、螺距符合国家标准的螺纹，称为标准螺纹；牙型符合国家标准，直径或螺距不符合国家标准的螺纹，称为特殊螺纹；牙型不符合国家标准的螺纹，称为非标准螺纹。

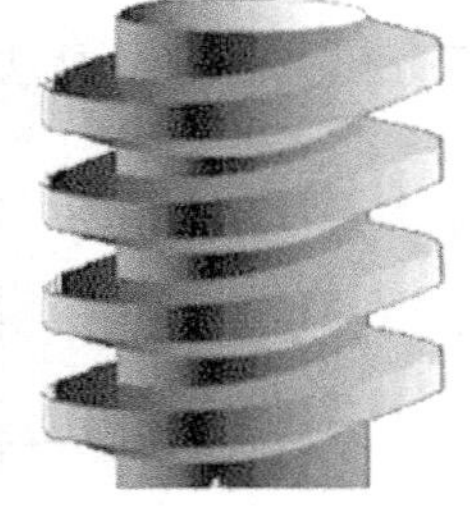

(a) 左旋用LH表示　　(b) 右旋

图 7-5　螺纹的旋向

7.1.2　螺纹的规定画法

1. 外螺纹画法

如图 7-6 所示，螺纹的牙顶(大径线)画粗实线，另一投影画粗实线圆。牙底(小径线)画细实线，另一投影画 3/4 圈细实线圆，螺纹终止线画粗实线。在剖视图中，剖面线应画到粗实线处。

2. 内螺纹画法

如图 7-7 所示，内螺纹(螺孔)一般应画剖视图，画剖视图时，牙顶(小径)画粗实线，另一投影画粗实线圆。牙底(大径)画细实线，另一投影画 3/4 圈细实线圆。对于未剖开、不可见的内螺纹，应画成虚线，如图 7-8 所示。

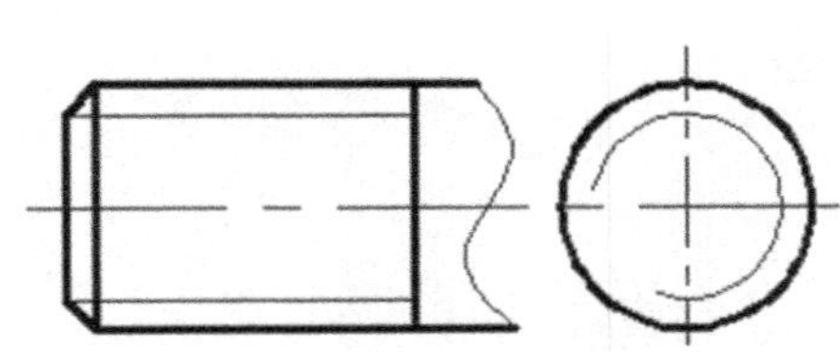

图 7-6　外螺纹规定画法

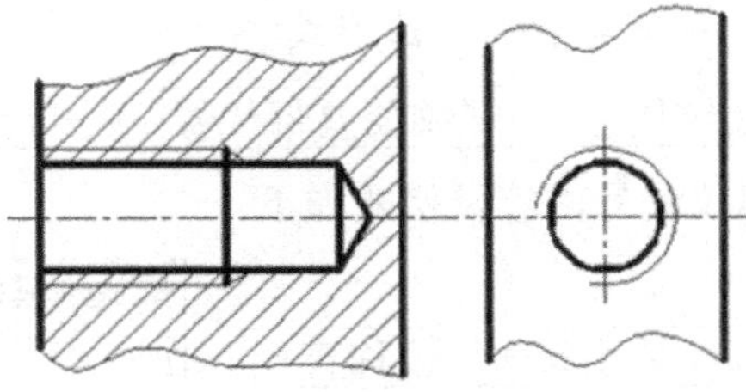

图 7-7　内螺纹规定画法

注意　① 对于不穿孔螺纹，钻孔顶端应画成 120°，钻孔余量常取为 $0.5D$。

② 倒角圆省略不画。

3. 内、外螺纹的连接画法

如图 7-9 所示，在绘制螺纹连接的剖视图时，其连接部分应按外螺纹的画法绘制，其余的

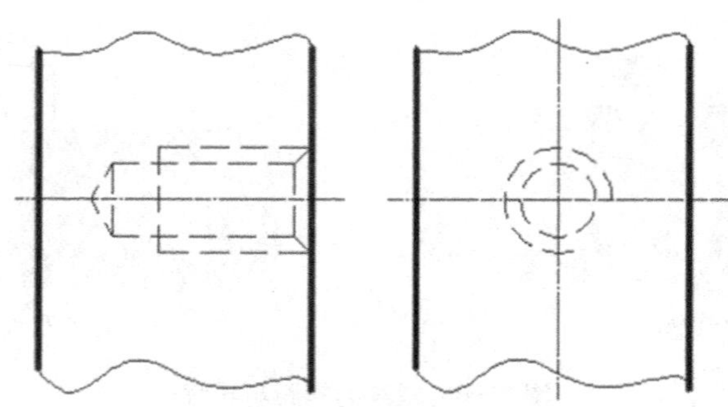
图 7-8　不可见内螺纹画法

部分仍按各自的画法绘制。画图步骤:

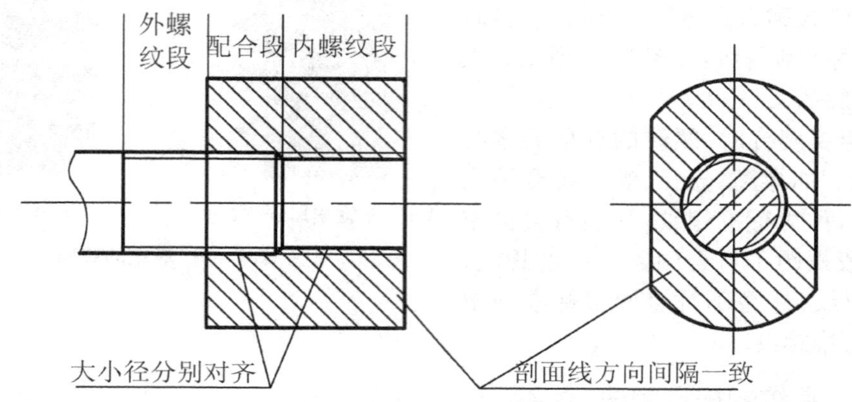

图 7-9　内外螺纹的配合画法

① 先画外螺纹;

② 再确定内螺纹的端面位置;

③ 最后画内螺纹及其余部分投影。

注意　① 大小径分别对齐;

② 剖面线画到粗实线为止。

7.1.3　螺纹的标注方法

1. 标准螺纹的标注形式

[螺纹代号]—[螺纹公差带代号]——[旋合长度代号]

螺纹代号内容及格式如下:

[螺纹牙型符号] [公称直径]×[螺距(单线时) 或 导程(*P* 螺距)(多线时)] [旋向]

① 当为右旋螺纹时,"旋向"省略标注,左旋螺纹用" LH "表示。

② 粗牙普通螺纹,螺距省略标注。

③ 螺纹公差带代号:螺纹公差带代号是由表示其大小的公差等级数字和表示其位置的字母组成(内螺纹用大写字母,外螺纹用小写字母),应该标注出螺纹的中径公差与顶径公差。若螺纹的中

径公差带与顶径公差带的代号相同(顶径指外螺纹的大径和内螺纹的小径),则只标一个公差带,如6H、5g等。若螺纹的中径公差带与顶径公差带的代号不同,则应分别标注,如4H5H、5h6h等。

④ 梯形螺纹、锯齿形螺纹只标注中径公差带代号。

⑤ 旋合长度代号:螺纹旋合长度是指两个相互配合的螺纹,沿螺纹轴线方向相互旋合部分的长度(螺纹端倒角不包括在内)。普通螺纹旋合长度分短(S)、中(N)、长(L)三组,梯形螺纹分N、L两组。当旋合长度为N时,省略标注。必要时,也可用数值注明旋合长度。

常用螺纹的种类、标记、标注方法及用途见表7-1所示。

2. 特殊螺纹的标注

如图7-10所示,特殊螺纹的标注应在牙型符号前加注"特"字,并注出大径和螺距。

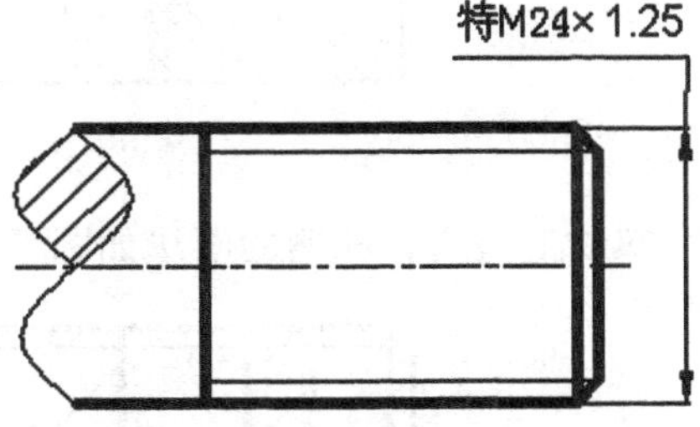

图7-10 特殊螺纹的标注方法

3. 非标准螺纹的标注

见表7-1所示,应注出螺纹的大径、小径、螺距和牙型尺寸。

7.1.4 螺纹的局部结构

1. 螺纹的端部

如图7-11所示,为了便于内、外螺纹装配和防止端部螺纹损伤,在螺纹端部常加工出倒角(C=45°或60°)、倒圆等。

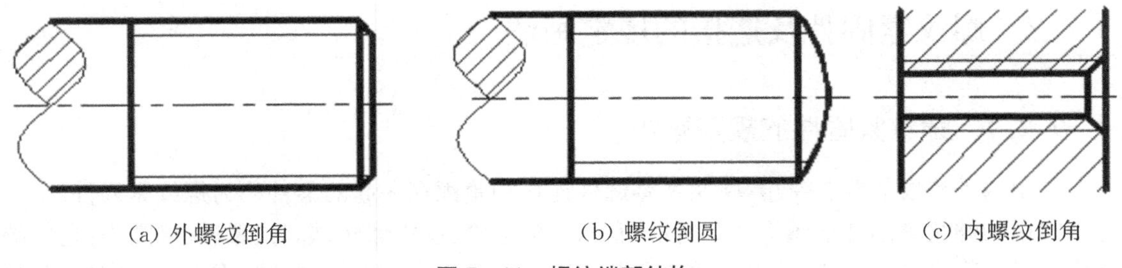
(a) 外螺纹倒角 (b) 螺纹倒圆 (c) 内螺纹倒角

图7-11 螺纹端部结构

2. 螺纹的螺尾和退刀槽

如图7-12(a)所示,在用车削方法加工螺纹时,刀具临近螺纹末尾时要逐渐离开工件,因而螺纹收尾部分的牙型是不完整的,这一段不完整的收尾部分称为螺尾。为了便于退刀或不产生螺尾,在螺纹终止处,可先加工出退刀槽,再加工螺纹,如图7-12(b)、(c)所示。

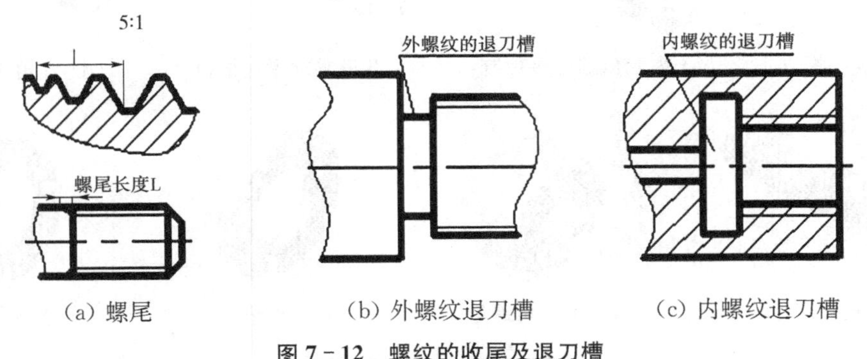

(a) 螺尾 (b) 外螺纹退刀槽 (c) 内螺纹退刀槽

图7-12 螺纹的收尾及退刀槽

7.1.5 螺纹孔相贯线的画法

如图 7－13 所示，两螺纹孔或螺纹孔与光孔相贯时，其相贯线按螺纹的小径画出。

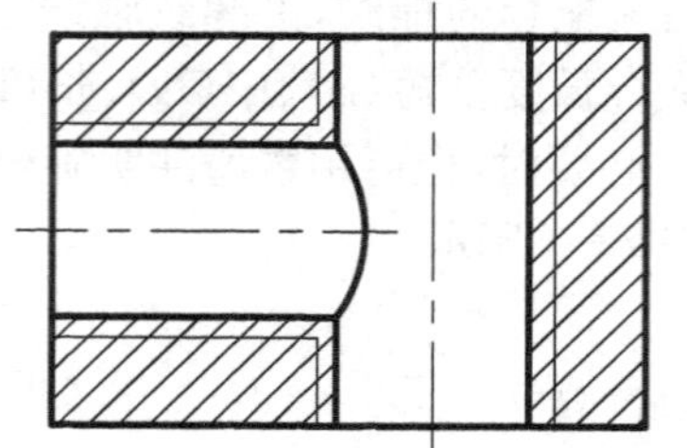
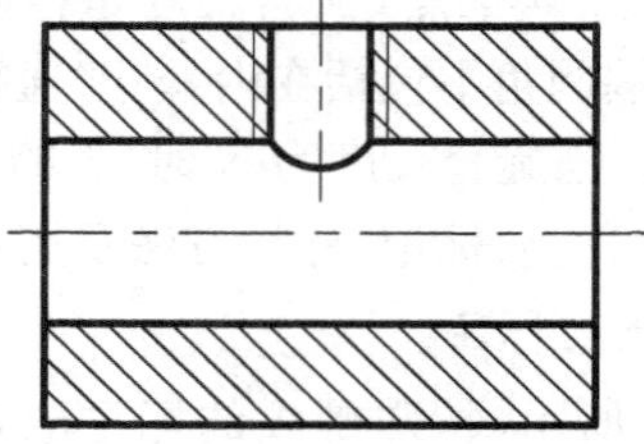

图 7－13 螺纹孔相贯线的画法

螺纹上有通孔和槽的画法如图 7－14 所示。

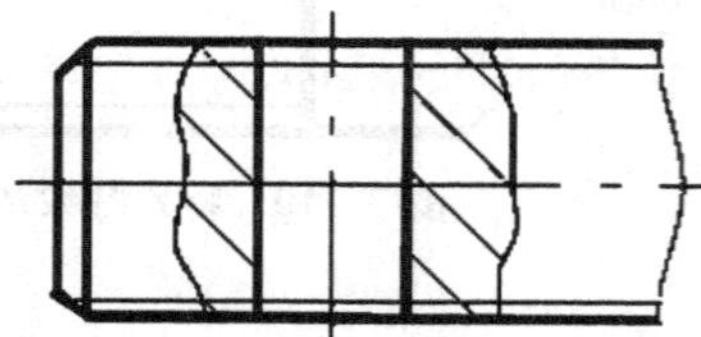
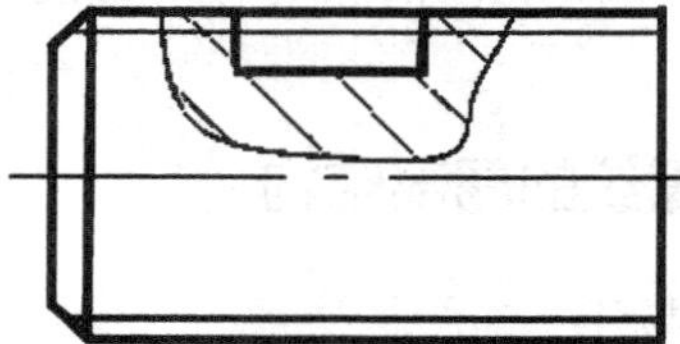

图 7－14 有通孔和槽的螺纹画法

7.2 螺纹紧固件及连接的规定画法

7.2.1 螺纹紧固件的规定画法

利用内外螺纹的旋合作用，将某些零部件连接和紧固在一起的零件称为螺纹紧固件。

常用的螺纹紧固件如图 7－15 所示，有六角头螺栓、双头螺柱、螺钉、螺母、垫圈等，它们的结构和尺寸都已经标准化，并由有关专业分工工厂大量生产。根据螺纹紧固件的规定标记，从有关的国标中可以查出其结构和尺寸。

(a) 开槽盘头螺钉

(b) 内六角圆柱头螺钉

(c) 开槽锥端紧定螺钉

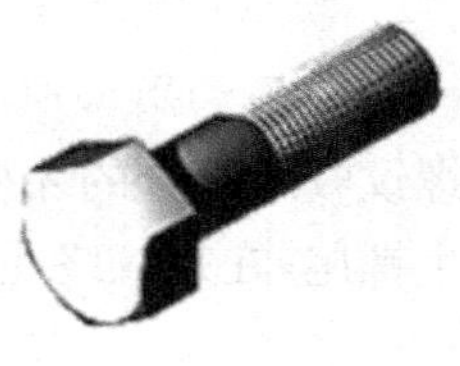

(d) 六角头螺栓

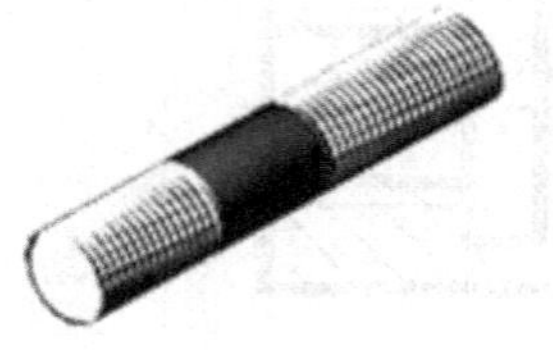

(e) 双头螺柱

(f) 六角螺母

(g) 平垫圈

(h) 弹性垫圈

图 7－15 螺纹紧固件

1. 螺纹紧固件的标记

常用螺纹紧固件的标记有完整标记和简化标记。

例如，螺纹公称直径 d＝M12，公称长度 l＝80 mm，性能等级为 8.8 级，表面氧化的 A 级六角头螺栓。其完整标记为：

螺栓 GB/T 5782—2000　M12×80－8.8－A－O

其简化标记为：

螺栓 GB/T 5782—2000　M12×80

还可进一步简化为：

螺栓 GB/T 5782　M12×80

工程中，螺纹紧固件的标记一般格式为：

[名称]　[标准编号]×[螺纹规格]　[公称长度]

(1) 螺栓 GB/T 5782—2000

M16×80 表示普通粗牙螺纹、公称直径为 16 mm、公称长度为 80 mm、C 级的六角头螺栓，见附表 5。

(2) 螺柱 GB/T 897—1988

M10×50 表示两端均为普通粗牙螺纹、公称直径为 10 mm、公称长度为 50 mm、B 型、旋入端长度为 $b_m=d$ 的双头螺柱，见附表 6。

(3) 螺钉 GB/T 65—2000

M10×60 表示公称直径为 10 mm、公称长度为 60 mm 的开槽圆柱头螺钉，见附表 7。

(4) 螺母 GB/T 6170—2000

M12 表示普通粗牙螺纹、公称直径为 12 mm 的Ⅰ型六角螺母，见附表 12。

(5) 垫圈 GB/T 97.1—2002

12 表示公称尺寸为 12 mm、不带倒角的平垫圈，见附表 13。

2. 螺纹紧固件的画法

螺纹紧固件的画法有三种。

(1) 规定画法

根据螺纹紧固件标记，从相应的国家标准中查出螺纹紧固件各部分的尺寸，按尺寸画图。

(2) 比例画法

为了提高绘图效率，可将螺纹紧固件各部分尺寸都按其与螺纹公称直径(d 或 D)的一定比例近似画图，如图 7-16 所示，六角螺栓头部和六角螺母头部各部分尺寸及其表面交线(用圆弧近似表示)都以与螺纹大径 d 的比例关系画图，如图 7-16(a)、(b)所示，其中螺栓头部的厚度取 0.7d。螺柱按图 7-16(c)所示尺寸画。开槽螺钉和沉头螺钉各部分尺寸按图 7-16(d)所示画。平垫圈的厚度取 0.15d，弹性垫圈的厚度取 0.25d，其余按与 d 的比例画，如图7-16(e)、(f)所示。同一个公称直径螺纹件，连接零件的孔分为通孔与不通孔，其直径是不一样的，如图 7-16(g)、(h)所示。

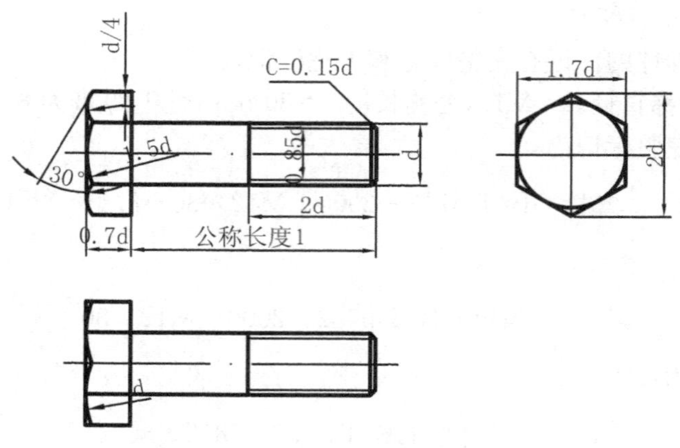

(a)螺栓比例画法

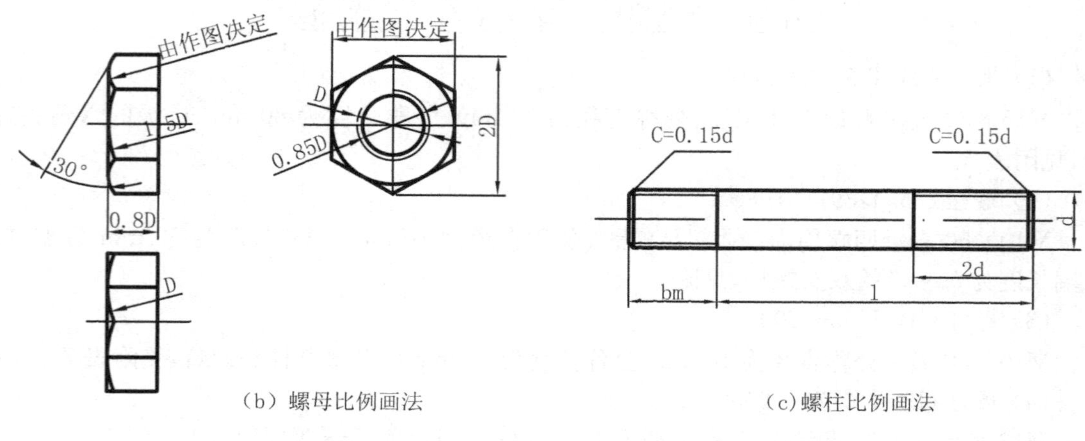

(b) 螺母比例画法

(c)螺柱比例画法

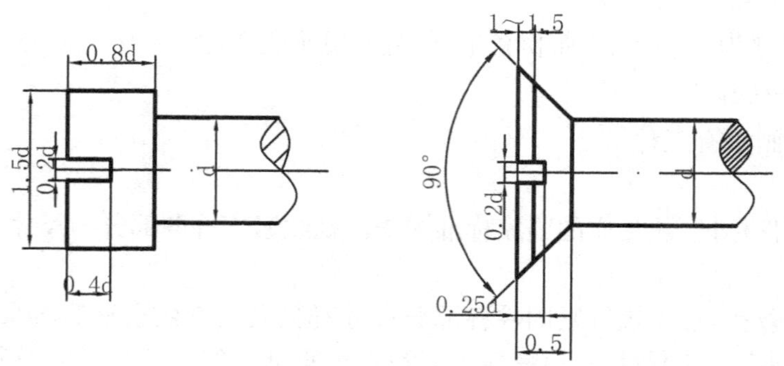

(d)开槽螺钉和沉头螺钉的比例画法

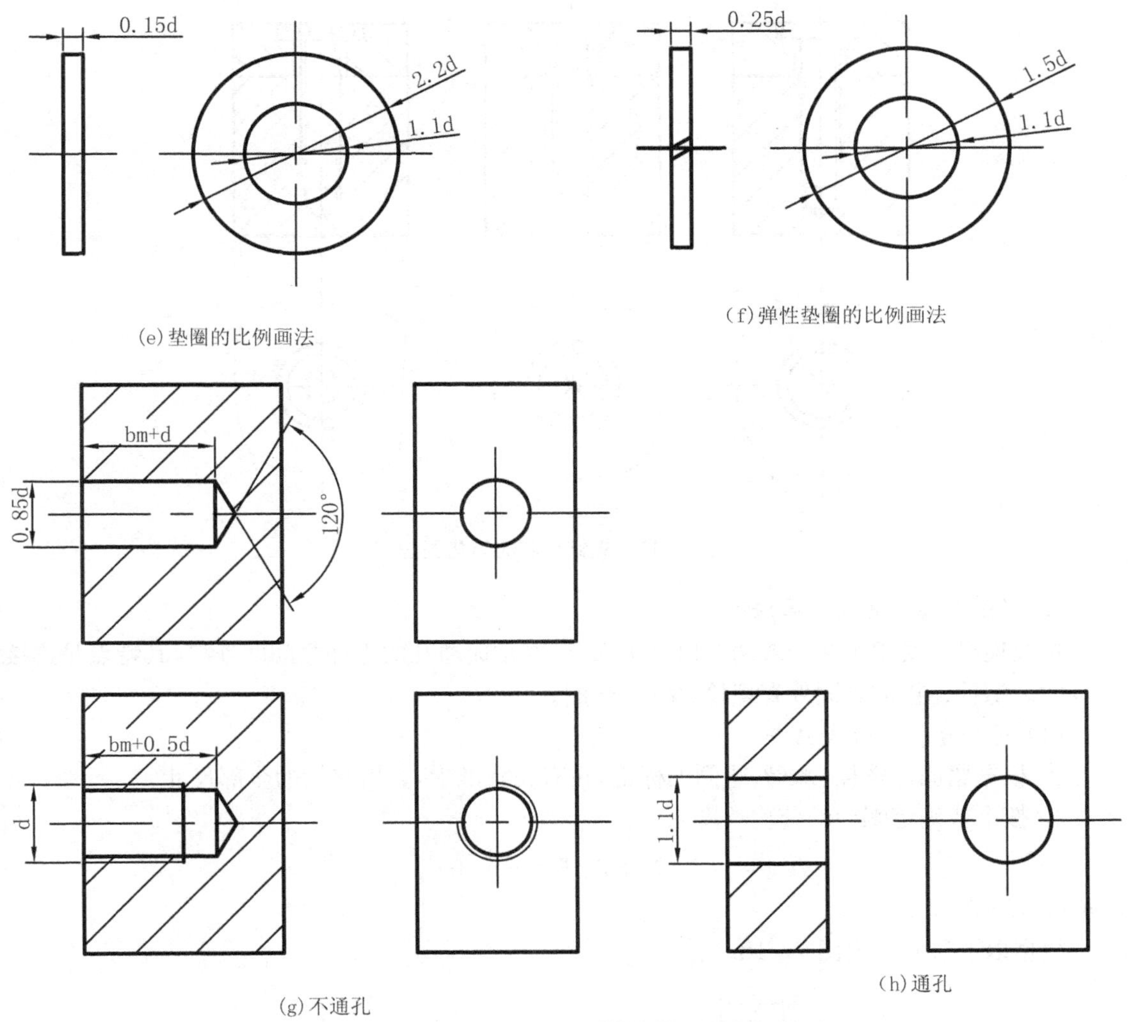

(e)垫圈的比例画法

(f)弹性垫圈的比例画法

(g)不通孔

(h)通孔

图 7-16 单个螺纹紧固件的比例画法

(3) 简化画法

在装配图中,螺纹紧固件的工艺结构,如倒角、退刀槽、缩颈、凸肩等均可省略不画。常用的螺栓、螺钉的头部及螺母等也可简化画图。图 7-17 即为螺钉头部的简化画法。

7.2.2 螺纹紧固件连接的画法

螺纹连接通常有螺栓连接、双头螺柱连接、螺钉连接等,一般采用比例画法或简化画法画螺纹连接图。在画螺纹连接图时,应遵守下列规定:

① 两零件的接触表面画一条线,不接触表面画两条线。

② 相邻两零件的剖面线应相反,或方向相同但间隔明显不一样,但同一个零件在各个视图中的剖面线的方向和间隔应一致。

③ 在剖视图中,若剖切平面通过螺纹紧固件的轴线时,这些紧固件按不剖绘制。必要时可采用局部剖视。

在装配图中,也可以采用如图 7-17 所示的简化画法。

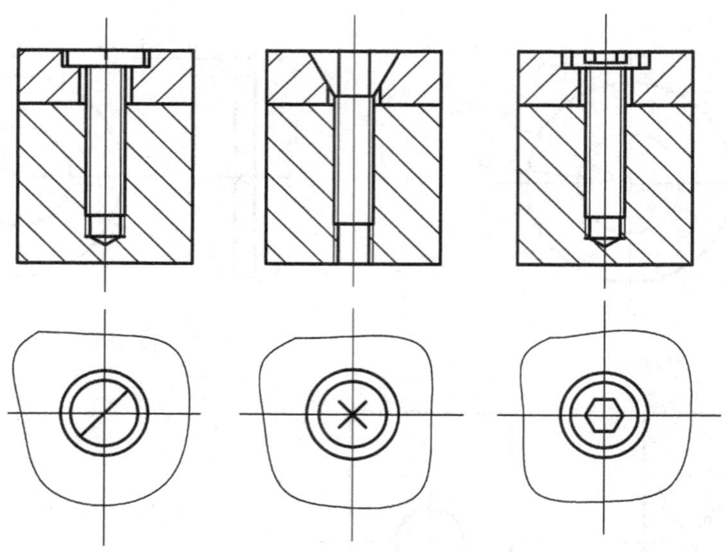

图 7－17　螺钉头部的简化画法

1. 螺栓连接及其连接画法

螺栓连接主要用于两个或两个以上不太厚、并钻成通孔的零件之间的连接，其特点是连接力较大。螺栓连接的紧固件有螺栓、螺母、垫圈。

(1) 螺栓连接的查表画法

① 根据紧固件螺栓、螺母、垫圈的标记，在有关标准中，查出它们的全部尺寸。

② 按下式确定螺栓的公称长度 l：

$$l \geqslant \delta_1 + \delta_2 + h + m + a,$$

a 取 $0.2d \sim 0.4d$。

根据以上尺寸画出图 7－18。

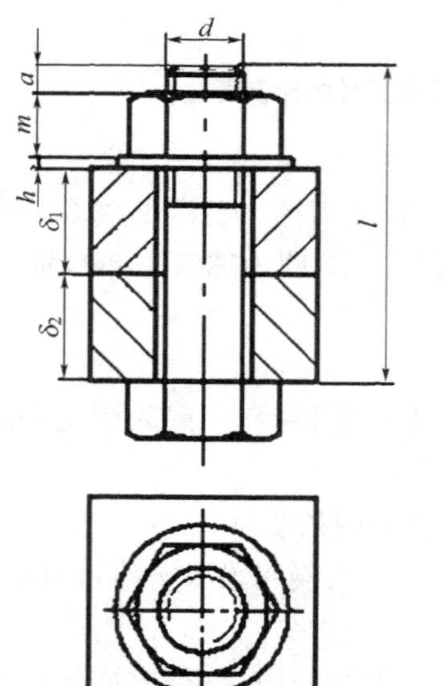

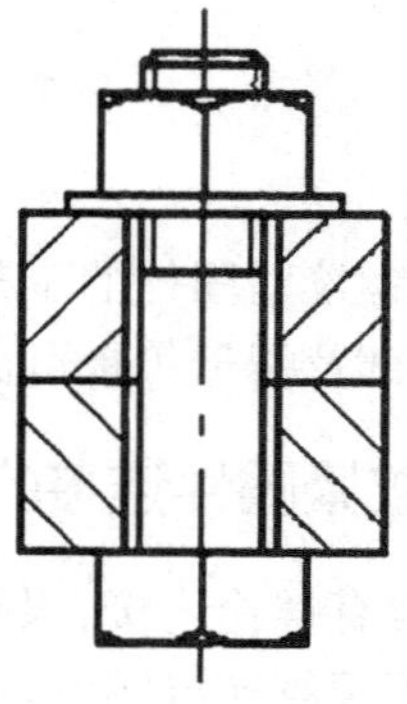

图 7－18　螺栓的连接画法

(2) 螺栓连接的比例画法

为了提高画图速度,螺栓连接可按比例关系画图,主要以螺栓公称直径为依据,但不得把按比例关系计算的尺寸作为螺纹紧固件的尺寸进行标注,如图 7-19 所示。

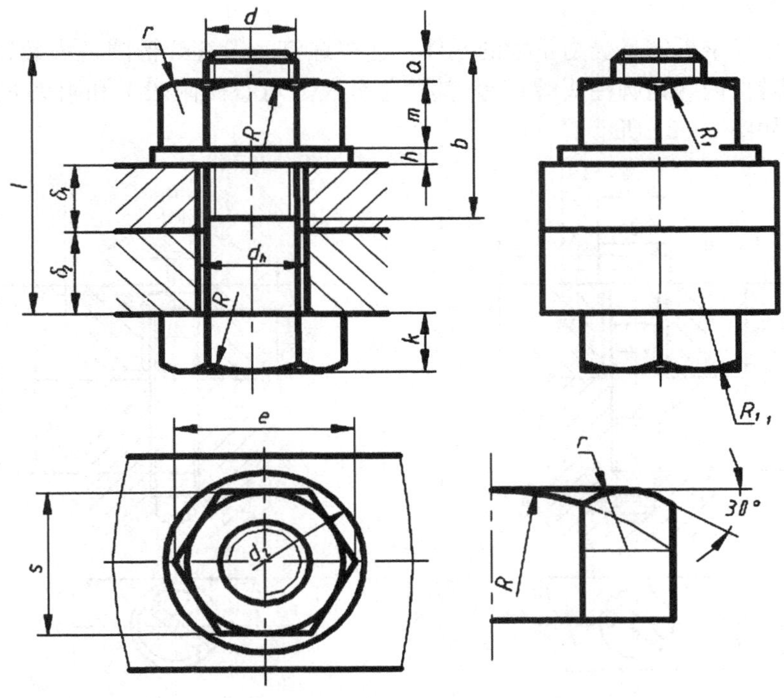

图 7-19　螺栓连接的比例画法

(3) 螺栓连接的简化画法

在装配图中,螺栓连接常采用如图 7-20 所示的简化画法。

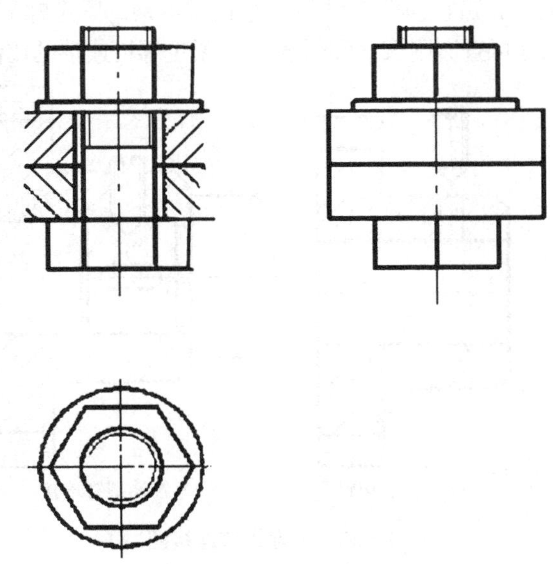

图 7-20　螺栓连接的简化画法

2. 螺钉连接及其画法

螺钉连接多用于受力不大的零件之间的连接，螺钉通常一端为螺纹，另一端为头部。按用途分，螺钉可分为连接螺钉和紧定螺钉两类。

(1) 连接螺钉

用于连接不经常拆卸且受力不大的零件。连接螺钉一般有开槽圆柱头螺钉、开槽沉头螺钉、开槽盘头螺钉、内六角圆柱头螺钉等，其各部分尺寸可查阅附表 7 和附表 8。连接螺钉头部的比例画法如图 7－21 所示。

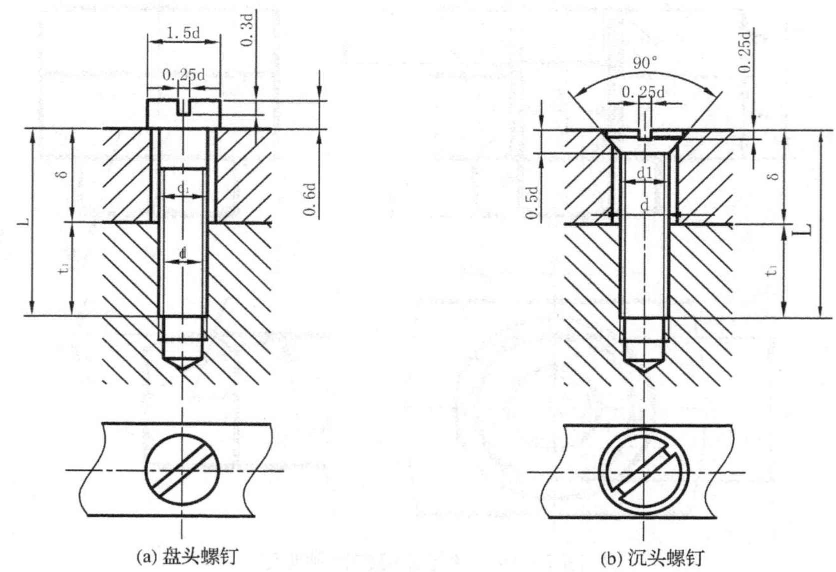

图 7－21　螺钉的比例画法

(2) 紧定螺钉

用于固定两个零件的相对位置，使两零件不产生相对运动。紧定螺钉一般有锥端紧定螺钉及平端紧定螺钉，其各部分尺寸可查阅附表 9 和附表 10。紧定螺钉连接的比例画法如图7－22 所示。

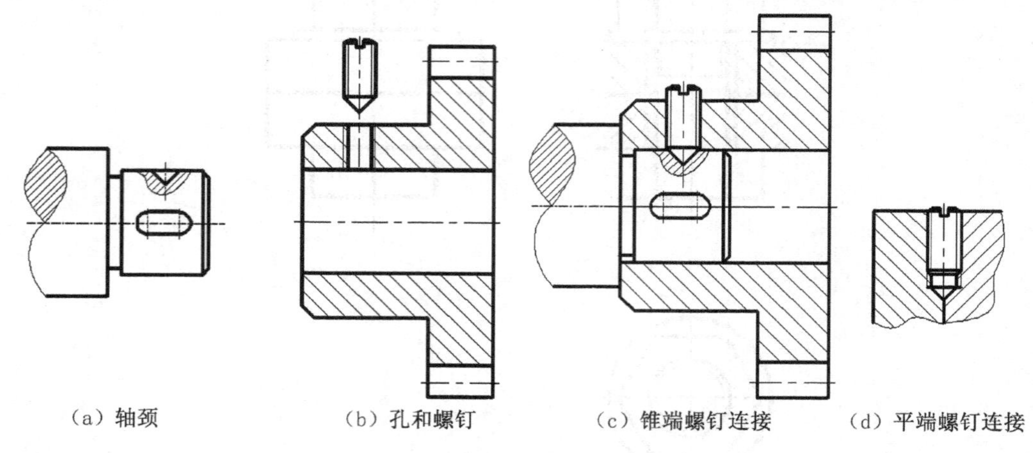

(a) 轴颈　(b) 孔和螺钉　(c) 锥端螺钉连接　(d) 平端螺钉连接

图 7－22　紧定螺钉连接图

(3) 画螺钉连接图时应注意的问题

① 由于螺钉旋入时其螺纹部分不全部旋入螺孔，一般螺钉杆上的螺纹长度大于旋入深

度，或采用全部螺纹，因此螺钉的螺纹终止线在图中不应与螺孔的孔口平齐，而应高出孔口。

② 螺钉头部的开槽，按粗实线绘制，在反映螺钉轴线的视图上，螺钉头部槽口应画成垂直于投影面，并在俯视图中画成与水平线成 45°角。若槽宽不大于 2 mm，则应将开槽涂黑。

③ 在装配图中，不穿通的螺纹孔可不画出钻孔深度，只画有效螺纹部分的深度（不包括螺尾）即可，如图 7－21 所示。

3. 双头螺柱连接画法

双头螺柱连接常用的紧固件有双头螺柱、螺母、垫圈。双头螺柱两端都有螺纹，用于旋入被连接零件螺孔的一端，称为旋入端；用来拧紧螺母的另一端称为紧固端。螺柱连接一般用于被连接件之一较厚，不适合加工成通孔且要求连接力较大的情况，或因拆卸频繁不宜使用螺钉连接的场合。

双头螺柱旋入端的长度 b_m 由带螺孔的被连接件的材料确定，对于钢材、青铜零件取 $b_m=d$（GB/T 897—1998）；铸铁零件取 $b_m=1.25d$（GB/T 898—1988）；材料介于铸铁和铝之间的零件取 $b_m=1.5d$（GB/T 899—1988）；铝合金、非金属材料零件取 $b_m=2d$（GB/T 900—1988）。

双头螺柱连接一般采用比例画法，如图 7－23 所示，先在较厚的零件 2 上加工出螺纹孔，其尺寸如图(a)所示，在较薄的零件 1 上加工出光孔（即通孔），然后将螺柱的旋入端旋入较厚的零件 2 中，旋入端应全部旋入，其螺纹终止线应画成与被连接件的接触表面相重合。再将螺柱的紧固端穿过较薄零件 1 上的光孔，套上垫圈，用螺母旋紧。

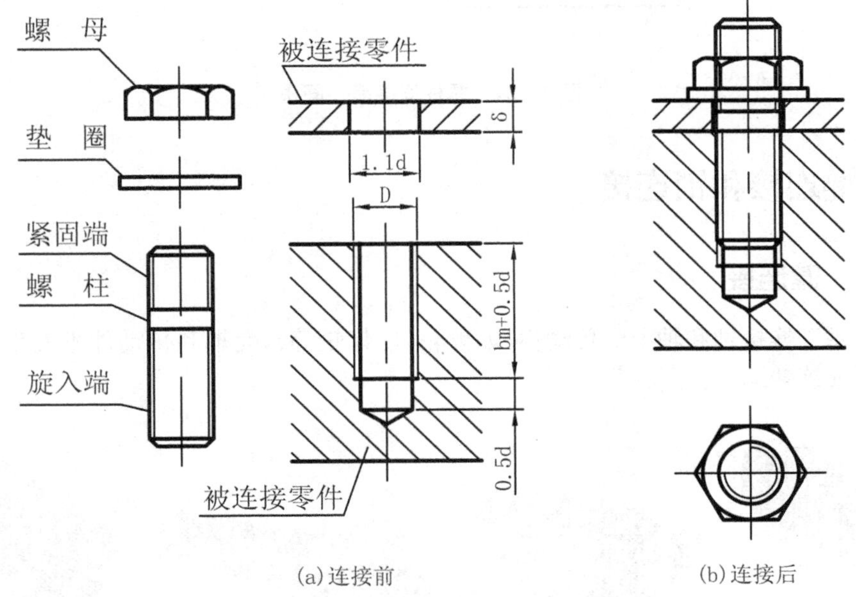

(a) 连接前　　(b) 连接后

图 7－23　螺柱连接的比例画法

双头螺柱的型式、尺寸可查阅附表 6。其规格尺寸为螺纹直径 d 和有效长度 l，确定长度 l 时，可按下式计算：

$$l=\delta+h+m+a。$$

式中：δ——被连接件厚度；

h——垫圈厚度；

m——螺母厚度；

a——螺柱紧固端露出螺母的高度(一般可按 $0.2d \sim 0.3d$ 取值)。

根据上式算出的 l 值，查附表 6 中螺柱的有效长度 l 的系列值，选择接近的标准数值。

在装配图中，螺柱连接按如图 7-24 所示的简化画法画。

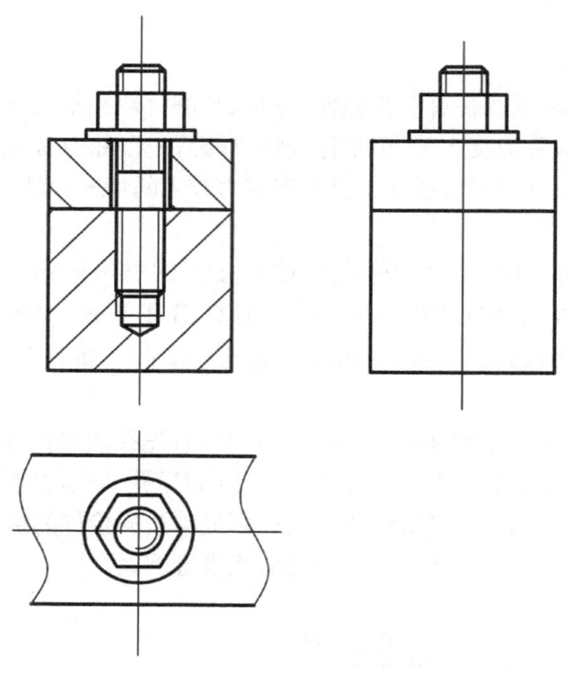

图 7-24　螺柱连接简化画法

7.3　键连接和销连接

7.3.1　键连接

键通常用于连接轴和轴上的传动件(如齿轮、皮带轮等)，使轴和传动件不发生相对转动，以传递扭矩或旋转运动。

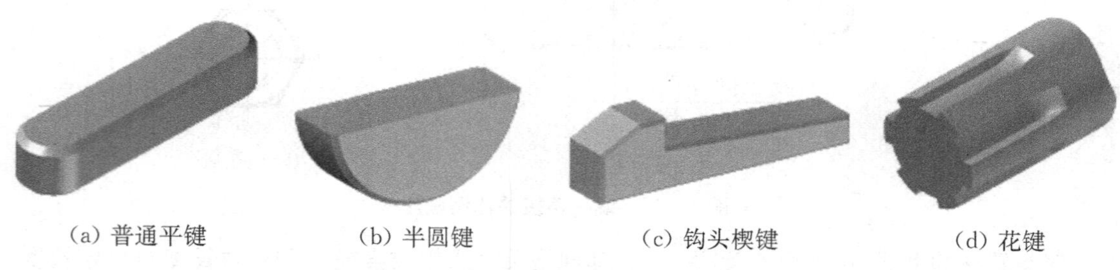

(a) 普通平键　(b) 半圆键　(c) 钩头楔键　(d) 花键

图 7-25　键的种类

1. 键的种类、型式、标记

键是标准件，可根据有关标准选用。常用键的型式有：普通平键、半圆键、钩头楔键和花键，如图 7－25 所示。其中普通平键应用最广，按形状可分为 A 型(圆头)、B 型(方头)、C 型(单圆头)三种，其形状和尺寸如图 7－26 所示。在标记时，A 型平键省略“A”字，而 B 型、C 型应标出“B”或“C”字。

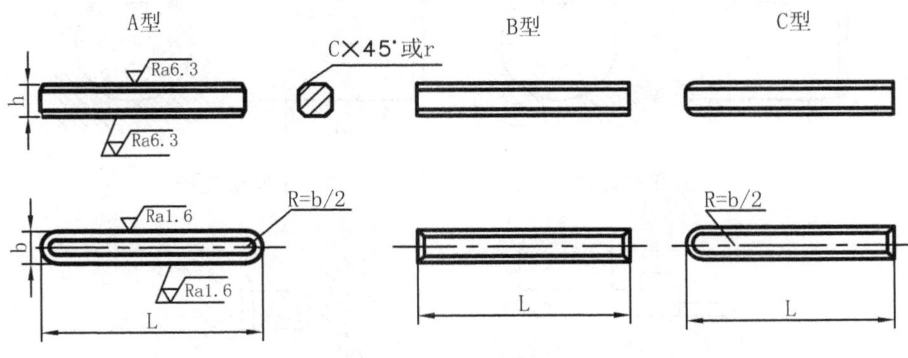

图 7－26　键的型式

例如，b=16 mm、h=10 mm、l=90 mm 的圆头普通平键，应标记为：

键　16×90　GB/T 1096—1979

又如，b=16 mm、h=10 mm、l=90 mm 的方头普通平键，应标记为：

键　B16×90　GB/T 1096—1979

而半圆键的标注方法为：键 $b \times d_1$ GB/T 1099—1979

钩头楔键的标注方法为：键 $b \times l$ GB/T 1565—1979

键的型式、尺寸可查阅附表 15、附表 16。

2. 轴和轮毂上键槽的画法和尺寸标注

键的一部分安装在轴的键槽内，另一凸出部分则嵌入轮毂槽内，将两个零件连接成一体。轴的键槽及轮毂槽的画法和尺寸标注如图 7－27 所示。

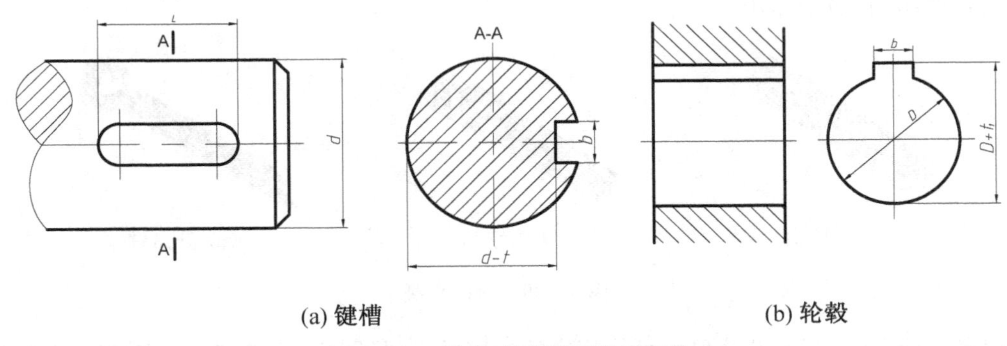

(a) 键槽　　(b) 轮毂

图 7－27　键槽、轮毂的画法及标注

3. 键连接的画法

用普通平键连接轴和轮毂时，平键的两侧面是工作面，在连接图中，键的两侧面与轮毂、轴键槽的两侧面配合，键的底面与轴的键槽底面接触，连接图上只画一条线，而键的顶面与轮毂上键槽的底面之间应有间隙，为非接触面，连接图上应画两条线。键是实心件，当剖面通过其纵向对称面时，根据国家标准，应按不剖画，即不画剖面线，键的连接画法如图

7-28 所示。

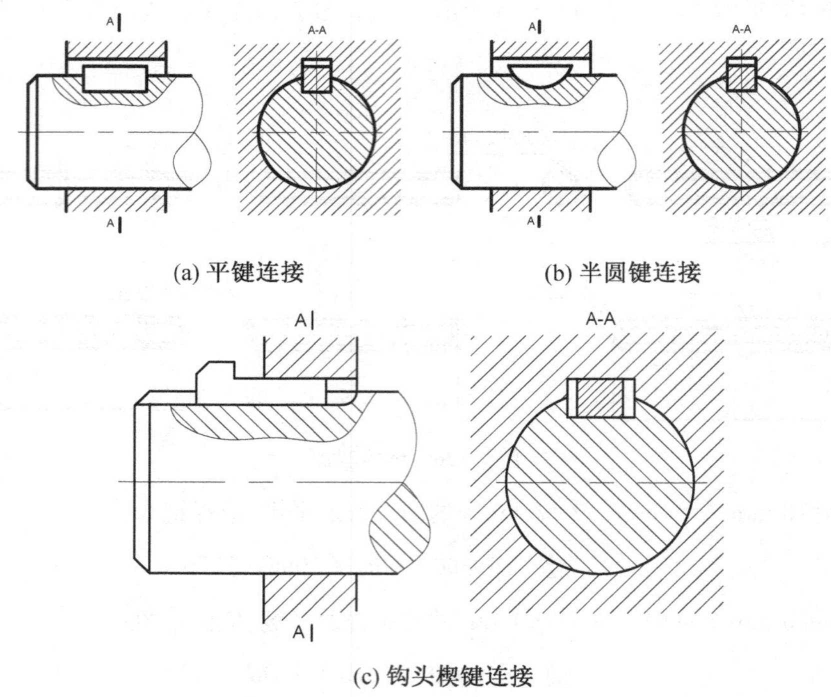

(a) 平键连接　　(b) 半圆键连接

(c) 钩头楔键连接

图 7-28　键连接的画法

7.3.2　销连接

销通常用于零件间的连接或定位。

1. 销的种类、型式、标记

销的种类较多,常用的销有圆柱销、圆锥销和开口销,如图 7-29 所示。开口销常与槽型螺母配合使用,起防松作用。

(a) 圆柱销　　(b) 圆锥销　　(c) 开口销

图 7-29　销的种类

销属于标准件,其各部分尺寸可从相应的国家标准(见附表 17、附表 18、附表 19)中查出。销的规格尺寸为公称直径 d 和公称长度 l。

例如,公称直径 d=6 mm、公称长度 l=30 mm、公差为 m6、材料为钢、不经淬火、不经表面处理的圆柱销标记为:

销 GB/T 119.1—2000 6m6×30

又如,公称直径 d=10 mm、公称长度 l=60 mm、锥度为 1∶50、两端为球面结构的圆锥销标记为：

销 GB/T 117—2000　A10×60

2. 销连接的画法

销是实心件，当剖切平面通过其轴线时，按不剖画。用销连接或定位的两个零件，它们的销孔应在装配时一起加工以保证定位精度。

图 7-30 为圆柱销连接的画法，(a)图中，由于剖切平面通过销的轴线，销按不剖画。(b)图表示剖切平面垂直销的轴线，销的断面上应画剖面符号。

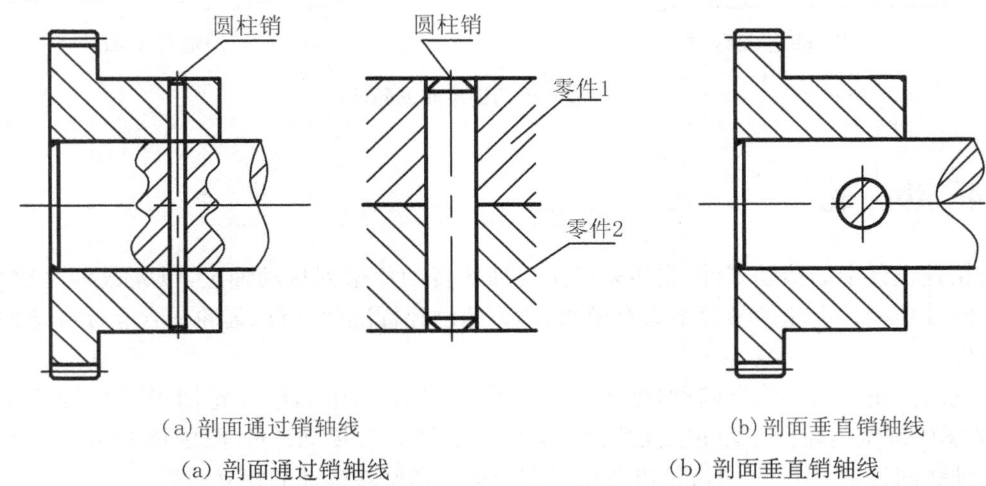

(a)剖面通过销轴线　(b)剖面垂直销轴线

(a) 剖面通过销轴线　(b) 剖面垂直销轴线

图 7-30　圆柱销连接画法

图 7-31 为圆锥销连接的画法，(a)图表示先将两个零件的装配位置调整好后一起加工孔，(b)图表示装上定位圆锥销后的画法及标注方式，圆锥销的公称直径是小端直径。

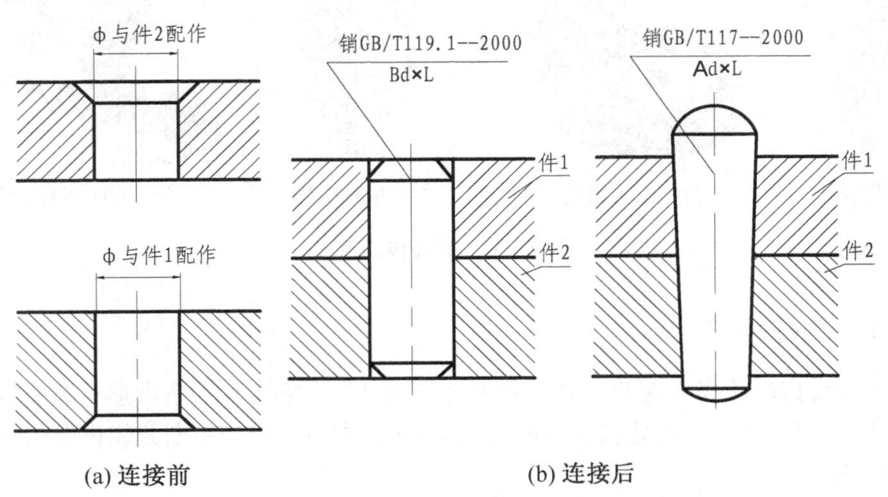

(a) 连接前　(b) 连接后

图 7-31　圆锥销连接画法

图 7-32 为开口销连接的画法，开口销一般由半圆形的低碳钢丝弯转折合而成。在螺栓连接中，为避免螺母在工作状态时因振动而松开，所以采用带孔螺栓和六角开槽螺

母，并将开口销穿过螺母的槽口和螺栓的孔，并在销的尾部叉开，使螺母不能转动而起到防松作用。

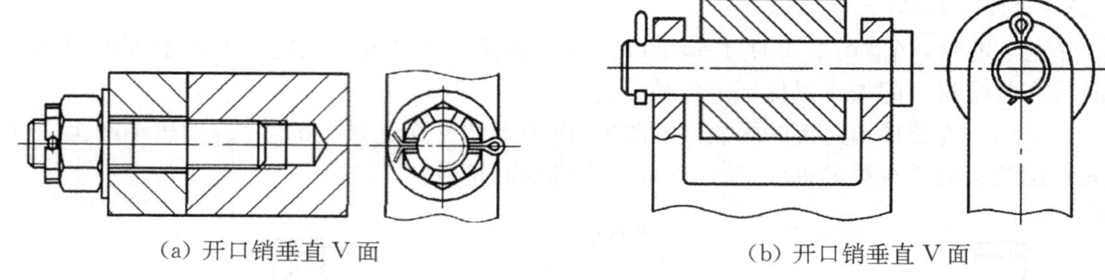

(a) 开口销垂直 V 面　　(b) 开口销垂直 V 面

图 7－32　开口销连接的画法

7.4　齿　轮

齿轮是机器中的传动零件，它用来将主动轴的转动传送到从动轴上，以完成传递功率、变速及换向等功能。齿轮的参数中只有模数、压力角已经标准化，所以齿轮是含有标准结构要素的常用件。

常见的齿轮传动形式有四种，如图 7－33 所示，(a) 图中圆柱齿轮用于两平行轴线间传动，(b) 图中圆锥齿轮用于两相交轴线间(交角一般为 90°)传动，(c) 图中蜗杆蜗轮用于两垂直交叉轴线间传动，(d) 图中齿轮齿条用于直线运动和旋转运动的相互转换。

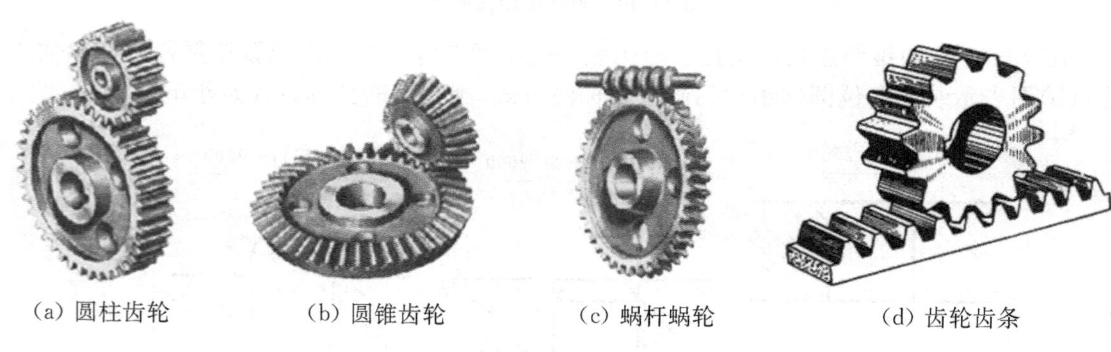

(a) 圆柱齿轮　　(b) 圆锥齿轮　　(c) 蜗杆蜗轮　　(d) 齿轮齿条

图 7－33　齿轮传动形式

7.4.1　圆柱齿轮

圆柱齿轮按齿轮轮齿方向的不同可分为直齿、斜齿、人字齿等。按齿形轮廓曲线分为渐开线、摆线及圆弧等。各种齿轮轮齿部分的画法均相同，本节主要介绍渐开线齿廓的直齿圆柱齿轮的规定画法。

1. 渐开线直齿圆柱齿轮的几何要素名称、代号及尺寸

(1) 节圆直径(d')

如图 7－34 所示，O_1、O_2 为两齿轮的圆心，当两齿轮啮合时，其啮合接触点处于 O_1、O_2 的连线上，称为节点，用 P 表示。分别以 O_1、O_2 为圆心，过节点 P 作的两个圆，称为节圆，其直径

分别用 d_1'、d_2'表示，两节圆相切，齿轮的传动可以假想为这两个圆作无滑动的纯滚动。两齿轮的中心距用 a 表示。

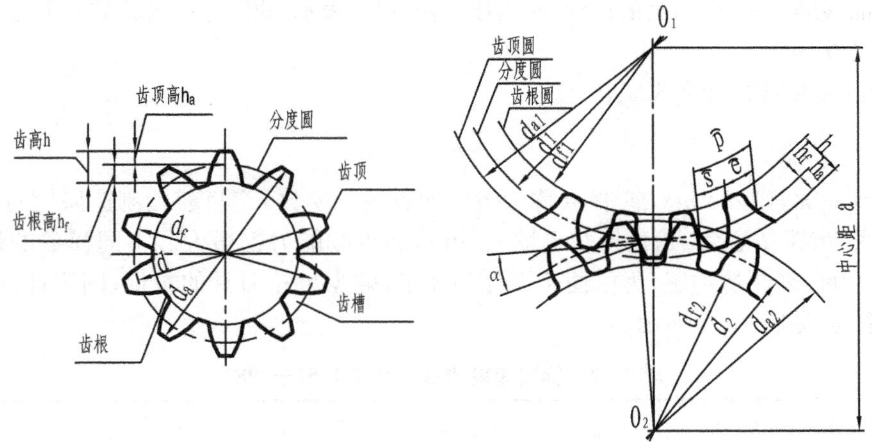

图 7－34 圆柱齿轮各部分名称

(2) 分度圆直径(d)

分度圆是设计、制造齿轮时进行各部分尺寸计算的基准圆，也是分齿的圆，其直径用 d 表示。对标准齿轮，分度圆直径与节圆直径重合，即 $d= d'$。

(3) 齿顶圆直径(d_a)

通过轮齿顶部的假想的圆称为齿顶圆，其直径用 d_a 表示。

(4) 齿根圆直径(d_f)

通过轮齿根部的假想的圆称为齿根圆，其直径用 d_f 表示。

(5) 全齿高(h)、齿顶高(h_a)、齿根高(h_f)

齿顶高是从齿顶圆到分度圆的径向距离，用 h_a 表示。

齿根高是从分度圆到齿根圆的径向距离，用 h_f 表示。

全齿高是从齿顶到齿根的径向距离，用 h 表示，有 $h=h_a+h_f$。

(6) 齿距(p)、齿厚(s)、齿槽宽(e)

在分度圆上，两个相邻齿对应点间的弧长称为齿距，用 p 表示。

在分度圆上每个齿廓的弧长称为齿厚，用 s 表示。

在分度圆上每个齿槽槽间的弧长称为槽宽，用 e 表示。

对于标准齿轮，则有 $s=e$，$p=s+e$。

(7) 齿数(z)

齿轮轮齿的个数称为齿数，用 z 表示。齿轮的齿数一般为整数。

(8) 传动比(i)

主动齿轮转速 n_1(r/min)与从动齿轮转速 n_2(r/min)之比就称为传动比，由于转速 n 与齿数 z 成反比，主、从动齿轮在单位时间内转过的齿数应相等，即 $n_1z_1=n_2z_2$，因此传动比可作如下计算：

$$i = n_1/n_2 = z_2/z_1。$$

(9) 中心距(a)

两圆柱齿轮轴线之间的最短距离即是中心距 a。

(10) 压力角(α)

在分度圆上的节点 P 处,两齿轮的瞬时运动方向(即两节圆的内公切线)和齿廓的受力方向(即两齿廓曲线的公法线)所夹的锐角,称为压力角,以 α 表示,我国标准齿轮的 α 角为 20°。

(11) 模数(m)

根据齿轮的结构,有下式成立

$$d = p/\pi \times z。$$

令 $m = p/\pi$,则 $d=mz$,式中 m 称为齿轮的模数。模数 m 是设计、制造齿轮的重要参数。模数 m 增大,齿距 p 也增大,齿厚 s 也增大,齿轮的承载能力也增大。不同模数的齿轮,要用不同模数的刀具来制造加工,为了便于设计和加工,减少齿轮刀具的数量,国家标准制定了模数的标准系列,见表 7-2 所示。

表 7-2 标准齿轮模数(GB/T 1357—1987)

第一系列	1　1.25　1.5　2　2.5　3　4　5　6　8　10　12　16　20　25　32　40　50
第二系列	1.75　2.25　2.75　(3.25)　3.5　(3.75)　4.5　5.5　(6.5)　7　9　(11)　14　18　22　28　36　45

注:优先采用第一系列,括号内模数尽可能不用。本表未摘录小于 1 的模数。

模数是齿轮的重要参数,已知模数和齿数就可以算出齿轮各部分的尺寸,计算公式见表 7-3所示。

表 7-3 标准直齿圆柱齿轮的计算公式

名称及代号	公　式	名称及代号	公　式
模数 m	$m=p/\pi$(根据设计需要而定)	齿顶圆直径 d_a	$d_{a1}=m(z_1+2)$ $d_{a2}=m(z_2+2)$
压力角 α	$\alpha=20°$	齿根圆直径 d_f	$d_{f1}=m(z_1-2.5)$ $d_{f2}=m(z_2-2.5)$
分度圆直径 d	$d_1=mz_1$ $d_2=mz_2$	齿距 p	$p=\pi m$
齿顶高 h_a	$h_a=m$	中心距 a	$a=(d_1+d_2)/2=m(z_1+z_2)/2$
齿根高 h_f	$h_f=1.25m$	传动比	$i=n_1/n_2=z_2/z_1$
全齿高 h	$h=h_a+h_f=2.25m$		

两齿轮要能互相啮合传动,其模数 m 和压力角 α 必须相同。

2. 单个直齿圆柱齿轮的规定画法(GB/T 4459.2—1984)

如图 7-35 所示,表明了单个直齿圆柱齿轮不剖及剖开的画法。

① 齿顶圆和齿顶线用粗实线绘制。

② 齿根圆和齿根线在外形视图中用细实线绘制,也可省略不画,在剖视图中画成粗实线。

③ 节圆和节圆线用细点划线绘制。

④ 画齿轮剖视图时,剖面过齿轮轴线,并且轮齿按不剖绘制。

⑤ 如需要表示轮齿(斜齿、人字齿)的方向时,可用三条与轮齿方向一致的细实线表示。

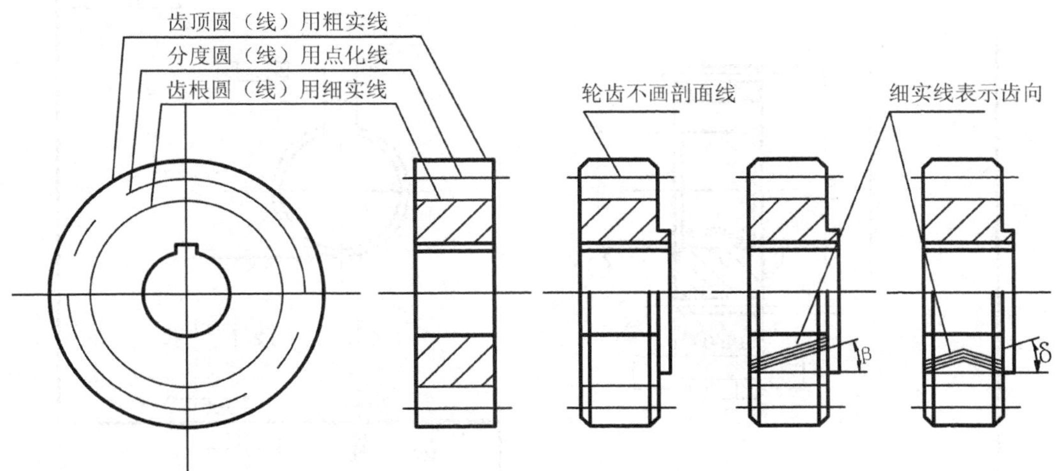

图 7-35　单个直齿圆柱齿轮规定画法

3. 直齿圆柱齿轮啮合图的画法

如图 7-36 所示,两齿轮啮合时,分度圆正好相切。在平行轴线的剖视图中,两齿轮的轮齿重合,可设想其中一个齿轮的轮齿为可见,可见齿轮的齿顶线画成粗实线;另一齿轮的轮齿为不可见,该不可见齿轮的齿顶线画成虚线或省略不画。

在齿轮啮合的剖视图中,由于齿根高与齿顶高相差 0.25 m,因此,一个齿轮的齿顶线距离另一个齿轮的齿根线应有 0.25 m 的间隙。

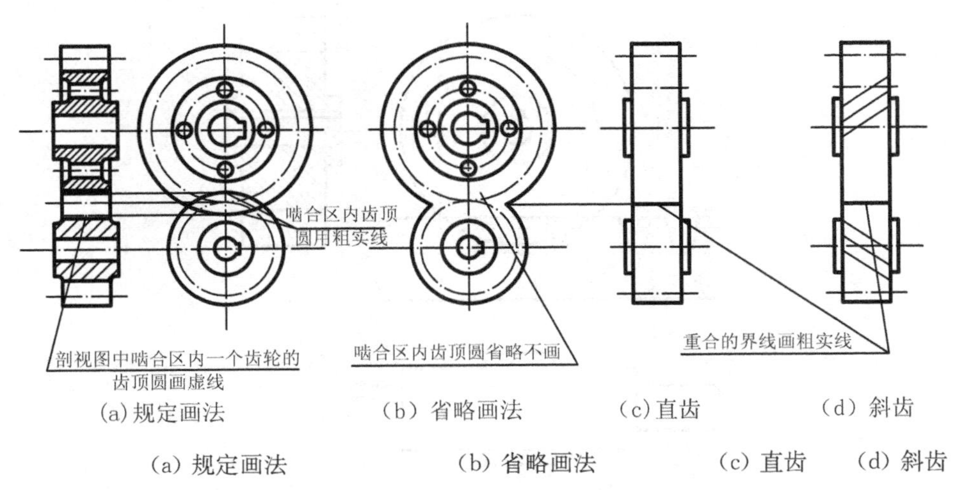

(a) 规定画法　　(b) 省略画法　　(c) 直齿　　(d) 斜齿

图 7-36　齿轮啮合的规定画法

7.4.2　直齿圆柱齿轮的零件图

如图 7-37 所示,圆柱齿轮的零件图包含有四个方面的内容(这些内容将在第 8 章中作简要介绍):一组视图,如零件图中的全剖主视图和齿轮孔的局部视图;一组完整的尺寸;必需的技术要求,如图上的尺寸公差、表面结构、热处理等;制造齿轮所需要的基本参数以及标题栏等。

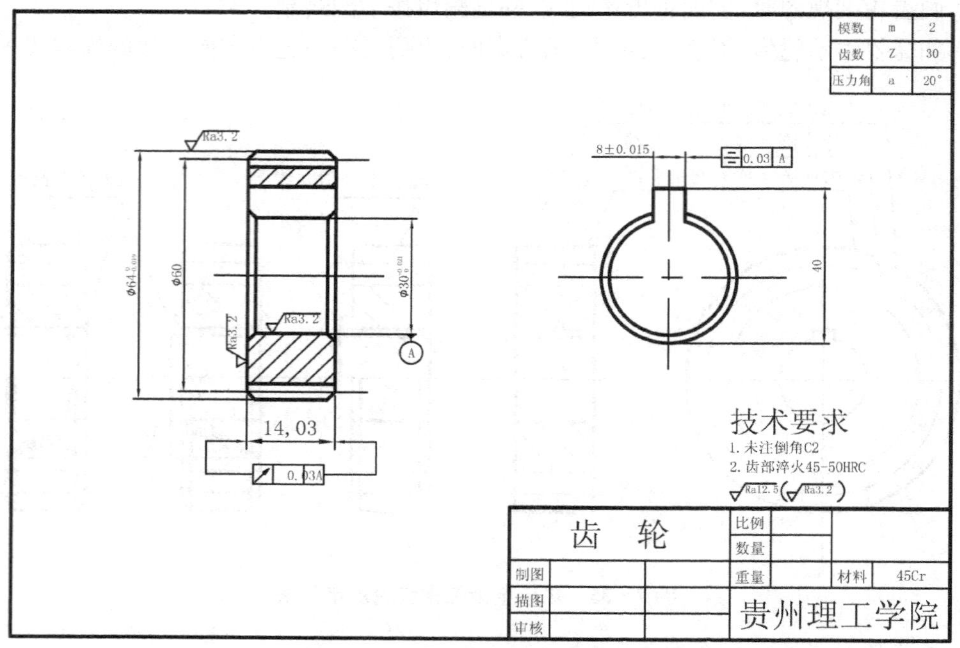

图 7-37　圆柱齿轮零件图

7.4.3　齿轮与齿条啮合的画法

当齿轮的直径无限大时,齿轮就成为齿条,如图 7-38 所示。齿条的齿顶圆、分度圆、齿根圆和齿廓曲线(渐开线)都成为直线。

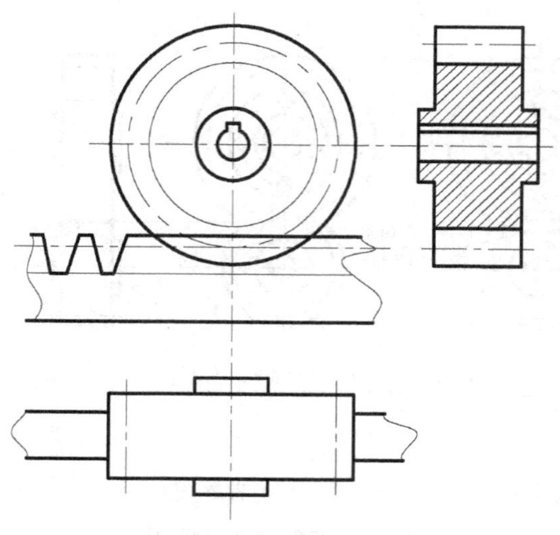

图 7-38　齿轮齿条啮合图

齿轮与齿条啮合时,齿轮旋转,齿条作直线运动。绘制齿轮、齿条啮合图时,在齿轮轮齿表达为圆的外形视图中,齿轮分度圆与齿条分度线相切;在剖视图中,应将啮合区内齿顶线之一画成粗实线,另一轮齿被遮部分画成虚线或省略不画。当齿轮齿条是斜齿时,可在俯视图中用三条细实线表示斜齿的齿线方向。

7.4.4 圆锥齿轮简介

圆锥齿轮的轮齿位于圆锥面上，两端轮齿不一样，一端大一端小，齿厚从小端到大端逐渐变大，直径和模数也随着齿厚的变化而变化。为便于设计和计算，规定以大端模数为准，用它来计算大端轮齿的各部分尺寸。互相啮合的锥齿轮也必须有相同的模数，圆锥齿轮各部分几何要素的名称及代号如图 7-39 所示。

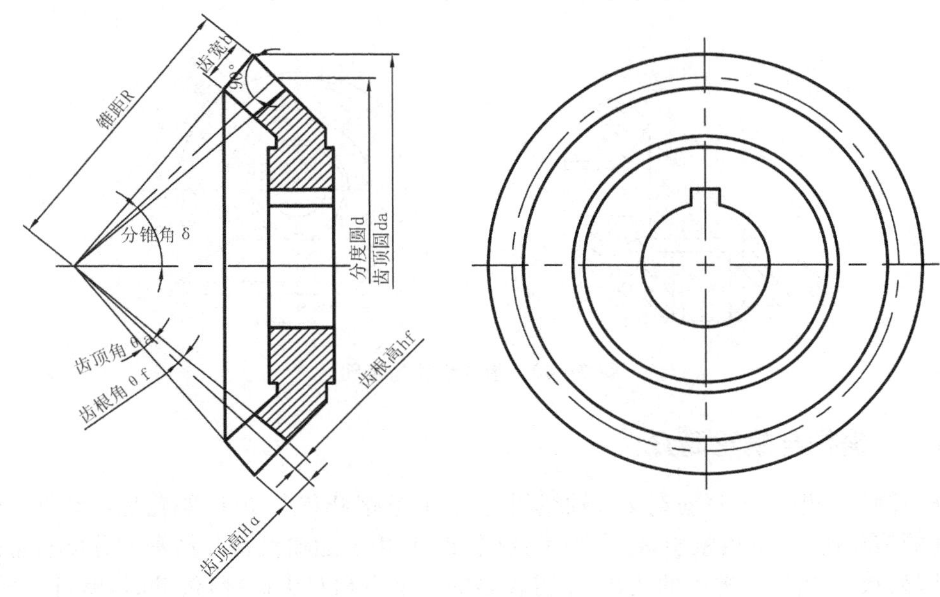

图 7-39 圆锥齿轮

1. 圆锥齿轮的尺寸计算

轴线相交为 90°的直齿圆锥齿轮的各部分尺寸计算公式见表 7-4 所示。

表 7-4 直齿圆锥齿轮的尺寸计算公式

名称及代号	计算公式
齿顶高 h_a	$h_a=m$
齿根高 h_f	$h_f=1.2m$
分度圆直径 d	$d=mz$
齿顶圆直径 d_a	$d_a=d+2h_a\times\cos\delta=m(z+2\cos\delta)$
齿根圆直径 d_f	$d_f=d-2h_f\times\cos\delta=m(z-2.4\cos\delta)$
锥距 R	$R=(d\div2)\times(1\div\sin\delta)=mz\div(2\sin\delta)$
齿顶角 θ_a	$\tan\theta_a=h_a\div R=(2\sin\delta)\div z$
齿根角 θ_f	$\tan\theta_f=h_f\div R=(2.4\sin\delta)\div z$
分锥角(δ_1,δ_2)	$\tan\delta_1=(d_1\div2)\div(d_2\div2)=z_1\div z_2$
	$\tan\delta_2=(d_2\div2)\div(d_1\div2)=z_2\div z_1$

主要参数：大端模数 m，齿数 z，分锥角 δ。

2. 圆锥齿轮的规定画法

圆锥齿轮的规定画法与圆柱齿轮基本相同。单个圆锥齿轮一般用主、左两个视图表示,主视图常采用全剖,左视图是投影为圆的视图,其大端和小端的齿顶圆用粗实线绘制,大端分度圆用细点划线绘制,大端齿根圆和小端分度圆不必画出,如图 7-40 所示。

圆锥齿轮啮合的规定画法,如图 7-40 所示。一般主视图画成全剖,剖面通过两齿轮的轴线;两齿轮的分度圆锥面相切,锥顶交于一点,其分度线画成细点划线;在啮合区内,一个齿轮的齿顶线画成粗实线,另一个齿轮的齿顶线画成虚线或省略不画。

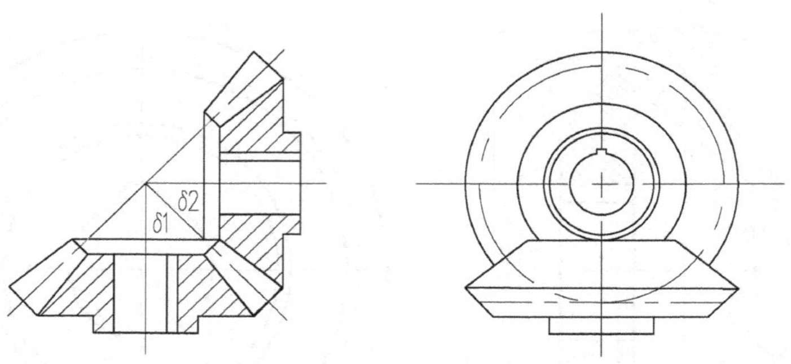

图 7-40 圆锥齿轮啮合图

7.4.5 蜗杆与蜗轮简介

蜗杆与蜗轮一般用于两垂直交叉轴线间传动,通常蜗杆是主动件,蜗轮是从动件。蜗杆与蜗轮传动的传动比大,结构紧凑,但摩擦大、效率低,常用于运输设备和精密的分度装置。蜗杆的头数(即齿数)z 相当于螺纹的线数,用得较多的是单头和双头蜗杆,传动时,蜗杆旋转一圈,则蜗轮只转过一个齿(单头蜗杆)或两个齿(双头蜗杆)。蜗杆和蜗轮的轮齿是螺旋形的,蜗轮的齿顶面和齿根面常制成圆环面。啮合的蜗杆、蜗轮的模数相同,且蜗轮的螺旋角和蜗杆的螺旋线升角大小相等、方向相同。

蜗杆和蜗轮各部分几何要素代号及规定画法如图 7-41 所示,蜗杆的画法与圆柱齿轮相同。蜗轮的画法与圆柱齿轮的画法相似,在投影为圆的视图中,只画出分度圆和最外圆,不画齿顶圆与齿根圆。在外形视图中,蜗杆的齿根圆和齿根线用细实线绘制或省略不画。作图时,

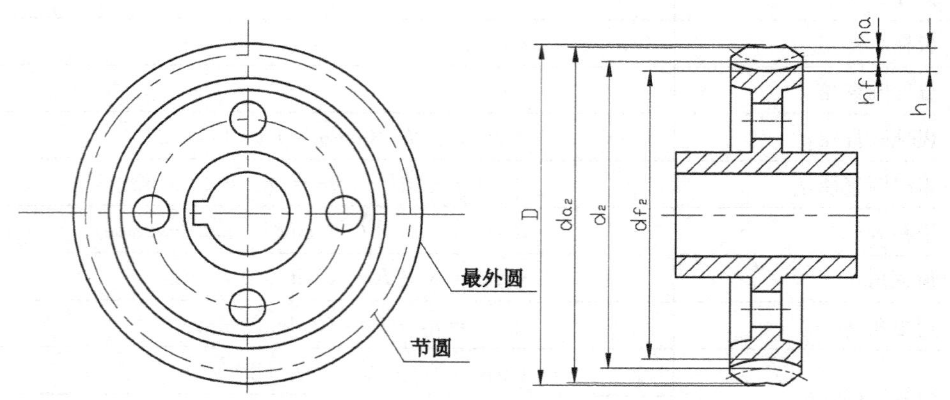

图 7-41 蜗杆和蜗轮各部分几何要素代号及规定画法

应注意先在蜗轮的中间平面上根据中心距 a 定出蜗杆中心（即蜗轮齿顶及其齿根圆弧的中心），再根据 d_2、h_a、h_f 画出轮齿部分的投影。

蜗杆和蜗轮的啮合画法，如图 7-42 所示。在主视图中，蜗轮被蜗杆遮住的部分不必画出。在左视图中，蜗轮的分度圆和蜗杆的分度线相切。(a)为啮合的外形视图，(b)的左视图为全剖视图，视图为局部剖视图，蜗杆和蜗轮的轮齿都按不剖画；在左视图中，设想蜗杆轮齿在前面为可见，蜗轮的外圆、齿顶圆在后面为不可见，与蜗杆轮齿重合的部分可省略不画。

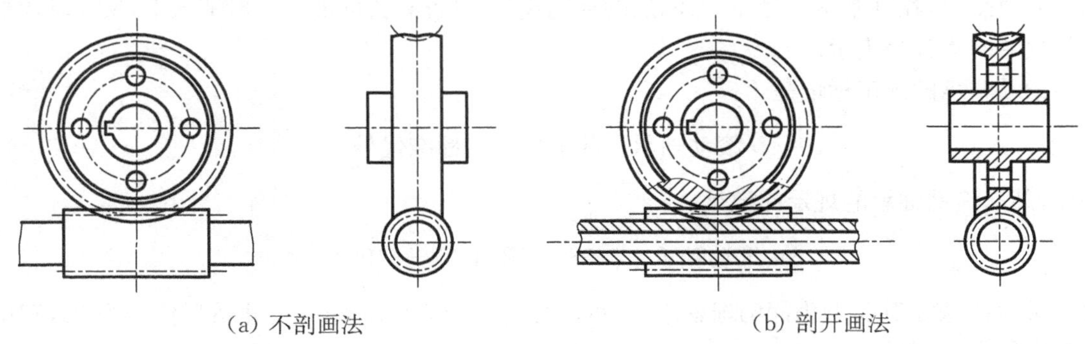

(a) 不剖画法　　(b) 剖开画法

图 7-42　蜗杆和蜗轮的啮合画法

7.5　滚动轴承

7.5.1　滚动轴承的结构和种类

滚动轴承是一种支承旋转轴的组件，它具有摩擦小、结构紧凑、更换方便等优点，广泛运用在机器或部件中。滚动轴承一般为标准件，通常由外圈、内圈、滚动体和保持架四个部分组成。在一般情况下，滚动轴承的外圈装在机座的孔内，固定不动；内圈套在转动的轴上，随轴转动。滚动轴承的种类很多，常用的可按其受力方向分为三种，即主要承受径向力的向心轴承，主要承受轴向力的推力轴承，既能够承受轴向力又能够承受径向力的向心推力轴承，如图 7-43 所示。

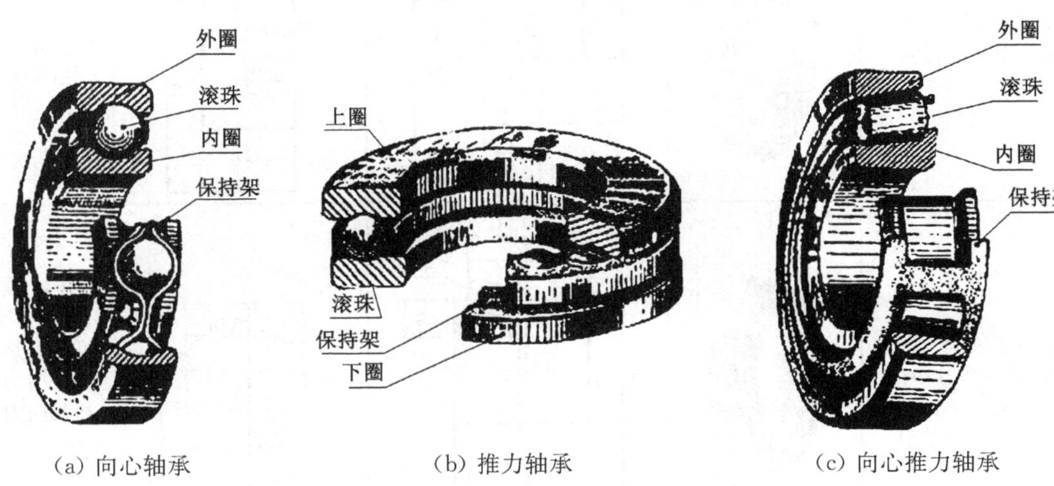

(a) 向心轴承　　(b) 推力轴承　　(c) 向心推力轴承

图 7-43　滚动轴承种类

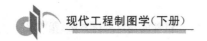

7.5.2 滚动轴承代号

滚动轴承的代号可查阅国家标准 GB/T 276—1994,完整的代号由前置代号、基本代号、后置代号组成,其中基本代号表示轴承的基本类型、结构和尺寸,基本代号由 5 位数字组成,右起第一、二位数字为内径代号,右起第三、四位数字为尺寸系列代号(即直径系列代号、宽度系列代号),右起第五位数字为类型代号。前置、后置代号是轴承在结构形状、尺寸、公差、技术要求等有改变时,在其基本代号左、右添加的补充代号,可查有关标准。一般情况下,滚动轴承的代号仅用基本代号表示。

滚动轴承的规定标记是:

滚动轴承　基本代号　标准代号

例如,某一滚动轴承的规定标记是:

滚动轴承　6208　GB/T 276—1994

其意义为:6 表示其类型为深沟球轴承,轴承内径 $d=8\times5=40$ mm,尺寸系列代号为 02,宽度系列代号为 0(省略)。

7.5.3 滚动轴承的规定画法

滚动轴承是标准件,一般不必绘制它的零件图,只在装配图中按国家标准规定画法绘图。国家标准规定了滚动轴承的两种表示法,即简化画法(含通用画法和特征画法)和规定画法。

常用的滚动轴承的代号、结构型式、规定画法、特征画法和用途见表 7-5 所示。

表 7-5　常用滚动轴承的型式、画法和用途

轴承类型及国家标准号	结构型式	规定画法	特征画法	用　途
深沟球轴承 (GB/T 276—1994) 60000 型		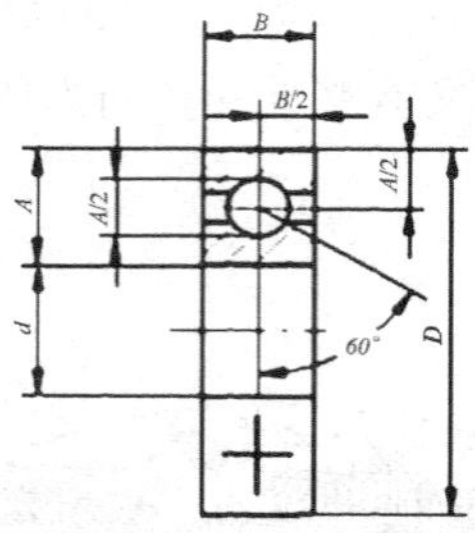 B　B/2　A　A/2　A/2　60°　d　D	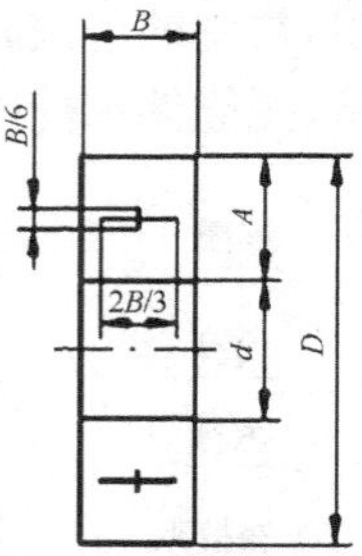 B　B/6　A　2B/3　d　D	主要承受径向力
圆锥滚子轴承 (GB/T 297—1994) 30000 型		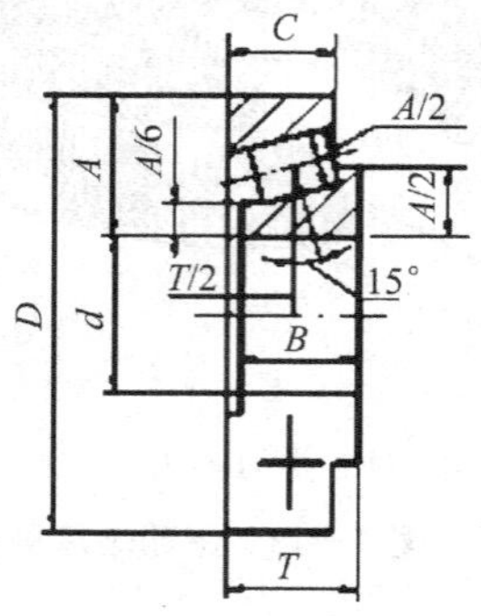 C　A/2　A/6　A　A/2　T/2　15°　B　D　d　T	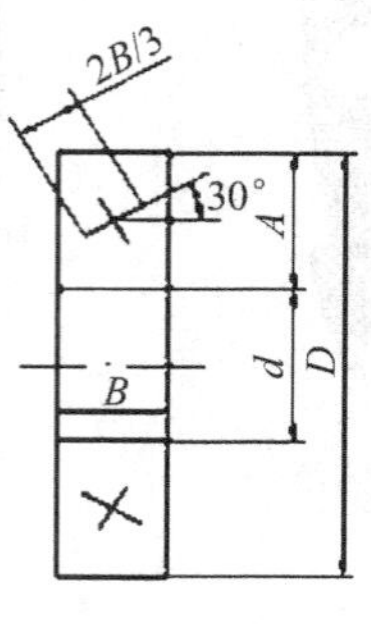 2B/3　30°　A　d　D　B	可同时承受径向力和轴向力

（续表）

轴承类型及国家标准号	结构型式	规定画法	特征画法	用途
平底推力球轴承（GB/T 301—1995）51000 型		T/2 60° T/2 A/2 A d D T	T 2A/3 A/6 d D A	承受单方向的轴向力

7.6 弹簧

弹簧是常用件，可用来减震、夹紧、储能、复位及测力等。弹簧的特点是：去掉外力后，弹簧能立即恢复原状。弹簧种类很多，用得较多的弹簧如图 7－44 所示，本书只介绍普通圆柱螺旋压缩弹簧的画法和尺寸计算。

（a）压缩弹簧　（b）拉伸弹簧　（c）扭转弹簧　（d）平面涡卷弹簧

（e）板弹簧　（f）圆锥螺旋弹簧　（g）蝶形弹簧

图 7－44　弹簧种类

7.6.1 圆柱螺旋压缩弹簧各部分的名称及尺寸计算

如图 7-45 所示,圆柱螺旋压缩弹簧的术语、代号和有关尺寸计算如下:

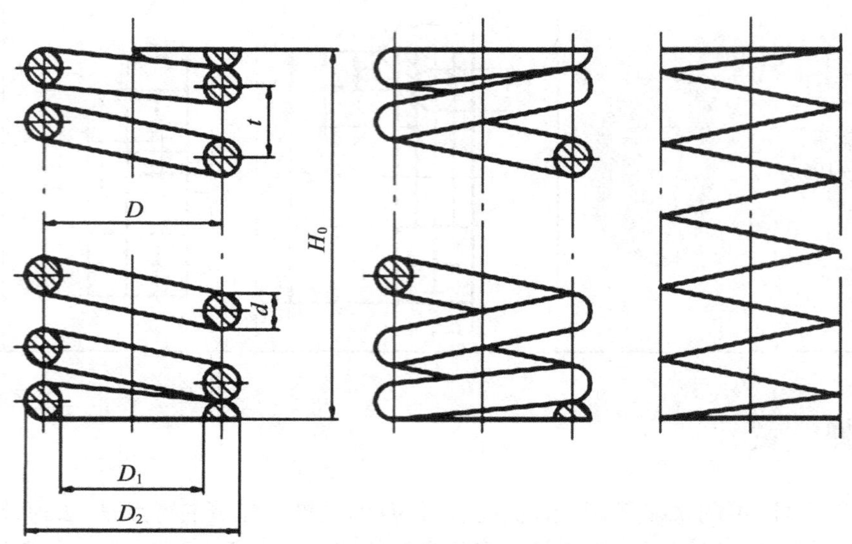

图 7-45 圆柱螺旋压缩弹簧的术语、代号和有关尺寸

(1) 簧丝直径 d 弹簧钢丝的直径。

(2) 弹簧外径 D_2 弹簧的最大直径。

弹簧内径 D_1 弹簧的最小直径

$$D_1 = D - 2d\ 。$$

弹簧中径 D 弹簧的内径和外径的平均值

$$D = \frac{D_2 + D_1}{2} = D_1 + d = D_2 - d。$$

(3) 节距 t 除支承圈外,相邻两圈截面中心线的轴向距离。

(4) 有效圈数 n、支承圈数 n_2 和总圈数 n_1 为了使圆柱螺旋压缩弹簧工作时受力均匀,增加弹簧的平稳性,弹簧的两端应并紧、磨平。并紧、磨平的各圈仅起支承作用,称为支承圈。图 7-45 所示的弹簧,两端各有 $1\frac{1}{4}$圈为支承圈,即 $n_2=2.5$。保持相等节距的圈数,称为有效圈数。有效圈数与支承圈数之和,称为总圈数,即

$$n_1 = n + n_2。$$

(5) 自由高度 H_0 弹簧在不受外力作用时的高度(或长度)

$$H_0 = nt + (n_2 - 0.5)d。$$

(6) 展开长度 L 制造弹簧时坯料的长度,由螺旋线的展开可求

$$L \approx n_1 \sqrt{(\pi D_2)^2 + t^2}。$$

7.6.2 圆柱螺旋压缩弹簧的规定画法

① 如图7-45所示，弹簧在平行于轴线的投影面上的视图中，各圈的投影转向轮廓线画成直线。

② 在四圈以上的弹簧，中间各圈可省略不画，并可适当缩短图形的长度。

③ 左旋弹簧允许画成右旋，但不论画成右旋还是左旋，均需标注“左”字表示旋向。

④ 不论支承圈数多少，均可按如图7-45所示绘制，支承圈数在技术要求中另加说明。

⑤ 在装配图中，被弹簧挡住的结构一般不画出，可见部分应从弹簧的外轮廓线或从弹簧钢丝剖面的中心线画起，如图7-46(a)所示。

⑥ 在装配图中，弹簧被剖切时，如弹簧钢丝(简称簧丝)剖面的直径，在图形上等于或小于2 mm时，剖面可以涂黑表示，如图7-46(b)所示；也可用示意画法，如图7-46(c)所示。

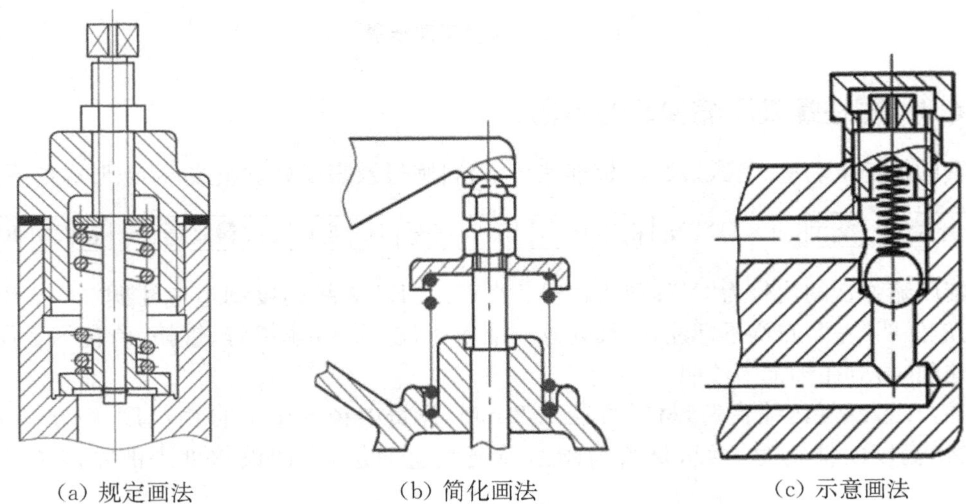

(a) 规定画法　　(b) 简化画法　　(c) 示意画法

图7-46　弹簧在装配图中的画法

7.6.3 圆柱螺旋压缩弹簧的画法举例

【例7-1】 已知弹簧外径 $D_2=45\,\text{mm}$，簧丝直径 $d=5\,\text{mm}$，节距 $t=10\,\text{mm}$，有效圈数 $n=8$，支承圈数 $n_2=2.5$，右旋，试画出这个弹簧。

解 先进行计算，然后作图。

弹簧中径 $D=D_2-d=45-5=40\,\text{mm}$。

自由高度 $H_0=nt+(n_2-0.5)d=8\times10+(2.5-0.5)\times5=90\,\text{mm}$。

如图7-47所示，画图步骤如下：

① 以自由高度 H_0 和弹簧中径 D 作矩形 $ABCE$，如(a)所示；

② 画出支承圈部分与簧丝直径相等的圆和半圆，如(b)所示；

③ 根据节距 t 作簧丝断面，如(c)所示；

④ 按右旋方向作簧丝断面的切线，校核、加深，画剖面线，如(d)所示。

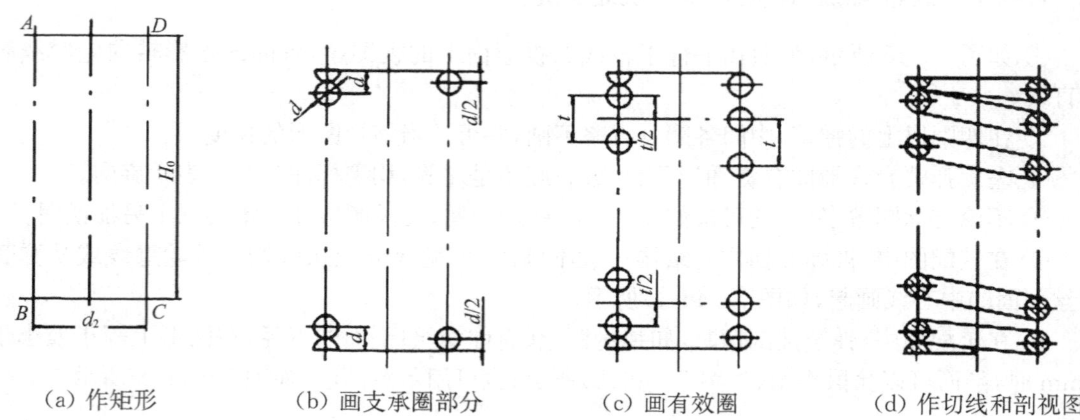

图 7-47　弹簧画图步骤

7.6.4　圆柱螺旋压缩弹簧的标记

弹簧的标记由名称、型式、尺寸、标准代号、材料牌号及表面处理组成，标记形式如下：

[弹簧代号] [类型] $d \times D \times H_0$ [精度代号] [旋向代号] [标准号] [材料牌号] － [表面处理]

其中螺旋压缩弹簧的代号为“Y”；型式代号为“A”或“B”；2 级精度制造应注明“2”，3 级不标注；左旋应注明“左”，右旋不标注；表面处理一般不标注。如要求镀锌、镀铬、磷化等金属镀层及化学处理时，应在标记中注明。

例如，A 型螺旋压缩弹簧，材料直径 1.2 mm，弹簧中径 8 mm，自由高度 40 mm，刚度、外径、自由高度的精度为 2 级，材料为碳素弹簧钢丝 B 级，表面镀锌处理的左旋弹簧的标记为：

YA 1.2×8×40－2 左 GB/T 2089—1994 B 级－D－Zn

7.6.5　螺旋压缩弹簧零件图示例

图 7-48 是一个圆柱螺旋压缩弹簧的零件图，在轴线水平放置的弹簧主视图上，注出了完整的尺寸和尺寸公差、形位公差；同时，用文字说明技术要求，并在零件图上方用图解表示弹簧受力时的压缩长度。

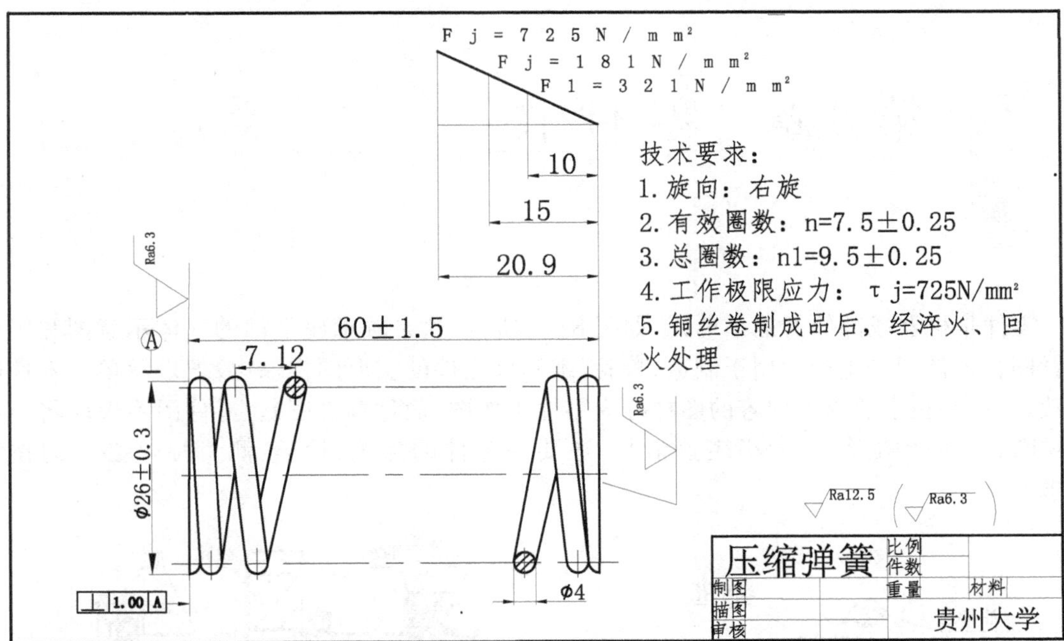

图 7-48 圆柱螺旋压缩弹簧零件图

第8章 零件图

零件是机器或部件的最小单元，如图 8－1 所示，这是轴承座零件的立体示意图和工作位置图。零件图是生产中用于制造、检验、维修该零件的主要图样，一般把表示单一零件的形状、大小和技术要求等内容的图样称为零件工作图(简称零件图)。零件图不仅应将零件的材料、内外结构形状、大小表达清楚，还要为零件的加工、检验、测量提供必要的技术要求。

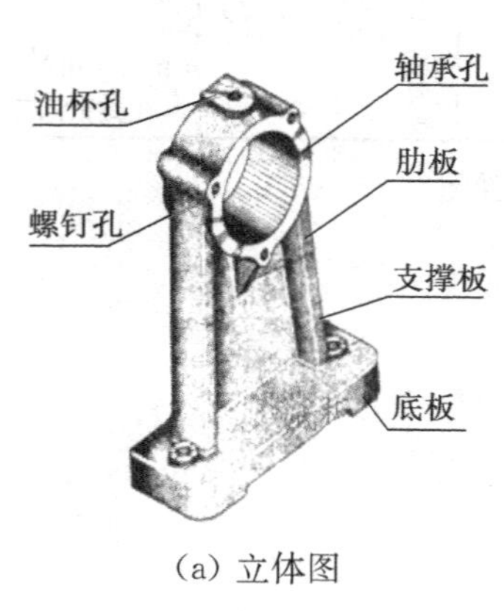

(a) 立体图

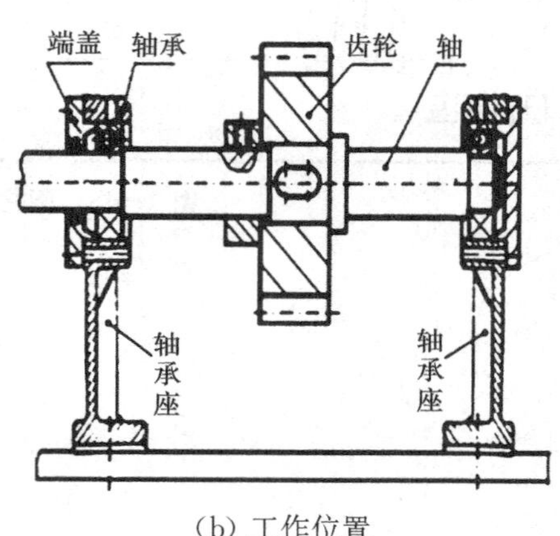

(b) 工作位置

图 8－1 轴承座零件

在绘制零件图时应考虑以下问题：该零件的作用以及与其他零件的关系；该零件的形状、结构和加工方法；应采用哪些视图和表达方法来完整、清晰地表达该零件的形状和大小；应标注该零件的哪些尺寸；该零件应作哪些技术要求。

8.1 零件图的内容

如图 8－1 所示的轴承座，它的零件图如图 8－2 所示。零件图中应包含的内容如下：

1. 一组视图

用一组视图(指教材所讲授的所有表达方法，包括六个基本视图、剖视图、断面图、局部放大图等)，完整、清晰地表达出零件内外形状和结构。轴承座的零件图用了四个视图，分别是主视图(采用局部剖视方法)、俯视图(采用全剖视方法)、左视图(采用全剖视方法)、C 方向的局部视图。

2. 一组尺寸

零件图中应正确、完整、清晰、合理地注出制造零件所需的全部尺寸。

3. 技术要求

用代号、数字或文字表示零件在制造和检验时技术上应达到的要求，如尺寸公差和形位公差、表面结构、热处理等。

4. 标题栏

一般绘制在零件图的右下角，内容有零件的名称、材料、数量、比例、设计人员、审核人员等。

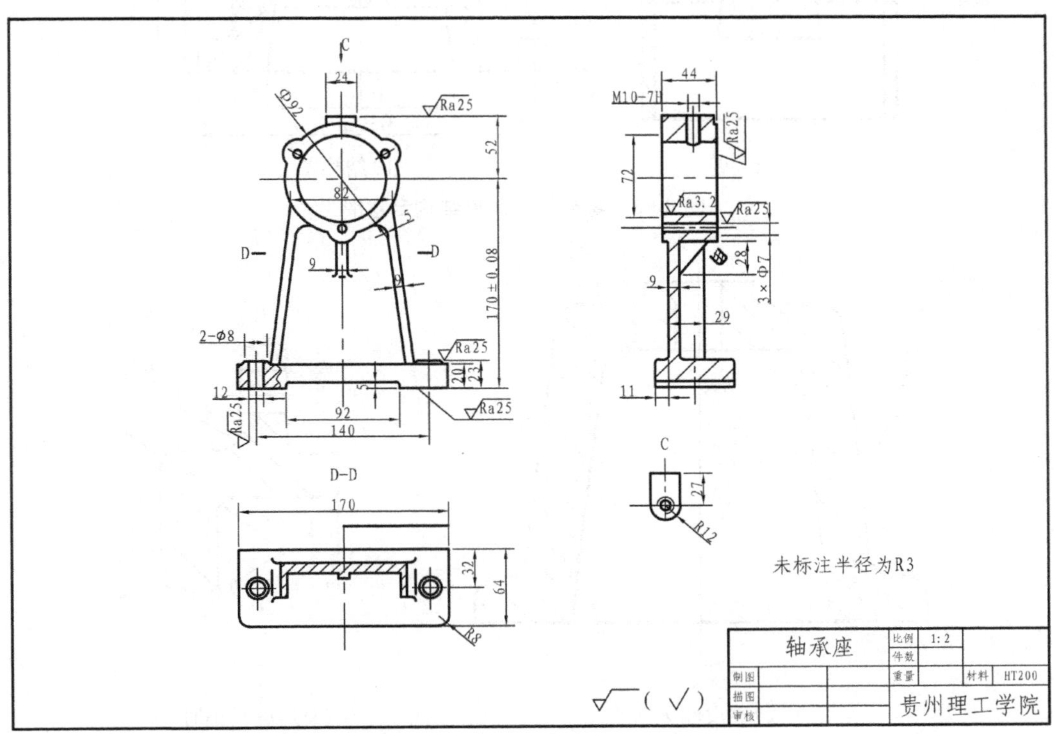

图 8-2 轴承座零件图

8.2 零件的工艺结构简介

零件的结构除了满足设计要求外，还必须考虑零件加工制造的方便及可能性，否则，会使制造工艺复杂化，甚至产生废品。下面简单介绍零件常见的工艺结构。

8.2.1 零件的铸造工艺结构

1. 铸造零件的拔模斜度

铸造时，为了便于起模，铸件的内外壁沿起模方向应带有斜度，这个斜度称为拔模斜度，如图 8-3 所示。

拔模斜度的尺寸，视铸件的尺寸而定，一般为 1∶5～1∶20。斜度较大时，则应画出，如图 8-4(a)所示；斜度较小时，在视图上可以不画出来，如图 8-4(b)所示。必要时，也可以在技术要求中用文字说明。

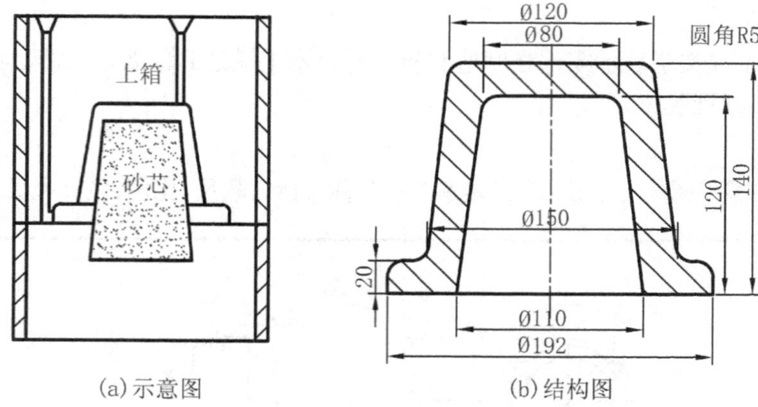

(a)示意图　　(b)结构图

图 8-3　零件拔模斜度结构示意图

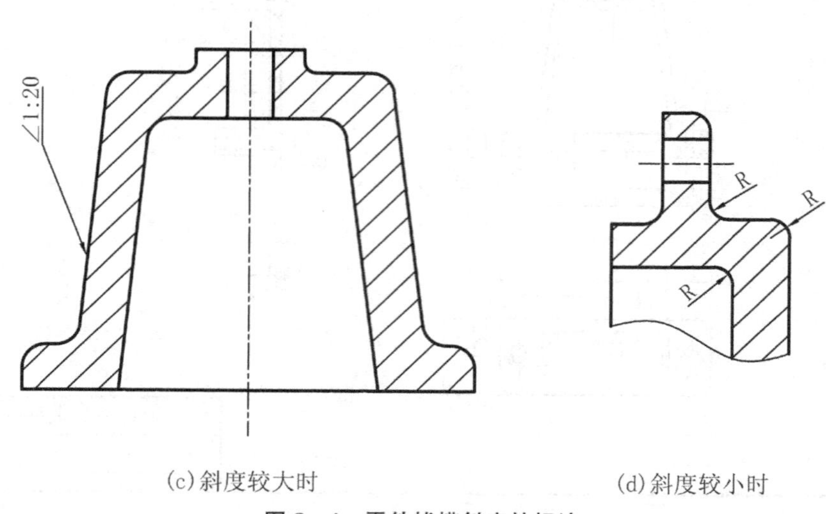

(c)斜度较大时　　(d)斜度较小时

图 8-4　零件拔模斜度的标注

2. 铸造零件的铸造圆角

为了方便起模、防止浇铸铁水时铁水将砂型转角处冲坏以及避免铸件在冷却时产生裂缝或缩孔，一般要在铸件毛坯各表面的相交处设置铸造圆角，如图 8-5 所示。

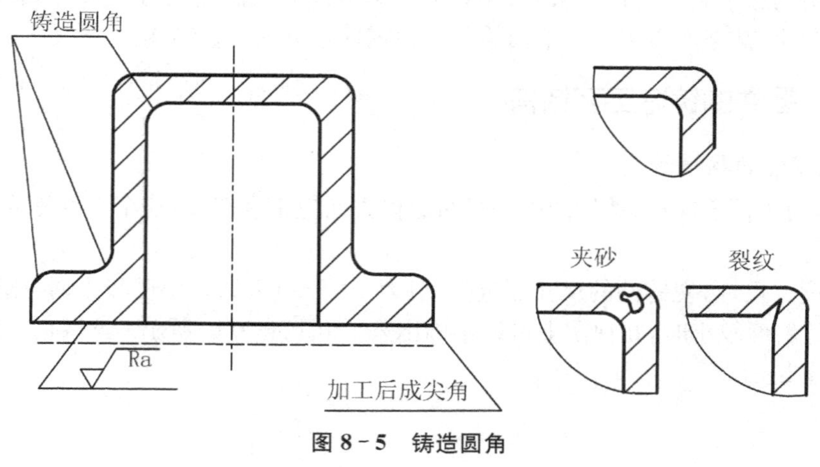

图 8-5　铸造圆角

同一铸件上的圆角半径尽可能相同,图上一般不标注圆角半径,而在技术要求中集中注写。

3. 铸造零件的铸造壁厚

在浇铸零件时,为了避免零件各部分冷却速度不同而产生缩孔或裂纹,铸件的壁厚应设计成大致相等或逐渐变化,如图 8-6 所示。

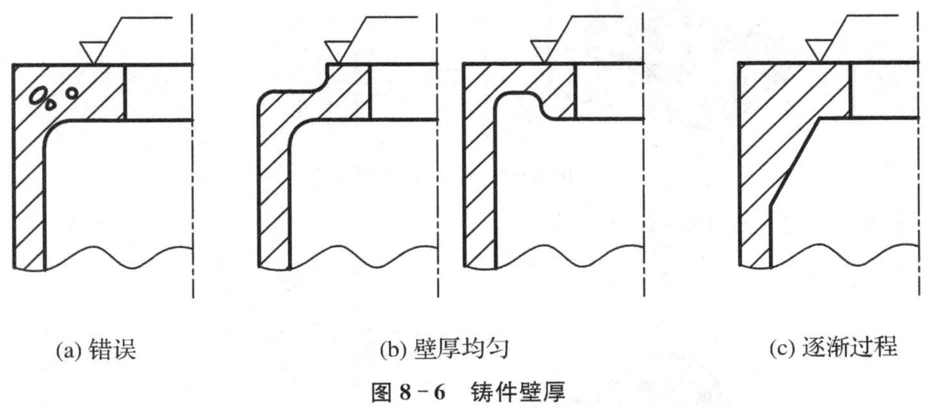

(a) 错误　　(b) 壁厚均匀　　(c) 逐渐过程

图 8-6　铸件壁厚

4. 铸造零件的表面过渡线

铸件和锻压件的两相交表面之间,通常有一个过渡曲面,这个过渡曲面的断面形状应是圆角。有了圆角,相贯线就不明显,因此,在画投影图时,所画的相贯线就应当不与零件的外形轮廓线接触,而只能画到两相交表面外形线的理论交点处。制图中,把这种情况下的相贯线称为过渡线。

由于零件的结构和组成形式不同,圆角及过渡线的表现形式也不同,常见的有下列几种类型。

(1) 两不等直径圆柱相贯(如图 8-7)

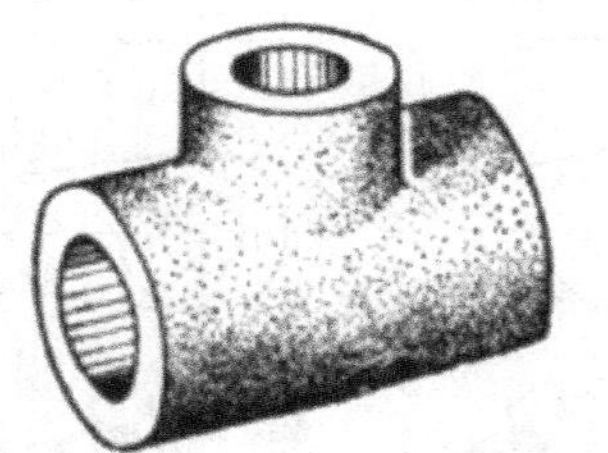

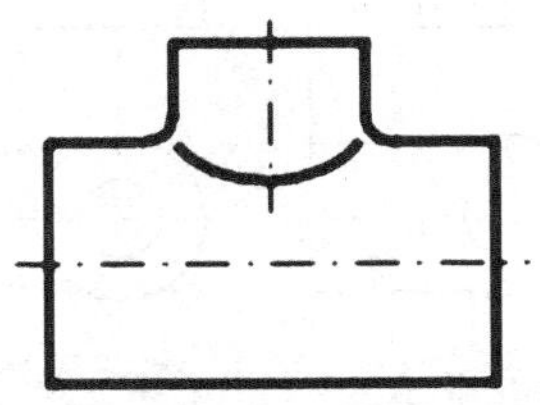

图 8-7　两不等直径圆柱相贯

(2) 两等直径圆柱相贯(如图 8-8)

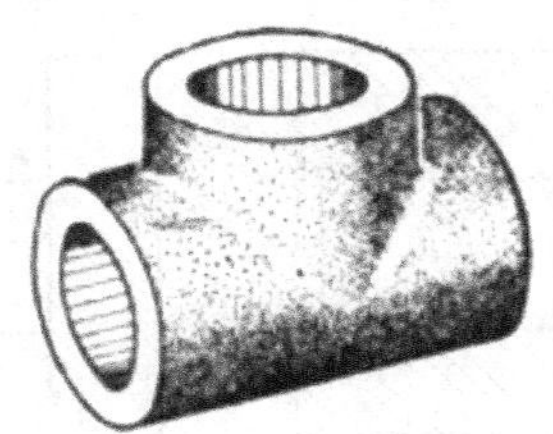

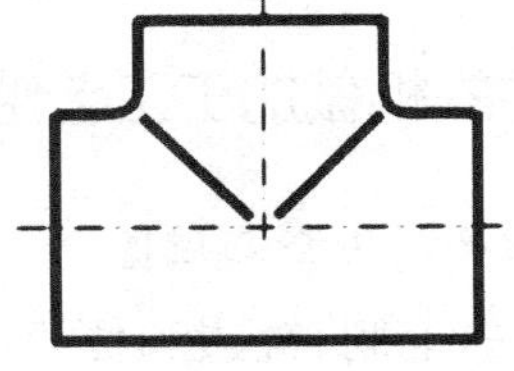

图 8-8　两等直径圆柱相贯

(3) 平面与平面(如图 8-9)

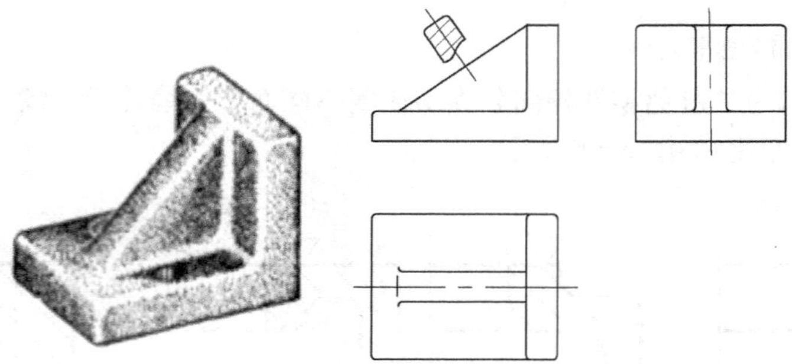

图 8-9 平面与平面

(4) 平面与曲面(如图 8-10)

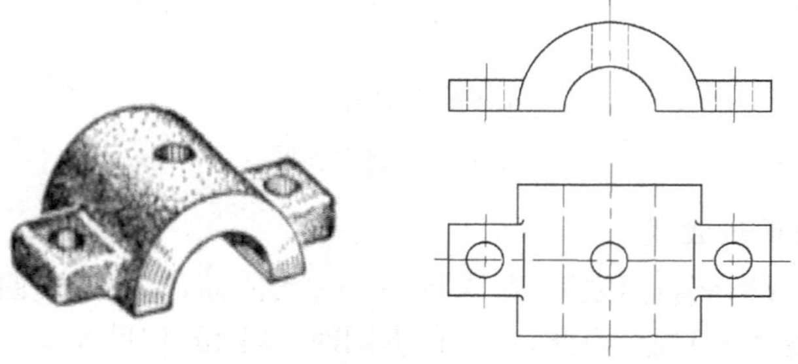

图 8-10 平面与曲面

(5) 圆柱与肋板组合(如图 8-11)

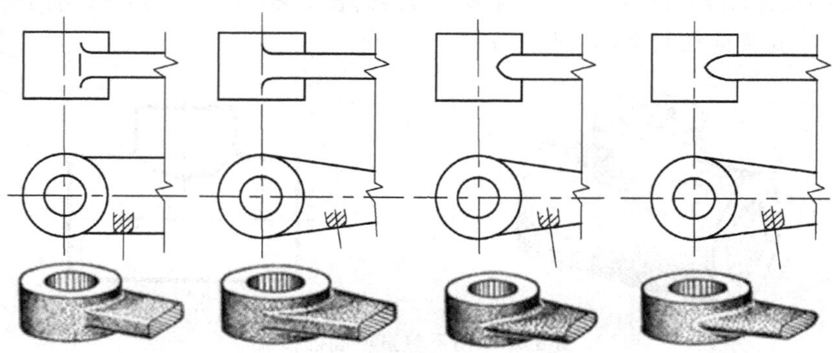

图 8-11 圆柱与肋板组合

其他未画出的过渡线,可参照求取。

8.2.2 零件的机械加工工艺结构

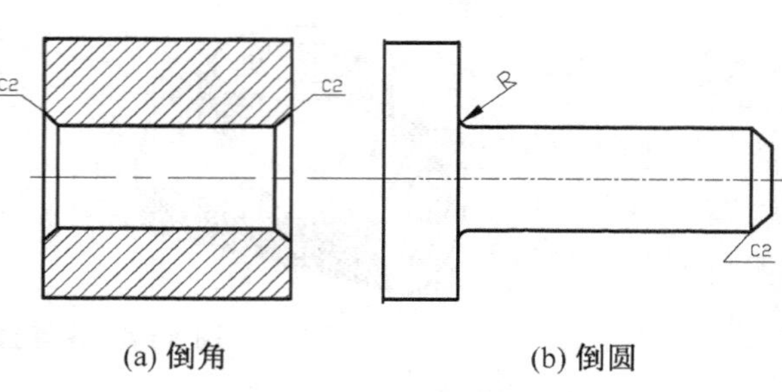

(a) 倒角 (b) 倒圆

图 8-12 倒角和倒圆

1. 机械加工零件的倒角和倒圆

为了去除零件的毛刺、锐边和便于装配,在轴或孔的端部,一般都加工成 45°倒角,其标注方式如图 8-12(a)所示,C2 表示 2×45°;为了避免因应力集中而产生裂纹，在轴肩处往往加工成圆角的过渡形式，称为倒圆，其标注方式如图 8－12(b)所示，倒圆的半径为 R，半径尺寸根据零件的大小和材料等因素确定。

2. 机械加工零件的螺纹退刀槽和砂轮越程槽

在切削加工中，特别是在车削螺纹和磨削表面时，为了便于退出刀具或使砂轮可以稍微超过加工面而不碰坏零件端面，常在待加工面的轴肩处预先车出退刀槽或砂轮越程槽，如图 8－13所示。

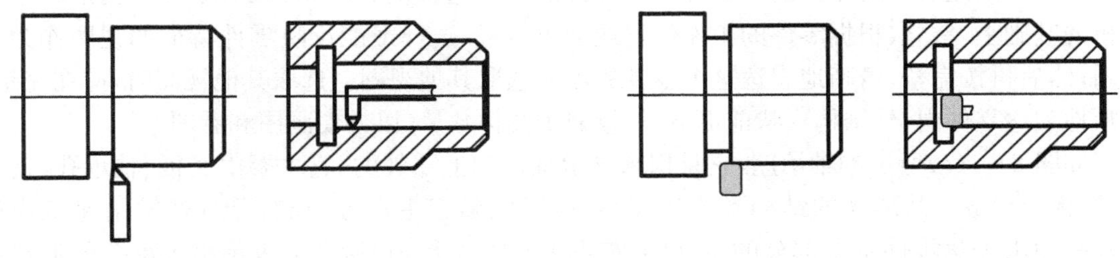

(a) 退刀槽　　(b) 砂轮越程槽

图 8－13　退刀槽和砂轮越程槽

螺纹退刀槽和砂轮越程槽的详细结构和尺寸，可查阅有关手册。

3. 机械加工零件的凸台和凹坑

为了保证零件间接触良好，零件上凡与其他零件接触的表面一般都要进行加工。为了减少加工面、减少刀具的消耗、降低成本，常常在铸件上设计出凸台、凹坑等结构来减少加工面，如图 8－14所示。

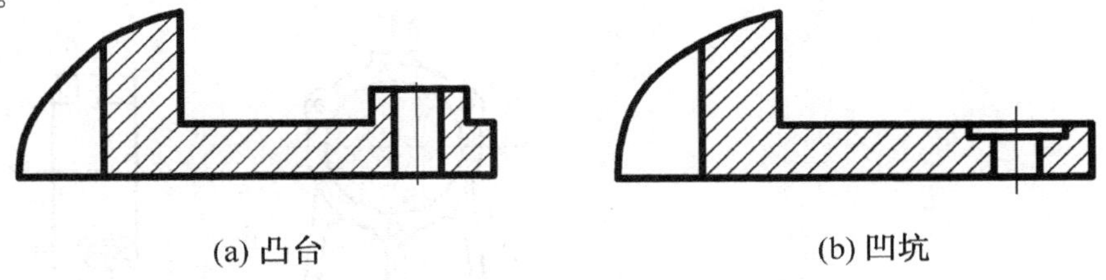

(a) 凸台　　(b) 凹坑

图 8－14　凸台和凹坑

4. 机械加工零件的钻孔结构

零件需要钻孔时，为了保证钻孔的准确和避免钻头折断，应使钻头的轴线尽量垂直于被加工的表面，如图 8－15 所示。

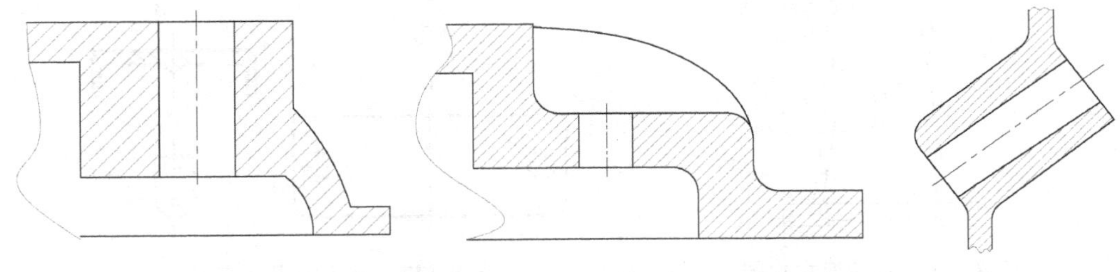

图 8－15　钻孔结构

8.3 零件的视图选择和尺寸标注

8.3.1 零件的视图选择

用一组视图表达零件时，首先要进行零件图的视图选择，也就是要求选用适当的表达方法，完整、清晰地表示出零件的结构形状。零件图视图选择的原则是：在对零件结构形状进行分析的基础上，首先，根据零件的工作位置或加工位置，选择最能反映零件特征的视图作为主视图；然后再按完整、清晰地表达这个零件的需要选取其他视图。选取其他视图时，应在完整、清晰地表达零件内、外结构形状前提下，尽量减少图样数量，以方便画图和看图。

如图 8-1(a)所示的轴承座，它是用来支承轴及轴上零件的，它主要由底板、轴承孔、支撑板、肋板等组成。从形体的结构和连接关系，可以先确定主视方向和位置(选轴承座工作位置)，并画出表达零件主要部分的主视图，如图 8-16 所示，它清晰地表示出轴承孔的形状特征、各组成部分的相对位置、三个螺钉孔的分布情况和凸台。结合主视情况，确定其他图样，可以拟定三种表达方案如下：

1. 方案一

如图 8-17 所示，用全剖的左视图，表达轴承孔的内部结构及肋板形状；用 D 向视图，表达底板的形状；用移出断面图，表达支撑板及肋板断面形状；用局部视图 C，表达轴承座顶部凸台的形状。此方案视图数量较多。

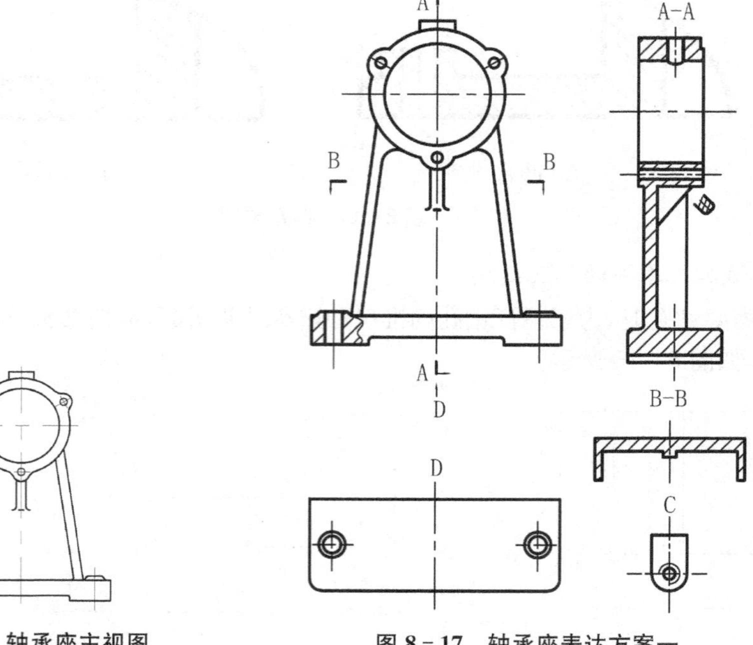

图 8-16 轴承座主视图　　　　图 8-17 轴承座表达方案一

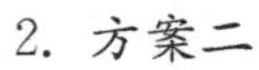

2. 方案二

如图 8-18 所示，将方案一的主视图和左视图位置对调；俯视图用 $B—B$ 剖视图，表达底板与支撑板断面及肋板断面的形状；用局部视图 C，表达轴承座顶部凸台的形状。此方案俯视图前后方向较长，图纸幅面安排欠佳。

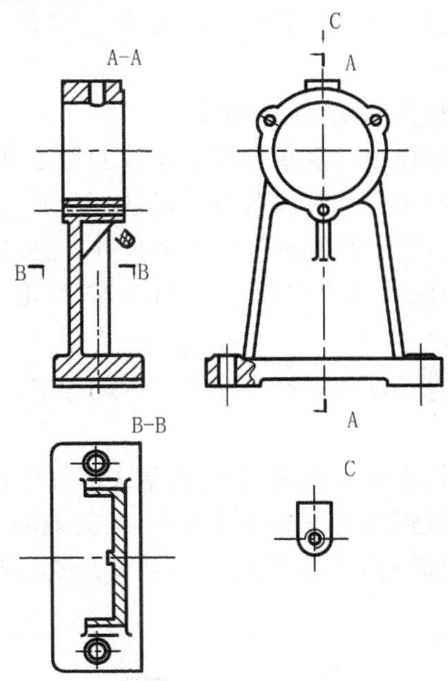

图 8-18　轴承座表达方案二

3. 方案三

如图 8-19 所示，俯视图采用 B—B 剖视图，其余视图同方案一，此方案为最佳方案。

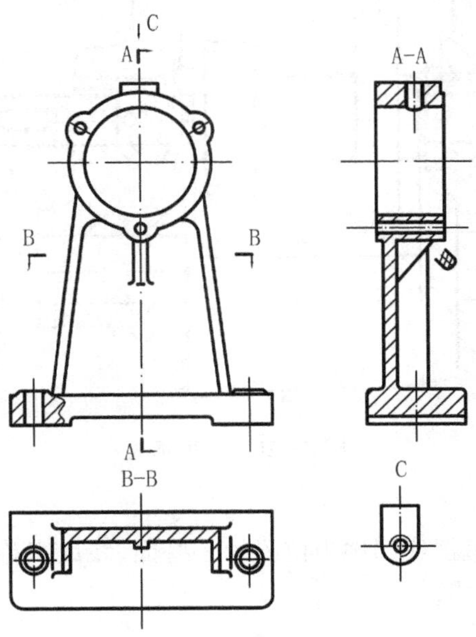

图 8-19　轴承座表达方案三

8.3.2　零件的尺寸标注

零件图的尺寸标注是加工和检验零件的重要依据，关系到零件的质量和加工制造方法。因此，在标注尺寸时要认真负责、一丝不苟，标注尺寸的基本要求如下：

◎ 正确——尺寸注写应符合机械制图国家标准的规定；

◎ 完整——注齐零件各部分结构形状的定形尺寸、定位尺寸及必要的总体尺寸，不遗漏、不重复；

◎ 清晰——尺寸布置要整齐清晰，便于阅读；

◎ 合理——注写尺寸要考虑设计要求和便于零件的加工测量。

对于前三项要求，在前面有关尺寸标注章节中已进行了详细讨论。本节将着重介绍怎样把零件的尺寸标注得切合实际，要合理地标注零件的尺寸，需要较多的生产实践经验和专业知识。以下仅就零件图上合理标注尺寸应注意的问题作一些讨论。

1. 尺寸基准的合理选择

要做到合理标注尺寸，首先必须选择好尺寸基准。尺寸基准是指零件在设计、制造和检验时，计量尺寸的起点。

在零件上选择尺寸基准时，必须根据零件在机器或部件中的作用、装配关系和零件图加工、测量方法等情况来确定。做到既要考虑设计要求，又要兼顾加工工艺要求，从设计和工艺的不同角度来确定基准。一般把基准分为设计基准和工艺基准两大类。这两个基准是不一样的，如图 8-20 所示。

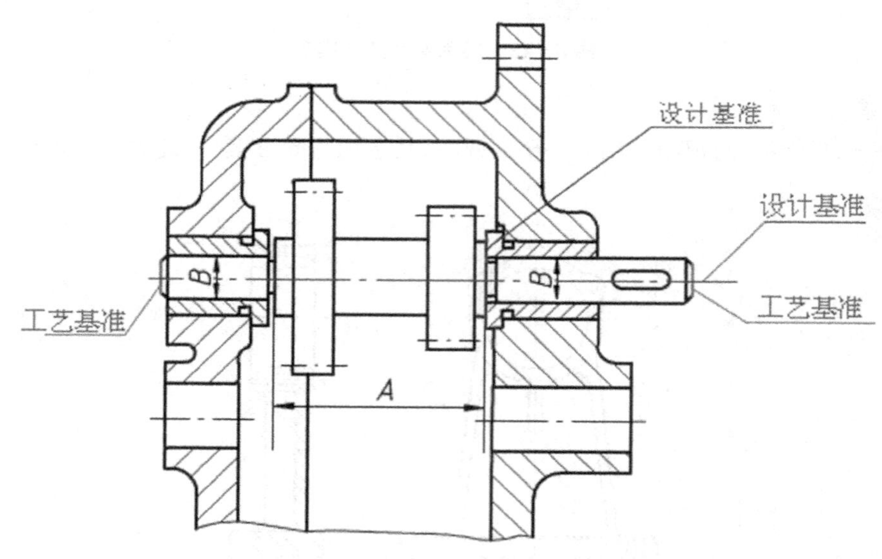

图 8-20　两种基准

(1) 设计基准

在设计时，确定零件在机器或部件中位置的一些面、线或点称为设计基准，设计基准用于保证零件在机器上的工作性能。

(2) 工艺基准

在加工或测量时，确定零件位置的一些面、线或点称为工艺基准。工艺基准用于保证零件加工时的工艺要求，同时又要便于制造、测量。

(3) 选择尺寸基准的原则

① 零件上所标注的合理尺寸，尺寸的设计基准与工艺基准最好是相同的，如此既能满足设计要求，又便于加工、测量。

② 当设计基准不能与工艺基准统一时，一般将零件的重要设计尺寸从设计基准出发来标注，以满足设计要求；其他不重要的设计尺寸，则从工艺基准出发标注，以便于加工和测量。

每个零件都有长、宽、高三个方向，因此，一张零件图至少应当有三个尺寸基准。决定零件主要尺寸的基准称为主要基准。根据设计、加工测量上的要求，一般还要附加一些基准，这些附加的基准称为辅助基准。辅助基准最好与主要基准保持直接的尺寸联系。

2. 零件尺寸的合理标注

(1) 零件结构上的重要尺寸必须直接注出

所谓重要尺寸，即影响零件质量、保证机器(或部件)性能的尺寸。这类尺寸一般有较高的加工要求，如图 8－21 所示。

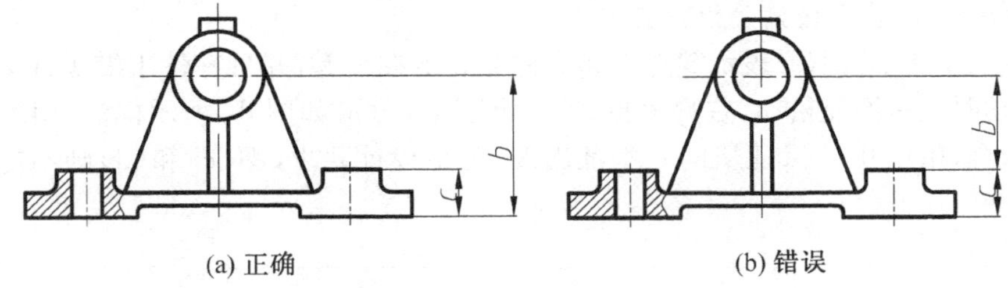

图 8－21 重要尺寸应直接注出

(2) 标注尺寸时，不能注成封闭的尺寸链

如图 8－22 所示，在(a)所示的尺寸链中，尺寸 L 等于尺寸 L_1、L_2、L_3、L_4、L_5 之和，在加工时，由于所有的尺寸都要产生误差，尺寸 L 的误差应是尺寸 L_1、L_2、L_3、L_4、L_5 的累积误差，如此保证不了设计的精度要求，所以应当在尺寸链中选取一个不重要的尺寸空出不注，将所有的尺寸误差都累积于此，从而保证设计精度，如图(b)所示，尺寸 L_5 即不标注，称为开口环。

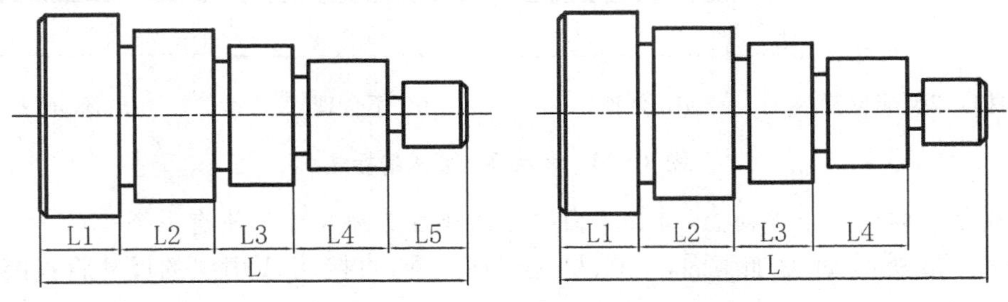

图 8－22 不能注成封闭的尺寸链

(3) 标注的尺寸，应便于测量

如图 8－23 所示。

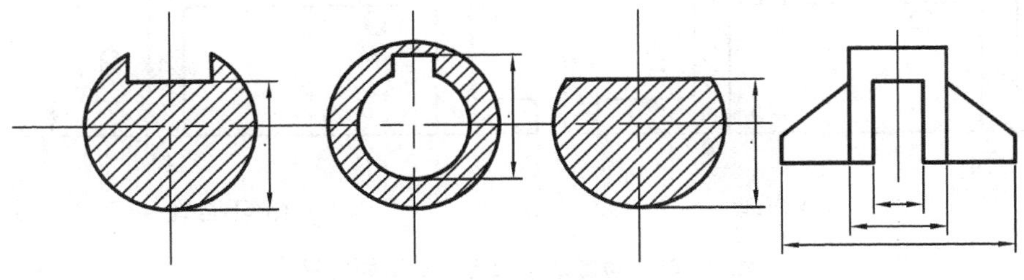

(a) 便于测量/合理的标注

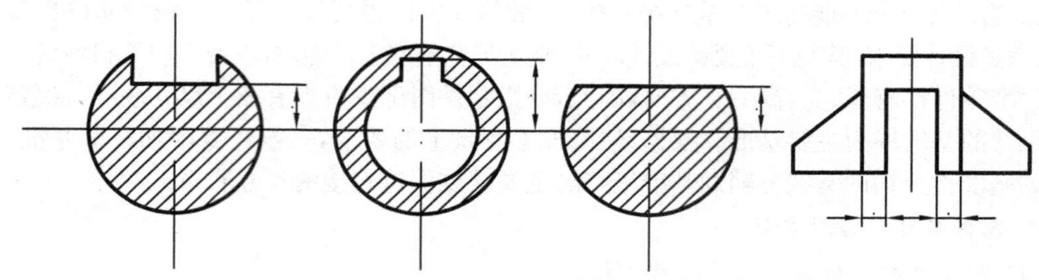
(b) 不便于测量/不合理的标注

图 8-23　考虑测量的标注

(4) 标注尺寸,应尽量满足设计要求

如图 8-24 所示,图(a)表示零件 1 和零件 2 装配在一起,并且零件 1 沿零件 2 的导轨滑动,要求滑动时左右不能松动、右侧面要对齐。因此,尺寸应如图(b)所示标注,用尺寸 B 保证两零件的配合,用尺寸 C 保证从同一基准出发,满足设计要求,图(c)和(d)则不能满足设计需要。

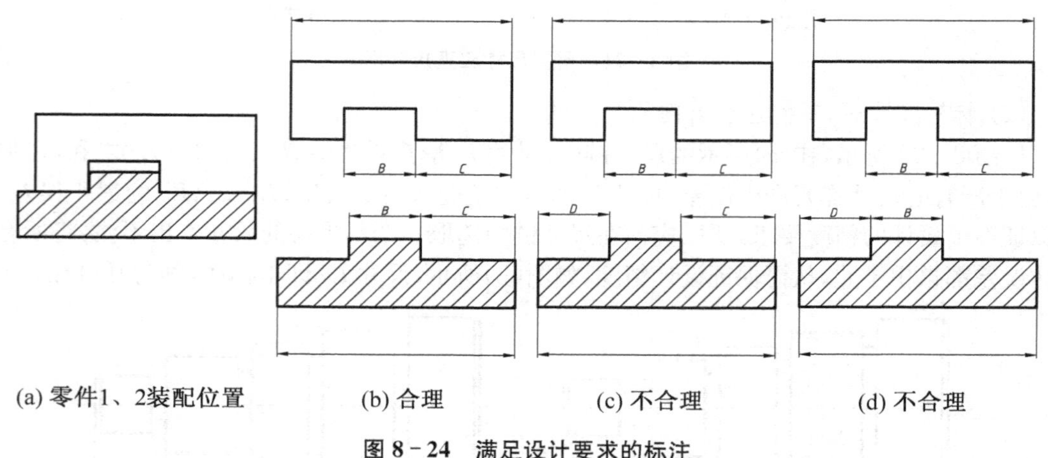

(a) 零件1、2装配位置　(b) 合理　(c) 不合理　(d) 不合理

图 8-24　满足设计要求的标注

(5) 在零件的同一个方向上,与加工面联系的非加工面尺寸只能有一个

如图 8-25 所示,A 是加工面,B、C、D 是非加工面,直接从 A 引出的尺寸就只能是 B、C、D 中的任一个。

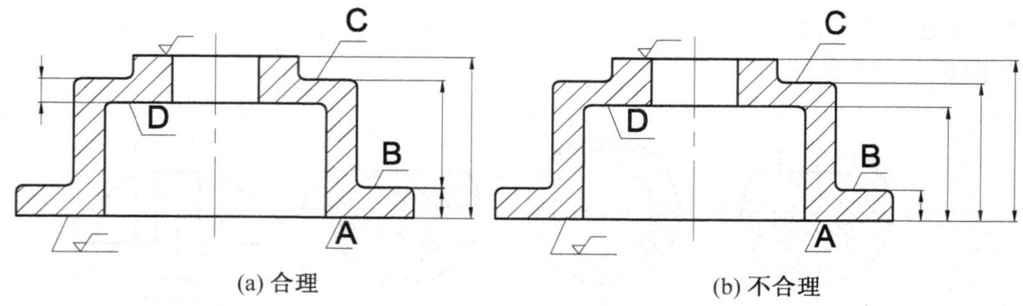

(a) 合理　(b) 不合理

图 8-25　考虑加工面与非加工面的标注

(6) 零件上常见孔的尺寸标注(见表 8-1)

表 8-1 常见孔的尺寸标注

类型	旁注法		普通注法
沉孔	6×ϕ7 沉孔ϕ13×90°	6×ϕ7 沉孔ϕ13×90°	90° ϕ13 6×ϕ7
	4×ϕ6.4 沉孔ϕ12深4.5	4×ϕ6.4 沉孔ϕ12深4.5	ϕ12 4.5 4×ϕ6.4
	4×ϕ9 ϕ20	4×ϕ9 锪平ϕ20	锪平ϕ20 4×ϕ9
螺孔	3×M6-7H	3×M6-7H	3×M6-7H
	3×M6-7H深10	3×M6-7H深10	3×M6-7H 10
	3×M6-7H深10 孔深12	3×M6-7H深10 孔深12	3×M6-7H 10 12
光孔	4×ϕ4深10	4×ϕ4深10	4×ϕ4 10

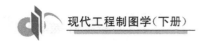

(7) 其他典型结构的标注(见表 8-2)

表 8-2　零件上典型结构的尺寸标注

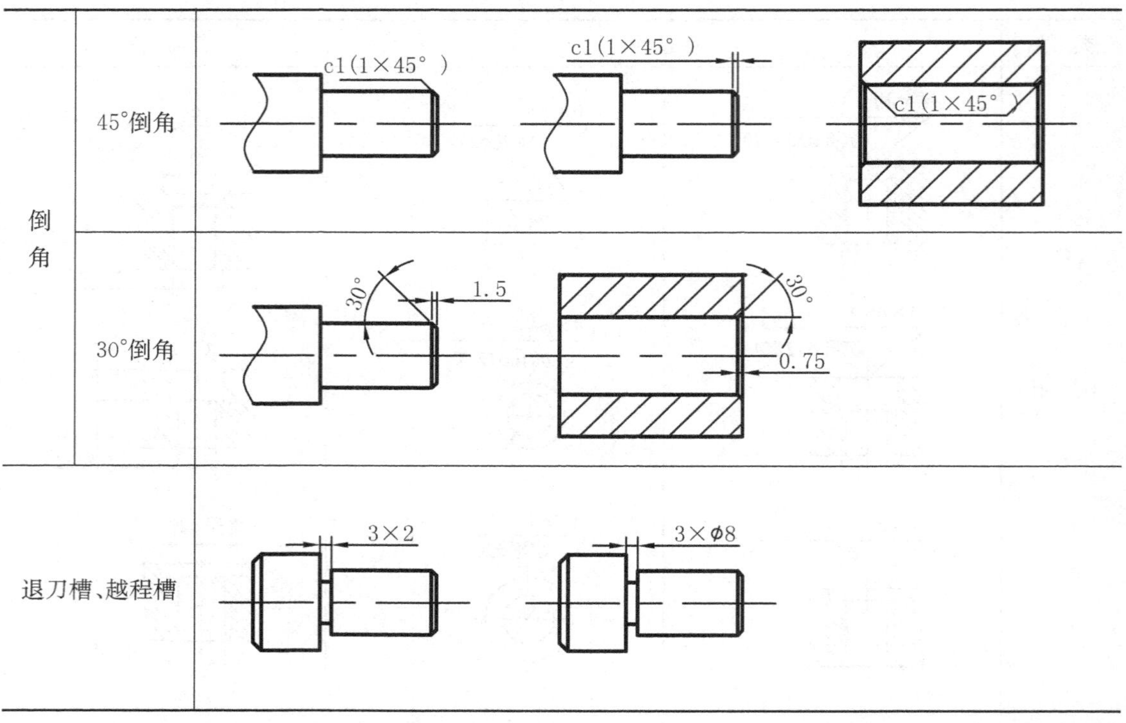

合理标注尺寸需要较多的机械设计和加工方面的知识,本节仅对尺寸标注的合理性作了简单介绍和分析。另外,很多零件的尺寸有其规定注法,运用时可参阅有关附录。

8.3.3　各类零件的视图选择和尺寸标注示例

根据零件的结构形状,大致可分成四类零件:

- 轴套类零件——轴、衬套等零件;
- 盘盖类零件——端盖、阀盖、齿轮等零件;
- 叉架类零件——拨叉、连杆、支座等零件;
- 箱体类零件——阀体、泵体、减速器箱体等零件。

一般来说,后一类零件比前一类零件复杂,因而零件图中表达的视图和尺寸也相应多一些。

1. 轴套类零件

(1) 结构特点　此类零件大多是同轴回转体,轴向尺寸比径向尺寸大得多,且零件上常具有键槽、销孔、退刀槽、螺纹、中心孔、倒角等结构,其主要加工工序是在车床、磨床上进行。轴套类零件包括轴、衬套、套筒、丝杆等,如图 8-26 所示的阀杆。

(2) 视图选择　主视图按加工位置放置,即轴线水平放置,便于工人加工零件时看图。一般采用一个基本视图——主视图表达零件的大体结构;用移出断面图、局部放大图、局部视图等表达轴上的孔、槽和中心孔等结构;用局部放大图来表达退刀槽等细小结构。实心的轴没有剖开的必要,对于空心的套筒等,可将主视图画成全剖视图、半剖视图或局部剖视图等。

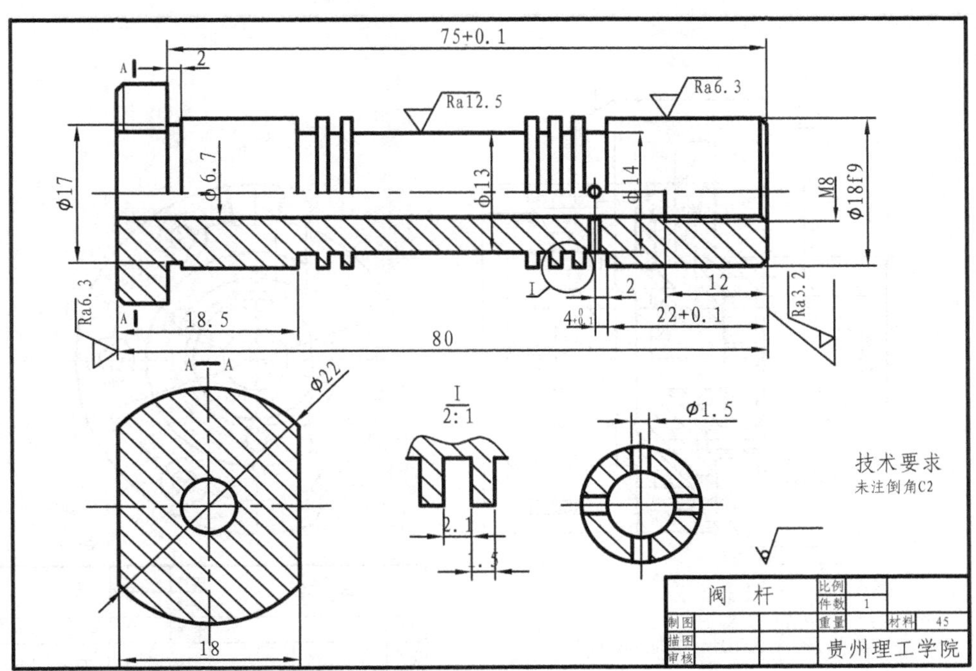

图 8-26 阀杆零件的尺寸标注

(3) 尺寸标注 轴套类零件因为是同轴回转体，所以径向的尺寸基准就是轴线(也就是高度与宽度方向的尺寸基准)。阀杆的径向尺寸基准确定后，即由此注出 $\phi17$、$\phi18f9$、$\phi22$(见 $A-A$ 断面图)等。这样，该轴的设计基准和工艺基准(轴类零件在车床上加工时，两端用顶尖顶住轴的中心孔)就一致了。

轴套类零件长度方向的尺寸基准常选用重要的端面、接触面(轴肩)或加工面等。该阀杆长度方向的尺寸基准就选用图中表面粗糙度 R_a 为 3.2 的右端面，并由此注出 12、22±0.1、75±0.1、80 等尺寸；再以左端面为长度方向尺寸的辅助基准标注出 18.5 的尺寸。

2. 盘盖类零件

(1) 结构特点 盘盖类零件与轴套类零件类似，一般由回转体构成，所不同的是：盘盖类零件的径向尺寸大于轴向尺寸。这类零件上常具有退刀槽、凸台、凹坑、键槽、倒角、轮辐、轮齿、肋板和作为定位或连接用的小孔等结构。盘盖类零件包括皮带轮、手轮、齿轮、端盖、法兰盘等。

(2) 视图选择 这类零件的主视图主要按加工位置选择，轴线水平横放。常用全剖视图和半剖视图表达内部的孔、槽等结构。此外，还需用左(或右)视图表示外形和孔、槽辐板在圆周上的分布情况。必要时可加画断面图、局部视图和局部放大图表达其他的结构，如图 8-27 所示的泵盖零件图。

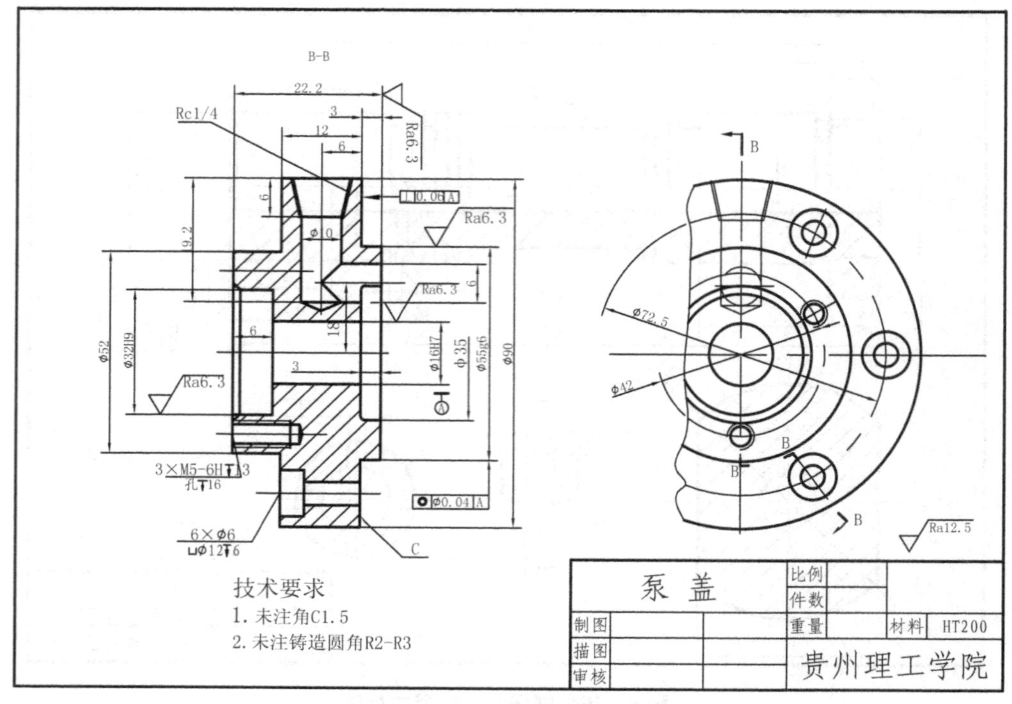

图 8-27　泵盖零件图

(3) 尺寸标注　在标注盘盖类零件的尺寸时，通常选用通过轴孔的轴线作为径向尺寸基准。泵盖的径向尺寸基准也是标注凸缘的高、宽方向的尺寸基准。

盘盖类零件长度方向的尺寸基准常选用重要的端面。泵盖选用表面粗糙度 R_a 为 6.3 的右端凸缘（即 C 所指端面）作为长度方向的尺寸基准，并由此注出 5、10、20 等尺寸。

3. 叉架类零件

(1) 结构特点　这类零件的结构形状比较复杂，常有一个或多个圆柱形空心筒结构，由一些板状体支承或连接，还常有倾斜或弯曲的结构以及凸台、凹坑的结构。叉架类零件包括支架、支座、连杆、摇杆、拨叉等，各种箱盖、箱板、垫板、固定板等也属于此类。

(2) 视图选择　这类零件由于加工位置多变，在选择主视图时，主要考虑工作位置和形状特征，如图 8-28 所示的拨叉即为一例。

叉架类零件一般需要两个或两个以上的基本视图，另外根据零件结构特征可能需要采用局部视图、斜视图和局部剖视图来表达一些局部结构的内外形状，用断面图来表示肋、板、杆等的断面形状。在拨叉零件图中，除主视图外，俯视图表达安装板、肋和孔的宽度及相对位置；用从 A 面剖切的左视图表达拨叉的主要结构。

(3) 尺寸标注　叉架类零件的长度、宽度和高度方向的主要基准一般为主要孔的中心线、对称轴线和安装基面等。在拨叉零件图中，选用安装孔的轴线作为长度方向和高度方向的尺寸基准，从这两个基准出发，分别注出 24、40、ϕ48 以及 13、R30、50 等尺寸；选用拨叉的前后对称面作为宽度方向的尺寸基准；从宽度方向的尺寸基准出发，注出 20、30、12 等尺寸。

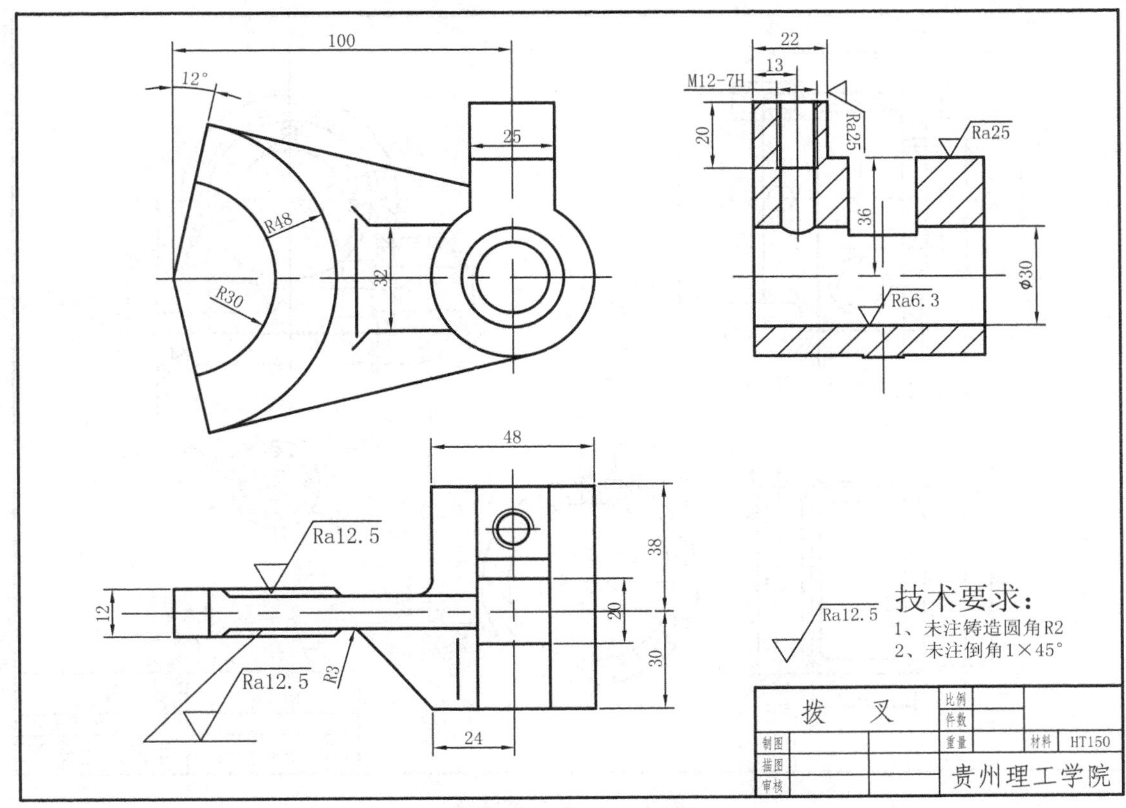

图 8-28 拨叉零件图

4. 箱体类零件

(1) 结构特点 箱体类零件是用来支承、包容、保护运动零件或其他零件的，是机器或部件上的主体零件，壳体内需装配各种零件，因而结构形状比较复杂，其共同特点是中空呈箱状。这类零件的结构和形状变化较大，内部和外部不同，加工位置也较前面三类零件变化较多。

(2) 视图选择 由于箱体类零件结构、形状比较复杂，加工位置变化较多，因而在选择视图时应多进行分析比较。一般箱体类零件的主视图主要根据形体特征和工作位置来选择，当箱体工作位置倾斜时，按稳定的位置来布置视图。一般还需要其他的基本视图来表达外形，还需采用各种剖视图表达内部结构形状。对个别部位的细小结构，采用局部视图、局部剖视图、局部放大图等来补充表达。如图 8-29 所示的箱体零件图，选择用全剖的主视图和局部剖视的左视图分别表达箱体的内部结构和外部形状；采用局部视图和断面图分别补充表达箱体局部地方的结构形状：局部视图 B 表达箱体的底部长方形端面及其与其他零件连接的螺纹孔布置情况，局部视图 C 表达孔 $\phi26$ 的凸缘和与其他零件连接的螺纹孔布置情况，$A-A$ 断面图表达箱体右端 $\phi82$ 圆柱面上有三个均布的沉孔。用这五个视图就完整、清晰地表达了这个箱体的内、外形状和结构。

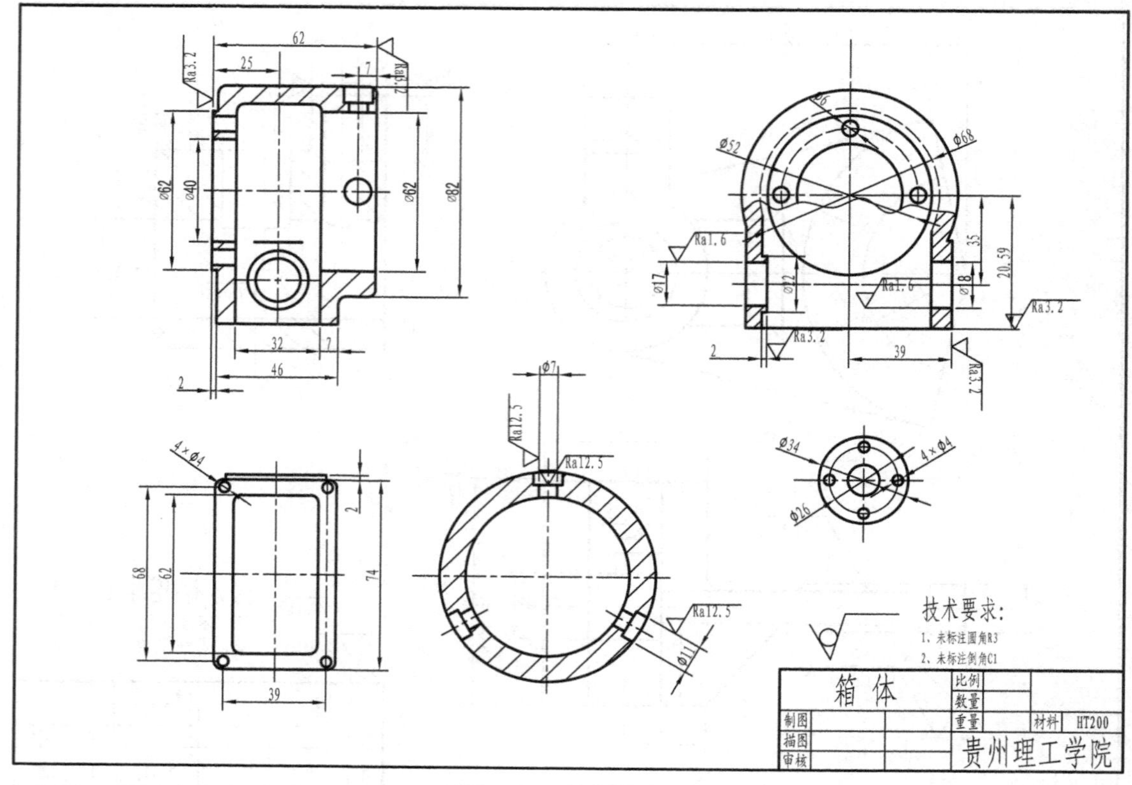

图 8-29 箱体零件图

(3) 尺寸标注　箱体类零件的长度、宽度、高度方向的主要尺寸基准一般是轴承孔的中心线、轴线、对称平面和主要的接触端面等。对于箱体上需要切削加工的部分,应尽可能按便于加工和检验的要求来标注尺寸。如图 8-29 所示的箱体,选择其轴线及一些对称面作为标注尺寸的基准:以大孔 $\phi62^{+0.02}_{0}$ 轴线为径向和高度方向尺寸基准,由此注出尺寸 $\phi82$、$\phi68$、$\phi62$、$\phi52$、$\phi40^{+0.03}_{0}$、52 等;以 32 mm 的内腔的左右对称面为长度方向的尺寸基准,由此注出尺寸 25,定出左端面,以左端面为辅助基准,注出箱体的总长尺寸 62,由长度基准还注出了尺寸 32、46、39 等;以通过大孔 $\phi62^{+0.02}_{0}$ 轴线的这个孔的前后对称面为宽度方向尺寸基准,由此注出尺寸 68。从图中还可看出:在高度方向基准面向下 35 ± 0.05 处的长度方向基准面上,有一条轴线作为辅助径向基准,由它注出尺寸 $\phi22$、$\phi18^{+0.018}_{0}$ 等。

5. 其他零件

(1) 薄板冲压零件

在电讯、仪表设备中,大多数的安装板、支架、罩壳等零件,多是由板材用冲床或钣金工加工而成。这类零件一般不进行或进行少量切割加工,零件的弯折处一般有小圆角,以免冲压变形时断裂,零件的板面上冲有许多孔和槽口,一般都是通孔,这些只需在反映圆的视图中画出,在其他视图中只画出表示位置的中心线。定位尺寸一般标注两孔中心距或孔中心到板边缘的距离;圆角半径一般不标注在图上,而集中注写在技术要求中。如图 8-30 所示的底盘零件,就是由薄板冲压而成的。

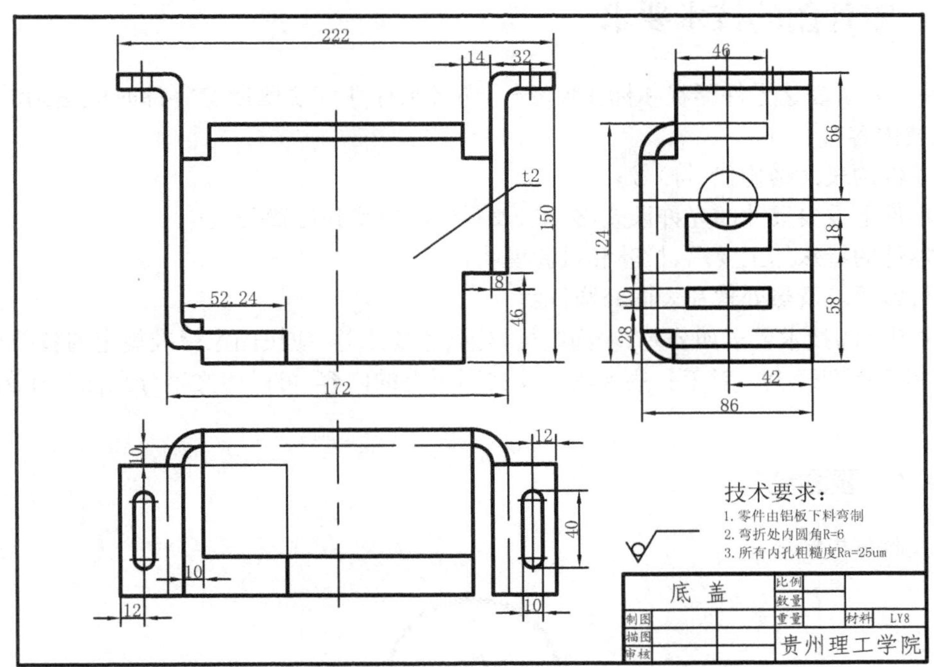

图 8-30 底盘零件图

(2) 注塑与镶嵌零件

这类零件是把熔融的塑料压注在模具内，冷却后成型，或把金属材料与非金属材料镶嵌在一起成型。它们可以制成各种类型的零件。因此，在视图表达和尺寸标注方面与前述相同。

镶嵌零件是一个组件，零件图可按装配图编排零、部件序号，在明细栏内说明其组成零件的名称、材料等。

注塑与镶嵌零件的非金属材料在剖视图上应运用剖面符号予以区别。

如图 8-31 所示，即为手柄镶嵌件的零件图。

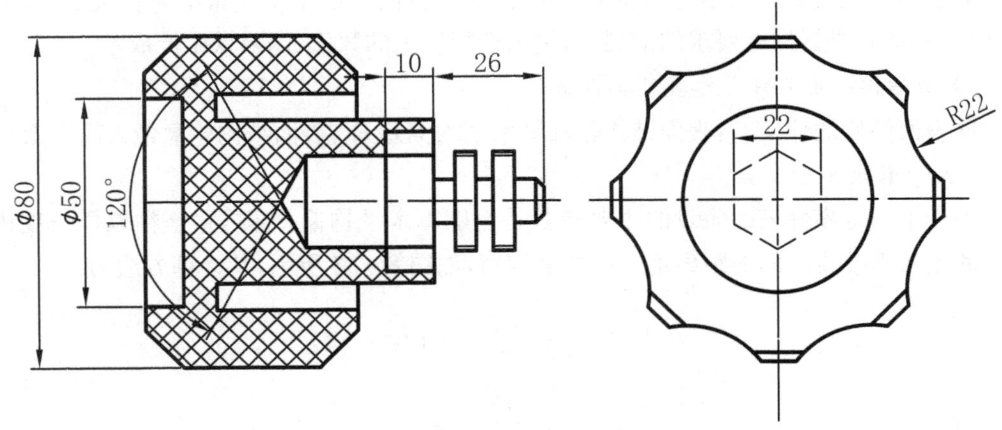

图 8-31 手柄镶嵌件

8.4　零件图的技术要求

零件图除了表达零件形状和标注尺寸外,还必须标注和说明制造零件时应达到的技术要求,其主要内容有:

① 零件的表面结构代(符)号;

② 零件上重要尺寸的允许误差(公差)及零件的形状和位置公差;

③ 零件的特殊加工要求、检验和试验说明;

④ 材料要求及热处理和表面修饰说明。

零件图上的技术要求如公差、表面结构、热处理要求等,应按国家标准规定的各种符号、代号、文字标注在图形上。对于一些无法标注在图形上的内容,可以用文字分别注写在图纸下方的空白处。

8.4.1　表面结构

1. 表面结构概念

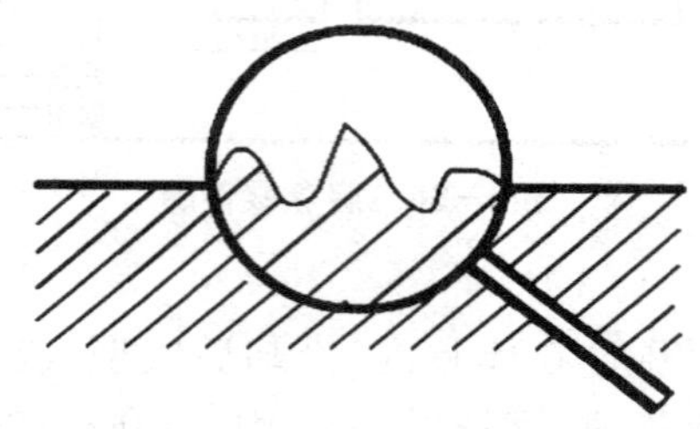

图 8-32　表面结构

零件加工时,由于刀具在零件表面上留下的刀痕及切削分裂表面时金属的塑性变形等影响,使零件存在着间距较小的轮廓峰谷,如图 8-32 所示。这种加工表面上具有的较小间距的峰谷所组成的微观几何形状特性,称为表面结构。

表面结构反映了零件表面的质量,它对零件的配合、耐磨性、抗腐蚀性、外观等都有影响。对不同的表面结构需要采用不同的加工方法,因此零件的表面结构应根据零件表面的功用恰当地选择,在保证机器性能要求的前提下,尽量选择较大的数值,以降低生产成本。

2. 表面结构的主要评定参数及其数值

零件表面结构的评定有:表面结构轮廓算术平均偏差 R_a,表面结构轮廓最大高度 R_z。

(1) 轮廓算术平均偏差

在生产中评定零件表面质量的主要参数是轮廓算术平均偏差 R_a,它是在取样长度内,轮廓线上的点与基准线之间的距离绝对值的平均值,如图 8-33 所示,其计算方法为:

$$R_a = \frac{1}{l}\int_0^l |Y(x)| \, \mathrm{d}x,$$

或近似为:

$$R_a = \frac{1}{n}\sum_{i=1}^{n} |Y_i| 。$$

R_a 数值已经标准化,可根据需要查表 8-3 进行选取。

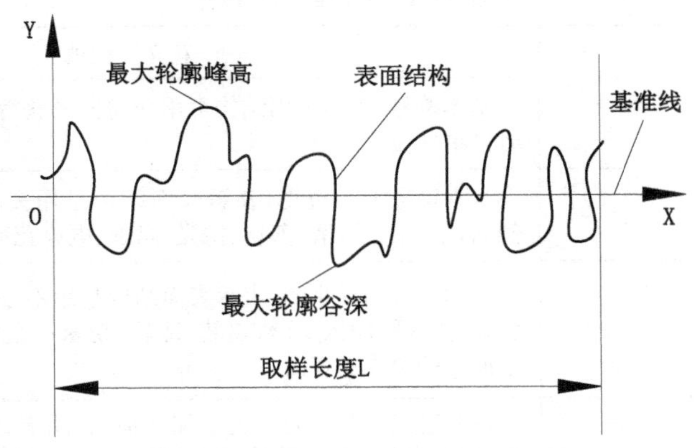

图 8－33 轮廓曲线和表面结构参数

表 8－3 轮廓算术平均偏差 R_a 的数值 μm

第一系列	第二系列	第一系列	第二系列	第一系列	第二系列	第一系列	第二系列
	0.008		0.125		2.0		32
	0.010		0.160		2.5		40
0.012		0.2		3.20		50	
	0.016		0.250		4.0		63
	0.020		0.320		5.0		80
0.025		0.4		6.30		100	
	0.032		0.500		8.0		
	0.040		0.630		10.0		
0.500		0.8		12.5			
	0.063		1.000		16.0		
	0.080		1.250		20.0		
0.100		1.6		25.0			

(2) 轮廓最大高度 R_z

如图 8－33 所示，在取样长度内轮廓峰顶线和轮廓谷底线之间的距离，它在评定某些不允许出现较大的加工痕迹的零件表面时有实用意义。

3. 表面结构的符(代)号及其标注方法

GB/T 131—93 规定了零件表面结构符号、代号及其在图样上的注法，并且规定：图样上所标注的表面结构符号、代号是指该表面完工后的要求。

(1) 表面结构符号

图样上表示零件的表面结构符号及其意义见表 8－4 所示。

表 8-4　表面结构的符号

符　号	意义及说明
	基本符号,表示表面结构可用任何方法获得,当通过一个注释解释时可单独使用
	基本符号加一短划,表示表面结构是用去除材料的方法获得的。例如,车、钻、铣、磨、剪切、抛光、腐蚀、电火花加工、气割等
	基本符号加一小圈,表示表面结构是用不去除材料的方法获得的。例如:铸、锻、冲压变形、热轧、冷轧、粉末冶金等,或者用于表示保持上道工序形成的表面
	在上述三个符号的长边上加一横线,用于标注表面结构的补充信息,在报告和合同文本中可分别用 APA,MRR,NMR 表达符号所示的相同含义
	在上述三个符号的长边上均可加一小圆,表示所有表面具有相同的表面结构要求

(2) 表面结构符号及其数值、有关规定的注写位置

表面结构数值及其有关的规定在符号中注写的位置如图 8-34 所示。

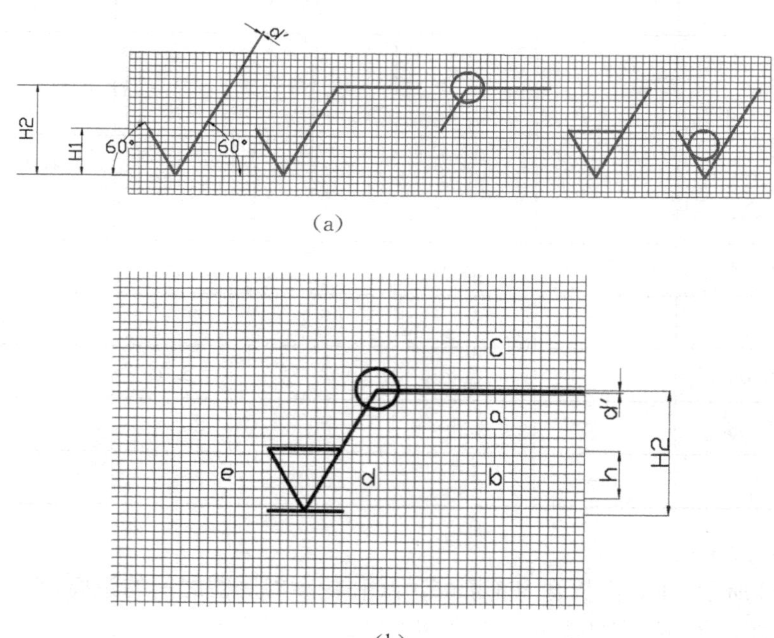

图 8-34　表面结构数值及其有关的规定在符号中注写的位置

图中字母的意义如下:

a——表面结构的单一要求。在参数代号和极限值间应插入空格,如 R_a 6.3 等。

a 和 *b*——两个或多个表面结构要求。

c——加工方法、表面处理、涂层或其他加工工艺要求等。如车、磨、镀等。

d——注写表面纹理和纹理的方向,如“=”、“⊥”、“X”、“M”等。

e——注写加工余量(单位为 mm)。

图形符号和附加标注的尺寸见表 8-5 所示。

表 8-5 表面结构符号各部尺寸

数字和字母高度 h(GB/T 14690)	2.5	3.5	5	7	10	14	20
符号线宽 d' 字母线宽 d	0.25	0.35	0.5	0.7	1	1.4	2
高度 H_1	3.5	5	7	10	14	20	28
高度 H_2(最小值)	7.5	10.5	15	21	30	42	60
a, H_2 取决于标注内容							

(3) 表面结构参数值的标注

表面结构评定参数 R_a、R_z 在代号中用数值标注时,在参数值前需标注出相应的参数代号 R_a 或 R_z,标注示例见表 8-6 所示。

表 8-6 表面结构参数及其数值的标注

标注示例	含义/解释
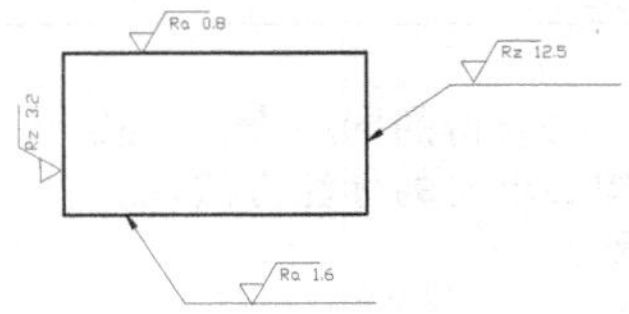 Ra 0.8; Rz 12.5; Rz 3.2; Ra 1.6	表面结构的注写和读取方向与尺寸的注写与读取方向一致
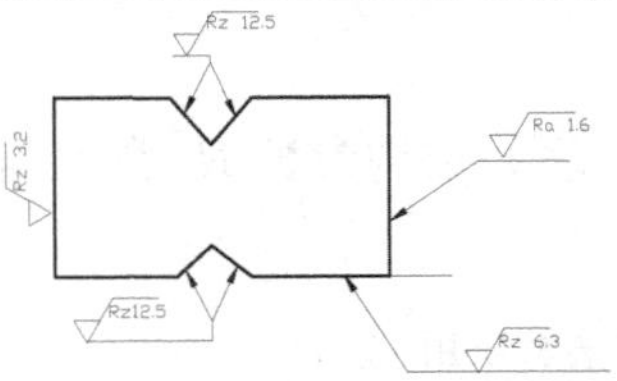 Rz 12.5; Ra 1.6; Rz 3.2; Rz12.5; Rz 6.3	表面结构要求可标注在轮廓线上,或轮廓线的延长线上,其符号应从材料外指向并接触表面
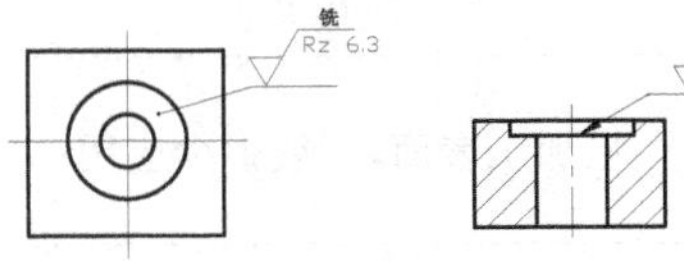 铣 Rz 6.3; 车 Rz 3.2	必要时,表面结构符号也可用带箭头或黑点的指引线引出标注
⌀60H7 Rz 12.5; ⌀60h6 Rz 6.3	当不致引起误解时,表面结构要求可以标注在给定的尺寸线上
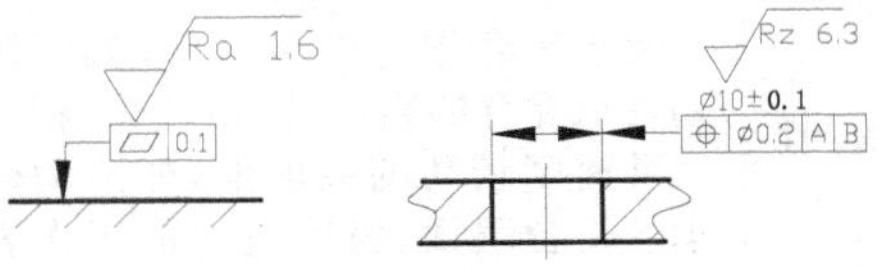 Ra 1.6; ▱ 0.1; Rz 6.3; ⌀10±0.1; ⌖ ⌀0.2 A B	表面结构要求可标注在形位公差框格的上方

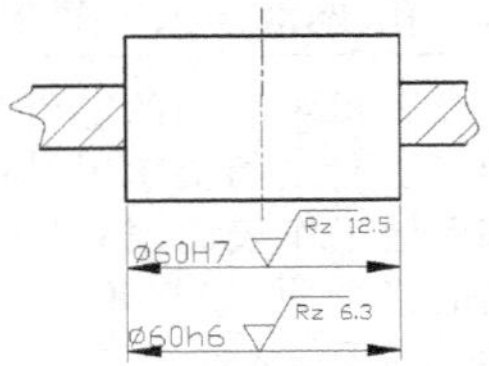

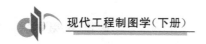

(续表)

标注示例	含义/解释
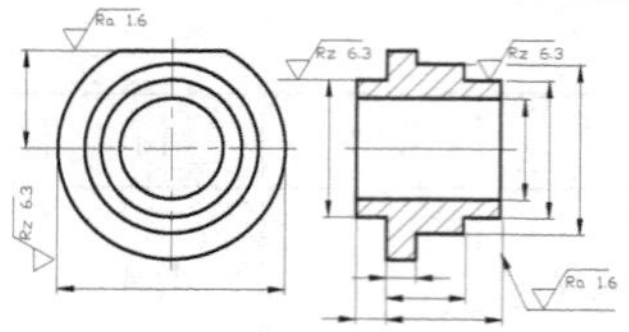	圆柱和棱柱表面的表面结构要求只标注一次
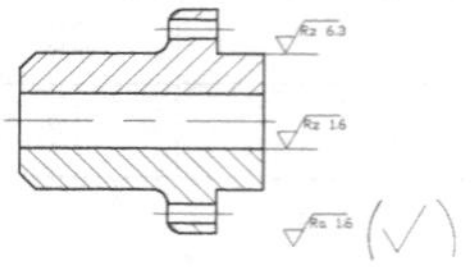	如果在工件的多数(包括全部)表面有相同的表面结构要求,则其表面结构要求可统一标注在图样的标题栏附近。括号内的基本符号表示无任何其他标注
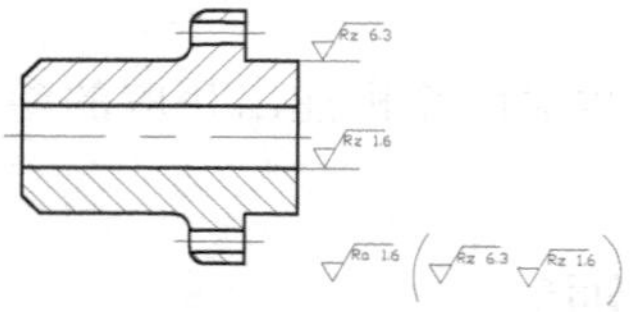	大多数表面有相同表面结构要求的简化注法,括号内表示不同的表面结构要求
	可以以等式的形式给出对多个表面共同的表面结构要求
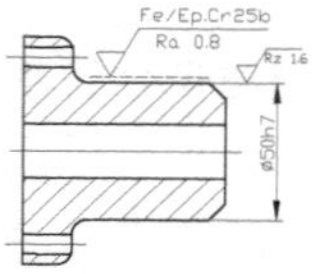	由几种不同的工艺方法获得的同一表面,当需要明确每种工艺方法的表面结构要求时的标注方法,图例也表达了镀覆前后的表面结构要求

4. *表面结构参数值的应用*

一般机械加工中推荐使用第一系列的表面结构参数 R_a。表面结构参数 R_a 数值与加工方法及应用举例列于表 8-7 中,供选用时参考。

表 8-7　表面结构参数 R_a 数值与加工方法及应用

R_a	表面特征	主要加工方法	应用举例
50	明显可见刀痕	粗车、粗铣、粗刨、钻、粗纹锉刀和粗砂轮加工	粗加工表面,一般很少应用
25	可见刀痕		
12.5	微见刀痕	粗车、刨、立铣、平铣、钻	不接触表面;不重要的接触面,如螺钉孔、倒角、机座底面等
6.3	可见加工痕迹	精车、精铣、精刨、铰、镗、粗磨等	没有相对运动的零件接触面,如箱、盖、套之间要求紧贴的表面、键和键槽工作表面;相对运动速度不高的接触面,如支架孔、衬套、带轮轴孔的工作表面
3.2	微见加工痕迹		
1.6	看不见加工痕迹		
0.8	可辨加工痕迹方向	精车、精铰、精拉、精镗、精磨等	要求密合很好的接触面,如与滚动轴承配合的表面、锥销孔等;相对运动速度较高的接触面,如滑动轴承的配合表面、齿轮轮齿的工作表面等
0.4	微辨加工痕迹方向		
0.2	不可辨加工痕迹方向		

（续表）

R_a	表面特征	主要加工方法	应用举例
0.1	暗光泽面	研磨、抛光、超级精细研磨等	精密量具的表面；极重要零件的摩擦面，如气缸的内表面、精密机床的主轴颈、坐标镗床的主轴颈等
0.05	亮光泽面		
0.025	镜状光泽面		
0.012	雾状镜面		
0.006	镜面		

8.4.2 公差与配合及形位公差简介

1. 零件的互换性

在现代机械生产中，要求制造出来的同一批零件，不经修配和辅助加工，任取一个就可顺利地装到机器上去，并能满足机器性能的要求，零件的这种性质称为互换性。互换性既能满足各生产部门广泛的协作要求，又能进行高效率的专业化生产，零件损坏后也便于修理、调换。

2. 尺寸公差

在零件的加工过程中，由于设备、工夹具、测量误差等因素的影响，不可能把零件的尺寸做得绝对准确。为了保证零件的互换性，就必须将零件尺寸的加工误差限制在一定范围内，这个允许的变动范围就是尺寸公差。尺寸公差的有关术语和含义如图 8-35 所示。

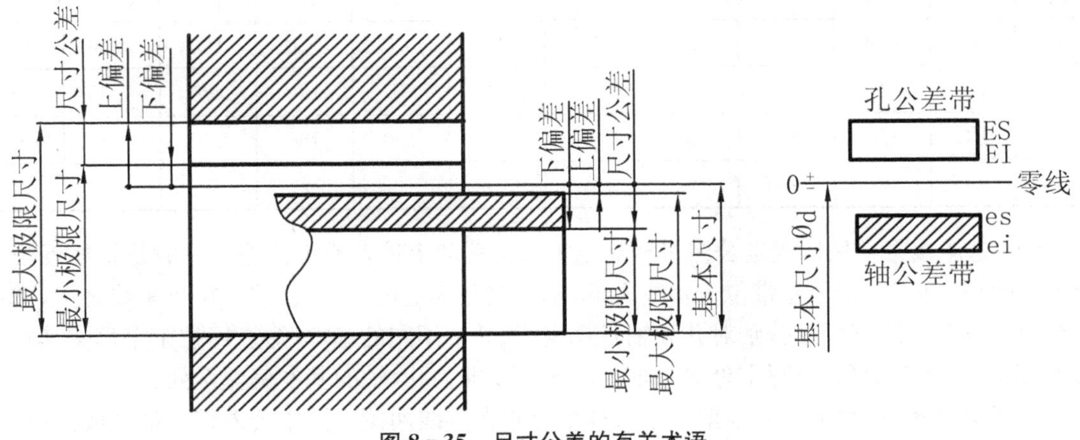

图 8-35 尺寸公差的有关术语

(1) 基本尺寸 零件设计时所给定的尺寸。

(2) 实际尺寸 零件加工后实际测量所得的尺寸。

(3) 极限尺寸 加工零件时允许尺寸变化的两个界限值，其中较大的尺寸值称为最大极限尺寸；较小的尺寸值称为最小极限尺寸。

(4) 极限偏差（简称偏差） 极限偏差分为孔、轴上偏差（分别用 ES、es 表示）和孔、轴下偏差（分别用 EI、ei 表示）。上偏差为最大极限尺寸减去其基本尺寸所得的代数差，下偏差为最小极限尺寸减去其基本尺寸所得的代数差。上、下偏差可以是正值、负值或零。

(5) 尺寸公差（简称公差） 允许零件尺寸的最大变动量。公差值等于最大极限尺寸减去最小极限尺寸的绝对值,也等于上偏差减去下偏差的绝对值。公差值为正值,且不会等于零。

(6) 零线　在公差与配合图解(简称公差带图)中,确定偏差的一条基准直线,即零偏差线。通常以零线表示基本尺寸。

(7) 尺寸公差带(简称公差带)　在公差带图中,由代表上、下偏差的两条直线所限定的一个带状区域。

(8) 标准公差和公差等级　标准公差是基本尺寸的函数,是用以确定公差带大小的任一公差。公差等级是确定尺寸精确程度的等级,亦称精度等级。国家标准将公差等级分为 20 级,即 IT01、IT0、IT1～IT18,其中 IT 表示公差等级,数字表示公差等级代号,从 IT01 至 IT18,等级依次降低。标准公差数值由基本尺寸和公差等级确定,见表 8-8 所示。

表 8-8　标准公差数值(摘录)

基本尺寸 mm		标准公差等级									
		IT01	…	IT6	IT7	IT8	IT9	IT10	IT11	IT12	…
大于	至	μm								mm	
—	3	0.3	…	6	10	14	25	40	60	0.10	..
3	6	0.4	…	8	12	18	30	48	75	0.12	…
6	10	0.4	…	9	15	22	36	58	90	0.15	…
10	18	0.5	…	11	18	27	43	70	110	0.18	…
18	30	0.6	…	13	21	33	52	84	130	0.21	…
30	50	0.6	…	16	25	39	62	100	160	0.25	…
50	80	0.8	…	19	30	46	74	120	190	0.30	…
80	120	1	…	22	35	54	87	140	220	0.35	…
120	180	1.2	…	25	40	63	100	160	250	0.40	…
…	…	…	…	..	…	…	…	…	…	…	

(9) 基本偏差　用以确定公差带相对于零线位置的上偏差或下偏差。一般是指靠近公差带零线的那个偏差,若公差带位于零线之下,基本偏差为上偏差;若公差带位于零线之上,基本偏差为下偏差。国家标准分别对孔和轴各规定了 28 个不同的基本偏差,用拉丁字母按其顺序表示,大写字母表示孔,小写字母表示轴。图 8-36 即为孔、轴的基本偏差系列。

由图中可知:孔和轴的基本偏差呈对称地分布在零线两侧。图中公差带一端画成开口,表示不同公差等级的公差带宽度有变化。

孔的基本偏差,从 A～H 为下偏差(EI),从 J～ZC 为上偏差(ES);轴的基本偏差,从 a～h 为上偏差(es),从 j～zc 为下偏差(ei)。

根据基本尺寸可以从有关国家标准中查出孔和轴的基本偏差数值,孔和轴的另一偏差可以根据孔和轴的基本偏差与标准公差数值求解出来。

孔的另一偏差:

$$ES = EI + IT \text{ 或 } EI = ES - IT;$$

轴的另一偏差:

$$es = ei + IT \text{ 或 } ei = es - IT。$$

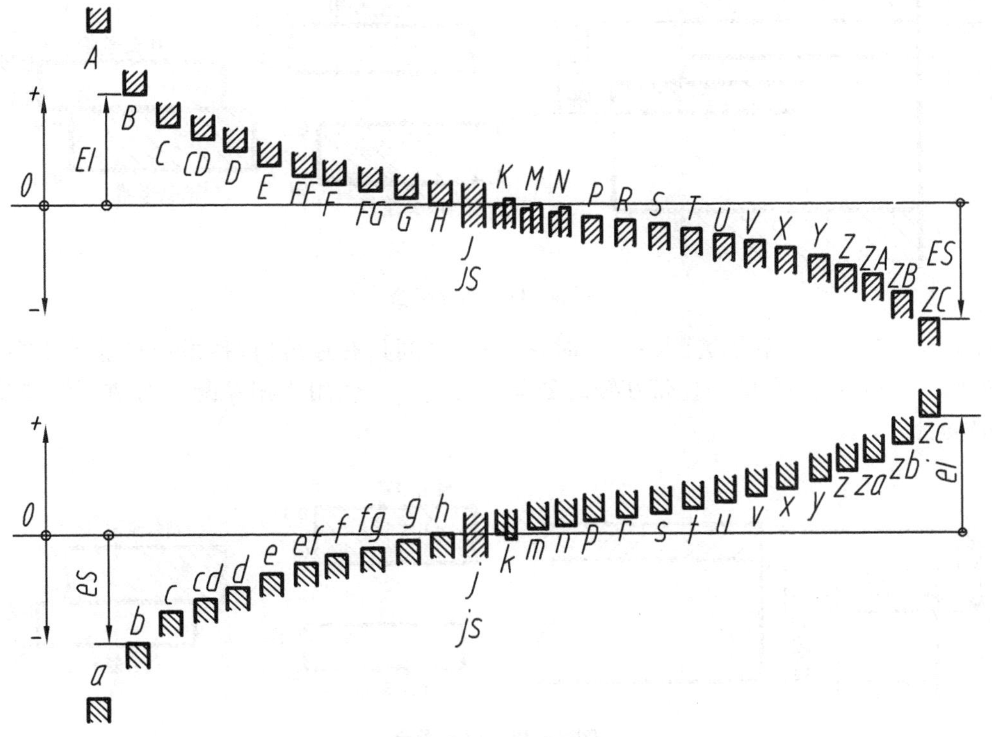

图8-36 基本偏差系列

(10) 孔和轴的公差带代号 孔和轴的公差带代号由基本偏差代号和公差等级代号组成，例如：

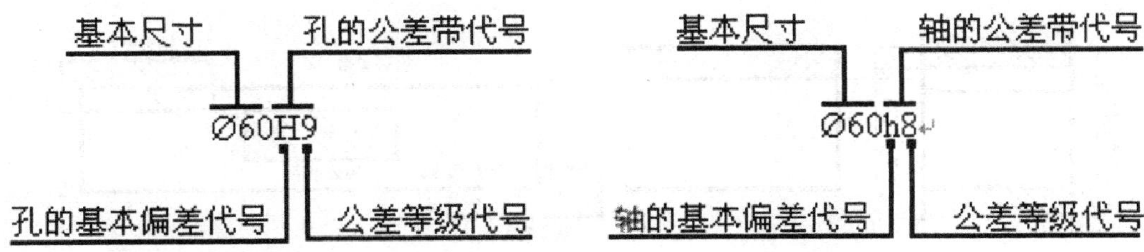

3. 配合

基本尺寸相同的、相互结合的孔和轴公差带之间的关系，称为配合。根据使用的要求不同，孔和轴之间的配合有松有紧，因而国家标准规定，配合分为三类：间隙配合、过盈配合、过渡配合。

(1) 间隙配合 孔和轴装配在一起时，孔与轴之间具有间隙（包括最小间隙等于零）的配合。如图8-37所示，孔的公差带在轴的公差带之上，一般用于相互配合的两零件有相对运动的场合。

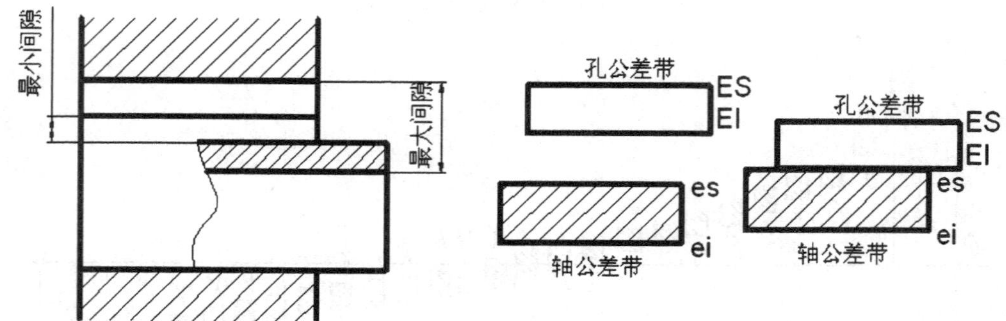

图 8-37　间隙配合

(2) 过盈配合　孔和轴装配在一起时,孔与轴之间具有过盈(包括最小过盈等于零)的配合。如图 8-38 所示,孔的公差带在轴的公差带之下。一般用于相互配合的两零件需要牢固连接的场合。

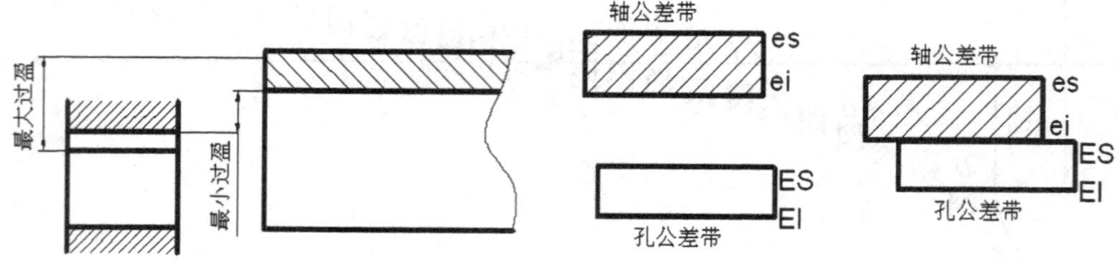

图 8-38　过盈配合

(3) 过渡配合　孔和轴装配在一起时,孔与轴之间可能具有间隙或过盈的配合。如图 8-39 所示,孔的公差带与轴的公差带相互交叠。一般用于相互配合的两零件不允许有相对运动、轴与孔对中性要求比较高、需要拆卸的场合。

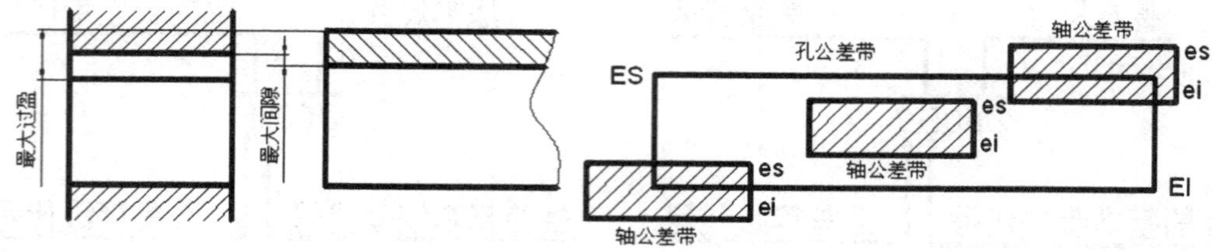

图 8-39　过渡配合

(4) 基准制　根据设计要求,孔和轴之间可有各种不同的配合,如果孔和轴两者都任意变动,则孔和轴的配合变化极多,给零件的设计和制造带来不便。为此,国家标准对配合规定了基孔制和基轴制两种基准制度。

① 基孔制:基本偏差为一定的孔的公差带,与不同基本偏差的轴的公差带形成各种配合的一种制度,如图 8-40 所示。基孔制配合中的孔称为基准孔,其基本偏差代号为 H,且基本偏差(下偏差)数值为零。

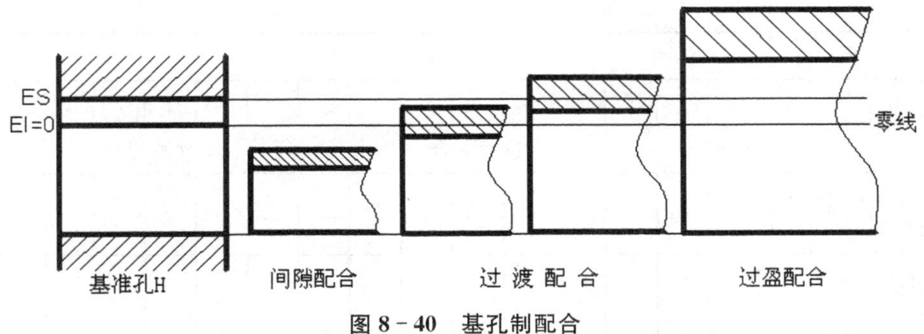

图 8-40 基孔制配合

② 基轴制：基本偏差为一定的轴的公差带，与不同基本偏差的孔的公差带形成各种配合的一种制度，如图 8-41 所示。基轴制配合中的轴称为基准轴，其基本偏差代号为 h，且基本偏差（上偏差）数值为零。

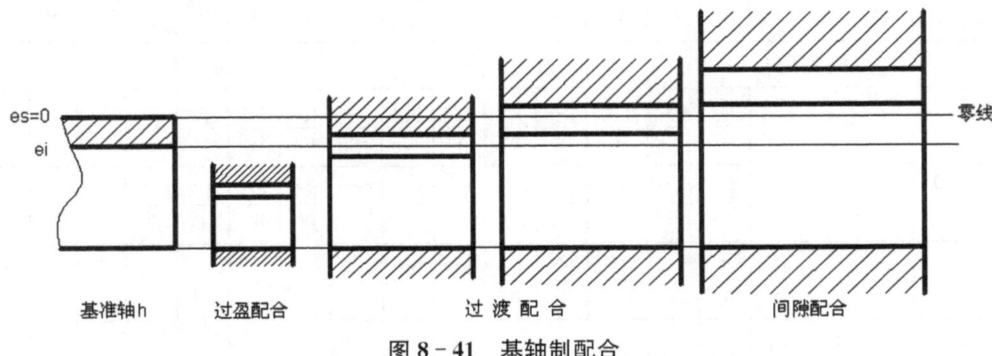

图 8-41 基轴制配合

（5）优先、常用配合 为了便于设计和制造，国家标准根据机械工业产品生产使用的需要，规定了基孔制和基轴制的优先配合和常用配合，见表 8-9 和表 8-10 所示。

表 8-9 基孔制优先、常用配合

基孔制	轴																				
	a	b	c	d	e	f	g	h	js	k	m	n	p	r	s	t	u	v	x	y	z
	间隙配合								过渡配合			过盈配合									
H6						H6/f5	H6/g5	H6/h5	H6/js5	H6/k5	H6/m5	H6/n5	H6/p5	H6/r5	H6/s5	H6/t5					
H7						H7/f6	H7*/g6	H7*/h6	H7/js6	H7*/k6	H7/m6	H7*/n6	H7*/p6	H7/r6	H7*/s6	H7/t6	H7*/u6	H7/v6	H7/x6	H7/y6	H7/z6
H8					H8/e7	H8*/f7	H8/g7	H8*/h7	H8/js7	H8/k7	H8/m7	H8/n7	H8/p7	H8/r7	H8/s7	H8/t7	H8/u7				
				H8/d8	H8/e8	H8/f8		H8/h8													
H9				H9*/d9	H9/e9	H9*/f9		H9/h9													
H10			H10/c10	H10/d10				H10/h10													

(续表)

基孔制	轴																				
	a	b	c	d	e	f	g	h	js	k	m	n	p	r	s	t	u	v	x	y	z
	间隙配合								过渡配合			过盈配合									
H11	$\frac{H11}{a11}$	$\frac{H11}{b11}$	$\frac{H11^*}{c11}$	$\frac{H11}{d11}$				$\frac{H11}{h11}$													
H12		$\frac{H12}{b12}$						$\frac{H12}{h12}$													

注:标注 * 的配合为优先配合。

表 8-10 基轴制优先、常用配合

基轴制	孔																				
	A	B	C	D	E	F	G	H	JS	K	M	N	P	R	S	T	U	V	X	Y	Z
	间隙配合								过渡配合			过盈配合									
h5						$\frac{F6}{h5}$	$\frac{G6}{h5}$	$\frac{H6}{h5}$	$\frac{JS6}{h5}$	$\frac{K6}{h5}$	$\frac{M6}{h5}$	$\frac{N6}{h5}$	$\frac{P6}{h5}$	$\frac{R6}{h5}$	$\frac{S6}{h5}$	$\frac{T6}{h5}$					
hh6						$\frac{F7}{h6}$	$\frac{G7^*}{h6}$	$\frac{H7^*}{h6}$	$\frac{JS7}{h6}$	$\frac{K7^*}{h6}$	$\frac{M7}{h6}$	$\frac{N7^*}{h6}$	$\frac{P7^*}{h6}$	$\frac{R7}{h6}$	$\frac{S7^*}{h6}$	$\frac{T7}{h6}$	$\frac{U7^*}{h6}$				
h7					$\frac{E8}{h7}$	$\frac{F8^*}{h7}$		$\frac{H8^*}{h7}$	$\frac{JS8}{h7}$	$\frac{K8}{h7}$	$\frac{M8}{h7}$	$\frac{N8}{h7}$									
h8				$\frac{D8}{h8}$	$\frac{E8}{h8}$	$\frac{F8}{h8}$		$\frac{H8}{h8}$													
h9				$\frac{D9}{h9}$	$\frac{E9}{h9}$	$\frac{F9}{h9}$		$\frac{H9^*}{h9}$													
h10				$\frac{D10}{h10}$				$\frac{H10}{h10}$													
h11	$\frac{A11}{h11}$	$\frac{B11}{h11}$	$\frac{C11^*}{h11}$	$\frac{D11}{h11}$				$\frac{H11^*}{h11}$													
h12		$\frac{B12}{h12}$						$\frac{H12}{h12}$													

注:标注 * 的配合为优先配合。

本书附录中附表 23 和附表 24 摘录了优先配合中的孔、轴的极限偏差,供查阅。

4. 公差与配合的标注方法及查表

(1) 在装配图中的标注方法 在装配图上标注公差与配合,采用组合式注法,如图 8-42 所示。前面是基本尺寸,后面用分数形式表示,分子为孔的公差带代号,分母为轴的公差带代号。对于基孔制的基准孔,基本偏差用 H 表示;对于基轴制的基准轴,基本偏差用 h 表示。

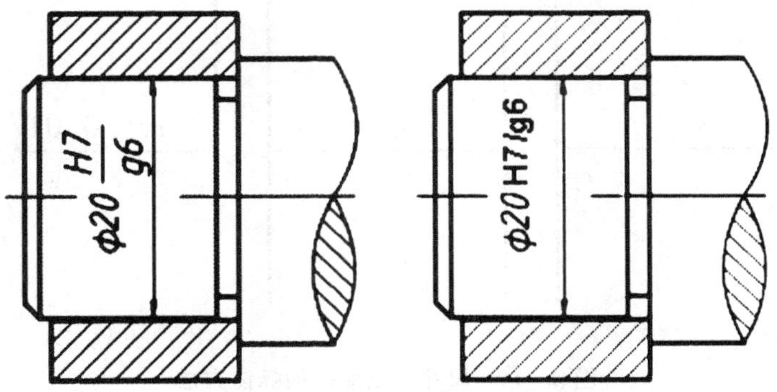

图 8-42　公差与配合在装配图中的标注方法

(2) 在零件图中的标注方法　在零件图上标注公差与配合，有三种形式。一种是只注公差带的代号，如图 8-43(a)所示，此种注法适用于大批量生产；第二种是只注极限偏差数值，如图 8-43(b)所示，此种注法适用于单件、小批量生产；第三种是既注公差带的代号，又注极限偏差数值，如图 8-43(c)所示，此种注法适用于产量不定的情况。

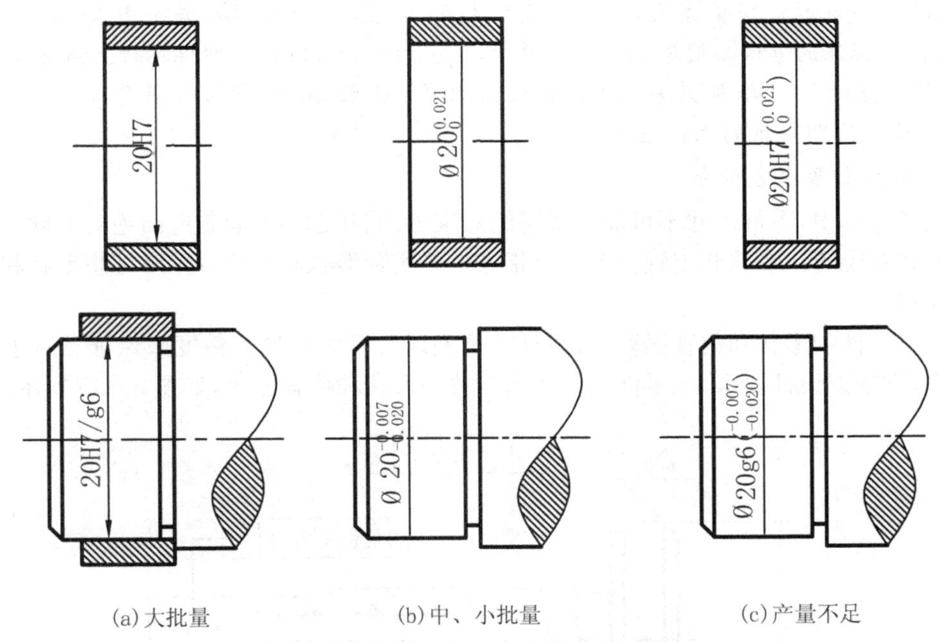

图 8-43　公差与配合在零件图中的标注方法

标注极限偏差时应注意上下偏差的字号比基本尺寸小一号，并且下偏差与基本尺寸应该标注在同一底线上，上下偏差的小数点要求对齐，并且小数点后有效位数应该相同，如图 8-44(a)所示；若上偏差或下偏差为“0”时，必须与另一偏差的小数点前个位数对齐，如图 8-44(b)所示；如果上下偏差对称于零线，则如图 8-44(c)所示标注。

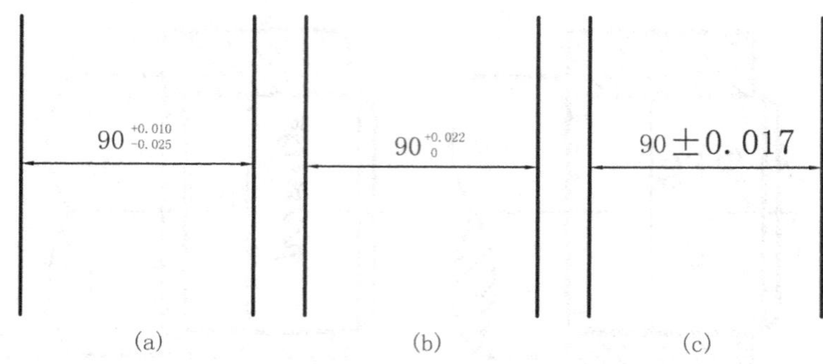

图 8-44　尺寸极限偏差的标注方法

(3) 极限偏差值的查表方法　附表 23 和附表 24 中摘录了优先配合中的孔、轴的极限偏差,根据孔或轴的基本尺寸、基本偏差和公差等级,即可分别查出孔和轴的极限偏差值。

【例 8-1】 查 ϕ45H8/f7 的偏差值。

解　ϕ45H8/f7 为基孔制间隙配合。

ϕ45H8　查孔的极限偏差表,由基本尺寸大于 40 至 50 一行以及与公差带 H8 一列中查得+39μm,但标注的单位必须是 mm,经换算后(1 μm=1/1 000 mm),即得孔的上偏差 $\phi45^{+0.039}$。

ϕ45f7　查轴的极限偏差表,由基本尺寸大于 40 至 50 一行与公差带 f7 一列中查得−25 μm,换算后即得轴的上偏差 $\phi45^{-0.025}$。

5. 形状和位置公差简介

在生产实际中,零件尺寸不可能制造得绝对准确,同样也不可能制造出绝对准确的形状和表面间的相对位置。形状和位置公差就是指零件的实际形状和实际位置对理想形状和位置的允许变动量。

对一般零件的形状和位置误差,可由尺寸公差以及机床的加工精度来保证。对于要求较高的零件,则根据设计要求,在零件图上注出有关的形状和位置公差,如图 8-45 所示。

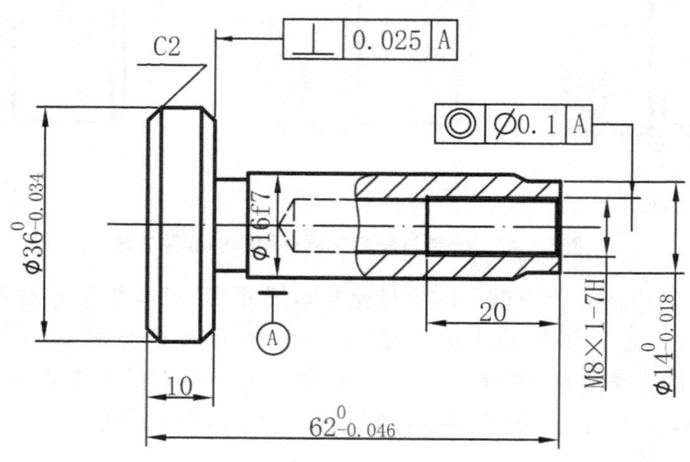

图 8-45　形状和位置公差示例

(1) 形状和位置公差的代号及标注　国家标准 GB/T 1182—1996 规定用代号来标注形状和位置公差。形位公差代号包括:形状和位置公差各项目的符号(见表 8-11 所示),形位公差框格和指引线，形位公差数值和其他有关符号以及基准代号等，这些内容如图 8－46 所示。

表 8－11　形位公差特征项目及符号

公　差		特征项目	符　号	有或无基准要求
形　状	形　状	直线度	⏤	无
		平面度	⏥	无
		圆　度	○	无
		圆柱度	⌭	无
形状或位置	轮　廓	线轮廓度	⌒	有或无
		面轮廓度	⌓	有或无
位　置	定　向	平行度	//	有
		垂直度	⊥	有
		倾斜度	∠	有
位　置	定　位	位置度	⌖	有或无
		同轴(同心)度	◎	有
		对称度	⌯	有
	跳　动	圆跳动	↗	有
		全跳动	⌰	有

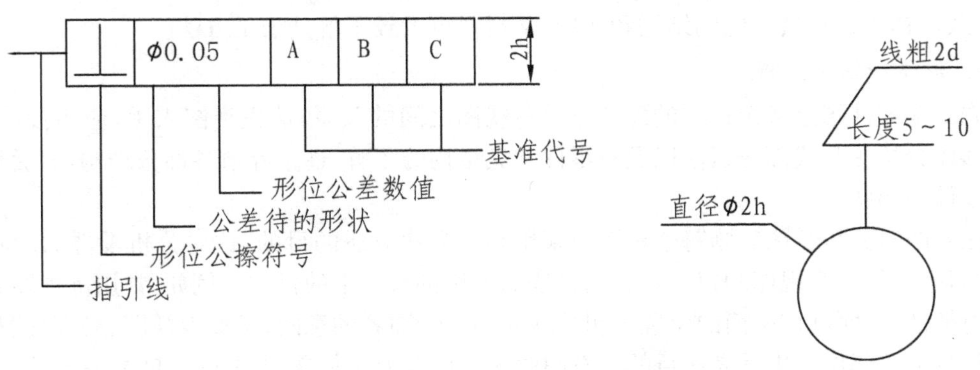

图 8－46　形位公差代号和基准代号

(2) 形位公差标注示例　在技术图样中,形位公差应采用框格标注,当无法用框格标注时,允许在技术要求中用文字说明。如图 8－47 所示为气门阀杆零件图上形位公差标注的实例,从图中形位公差的标注可知:

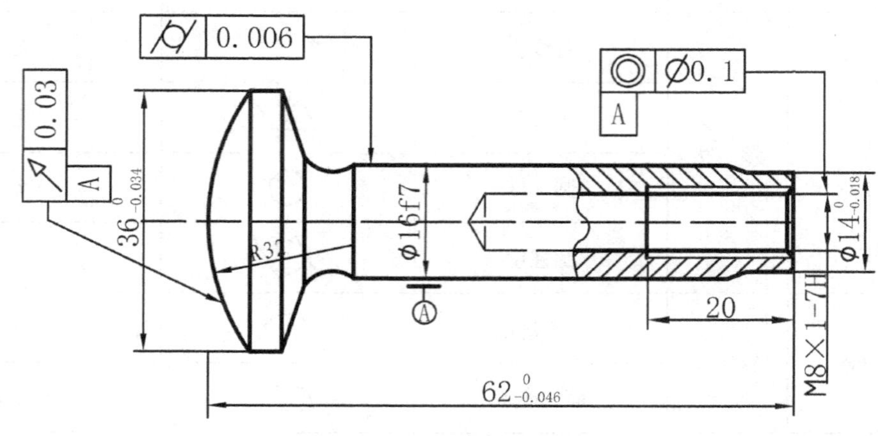

图 8－47　气门阀杆零件图

① $SR75$ 的球面对于 $\phi16f7$ 轴线的圆跳动公差是 0.03。

② $\phi16$ 杆身的圆柱度公差是 0.005。

③ M8×1 的螺孔轴线对于 $\phi16$ 轴线的同轴度公差是 $\phi0.1$。

8.5　读零件图

读零件图的目的就是要根据零件图想象出零件的结构、形状、尺寸和技术要求,以便在零件加工制造时采用适当的方法,或者在此基础上进一步研究零件结构的合理性,从而设计出更科学的结构。在读图过程中,必须掌握正确的方法和步骤,才能做到迅速而又准确地读懂零件图。

8.5.1　读零件图的方法和步骤

1. 概括了解

从标题栏里可以了解零件的名称、材料、比例、数量等。从名称可判断该零件属于那一类零件,从而初步设想其可能的结构和作用,从材料可大致了解其加工方法。

2. 形体和结构分析

先了解零件图上各个视图的配置以及各视图之间的关系,从主视图入手,应用投影规律,结合形体分析法和线面分析法以及对零件常见结构的了解,逐个弄清各部分结构,然后想象出整个零件的形状。

在看图时分析绘图者画每个视图或采用某一表达方法的目的,这对分析零件的形状有很大帮助,因为每一个视图和每一种表达方法的采用都有一定的目的。例如,常用剖视图表示零件的内部结构,而剖切平面的位置很明显地表达了绘图者的意图;又如斜视图、局部视图,可以从箭头所指的部位看出其表达目的。看图时还可以与有关的零件图联系起来一起看,这样更容易搞清零件上每个结构的作用和要求。

具体做法是先看主要部分,后看次要部分;先看整体,后看细节;先看容易看懂部分,后看难懂部分。

3. 尺寸和技术要求分析

通过对零件的结构分析，了解在长度、宽度和高度方向的主要尺寸基准，找出零件的功能尺寸；根据对零件的形体分析，了解零件各部分的定形、定位尺寸以及零件的总体尺寸；分析表面结构、尺寸公差、形状和位置公差以及其他技术要求，弄清各表面对加工的要求，以便进一步了解零件的功能性和工艺性，采用相应的加工方法。

4. 综合归纳

必须把零件的结构形状、尺寸和技术要求综合起来考虑，把握零件的特点，以便在制造、加工时采取相应的措施，保证零件的设计要求。不清楚的地方，必须查阅有关的技术资料，如发现错误或不合理的地方，协同有关部门及时解决，使产品不断改进。

8.5.2 读图举例

图 8-48 是一个泵体的零件图，按下列步骤进行读图。

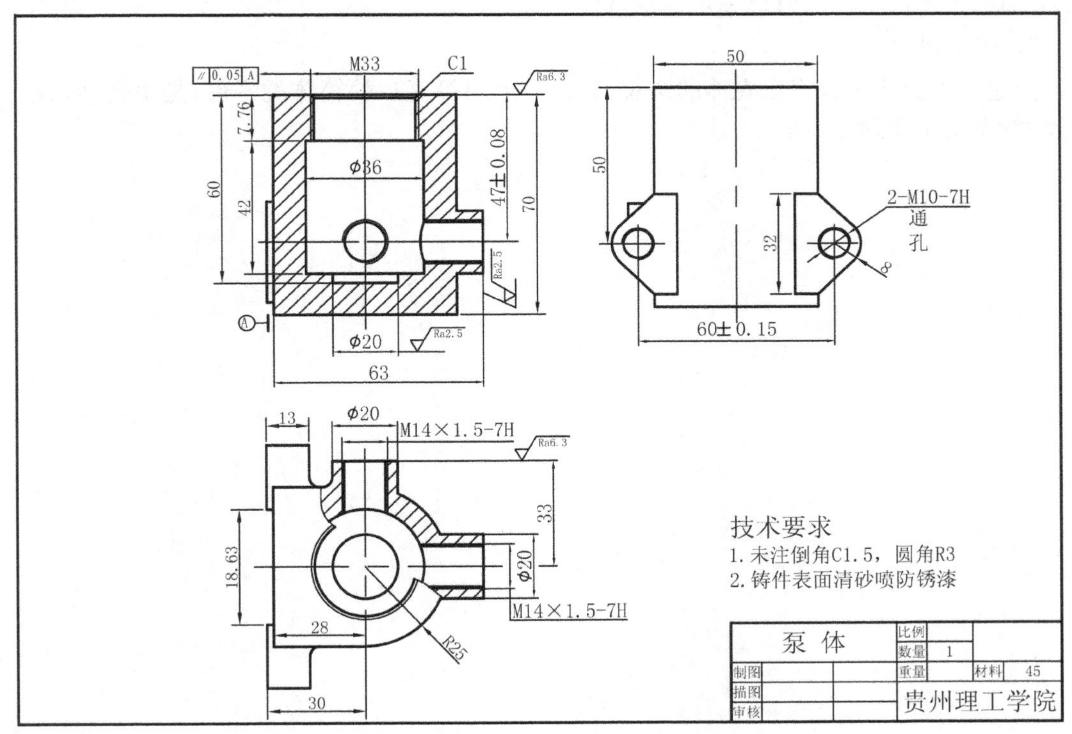

图 8-48 泵体零件图

1. 概括了解

图 8-48 所示零件的名称是泵体，应属于箱体类零件；由比例为 1∶1 可知，泵体实际大小与图示大小一样；由材料栏标注为 HT15—30 可知，加工泵体的材料是铸铁(从附表 26 中查出)，该零件主要通过铸造加工。

2. 形体和结构分析

由于泵体的形状、结构都较为复杂，故用三个采取了适当剖视的基本视图来表达它的内外形状和结构。主视图采用全剖视图,表达内部结构;俯视图采用局部剖视图,表达内部和泵体的外形;并用左视图表达泵体的外形和安装孔。由形体分析可知,泵体由三部分组成:一是半圆柱形的壳体,圆柱形的内腔,用于容纳其他零件;二是两块三角形的安装板,用于固定泵体;三是两个圆柱形的进出油口,分别位于泵体的右边和上边。

3. 尺寸和技术要求分析

首先找出长、宽、高三个方向的尺寸基准,然后找出主要尺寸。长度方向的主要尺寸基准是安装板的端面,并由此注出 13、28、63 等尺寸;宽度方向的主要尺寸基准是泵体前后对称面,并由此注出 M14×1.5−7H、ϕ20、M33、60±0.15 等尺寸;高度方向的主要尺寸基准是泵体的上端面,并由此注出 15、47±0.08、50、60、70 等尺寸。其中,47±0.08、60±0.15 是主要尺寸,加工时必须保证。

从进出油口及顶面尺寸 M14×1.5−7H 和 M33 可知,它们都属于细牙普通螺纹,同时这几处端面结构 R_a 值为 6.3,要求较高,以便对外连接紧密,防止漏油,其余仍为铸件表面。由此可见,该零件对表面结构要求不高。其他技术要求为:铸件要经过时效处理后,才能进行切削加工;图中未注尺寸的铸造圆角都是 $R3$。

4. 综合归纳

经过以上分析可以得出壳体的全貌,它是一个中等复杂的箱体类零件,是由铸造、镗、刨、钻、磨等多道工序加工而成。

第 9 章　装 配 图

表达机器或部件的图样，称为装配图。在机械工程设计过程中一般先根据设计要求画出装配图，然后再根据装配图设计零件并绘制出零件图，最后根据图纸加工零件组装成机器。

9.1　装配图的作用和内容

9.1.1　装配图的作用

在机械设计中往往是先根据设计要求画出装配图，以表达机器或部件的工作原理、传动路线和零件之间的装配关系，且通过绘制的装配图表达出各组零件在机器或部件上的作用和结构以及零件之间的相对位置和连接方式。

在装配过程中，一般是根据装配图把零件装配成部件或机器，机器的使用者往往通过装配图了解部件和机器的性能、作用、原理和使用方法。因此，装配图是反映设计思想、指导装配和使用机器以及进行技术交流的重要技术指标，装配图也是生产中的重要技术文件。

9.1.2　装配图的内容

图 9-1 所示部件为由 12 种零件组成的截止阀，而图 9-2 为其装配图。从中可见装配图的内容一般包括以下四个方面。

一张完整的装配图应具备以下的基本内容：

1. 一组表达部件的图形

用各种表达方法来正确、完整、清晰地表达机器或部件的工作原理、各零件的装配关系、零件的连接关系、连接方式、传动路线以及零件的主要结构形状等，如图 9-2 采用的三个视图。

2. 必要的尺寸

用来标注出机器或部件的性能、规格以及装配、检验、安装时所用的一些必要的尺寸。

3. 技术要求

用文字或符号说明机器或部件的性能、装配和调整要求、验收条件、试验和使用规则等。

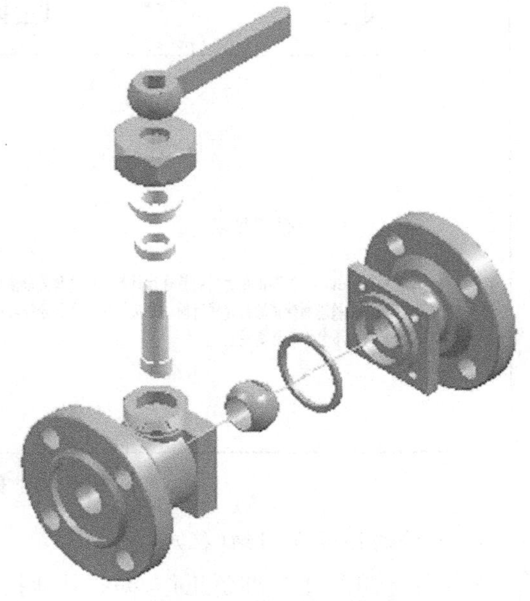

图 9-1　截止阀立体图

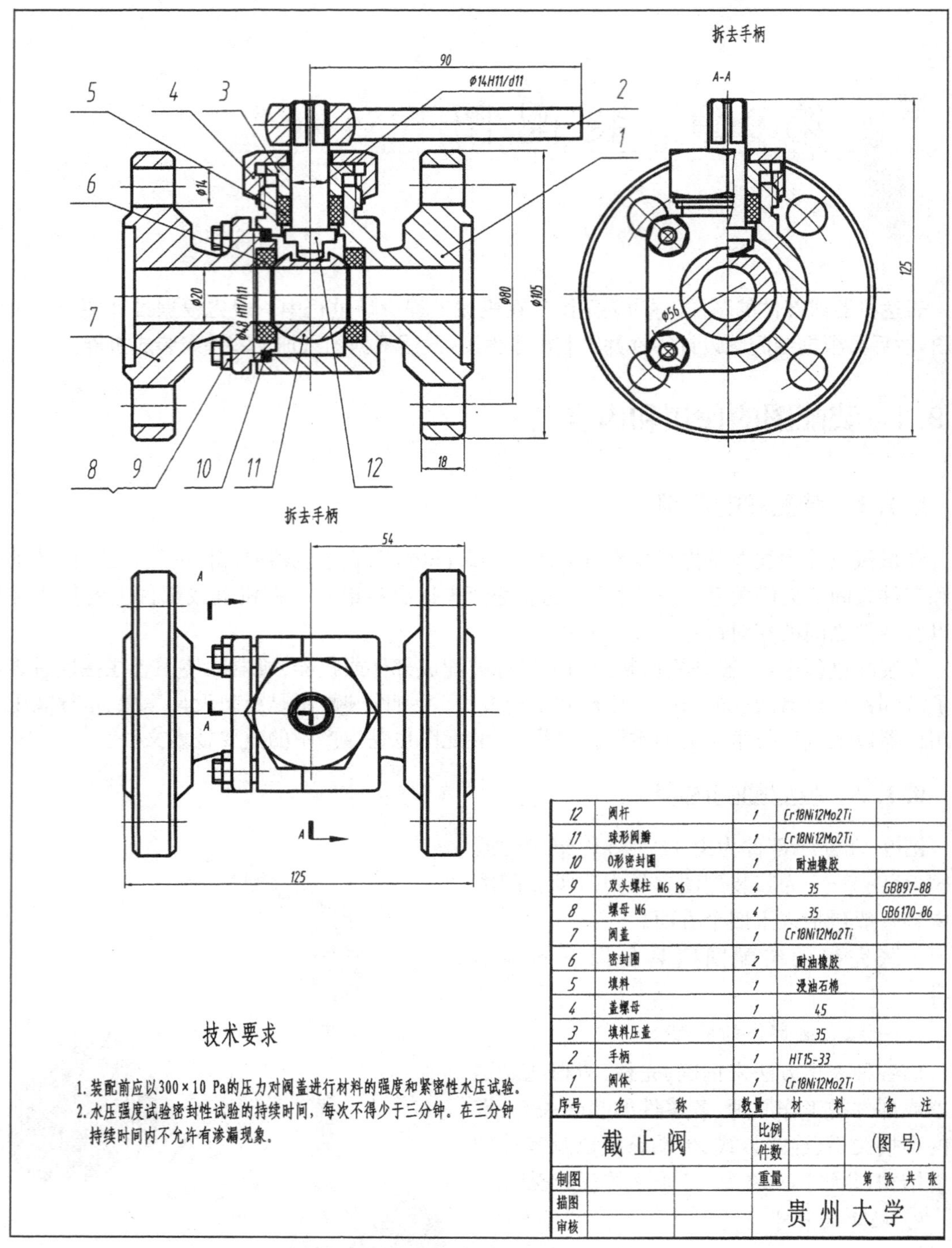

序号	名称	数量	材料	备注
12	阀杆	1	Cr18Ni12Mo2Ti	
11	球形阀瓣	1	Cr18Ni12Mo2Ti	
10	O形密封圈	1	耐油橡胶	
9	双头螺柱 M6 ×16	4	35	GB897-88
8	螺母 M6	4	35	GB6170-86
7	阀盖	1	Cr18Ni12Mo2Ti	
6	密封圈	2	耐油橡胶	
5	填料	1	浸油石棉	
4	盖螺母	1	45	
3	填料压盖	1	35	
2	手柄	1	HT15-33	
1	阀体	1	Cr18Ni12Mo2Ti	

截止阀		比例		(图号)
		件数		
制图		重量		第 张 共 张
描图		贵州大学		
审核				

图 9-2　截止阀装配图

4. 零件的序号和明细(栏)表

为了便于进行生产准备工作，编制其他技术文件和管理图样和零件，在装配图上必须对每个零件标注序号并编制明细表，序号是将明细表与图样联系起来，使看图时便于找到零件的位置。

5. 标题栏

标题栏中包括说明机器或部件的名称、重量、图号、比例、制图、审核人员的签名等。

9.2 装配图的视图表达方法

机器(部件)和零件的表达的共同点:表达出它们的内外结构形状。不同点:装配图以表达机器(部件)的工作原理和主要装配关系为中心,把机器和部件的内部构造、外部形状和零件的主要结构形状表达清楚,不要求把每个零件的形状完全表达清楚。零件图需要完整、清晰地表达零件的结构形状。

在本书前面章节中介绍的各种表达方法和它们的选用原则,都适用于表达机器或部件。由于装配图的表达重点是机器或部件的工作原理、传动路线、零件间的装配关系和技术要求,而对于各零件本身的内外形状不一定要求完全表达出来,因此,在装配图中各种剖视应用最为广泛。

9.2.1 装配图上的规定画法

1. 零件间接触面和配合面的画法

在装配图中,两相邻零件的接触面或配合面只画一条线。但当两相邻零件的基本尺寸不相同或为非接触面时,即使间隙很小,也必须画出两条线。如图 9-2 截止阀装配图中,阀体 1 与阀体盖 7 的接触面分别反映了接触与非接触的画法。

2. 剖面符号的画法

为了区分不同零件,在装配图中,两相邻零件的剖面线方向应相反。当有几个零件相邻时,允许两相邻零件的剖面线方向一致,但间隔不应相等。同一零件的剖面线方向和间隔在装配图的各视图中应保持一致,如图 9-2 中阀体 1、阀盖 7、球形阀瓣 11 的剖面线画法。剖面厚度小于或等于 2mm 的图形,允许将剖面涂黑来代替剖面线,如图 9-2 中所示的密封圈 10。

3. 紧固件和实心杆件在剖视图中的画法

在装配图中,对于紧固件和实心轴、手柄、连杆、拉杆、球、钩子、键等零件,若剖切平面通过其基本轴线时,这些零件均按不剖绘制,如图 9-2 中所示的手柄 2、螺柱 9、阀杆 12。

9.2.2 装配图的特殊表达方法和简化画法

零件的各种表达方法(视图、剖视、断面)都可以用来表达部件的内、外结构,但由于机器(部件)是由若干零件装配而成,因此还需一些特殊的表达方法。

1. 沿零件的结合面剖切和拆卸画法

在装配图中,当某些零件遮住了需要表达的结构和装配关系时,可假想沿某些零件的结合面剖切或假想将某些零件拆卸后绘制,需要说明时,在相应视图上方加注"拆去××等"。图 9-3 俯视图右半部分是沿轴承盖与轴承座结合面剖切的半剖视图。结合面上不画剖面线,被剖切到的螺栓按规定必须画出剖面线。图 9-3 左视图假想将轴承盖顶部的油杯拆卸后绘出,这种画法称为拆卸画法。

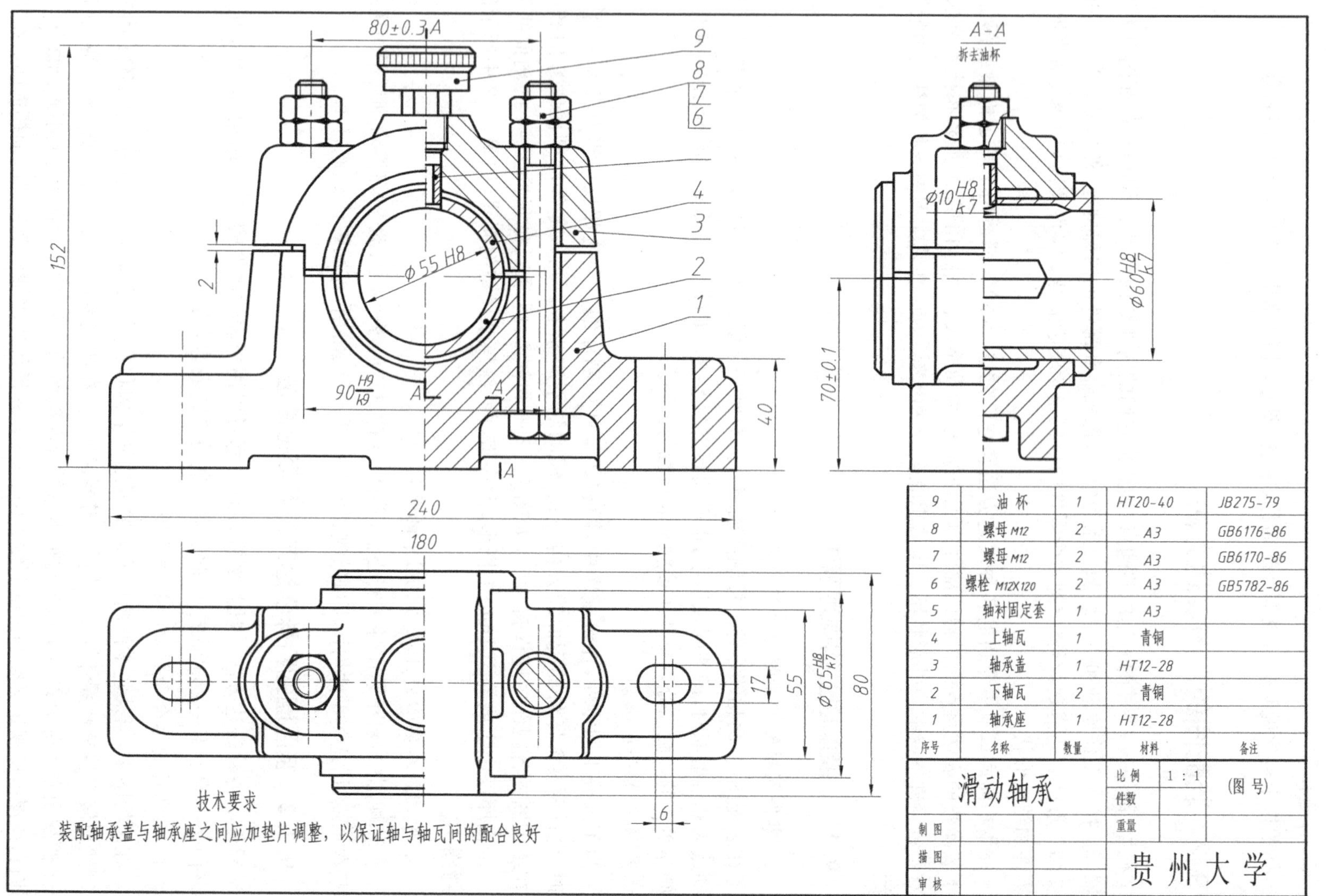
A-A
拆去油杯
技术要求
装配轴承盖与轴承座之间应加垫片调整，以保证轴与轴瓦间的配合良好
9 油杯 1 HT20-40 JB275-79
8 螺母M12 2 A3 GB6176-86
7 螺母M12 2 A3 GB6170-86
6 螺栓M12X120 2 A3 GB5782-86
5 轴衬固定套 1 A3
4 上轴瓦 1 青铜
3 轴承盖 1 HT12-28
2 下轴瓦 2 青铜
1 轴承座 1 HT12-28
序号 名称 数量 材料 备注
滑动轴承
比例 1:1
件数
重量
(图号)
制图
描图
审核
贵州大学

图 9-3　滑动轴承装配图

2. 简化画法

① 装配图中对规格相同的零件组或螺纹连接等重复零件，可详细地画出一组或几组，其余只需表示装配位置，如图9-4中的螺栓连接只画出一组，其余用点划线表示其装配位置。

② 装配图中推力轴承允许采用图9-4的简化画法，即只画出对称图形的一半，内、外圈的剖面线方向应一致。另一半只画轮廓，并用粗实线在轮廓中间画一个粗十字。

③ 装配图中，零件的工艺结构如倒角、圆角、退刀槽等允许省略。

④ 装配图中，当剖切平面通过的某些部件为标准产品(如管接头、油杯、游标等)或该组件已由其他图形表示清楚时，可只画出外形轮廓，如图9-3主视图中的油杯。

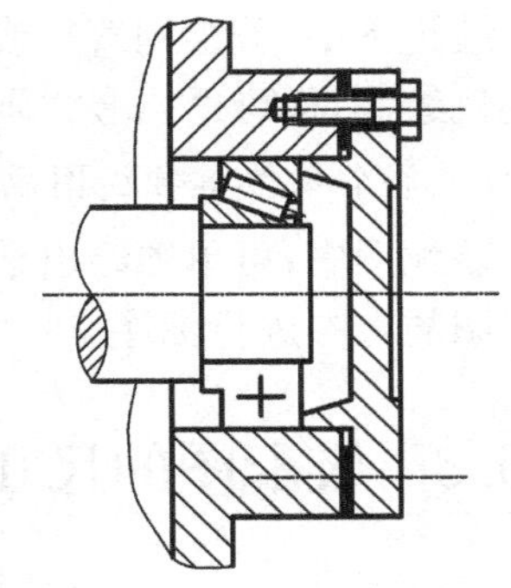
图9-4　规定画法和简化画法

3. 假想画法

① 在装配图中，有时需要表示本部件与其他零部件的安装连接关系，或部件中某些零件的运动极限位置，可用双点划线画出相邻部分的轮廓线，如图9-5所示扳手的位置情况。

② 在装配图中，需要表达本部件与相邻零件的装配关系时，用双点划线画出相邻部分的轮廓线，如图9-5中床头箱的假想画法。

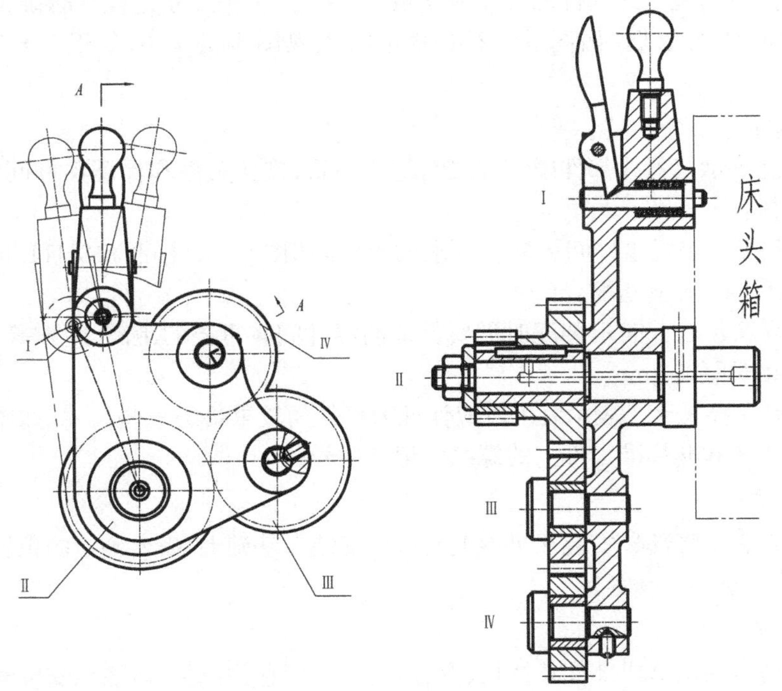

图9-5　假想画法和展开画法

③ 为了表示传动机构的传动路线和零件间的装配关系，可假想按传动顺序沿轴线剖切，然后依次展开，使其与选定的剖切面平行，再画出剖视图，这种画法称为展开画法，如图9-5左视图所示。

4. 夸大画法

装配图中,若绘制直径或厚度小于 2mm 的孔、薄片以及较小的间隙、斜度和锥度,允许不按比例绘制,而可适当夸大画出,如图 9-2 中 10 号零件密封圈的画法。

5. 单个零件单独视图画法

装配图中,可单独绘出某零件的视图,以表达此零件(局部位置)的结构形状,但必须在所画视图的上方进行标注。

9.3 装配图的尺寸标注和技术要求

9.3.1 装配图中的尺寸标注

装配图与零件图的作用不一样,故对标注的要求不一样,零件图是加工制造零件的主要依据,要求零件图上的尺寸必须完整,而装配图是设计和装配机器或部件时用的图样,装配图中的尺寸是用以表达机器或部件的工作原理、性能规格以及指导装配与安装工作的。因此,不必注出零件的全部尺寸,只需标注部件性能和零件之间配合、定位关系尺寸以及与其他部件之间的安装关系及包装运输用的外形尺寸。一般只注出以下几种尺寸:

1. 特征尺寸

特征尺寸是说明机器或部件的性能或规格的尺寸。这些尺寸是设计时确定的,它也是了解和选用该装配体的依据,如图 9-2 中截止阀主视图中的 ϕ20,如图 9-3 中的轴孔尺寸 ϕ55H8。

2. 装配尺寸

装配尺寸是表示机器或部件中零件之间配合关系、连接关系和保证零件间相对位置等的尺寸。一般包括:

(1) 配合尺寸　表示零件间有配合要求的尺寸,如图 9-2 中的 ϕ48H11/h11,与图 9-3 中的尺寸 ϕ65H8/k7 等就是配合尺寸。

(2) 相对位置尺寸　表示装配时需要保证的零件间较重要的距离、间隙等,如图 9-3 轴承盖与轴承座相对距离 2mm。

(3) 零件间连接尺寸　表示装配时应保证的零件间较重要的一些尺寸,如图 9-3 中两螺栓间距离 80±0.3 和非标准零件上的螺纹标记和代号。

3. 安装尺寸

安装尺寸是表示将部件安装在机器上或机器安装在基础上,需要确定的位置和形状尺寸,如图 9-3 中轴承座中 180 等。

4. 外形尺寸

外形尺寸是表示机器或部件总体长、宽、高的尺寸。它是包装、运输和安装时所需的尺寸,如图 9-3 中的 240、80、152。

5. 其他重要尺寸

在设计中确定但不包含上述尺寸的重要尺寸还有零件运动的极限尺寸,主要零件的主要尺寸等。

要注意的是装配图上的尺寸应根据具体情况来标注,上述五种尺寸并不是每张装配图都全部具有，标注时应根据装配图的作用来确定。

9.3.2 装配图中的技术要求

装配图上的技术要求一般用文字注写在图纸下方空白处，也可以另编技术文件。不同性能的机器或部件技术要求亦不同，一般针对性地规定该机器或部件在装配、调试、检验、运输、安装、使用和维护过程中应达到的要求和指标。简略说来有如下的几种要求：

1. 机器或部件装配要求

装配要求包括对机器或部件装配方法的指导，需要装配时的加工说明，装配后的性能要求等。

2. 机器或部件检验要求

检验要求包括机器或部件基本性能的检验方法和条件，装配后保证达到的精度，检验与实验的环境温度、气压，振动实验的方法等。

3. 机器或部件使用要求

使用要求包括对机器或部件的基本性能的要求，维护和保养的要求及使用操作时的注意事项等。

9.4 装配图的编号、明细表和标题栏

为了便于图样的管理，做好生产准备以及帮助看懂装配图，需对机器或部件中的每种不同的零件(或组件)进行编号(序号或代号)，并在标题栏的上方编制零件的明细栏或另附明细表。

9.4.1 编写零件序号的方法

常用的序号编排方法有两种，一种是一般件和标准件混合一起编排；另一种是将一般件编号填入明细栏中，而标准件直接在图上标注出规格、数量和国标号，或另列专门表格。

9.4.2 序号标注中的一些规定

① 装配图中，每种零件或部件只编一个序号，一般只标注一次。必要时，多处出现的相同零部件允许重复标注。

② 装配图中，零部件序号的编写方式是由圆点、指引线、水平线或圆(均为细实线)及数字组成。在指引线的水平线(细实线)上或圆(细实线)内注写序号，序号字高比该装配图中所注尺寸数字高度大一号或二号，如图 9-6(a)、(b)、(c)所示。

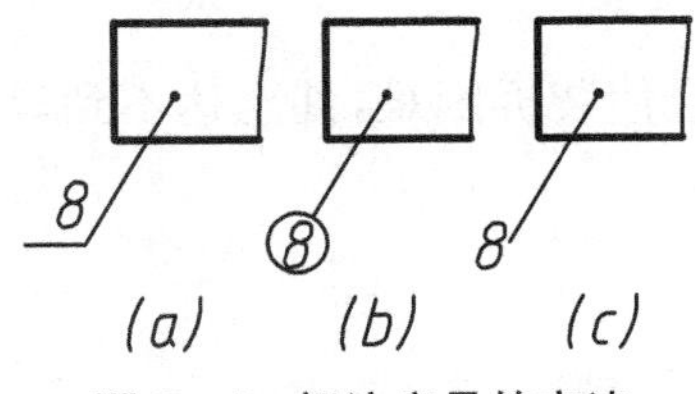

图 9-6 标注序号的方法

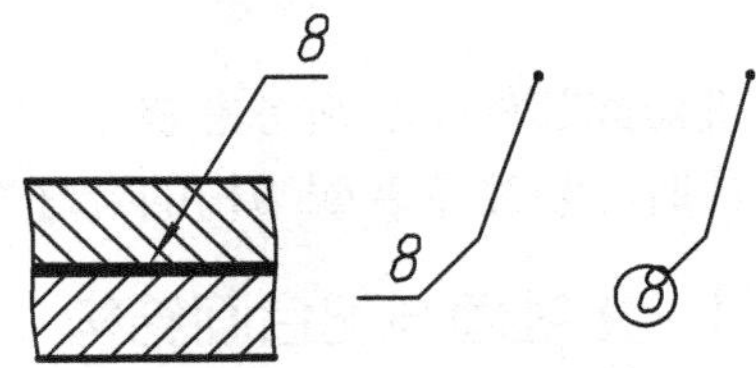

图 9-7 指引线末端画箭头

③ 指引线应自所指部分的可见轮廓内引出，并在末端画一圆点，如图 9-6 所示。若所指

部分(很薄的零件或涂黑的剖面)内不便画圆点时,可在指引线末端画出箭头,并指向该部分的轮廓,如图 9-7 所示。

④ 指引线相互不能相交,当通过剖面线的区域时,指引线不能与剖面线平行。必要时允许指引线画成折线,但只允许转折一次,如图 9-7 所示。

⑤ 对一组紧固件或装配关系清楚的零件组,可以采用公共指引线,如图 9-8 所示。

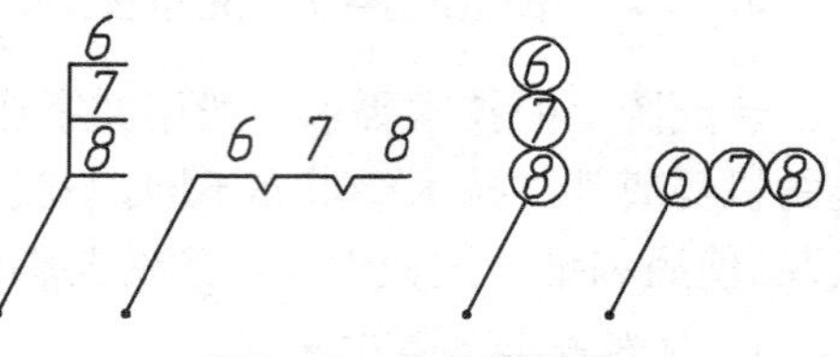

图 9-8　公共指引线

⑥ 同一装配图编注序号的形式应一致。

⑦ 序号应标注在视图的外面。装配图中序号应按水平或铅垂方向排列整齐,并按顺时针或逆时针方向顺序排列。在整个图上无法连续时,可只在水平或铅垂方向顺序排列。

9.4.3　标题栏和明细表

明细表是机器或部件中全部零件的详细目录,其内容和格式如图 9-9 所示。明细表画在装配图右下角标题栏的上方。明细表内分格线为细实线,左边外框线为粗实线。明细表中的编号与装配图中的序号必须一致。填写内容应遵守下列规定:

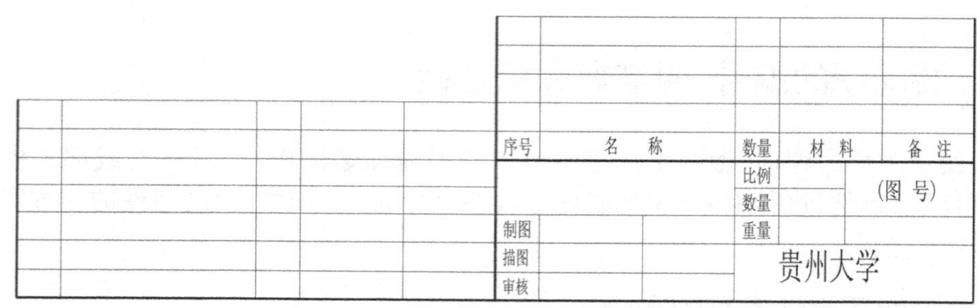

图 9-9　标题栏和明细表的格式

① 零件序号应自下而上。如位置不够时,可将明细表顺序画在标题栏的左方。

② “序号”栏内,应注出每种零件的图号。

③ “名称”栏内,注出每种零件的名称,若为标准件,应注出规定标记中除标准号以外的其余内容。例如,螺柱 AM12×25。对齿轮、弹簧等具有重要参数的零件,还应将其参数写入。

④ “材料”栏内,填写制造该零件所用的材料名称或牌号。

⑤ “备注”栏内,可填写其他说明(表面处理等要求)或标准件的标准号。

9.5　常见的装配工艺结构

设计机器或部件时必须考虑装配工艺的要求,否则会使装拆困难,甚至达不到设计要求,所以在设计时必须注意装配结构的合理性。

9.5.1　接触面与配合面结构

两零件在同一方向上一般只宜有一个接触面,这样既保证了零件接触良好,又降低了加工要求,否则就会给加工和装配带来困难,如图 9-10 所示。

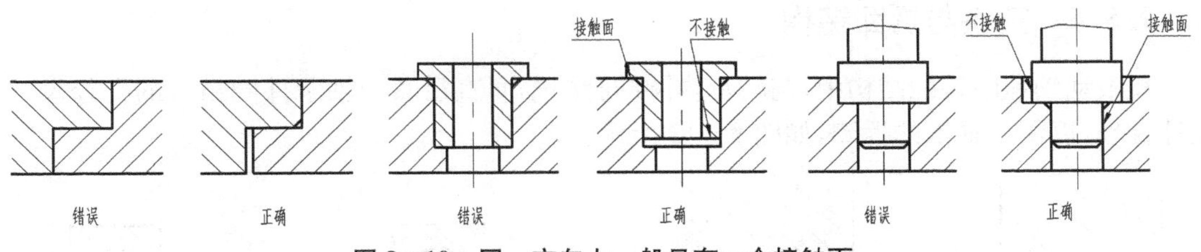

图 9-10　同一方向上一般只有一个接触面

9.5.2　接触面转角处的结构

两配合零件在转角处不应设计成相同的尖角或圆角，否则既影响接触面之间的良好接触，又不易加工，如图 9-11 所示。

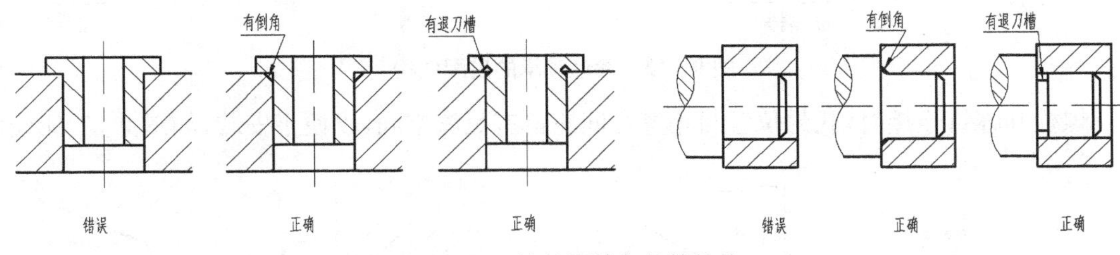

图 9-11　接触面转角处的结构

9.5.3　密封结构

在一些机器或部件中，一般对外露的旋转轴和管路接口等，常需要采用密封装置，以防止机器内部的液体或气体外流，也防止灰尘等进入机器。

图 9-12(a)为泵和阀上的常见密封结构。填料密封通常用浸油的石棉绳或橡胶作填料，拧紧压盖螺母，通过填料压盖可将填料压紧，起到密封作用。

图 9-12(b)为管道中管接口的常见密封结构，采用 O 型密封圈密封。

图 9-12(c)为滚动轴承的常见密封结构，采用毡圈密封。

各种密封方法所用的零件，有些已经标准化，其尺寸要从有关手册中查取，如毡圈密封中的毡圈。

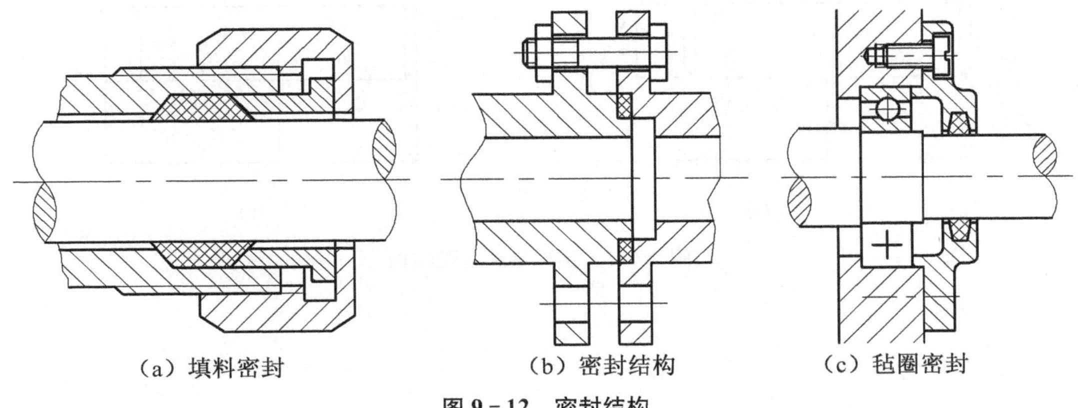

(a) 填料密封　(b) 密封结构　(c) 毡圈密封

图 9-12　密封结构

9.5.4 安装与拆卸结构

在滚动轴承的装配结构中,与轴承内圈结合的轴肩直径及与轴承外圈结合的孔径尺寸应设计合理,以便于轴承的拆卸,如图 9-13 所示。

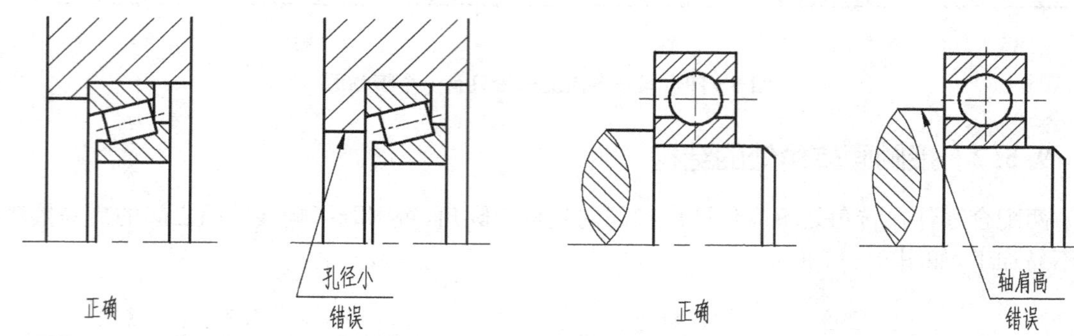

图 9-13 滚动轴承的装配结构

螺栓和螺钉连接时,孔的位置与箱壁之间应留有足够空间,以便于安装,如图 9-14 所示。

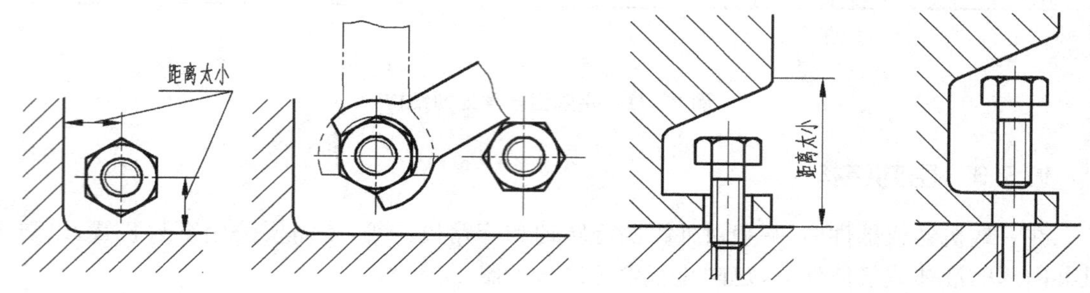

图 9-14 螺栓、螺钉连接的装配结构

销定位时,在可能的情况下应将销孔做成通孔,以便于拆卸,如图 9-15 所示。

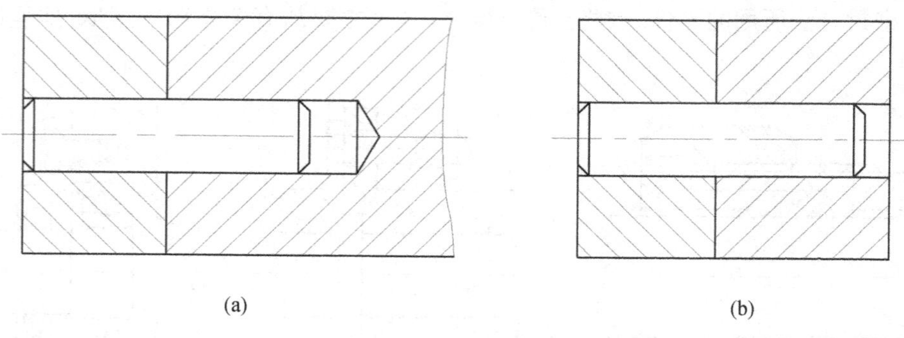

图 9-15 定位销的装配结构

9.6 由零件图画装配图

9.6.1 了解部件的装配关系和工作原理

对部件实物或装配示意图进行仔细的分析，了解各零件间的装配关系和部件的工作原理。以齿轮油泵装配图为例，工作原理如图9-16所示，当主动齿轮逆时针转动，从动齿轮顺时针转动时，齿轮啮合区右边的压力降低，油池中的油在大气压力作用下，从吸油口进入泵腔内。随着齿轮的转动，齿槽中的油不断沿箭头方向被轮齿带到左边，高压油从压油口送到输油系统。齿轮油泵有主动齿轮轴系和从动齿轮轴系两条装配线。齿轮油泵的装拆顺序：如图9-17所示，拆螺钉6→左端盖2→齿轮轴4→压紧螺母11、压盖10及密封圈→齿轮轴3。

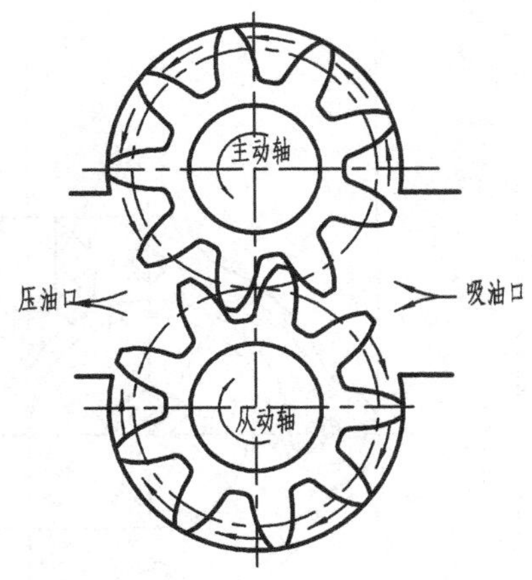

图9-16 齿轮油泵工作原理图

9.6.2 确定部件的表达方案

装配图是用来表达机器或部件的工作原理、零件间装配关系和相对位置的图样。针对其特点，在选择表达方案前，必须仔细了解装配体的工作原理和结构情况，然后根据其工作位置、工作原理、形状特征、主要零件的装配连接关系选择主视图，再配合主视图选择其他视图。

1. 主视图的选择

与零件图一样，在装配图的视图选择中，主视图是关键。它决定着整个装配图的视图数量、视图配置及表达效果。在选择主视图时，应从两方面来考虑：

第一，一般将机器或部件按工作位置放置，这样对于设计和指导装配等工作都会带来方便，因为装配体的工作位置最能反映其总体形象。当工作位置倾斜时，则将其放正，使主要装配干线、主要安装面等处于水平或铅垂位置。齿轮油泵是机床等设备润滑系统的供油泵，其基础零件是泵体，主要零件有传动齿轮、泵盖、轴等，细节部分有密封结构、螺钉连接等。齿轮泵的工作位置为水平位置，故采用水平放置方式来表达。图9-17即为齿轮泵装配图的主视图画法。

第二，选择能反映机器或部件的主要装配关系和工作原理以及主要零件的主要结构的视图作为主视图。当不能在同一视图中反映以上内容时，通常取反映零件间较多装配关系的视图作为主视图。

2. 其他视图的选择

主视图确定后，应分析机器或部件中还有哪些结构、装配关系和主要零件的主要结构没有表达清楚，有针对性地选择其他视图和相应的表达方法。图9-17中齿轮泵装配图全剖视的主视图虽然反映了组成齿轮油泵各个零件间的装配关系，但油泵的外形、齿轮的啮合情况没有反映，且必须表达吸、压油的工作原理，故左视图采用沿结合面剖切与局部剖视的混合表达方法来表示。其他视图的选择应先考虑应用基本视图以及基本视图上的剖视图来表达有关内容。

为了便于看图，视图间的位置应尽量符合投影关系，整个图样的布局应匀称、美观。视图间留出一定的位置，以便注写尺寸和零件编号，还要留出标题栏、明细栏及技术要求所需的位置。确定机器或部件的表达方案时,可以多设计几套方案,每套方案一般均有优缺点,通过分析再选择比较理想的表达方案。

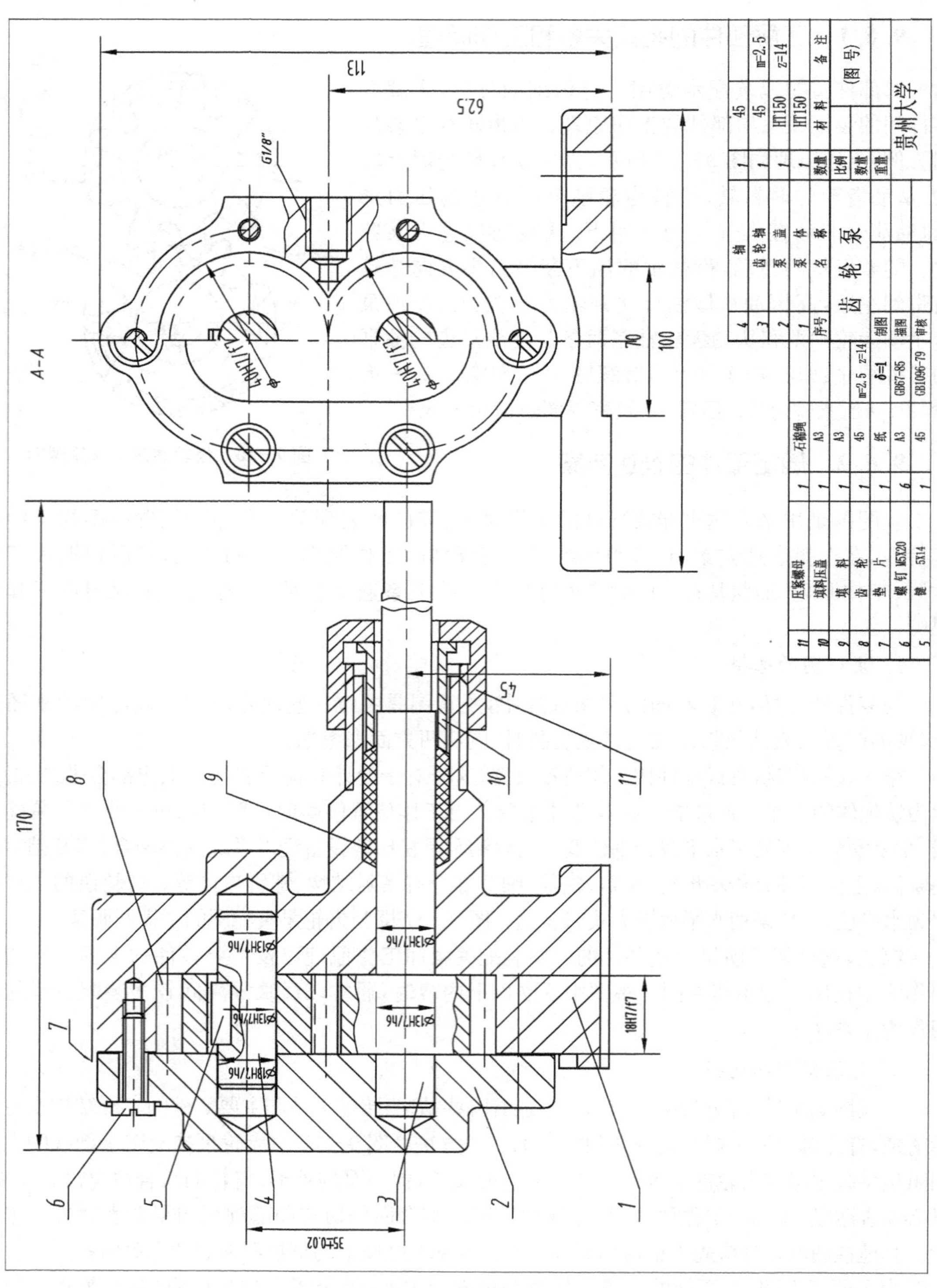

图 9-17　齿轮泵装配图

9.6.3 装配图的画法

装配图的画图步骤如图 9－18：

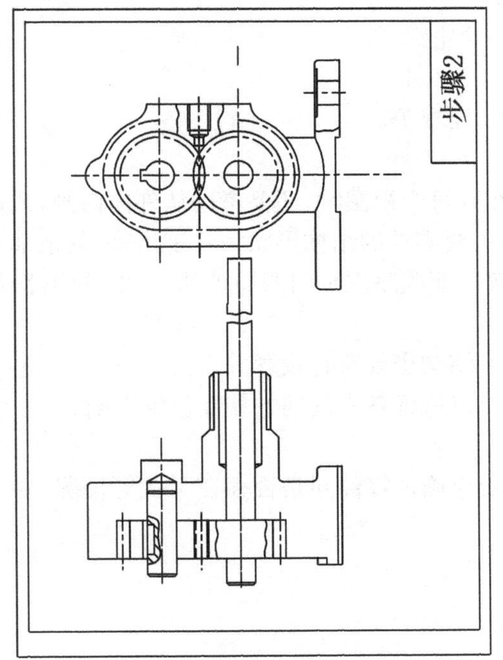

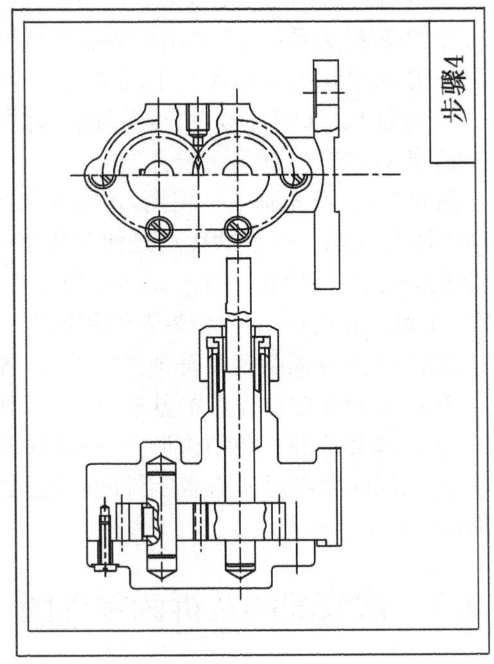

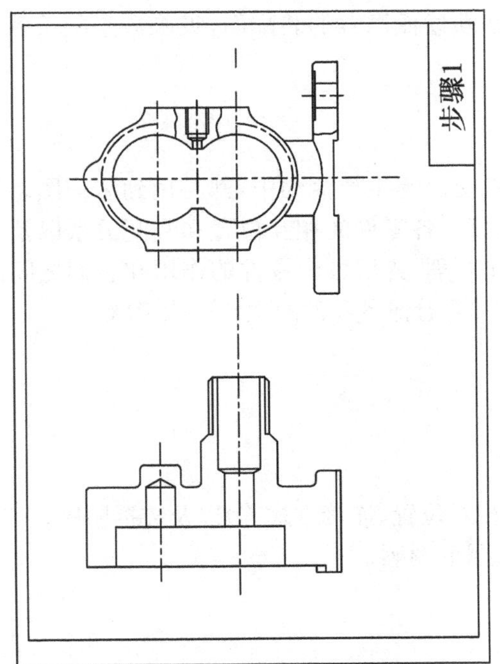

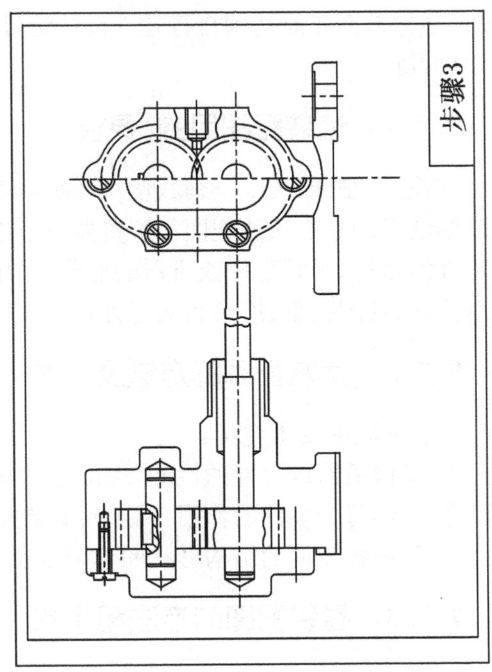

图 9－18 装配图底稿的画图步骤步骤

① 确定表达方案。

② 根据部件大小、视图数量,确定图样比例,选择标准图幅,画出图框并定出明细栏和标题栏的位置。

③ 画各视图的主要基线,并注意留出标注尺寸、编号的位置等。

④ 从主视图开始,几个基本视图配合进行画图。

⑤ 按装配关系,逐个画出主要装配线上的零件的轮廓。

⑥ 依次画出其他装配线上的零件。

⑦ 标注尺寸、编件号,填写明细表、标题栏、技术要求等。

⑧ 检查、描深、画剖面线。

在画图时,可先画某一视图,再画其他视图。在画每个视图时,还要考虑从外向内画,或从内向外画的问题。前者的优点是便于从整体出发,主要零件的结构形状一旦定出来,其余部分也就很好决定了;后者的优点是从主要零件画起,按装配顺序逐步向四周扩展,层次分明,图形清晰,在画图时应根据具体情况灵活应用。

注意 ① 各视图间要符合投影关系,各零件、各结构也要符合投影关系。

② 应先画起定位作用的基准件,再画其他零件,以保证各零件间的相互位置准确。

③ 先画部件的主要结构形状,再画次要部分。

④ 画图时要随时检查各零件间的装配关系是否正确及零件间是否存在干扰等情况,并及时加以纠正。

9.7 读装配图及拆画零件图

设计人员在设计时,要经历这样一个设计过程:设计任务书→方案→装配图→拆画零件图(设计零件),而要能达到自行独立设计的目的,则必须读懂已有的装配图,吸取众家所长后才能学会设计。

9.7.1 读装配图目的、要求

在设计、制造、装配、检验、使用和维修以及技术交流等生产活动中,都要用到装配图。读装配图的目的是要从装配图了解机器或部件工作原理、各零件的相互位置和装配关系以及主要零件的结构,了解部件或机器的性能、功用和工作原理,弄清各个零件的作用和它们之间的相对位置、装配关系、连接和固定方式以及拆装顺序等,看懂各零件的主要结构形状。

9.7.2 读装配图的方法及要求

读装配图的要求包括:

① 掌握机器或部件的性能、规格和工作原理。

② 了解每个零件的作用,相互间的装配关系(相对位置、连接方式等)以及装拆顺序。

③ 明白各零件的结构形状和作用以及名称、数量和材料。

9.7.3 看装配图的方法和步骤

1. 概括了解

① 从标题栏和有关资料中,可以了解机器或部件的名称和大致用途。

② 从明细表和图上的零件编号中,可以了解各零件的名称、数量、材料和它们所在的位置。

③ 分析表达方法。根据图样上的视图、剖视等的配置和标注，找出投射方向、剖切位置、各视图间的投影关系，了解每个视图的表达重点。图 9-17 齿轮油泵装配图由两个视图表达，主视图采用了全剖视，表达了齿轮油泵的主要装配关系。左视图沿左端盖和泵体结合面剖切，并沿进油口轴线取局部剖视，表达了齿轮油泵的工作原理。

2. 了解装配关系和工作原理

在概括了解的基础上，分析各零件间的定位、密封、连接方式和配合要求，从而搞清运动零件与非运动零件的相对运动关系。一般从完成机械动作的部件（从动力输入轴开始），即从液压、气动设备（液压设备输入、输出部分）开始，沿着各个传动系统按次序了解每个零件的作用，零件间的连接关系。

3. 分析零件的作用及结构形状

由装配图了解到机器的工作原理和装配关系后，应进一步分析各零件在部件中的作用以及各零件的相互关系和结构形状。从装配图中区分各零件，应通过看各零件的序号和明细表以及对投影关系和剖面线的方向、间隔来实现。

4. 尺寸分析

分析装配图中所注各种尺寸可以进一步了解各零件间的配合性质和装配关系。

5. 总结归纳

一般可按以下几个主要问题进行：

① 装配体的功能是什么？其功能是怎样实现的？在工作状态下，装配体中各零件起什么作用？运动零件之间是如何协调运动的？

② 装配体的装配关系、连接方式是怎样的？有无润滑、密封及其实现方式如何？

③ 装配体的拆卸及装配顺序如何？

④ 装配体如何使用？使用时应注意什么事项？

⑤ 装配图中各视图的表达重点意图如何？是否还有更好的表达方案？装配图中所注尺寸各属哪一类？

上述读装配图的方法和步骤仅是一个概括的说明。实际读图时几个步骤往往是平行或交叉进行的。因此，读图时应根据具体情况和需要灵活运用这些方法，通过反复的读图实践，便能逐渐掌握其中的规律，提高读装配图的速度和能力。

9.7.4 读虎钳装配图

1. 概括了解

机用虎钳是一种在机床工作台上用来夹持工件，以便于对工件进行加工的夹具。从机用虎钳装配图图 9-19 中可知：主视图沿前、后对称中心面剖开，采用全剖视，表达机用虎钳的工作原理；左视图为 $A-A$ 半剖视，表达主要零件的装配关系；俯剖视为局部剖，表达机用虎钳的外形及钳口板 7 与固定钳座 8 的装配关系。

2. 了解装配关系和工作原理

由图 9-19 中分析可以得到：机用虎钳由固定钳座 8、钳口板 7、活动钳身 4、螺杆 10 和套螺母 5 等零件组成。当用扳手转动螺杆 10 时，由于螺杆 10 的左边用圆柱销卡住，使它只能在固定钳座 8 的两圆柱孔中转动，而不能沿轴向移动，这时螺杆 10 就带动套螺母 5，使活动钳身 4 沿固定钳座 8 的内腔作直线运动。套螺母 5 与活动钳身 4 用螺钉 6 连成整体，这样使钳口闭合或开

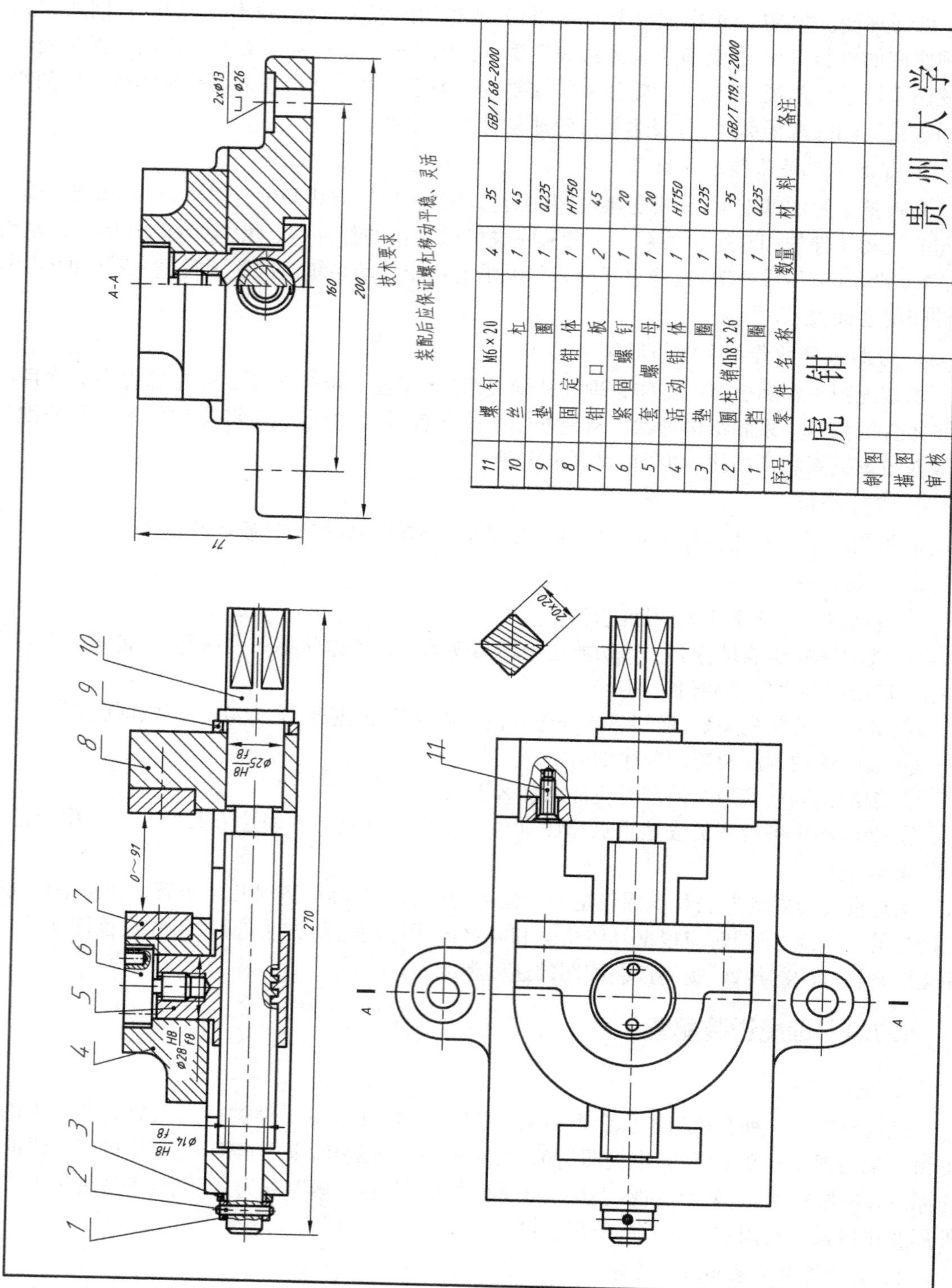

图 9-19 虎钳装配图

放，便于夹紧和卸下零件。从主视图可以看到机用虎钳的活动范围为 0～91 mm。两块钳口板 7 分别用沉头螺钉 11 紧固在固定钳座 8 和活动钳身 4 上，以便磨损后更换，如俯视图所示。

3. 分析零件的作用及结构形状

固定钳座 8 在装配件中起支承钳口板 7、活动钳身 4、螺杆 10 和套螺母 5 等零件的作用，螺杆 10 与固定钳座 8 的左、右端分别以 ϕ14H8/f8 和 ϕ25H8/f8 间隙配合。活动钳身 4 与套螺母 5 以 ϕ28H8/f8 间隙配合。

固定钳座 8 的左、右两端是由 ϕ14H8 和 ϕ25H8 水平的两圆柱孔组成，它支承螺杆 10 在两圆柱孔中转动，其中间是空腔，使套螺母 5 带动活动钳身 4 沿固定钳座 8 做直线运动。为了使机用虎钳固定在机床工作台上以夹持工件，固定钳座 8 的前、后有两个凸台。

9.7.5 由装配图拆画零件图

在设计过程中，一般是根据装配图画出零件图，拆画零件图是在全面看懂装配图的基础上进行的。由于装配图主要表达部件的工作原理和零件间的装配关系，不一定把每个零件的结构形状完全表达清楚，因此，在拆画零件图时，就需要根据零件的作用要求进行设计，使其符合设计和工艺要求。由装配图拆画零件图的步骤如下：

1. 将零件从装配图中分离出来

将零件从装配图中分离的步骤：

① 根据剖面线的方向和间隔的不同及视图间的投影关系等区分形体。

② 看零件编号，分离不剖零件。

③ 看尺寸，综合考虑零件的功用、加工、装配等情况，然后确定零件的形状。

④ 形状不能确定的部分，要根据零件的功用及结构常识确定。

2. 构思零件形状

对装配图中未表达完全的结构，要根据零件的作用和装配关系重新设计。对装配图中未画出的工艺结构，如铸造圆角、拔模斜度、倒角和退刀槽等，都应在零件图中表达清楚，使零件的结构形状表达得更为完整。

3. 确定表达方案

由于装配图和零件图的作用不同，在拆图时，零件的视图选择和表达方法不能盲目地照抄装配图，而应根据第 8 章中“零件的视图选择”中的要求重新考虑。例如，轴套类零件应按加工位置，箱体类零件、叉架类零件应按工作位置来选取主视图的投影方向。

4. 零件图的尺寸

拆图时，零件图的尺寸应从以下几方面考虑：

① 装配图上注出的尺寸除某些外形尺寸和装配时需要调整的尺寸外，可以直接移到相关零件图上。凡注有配合代号的尺寸，应该根据配合类别、公差等级注出上下偏差。

② 对一些标准结构，如沉孔、螺栓通孔的直径、键槽尺寸、螺纹、倒角等应查阅有关标准。对齿轮应根据模数、齿数通过计算确定其参数和尺寸。

③ 在装配图中未标出的零件各部分尺寸，可以从装配图上按比例直接量取。

在注写零件图上的尺寸时，对有装配关系的尺寸要注意相互协调，不要互相矛盾。

5. 零件的技术要求

包括表面粗糙度、形位公差以及热处理和表面处理等技术要求，应根据零件的作用、装配关系和装配图上提出的要求或参考同类型产品的图样来确定。

【例 9-1】 拆虎钳装配图的钳座。

分析 ① 从装配图中分离出固定钳座的轮廓，如图 9-20 所示。根据零件图的视图表达方案，主视图按装配图中主视图的投射方向沿前，后对称中心线全剖视画出；左视图采用 $C-C$ 半剖视；俯视图主要表达固定钳座的外形，并采用局部剖视表达螺孔的结构。最后补全固定钳座视图中的漏线，如图 9 - 21 所示。

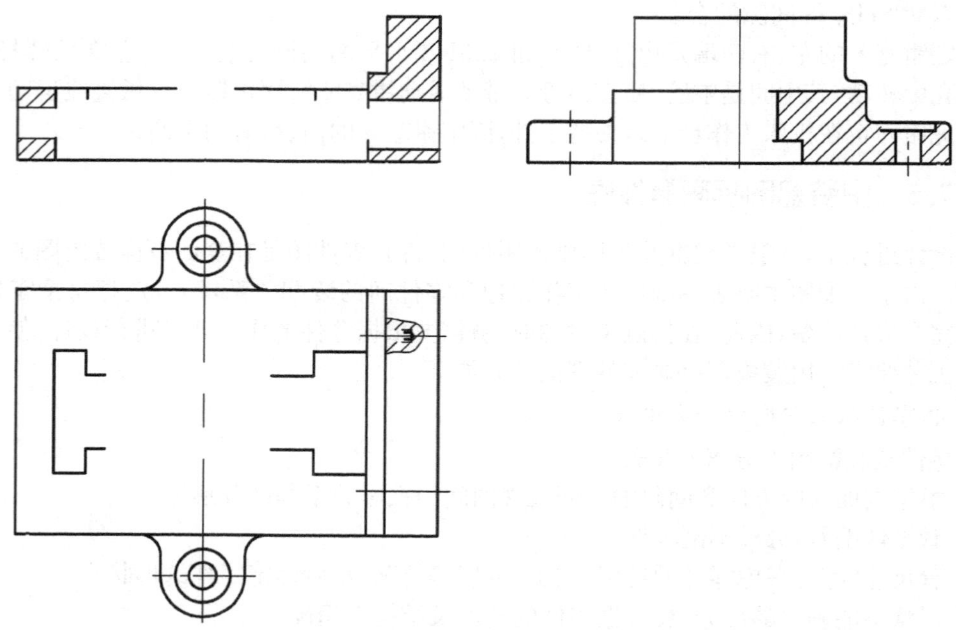

图 9 - 20　从装配图中分离出固定钳座的投影

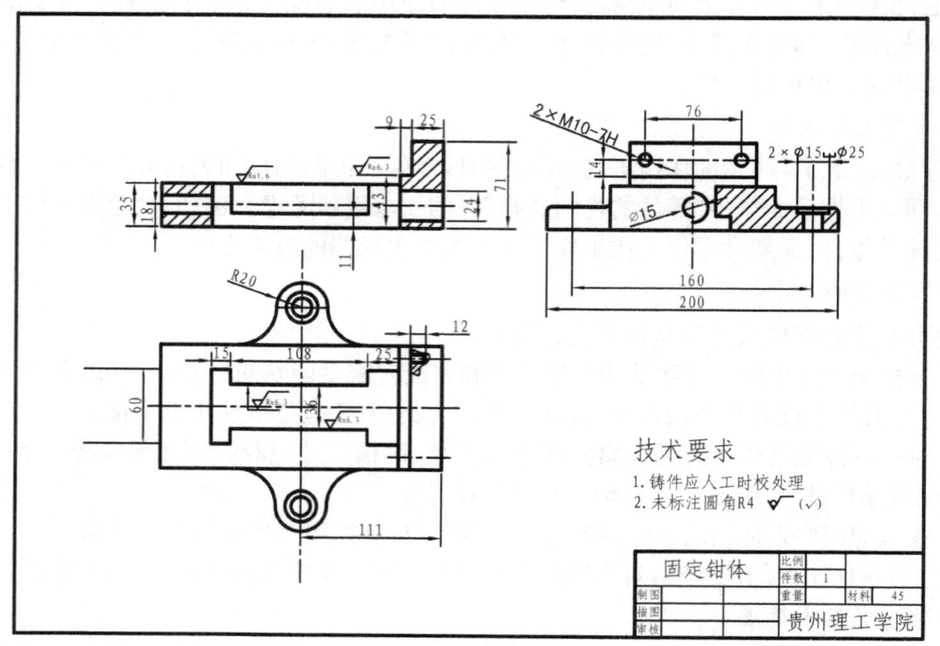

图 9 - 21　固定钳座零件图

② 确定表达方案，绘出零件图，并标注尺寸、表面粗糙度、公差配合及形位公差、技术要求等。

第 10 章　立体表面的展开

10.1　平面立体的表面展开

平面立体的表面展开图，就是分别求出属于立体表面的所有多边形的实形，并将它们依次连续地画在一个平面上。

10.1.1　斜截四棱柱管的展开

图 10－1(a)为斜截四棱柱管的立体图。由于从两面投影图(如图 10－1(b))中可直接量得各表面实形的边长，因此作图较简单，具体作图步骤如下：

① 按各底边的实长展开成一条水平线，标出Ⅰ、Ⅱ、Ⅲ、Ⅳ、Ⅰ诸点；

② 过这些点作铅垂线，在其上分别量取各棱线的实长，即得诸端点 A、B、C、D、A。

③ 用直线依次连接各端点，即可得展开图，如图 10－1(c)所示。

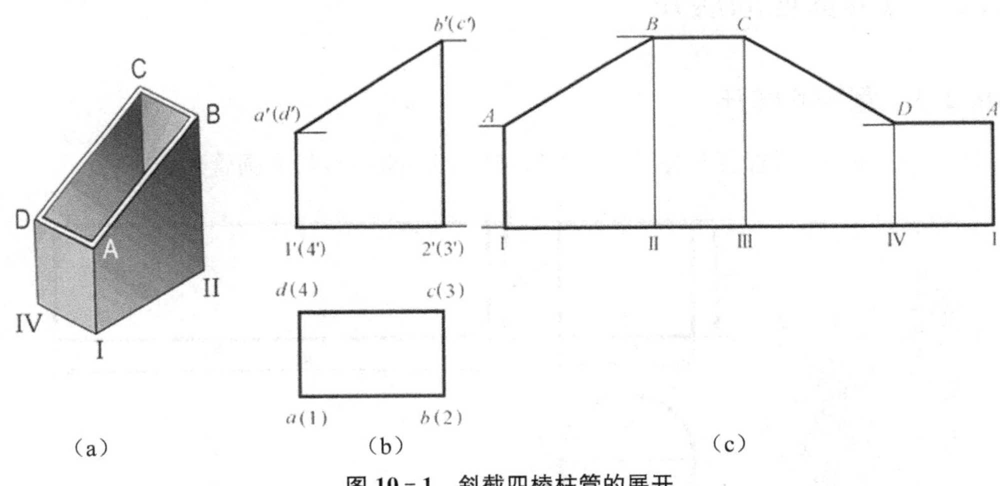

图 10－1　斜截四棱柱管的展开

10.1.2　四棱台的展开

图 10－2(a)为四棱台的立体图，图 10－2(b)为其两面投影。从图中可知，四棱台是由四个梯形平面围成，其前后、左右对应相等，在其投影图上并不反映实形。为求梯形平面实形，可将梯形分成两个三角形，然后求三角形三边实长，就可画出三角形实形。具体作图步骤如下：

① 在图 10－2(b)的俯视图上，把前面的梯形分成 abd 与 bcd 两个三角形，右边梯形分成 bfe 与 bec 两个三角形。注意其中 ab、dc、bf、ce 分别为相应线段实长。

② 如图 10－2(c)所示，用直角三角形法求出三角形在投影图上不反映实长的另几边 BC、BD、BE 的实长 B_1C_1、B_1D_1、B_1E_1。为了图形清晰且节省绘图空间，把各线段实长的图解图集中画在一起。

③ 如图 10－2(d)所示，取 $AB=ab$；$BD=B_1D_1$；$AD=BC=B_1C_1$；$DC=dc$，画出三角形 ABD 和三角形 BDC，得前面梯形 $ABCD$。同理可作出右面梯形 $BCEF$。由于后面和左面两个梯形分别是前面和右面的全等图形，故可同样作出它们的实形，由此即可得四棱台的展开图。

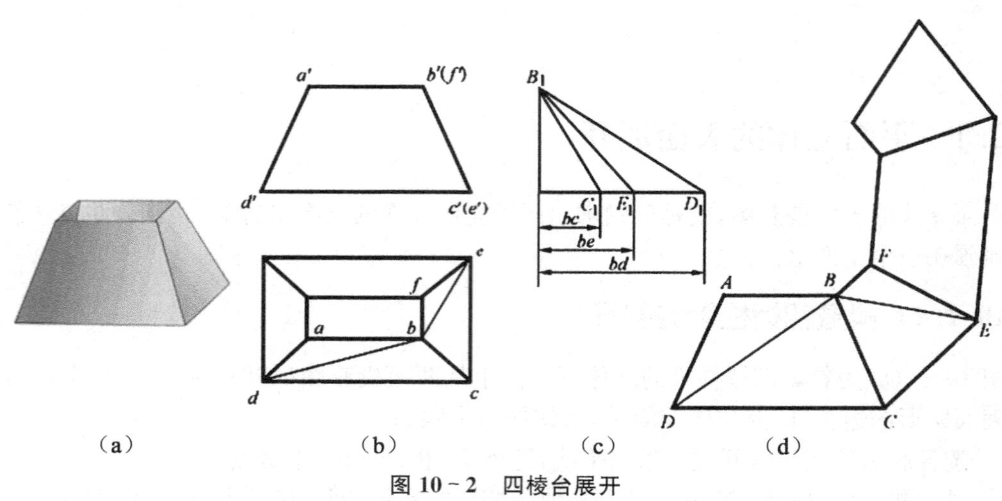

图 10－2　四棱台展开

10.2　可展曲面的展开

10.2.1　圆管的展开

如图 10－3 所示，圆管表面展开为一矩形，其高为管高 H，长为圆管周长 πD。

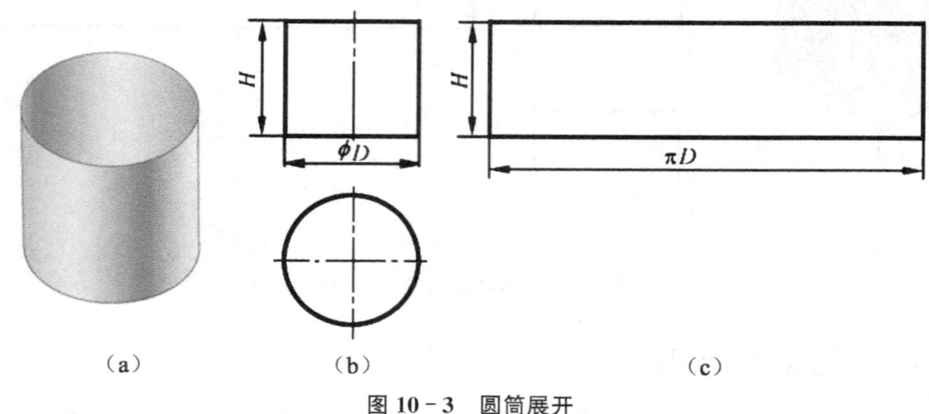

图 10－3　圆筒展开

10.2.2　斜口圆管的展开

如图 10－4 所示，圆管被斜切以后，表面每条素线的高度有了差异，但仍互相平行，且与底面垂直，其正面投影反映实长，斜口展开后成为曲线，具体作图步骤如下：

① 在俯视图上，将圆周分成若干等分(图为 12 等分)，得分点 1、2、3……，过各分点在主视图上作相应素线投影 $1'a'$、$2'b'$……。

② 展开底圆得一水平线，其长度为 πD，并将其分同样等分，得分点Ⅰ、Ⅱ……，如准确程度要求不高时，各分段长度可以底圆分段各弧的弦长近似代替。

③ 过Ⅰ、Ⅱ……各分点作铅垂线，并截取相应素线高度(实长)Ⅰ$A=1'a'$、Ⅱ$B=2'b'$……，得 A、B、C………各端点。

④ 光滑连接 A、B、C……各端点，即可得到斜口圆管表面的展开图，如图 10-4(c)所示。

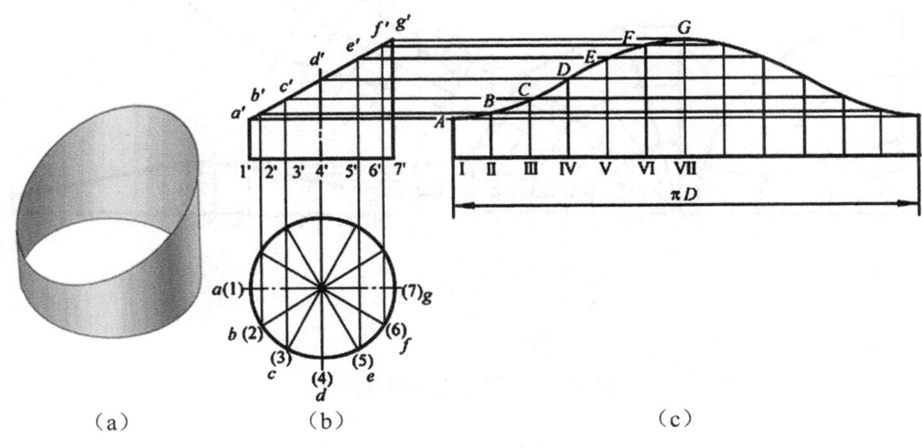

(a) (b) (c)

图 10-4 斜切圆管展开

10.2.3 正圆锥面的展开

完整的正圆锥的表面展开图为一扇形，可计算出相应参数直接作图，其中，扇形的直线边等于圆锥素线的实长，扇形的圆弧长度等于圆锥底圆的周长 πD，扇形的中心角 $\alpha=360°\pi D/2\pi R=180°\ D/R$，如图 10-5 所示。

近似作图时，可将正圆锥表面看成是由很多三角形(即棱面)组成，那么这些三角形的展开图近似地为锥管表面的展开图，具体作图步骤如下(如图 10-5)：

① 把水平投影圆周 12 等分，在正面投影图上作出相应投影 $s'1'$、$s'2'$……。

② 以素线实长 $s'7'$ 为半径画弧，在圆弧上量取 12 段等距离，此时以底圆上的分段弦长近似代替分段弧长，即ⅠⅡ=12、ⅡⅢ=23……，将首尾两点与圆心相连，得正圆锥面的展开图。

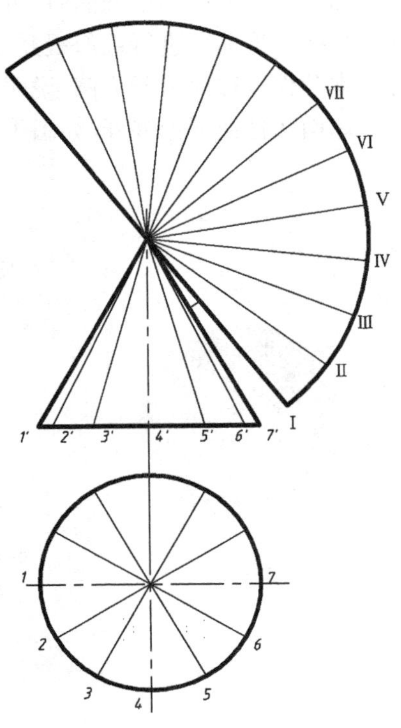

图 10-5 正圆锥展开

10.2.4 等径直角弯管的展开

图 10-6 所示弯管用来连接两等径且互相垂直的圆管。为了简化作图和节约材料，工程上常采用多节斜口圆管拼接而成一个直角弯管来展开。本例所示弯管由四节斜口圆管组成，中间两节是两面斜口的全节，端部两节

是一个全节分成的两个半节,由这四节可拼接成一个直圆管,如图 10-6 所示。根据需要直角弯管可由 n 节组成,此时应有 $n-1$ 个全节,各节斜口角度 α 可用公式计算:$\alpha=90°/2(n-1)$(本例弯管由四节组成,$\alpha=150°$)。弯头各节斜口的展开曲线可按斜口圆管展开,即如图 10-4 的画法作出,如图 10-6 所示。

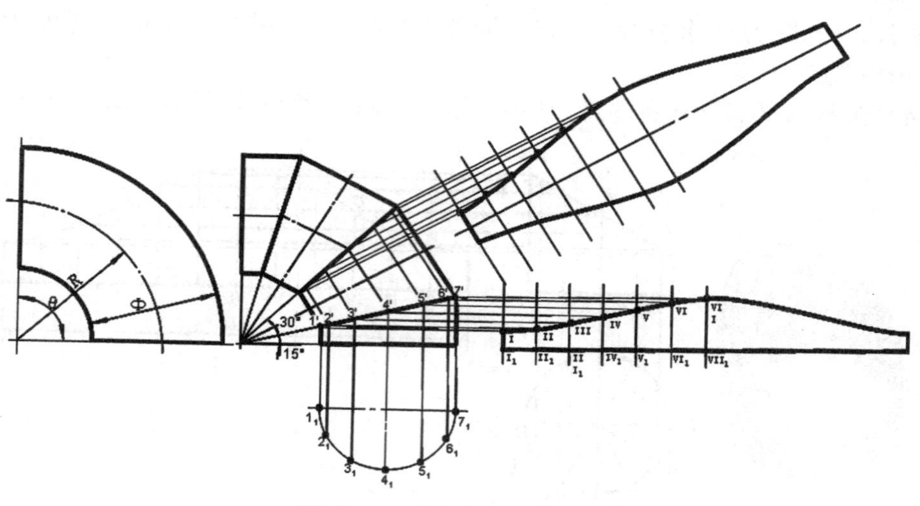

图 10-6　等径直角弯管展开

10.3　不可展曲面的近似展开

作不可展曲面的展开图时,可假想把它划分为若干与它接近的可展曲面的小块(柱面或锥面等),按可展曲面进行近似展开;或者假想把它分成若干与它接近的小块平面,从而作近似展开。本节仅以球面展开为例,说明前一种方法的应用。

球面按柱面近似展开(如图 10-7):

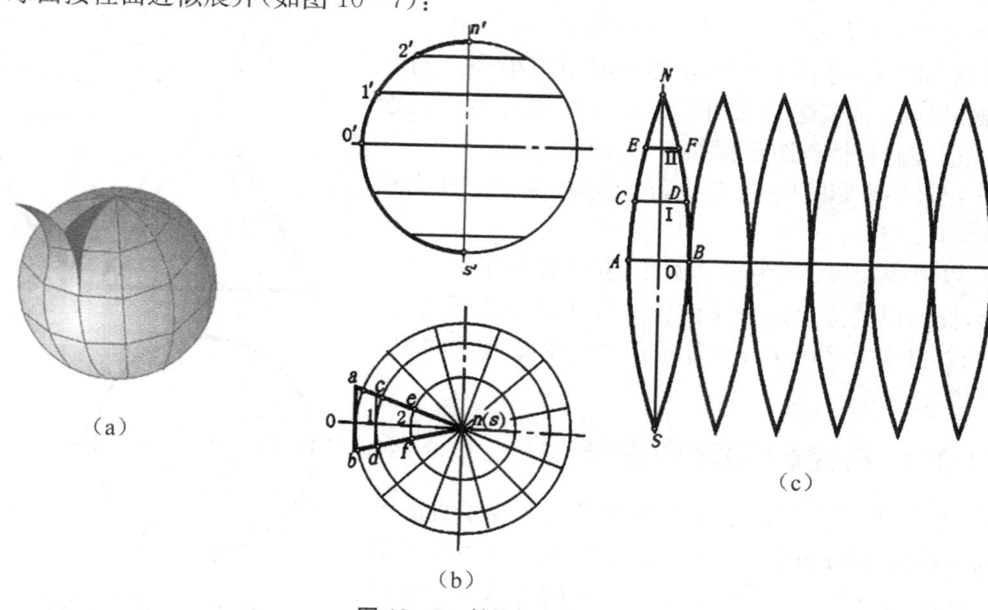

图 10-7　柱面法展开球面

① 过球心作一系列铅垂面，均匀截球面为若干等分(图 10－7(b)中为 12 等分)。

② 作出一等分球面的外切圆柱面，如 $nasb$，近似代替每部分球面。

③ 作外切圆柱面的展开图：在正面投影上，将转向线 $n'o's'$ 分成若干等分(图中为 6 等分)。在展开图上将 $n'o's'$ 展成直线 NOS ，并将其六等分，得 O、Ⅰ、Ⅱ……等点；从所得等分点引水平线：在水平线上取 $AB=ab$、$CD=cd$、$EF=ef$(近似作图，可取相应切线长代替)，连接 A、C、E、N……点，即得$\frac{1}{12}$球面的近似展开图，其余部分的作图相同。

第 11 章　计算机绘图

在现今时代，随着科学技术的飞跃发展，产品在不断地更新换代，不断地改进，这就使得设计绘制的图纸量大量增加。如果仍采用手工制图，则绘制周期长、效率低。这就会阻碍产品的生产，降低了产品在生产上的竞争力，影响经济效益。而采用计算机绘图则会缩短设计和制图时间周期，加快产品的生产，提高产品的经济效益。

计算机绘图的优越性：

① 利用多种输入方式和图形编辑功能提高设计效率，缩短设计周期，减轻劳动强度。

② 绘图具有绘图速度快、精度高的优点，可极大地提高设计质量。

③ 便于产品信息的保存和修改，能达到设计图纸和产品的标准化。

④ 便于保存、查找和交流。

计算机绘图广泛应用于：航空工业、造船、机械、建筑等各行业中。

11.1　计算机绘图系统

计算机绘图系统是由计算机实现图形输入与输出所需的外部设备和控制计算机绘图的程序所组成的，它可分为硬件和软件两部分。

11.1.1　计算机绘图系统的硬件组成（如图 11－1）

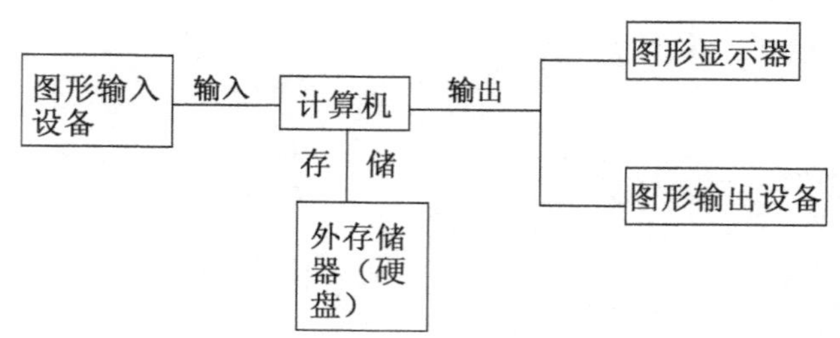

图 11－1　计算机绘图系统的硬件组成

1. 计算机（主机）

计算机是整个计算机绘图系统的核心，即使用 Intel Pentium 系列处理器或同级别的兼容芯片的微型计算机，其内存容量在 512MB 以上，它是我们实现计算机绘图必需的硬件条件。

2. 图形输入设备

图形输入设备包含键盘、鼠标（机械式和光电式）、数字化仪（图形输入板）、扫描仪、光笔等。绘图所必需的数据、信息等资料都由它们输入计算机。

3. 图形输出设备

图形输出设备包含图形显示器、绘图机、图形打印机，等等。我们绘制好的图形由图形输出设备显示出来，绘制在图纸上。

11.1.2 软件系统

计算机绘图软件系统是使计算机能够进行编辑、编译、计算，并实现图形输出的信息加工处理系统，一般包括系统软件、数据库、绘图语言、子程序库等。近年来，由于微型计算机在设计和制造领域中的广泛应用，各种国外通用绘图软件纷纷被引进，国产的绘图软件也应运而生。通用绘图软件是指能直接提供给用户使用，并能以此为基础进一步进行用户应用开发的商品化软件。

绘图软件主要有以下种类：

(1) 图形软件包　它们为用户提供了一套能绘制直线、圆、字符等各种用途的图形子程序，可以在规定的某种高级语言中调用。它们的代表有 PLOT－10，CALCOMP 等绘图软件。

(2) 基本图形资源软件　它们是根据图形标准或规范推出的供应用程序调用的底层图形子程序包或函数库，属于能被用户利用的基本图形资源。它们的代表有 GKS 和 PHIGS 等标准软件包。

(3) 交互图形软件　这类软件主要用来解决各种二维、三维图形的绘制问题，具有很强的人机交互作图功能，是当前微机系统上使用最广泛的通用绘图软件。目前市场上的交互绘图软件较多，例如国产系统有清华同方的 OpenCAD 和 MDS2000，华中科技大学的开目 CAD 和 CADtool，北航海尔的 CAXA 等；国外系统有 Autodesk 公司的 AutoCAD，Micro Control System公司 CADKEY，Unigraphics Solutions 公司的 Solid Edge 等。

在这些软件中，Autodesk 公司的 AutoCAD 较为普及，本书主要介绍 AutoCAD 软件的应用。

11.2 AutoCAD 2006 基础

AutoCAD 是由美国 Autodesk 公司推出的计算机辅助设计软件，从 1982 年开发的 AutoCAD 第一个版本以来，已经发布了二十几个版本，AutoCAD 2006 是美国 Autodesk 公司于 2005 年 6 月发布的最新版本。正是由于产品的不断更新，使得计算机辅助设计及绘图技术在许多领域得到了前所未有的发展，其应用范围遍布机械、建筑、航天、轻工、军事、电子、服装、模具等设计领域。AutoCAD 彻底改变了传统的手工绘图模式，把工程设计人员从繁重的手工绘图中解放了出来，从而极大地提高了设计效率和工作质量。

AutoCAD 2006 是一个优秀的计算机图形数字化设计软件，它已经具有庞大的用户群。对于初学者，在学习这个软件的过程中，应当在掌握其基本功能的基础上，学会如何使用 AutoCAD 设计并绘制机械图样。

当正确安装了 AutoCAD 2006 之后，系统就会自动在 Windows 桌面上生成一个快捷图标，双击该图标即可启动 AutoCAD 2006。

11.2.1 工作界面介绍

图 11－2 为中文版 AutoCAD 2006 工作界面，它主要由标题栏、下拉菜单、工具栏、绘图区、十字光标、命令行和状态栏等部分组成。

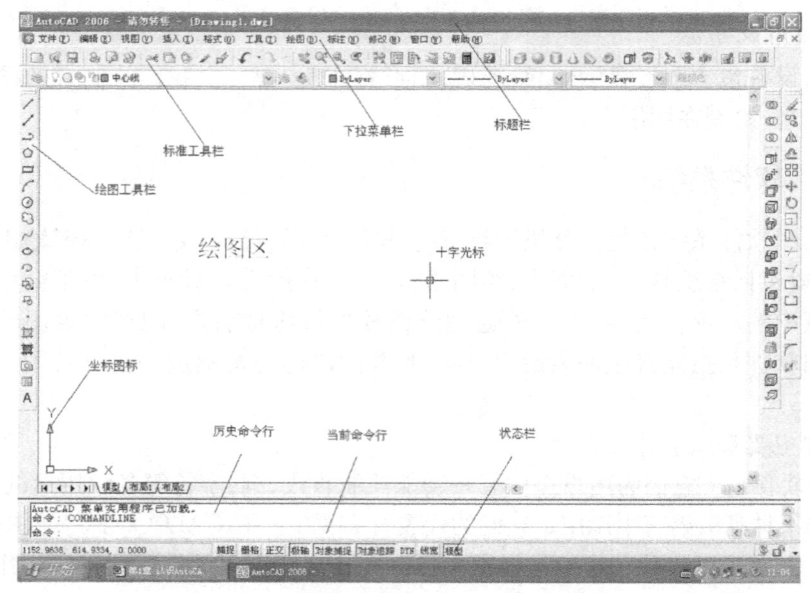

图 11－2　中文版 AutoCAD 2006 工作界面

1. 标题栏

标题栏中显示的是当前图形文件的名称。如中文版 AutoCAD 2006 默认的文件名为“Drawing1. dwg”。标题栏右上角有 3 个按钮，可分别对 AutoCAD 2006 窗口进行最小化、正常化和关闭操作。

2. 绘图区

绘图区也称为视图窗口，位于屏幕中央空白区域，是进行绘图的主要工作区域，所有的工作结果都将随时显示在该窗口。

3. 菜单

在 AutoCAD 2006 中，菜单分为下拉菜单和快捷菜单两种。

单击下拉菜单栏上的任一主菜单，即可弹出相应的子菜单。通过单击子菜单中的任一命令选项，即可完成与该项目对应的操作。

AutoCAD 下拉菜单选项有以下几种形式：

如果菜单项后带有“▶”符号，表示该项还包括下一级联菜单，可进一步选定下一级联菜单中的选项。

如果菜单项后带有省略号“…”，表示选取该项后将会打开一个对话框，通过对话框可为该命令的操作指定参数。

菜单项中用黑色字符标明的选项表示该项可用，用灰色字符标明的菜单选项则表示该项暂时不可用，需要选定合乎要求的对象之后才能使用。

4. 工具栏

工具栏是 AutoCAD 提供的又一输入命令和执行命令的方法。它包括了许多功能不同的图标按钮，只需单击某个按钮，即可执行相应的操作。

(1) “绘图”工具栏

“绘图”工具栏中的按钮主要用于绘制各种常用图形，如图 11－3 所示的“绘图”工具栏。

图 11－3　绘图工具栏

➤ (直线):LINE 命令用于绘制两点之间的线段,可以通过鼠标或键盘来决定线段的起点和终点。当绘制了一条线段后,可以以该线段的终点为起点,然后指定另一终点来绘制另一条线段。当按回车键或 Esc 键时才能终止此命令。

➤ (构造线):XLINE 命令可以绘制无限长的直线,通常称为参照线,这类线经常在作辅助线时使用。在绘制机械的三视图中,常用该命令绘制长对正、宽相等和高平齐的辅助作图线。

➤ (多段线):PLINE 命令可以绘制由若干直线和圆弧连接而成的不同宽度的曲线或折线,而且无论该多段线中含有多少条直线或圆弧,它们都是一个实体,可以用 PEDIT(多段线编辑)命令对其进行编辑。

➤ (正多边形):POLYGON 命令绘制 3～1024 条边的正多边形。在机械设计中常用该命令来绘制螺母等机械零件。

➤ (矩形):RECTANG 命令可以绘制矩形,若所指定矩形的长度和宽度相等,则绘制正方形。

➤ (圆弧):ARC 命令绘制圆弧。绘制圆弧的方法有 11 种,这些方法都是通过起点、方向、中点、包含角、终点、半径、弦长等参数来确定的。

➤ (圆):CIRCLE 命令可以绘制没有宽度的圆,在机械设计中常用该命令绘制圆弧连接。系统默认的绘圆方法是通过圆心和半径的方式来进行。

➤ (修订云线):REVCLOUD 创建由连续圆弧组成的多段线以构成云线形状线。

➤ (样条曲线):SPLINE 命令可绘制二次或三次样条曲线,它由起点、终点、控制点及偏差来控制曲线。SPLINE 命令在机械设计中用于绘制波浪线及断裂线。

➤ (椭圆):ELLIPSE 命令可以绘制椭圆或椭圆弧。

➤ (插入块):当需要使用图块时,可用 INSERT 命令在当前图形中插入已定义好的图块,并做适当编辑,使之满足绘图的需要。

➤ (创建块):BLOCK 命令是用于创建内部块,通过“块定义”对话框完成。此类图块只能在当前图形文件中调用,而不能在其他图形中调用。

➤ (图案填充):BHATCH 或 HATCH 命令可以在指定的填充边界内填充一定样式的图案。在进行填充时,可对填充图案的样式、比例、旋转角度等选项进行设置。

➤ (面域):REGION 面域是用闭合的形状或环创建的二维区域。闭合多段线、直线和曲线都是有效的选择对象。

➤ A(多行文字):MTEXT 命令用于在图形中写多行文本、表格文本和下划线文本等特殊文字。

(2)“修改”工具栏

“修改”工具栏中的各命令按钮主要用于修改已绘制的图形,如图 11－4 所示。

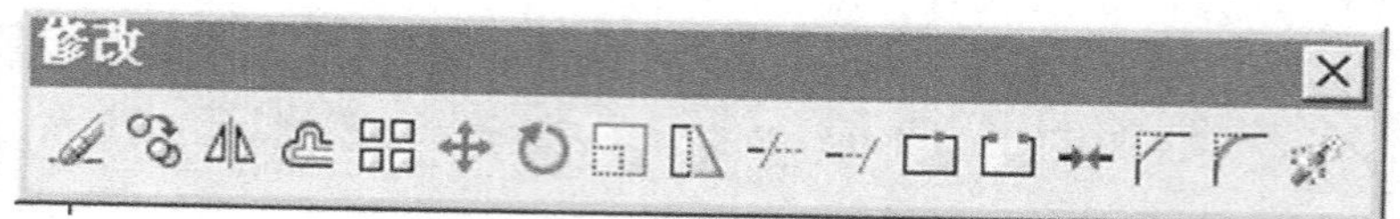

图 11-4　修改工具栏

➢ (删除):ERASE 命令可将选中的实体删除,若要恢复删除的对象,可使用 UNDO 或 OOPS 命令来进行。

➢ (复制):COPY 命令可将一个或多个对象复制到指定位置,也可以将一个对象进行多次复制,该命令常用在机械制图中要绘制多个相同的零部件。在复制操作中,系统会提示用户指定复制对象的基点及位移距离。

➢ (镜像):MIRROR 命令可以复制完全或部分具有对称性的图样,将指定的对象按指定的镜像线进行镜像处理。

➢ (偏移):OFFSET 命令可以将直线、圆、多段线等对象作同心复制,如果要进行偏移的对象是封闭的图形,则偏移后的对象将被放大或缩小,而源对象保持不变。

➢ (阵列):ARRAY 命令可将指定目标对象进行"矩形"或"环形"阵列复制,且阵列的每个对象都可单独对其进行处理。

➢ (移动):MOVE 命令用于把单个对象或多个对象从它们的当前位置移至新位置,这种移动并不改变对象的尺寸和方位。移动的方法主要有基点法和相对位移法两种。

➢ (旋转):ROTATE 命令可以旋转单个或一组对象,并改变对象的位置。使用该命令旋转对象需要先确定一个基点,然后将所选实体绕基点转动。

➢ (缩放):SCALE 命令可以改变实体的尺寸大小。该命令可以把整个对象或者对象的一部分沿 X、Y、Z 方向以相同的比例放大或缩小,由于 3 个方向的缩放率相同,保证了缩放实体的形状不变。

➢ (拉伸):STRETCH 命令主要用于按规定的方向和角度拉长或缩短实体。可以被拉伸的对象有直线、圆弧、椭圆弧、多段线和样条曲线等,而圆、文本和图块则不能被拉伸。在对实体进行拉伸时,实体的选择只能用交叉窗口方式,与窗口相交的实体将被拉伸,窗口内的实体将随之移动。

➢ (修剪):TRIM 命令用于修剪指定修剪边界中的某一部分,被修剪的对象可以是直线、圆、弧、多段线、样条线和射线等。使用时首先要选择剪切边,然后空回车,再选择要剪切的对象。

➢ (延伸):EXTEND 命令可把直线、弧和多段线的端点延长到指定的边界,这些边界可以是直线、圆弧或多段线等。在进行延伸操作时,系统会提示用户选择延伸边界,然后根据延伸边来延伸用户所选线段。

➢ (打断):BREAK 命令可将直线、弧、圆、多段线、椭圆、样条曲线、射线分成两个实体或删除某一部分。

➢ (合并):JOIN 命令将对象合并,以形成一个完整的对象。

➢ (圆角):FILLET 命令可以对两个对象用圆弧进行连接,而且还能对多段线的多个顶点进行一次性圆角。使用此命令应先设定圆弧半径,再进行圆角。

➢ (倒角):CHAMFER 命令用于在两条非平行的直线或多段线之间作出有斜度倒角。使用时应先设定倒角距离,然后再指定需要进行倒角的线段。

➢ (分解):EXPLODE 命令用于将被选定的图形分解成单个的实体,分解后可以对其进行单个实体的编辑。

5. 命令行

命令行位于操作界面下方,进入 AutoCAD 2006 以后,在命令行中显示"命令:"提示,该提示表明系统等待用户输入命令。当系统处于命令执行过程中时,命令行将显示各种操作提示(如错误、命令分析等信息);当命令执行后,命令行又回到"命令:"状态,等待用户输入新的命令。

命令行是用户与 AutoCAD 进行直接对话的窗口。在绘图的整个过程中,初学者应该密切留意命令行中的提示内容,因为它是 AutoCAD 与用户进行交流信息的渠道,这些信息记录了 AutoCAD 与用户的交流过程。

6. 状态栏

状态栏位于命令行下方,如图 11-5 所示,主要用来显示 AutoCAD 当前的状态。如当前十字光标在绘图区所处的绝对坐标位置,绘图时是否打开了正交、捕捉、对象捕捉、栅格显示和自动追踪等功能,当前的绘图空间以及菜单和工具按钮的帮助说明等。用户可以根据需要设置显示在屏幕上的状态选项。

440.0985, 49.3009 , 0.0000 捕捉 栅格 正交 极轴 对象捕捉 对象追踪

图 11-5 状态栏

11.2.2 AutoCAD 2006 命令执行方式

在 AutoCAD 2006 中命令的执行方式有多种,可以通过命令按钮的方式执行、通过下拉菜单命令的方式执行或通过键盘输入的方式执行等。用户在作图时,应根据实际情况选择最佳的执行方式,从而提高作图效率。

1. 以命令按钮的方式执行

以命令按钮的方式执行命令即在工具栏上单击所要执行命令相应的工具按钮,然后根据命令行的提示完成绘图操作。与其他方式不同的是,该方式执行命令是通过单击工具栏中的按钮来完成的。例如,要绘制直线,只需在"绘图"工具栏中单击"直线"工具按钮 ,然后根据命令行提示,完成直线的绘制即可。

2. 以菜单命令的方式执行

以菜单命令的方式执行命令即通过选择下拉菜单或快捷菜单中相应的命令选项来绘制图形,当用户不知道某个命令的命令形式,也不知道该命令的工具按钮属于哪个工具栏时,就可通过该方式来绘制图形。

以菜单命令的方式执行命令应视其命令的形式来快速选择相应的菜单。如要使用某个绘图命令,则可在"绘图"菜单中选择相应的绘图命令。如要对文字样式进行设置,因为样式的设置与格式有关,因此可在"格式"菜单下进行选择。

3. 以键盘方式执行

通过键盘方式执行命令是最常用的一种绘图方法。当要使用某个命令进行绘图时,只需在命令行中输入该命令，然后根据系统提示即可完成绘图。

例如要绘制多边形，只需在命令行提示的“多边形”命令状态下输入 POLYGON 命令，然后按回车键即可，如图 11-6 所示。

```
命令: _polygon 输入边的数目 <4>:
指定正多边形的中心点或 [边(E)]:
需要点或选项关键字。
指定正多边形的中心点或 [边(E)]:
输入选项 [内接于圆(I)/外切于圆(C)] <I>: I
指定圆的半径:

命令:
```

图 11-6　当前命令行

11.3　AutoCAD 2006 坐标系及图层

11.3.1　坐标系统

Auto CAD 2006 中的坐标系按定制对象的不同，可分为世界坐标系(WCS)和用户坐标系(UCS)。

1. 世界坐标系(WCS)

AutoCAD 默认的坐标系为世界坐标系(WCS)，如图 11-7 所示。

根据笛卡儿坐标系的习惯，沿 X 轴正方向向右为水平距离增加的方向，沿 Y 轴正方向向上为竖直距离增加的方向，垂直于 XY 平面，沿 Z 轴正方向从所视方向向外为 Z 轴距离增加的方向。这一套坐标轴确定了世界坐标系，简称 WCS。

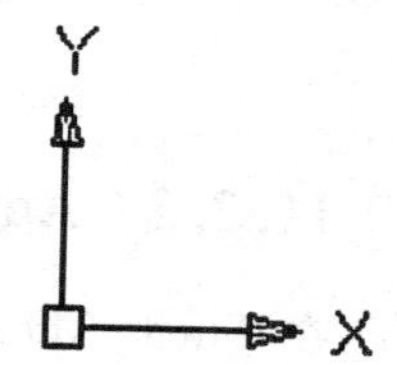

图 11-7　WCS 坐标

该坐标系的特点是：它总是存在于一个设计图形之中，并且不可更改。

2. 用户坐标系(UCS)

相对于世界坐标系 WCS，可以创建无限多的坐标系，这些坐标系通常称为用户坐标系(UCS)，并且可以通过调用 UCS 命令来创建用户坐标系。尽管世界坐标系 WCS 是固定不变的，但可以从任意角度、任意方向来观察或旋转世界坐标系 WCS，而不用改变其他坐标系。

AutoCAD 提供的坐标系图标，可以在同一图纸不同坐标系中保持同样的视觉效果。这种图标将通过指定 X、Y 轴的正方向来显示当前 UCS 的方位。

3. 坐标输入方式

任何物体在空间中的位置都是通过一个坐标系定位的。同样，这些物体反映到 AutoCAD 的图形文件中，也是通过坐标系来确定相应实体对象的位置，坐标系是确定对象位置最基本的手段。掌握各种坐标系的概念，掌握坐标系的创建以及正确坐标数据输入法，对于正确、高效地绘图是非常重要的。

AutoCAD 采用笛卡儿坐标系来定位实体。在进入 AutoCAD 绘图区时，系统自动进入笛卡儿坐标系(世界坐标系 WCS)第一象限，其左下角点为(0,0)。AutoCAD 就是采用这个坐标系来确定矢量图形的。

通常在调用一条 AutoCAD 命令时，还需要用户提供某些附加信息与参数，以便指定该命令所要完成的工作或动作执行的方式、位置等。在系统提示用户输入信息时就要输入相关数据来响应提示。鼠标虽然使作图方便了许多，但当要精确地定位一个点时，仍然要采用坐标输入方式。

坐标输入方式有：绝对直角坐标、相对直角坐标、相对极坐标。

(1) 绝对直角坐标

以坐标原点(0,0,0)为基点定位所有的点。用户可以通过输入(X,Y,Z)坐标的方式来定义一个点的位置。

(2) 相对直角坐标

以某点相对于另一特定点的相对位置定义该点的位置。相对特定坐标点(X,Y,Z)增量为($\triangle X$,$\triangle Y$,$\triangle Z$)的坐标点的输入格式为@$\triangle X$,$\triangle Y$,$\triangle Z$。

相对坐标输入格式为"@X,Y"，"@"字符表示使用相对坐标输入。

(3) 相对极坐标

以某一特定点为参考极点，输入相对于参考极点的距离和角度来定义一个点的位置，其使用格式为"@距离<角度"。相对极坐标输入格式为"@A<角度"，"A"为指定点与参考极点的距离。

在绘图中，多种坐标输入方式配合使用会使绘图更灵活，再配合目标捕捉、夹点编辑等方式，则使绘图更精确和快捷。

11.3.2 图层

AutoCAD 利用图层可以用来管理和控制复杂的图形，不同属性的实体可建立在不同的图层上，若用户要对实体属性进行修改，通过图层即可快速、准确地达到目的。

1. 图层设置

选择下拉菜单【格式】|【图层】命令或单击"图层"工具栏上的按钮或在命令行中输入 LAYER 命令，出现如图 11-8 所示"图层特性管理器"对话框。该对话框各选项含义如下。

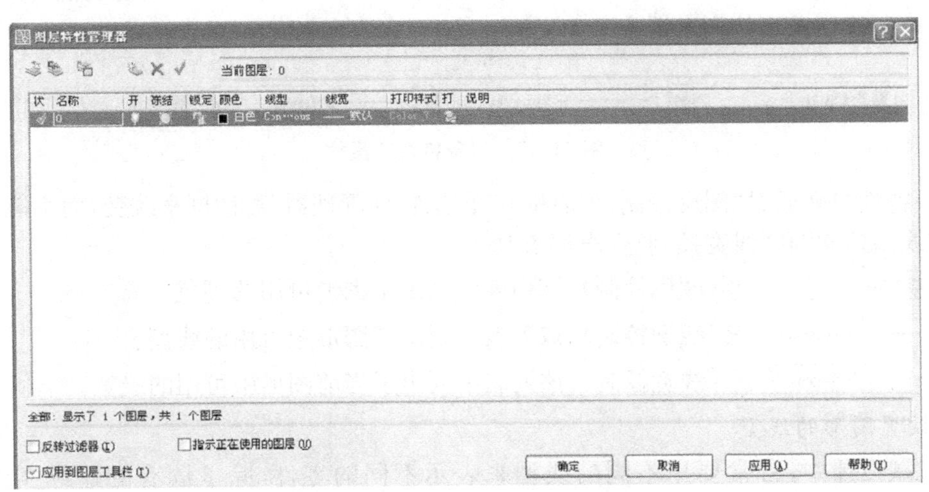

图 11-8 图层特性管理器对话框

➢ (新建图层)：创建新图层，系统默认新创建的图层名为"图层 1"。

➢ (置为当前)：将所选图层设为当前图层。

➢ ✕(删除图层):删除所选图层。

2. 图层属性

使用图层绘制图形不但可以提高绘图效率,而且还便于管理图形的线型、颜色等特性。

(1) 新建及删除图层

在绘图过程中,用户可根据需要建立新的图层,在“图层特性管理器”对话框中单击“新建”按钮,在图层列表中将自动生成名为“图层 1”的新图层。

(2) 设置当前层

用户只能在当前层上绘制图形,并且所绘制的实体将继承当前层的属性,当前图层的状态信息都显示在“对象特性”工具栏中。

(3) 图层属性

AutoCAD 2006 为图层设置了多种属性,包括状态、颜色、线型、线宽、打印样式等,主要属性介绍如下。

➢ (状态控制):AutoCAD 提供了状态开关,用以控制图层开关状态。

➢ ■ 白色(颜色控制):为了区分不同图层上的实体,可以为图层设置颜色属性,所绘制的实体将继承图层的颜色属性。

➢ Continuous(线型控制):AutoCAD 可以根据需要为每个图层分配不同的线型,在默认情况下,各图层线型均为实线。

➢ —— 默认(线宽控制):可以为直线设置不同的宽度。

3. 图层的对象特性

在 AutoCAD 的“对象特性”工具栏中,可以查看和修改选定实体的颜色、线型、线宽、图层等特性。“对象特性”工具栏通常位于绘图区上方,具有强大的对象特性处理功能,如图 11-9 所示,其中各按钮及下拉列表框含义如下:

图 11-9 对象特性工具栏

图层特性只能通过“图层控制”列表框和“图层特性管理器”对话框来改变,而不能由“颜色控制”、“线型控制”和“线宽控制”列表框来改变。

➢ ■ ByLayer(颜色控制):该列表中列出了图形可用的颜色。

➢ —— ByLayer(线型控制):该列表中列出了图形中可用的线型。

➢ —— ByLayer(线宽控制):该列表中列出了当前图形中可用的线宽。

4. 设置图形的线型

在机械设计中,常常要用不同的线型来表示不同的零件,除了固有的连续实线以外,AutoCAD 2006 还提供了多达 45 种特殊线型。

选择下拉菜单【格式】|【线型】命令或在命令行中输入 LINETYPE 命令,出现如图 11-10 所示的“线型管理器”对话框,线型用加载方式选用。

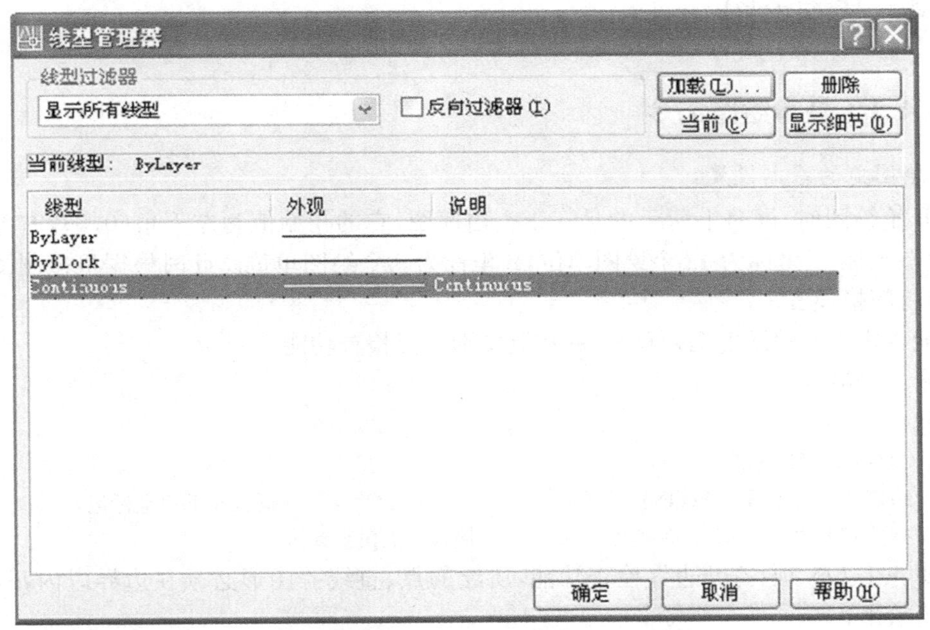

图 11-10　线型管理器对话框

5. 设置图形的线宽

选择下拉菜单【格式】|【线宽】命令或在命令行中输入 LWEIGHT 命令，出现如图 11-11 所示的“线宽设置”对话框，可在该对话框中设置线宽单位和线宽。对话框中各项含义如下：

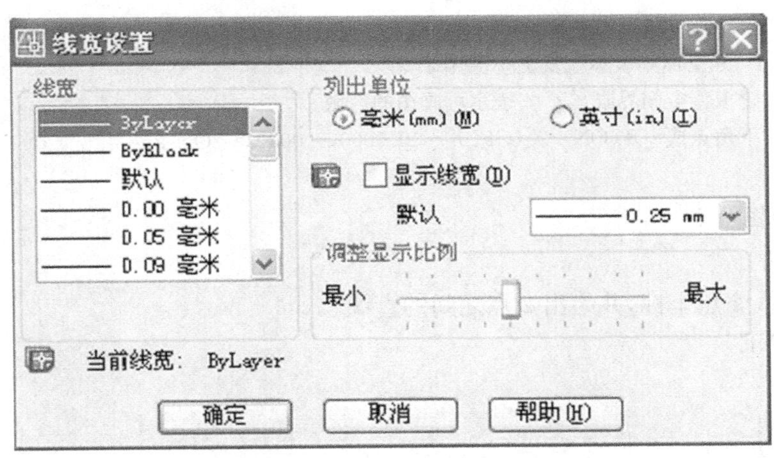

图 11-11　线宽设置对话框

➢ 线宽：在该栏中可为对象设置当前线宽值，也可改变图形中已存在对象的线宽值。

➢ 默认：在该下拉列表框中指定默认的线宽值，使用默认线宽值可以节省内存空间，提高工作效率。

➢ 显示线宽：在模型空间和图纸空间线宽的显示不同。在图纸空间布局中，线宽以精确的出图绘制宽度显示；在模型空间中，线宽以像素点显示；在模型空间中，可通过单击“显示线宽”按钮来显示线宽。

11.4 基本绘图

11.4.1 基本绘图命令

1. 绘图前的基本设置：

在开始绘图时，屏幕上所示的是一张空白底图，它的初始值为左下角(0,0)，右上角(12,9)，即绘图坐标 *X* 坐标为 12 个绘图单位，*Y* 坐标为 9 个绘图单位。此时根据机械制图图幅的不同，进行图幅设置。

功能 定义当前图的图幅尺寸，并控制图形边界检查功能。

命令 LIMITS

操作

命令：LIMITS↙

指定左下角点或［开(ON)/关(OFF)］＜0.0000,0.0000＞：(输入左下角坐标值)

指定右上角点＜420.0000,297.0000＞：(输入右上角坐标值)

说明 ① ON 项：打开边界检查功能，所绘的点、直线等图形必须在边界以内，若超出边界则拒绝绘出；

② OFF 项：关闭边界检查功能，输入点的坐标不受限制。

③ 系统默认状态均用＜ ＞括住，此时按回车键则表明选择系统默认值。

【例 11-1】 在计算机上设绘图区域为 A3 号图纸图幅。

命令：LIMITS↙

指定左下角点或［开(ON)/关(OFF)］＜0.0000,0.0000＞：↙

指定右上角点＜420.0000,297.0000＞：↙

命令：↙ //空回车表示重复上一操作命令

重新设置模型空间界限：↙ //表示可画图的区域

指定左下角点或［开(ON)/关(OFF)］＜0.0000,0.0000＞：ON↙

命令：

2. 基本绘图命令

(1) 直线命令

功能 输入 2 点坐标，并绘出 2 点之间的直线。

命令 LINE

缩写 L

图标

操作

Command：L↙

From point：//输入直线的起点坐标

To point：//输入直线的第二点坐标

To point：↙

在系统要求给出坐标时，即可输入绝对坐标值，也可使用相对坐标值。相对坐标值实际上就是极坐标，它表示为“@相对长度＜角度”。

【例 11-2】 绘出如图 11-12 所示图形。

```
Command: L↙
From point:1,2↙ //绝对坐标输入 A 点
To point :1,1↙ //输入 B 点
To point:@1.5<0↙ //相对坐标输入 C 点
To point:@0.5<135↙ //相对坐标输入 D 点
To point:@2.5,0↙ //相对坐标输入 E 点
To point:@0.5<225↙ //相对坐标输入 F 点
To point:@1.5<0↙ //相对坐标输入 G 点
To point :@1<90↙ //输入 H 点
```

图 11-12 例 11-2 图形

H 点与 A 点相连时有两种方法：

① 直接输入 A 点的坐标值。

② 用封闭命令 C 即：

```
To point:C↙ //Close 封闭,将 A 点与 H 点连接起来
To point :↙ //返回 Command 状态
```

说明 ① 如在绘图当中有误，可在任一行中敲入“U”，则返回上一点绘图状态。

② 另外 LINE 提供了另一种附加功能，绘制完成一条直线后要画另一条直线或圆弧，如果此时在“To point:”时空回车，则此时表明的是以上一次画的直线或圆弧的终点作为现在绘制的直线或圆弧的起点。

(2) 绘圆命令

命令 CIRCLE

缩写 C

图标

操作

```
Command: C↙
3P/2P/TTR/<center point>:
```

① Center point 选项(输入圆心点坐标)，利用已知圆心点坐标和半径或直径来绘圆，如图 11-13 所示。

```
Command: C↙
3P/2P/TTR/<center point>:5,5↙
Diameter/<Radius>:D↙
```

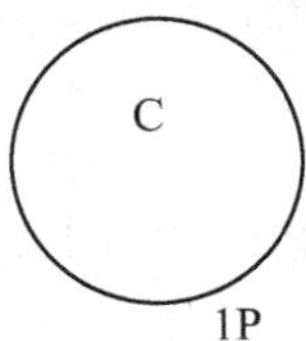

图 11-13 输入圆心点坐标绘圆

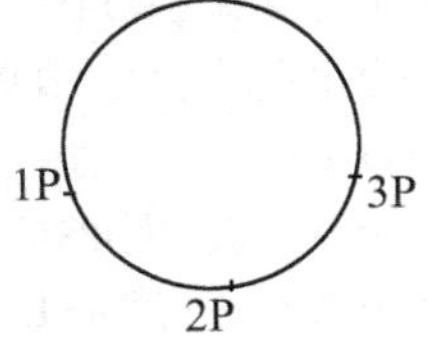

图 11-14 输入 3 点绘圆

② 3P 选项(已知 3 点绘圆)，这种方法是输入所要画的圆的圆弧上的三个点，如图 11-14 所示。

```
Command :C↙
3P/2P/TTR/<center point>:3P↙
First point:6,5↙
Second point:7,4↙
```

Third point:6,3↙

③ 2P 选项(已知 2 点绘圆),用三点可确定一个圆,通过两点则可画无数个圆,故用 2P 项画圆时,AutoCAD 规定两点必须是直径上的两个端点,如图 11-15 所示。

Command :C↙

3P/2P/TTR/<center point>:2P↙

First point on Diameter:6.5↙

Second point:6,3↙

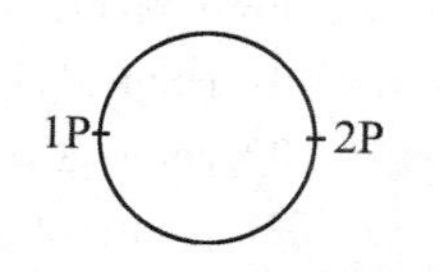

图 11-15　输入 2 点绘圆

(3) 圆弧命令

功能　绘制圆弧。

命令　ARC

图标　

操作

Command: ARC↙

Center<Start point>:

① Center 项,输入圆弧的圆心。

② Start point 项,输入圆弧的起始点。

上述两项根据不同后续提示,可得到多种绘制圆弧的方法。

11.4.2　绘图设定

在绘制一个图形前,AutoCAD 均需设定一些基本条件,保证绘图的规范合理。具体如下:

1. 绘制 A4 图幅及图框

根据绘图的内容先确立图幅大小,具体按 GB/T 14689—1993 基本图纸幅面规格绘制。

(1) 绘制图幅边框线

选择下拉菜单【绘图】|【矩形】,命令行的显示如下所述。

命令:_rectang

指定第一个角点或[倒角(C)/标高(E)/圆角(F)/厚度(T)/宽度(W)]: 0,0

指定另一个角点或[尺寸(D)]: 297,210//绘制幅面线

命令: _rectang

指定第一个角点或[倒角(C)/标高(E)/圆角(F)/厚度(T)/宽度(W)]: 15,5

指定另一个角点或[尺寸(D)]: 292,200//绘制图框线

命令: _rectang

指定第一个角点或[倒角(C)/标高(E)/圆角(F)/厚度(T)/宽度(W)]: 162,40

指定另一个角点或[尺寸(D)]: 292,5//绘制标题栏线

(2) 绘制标题栏

选择下拉菜单【绘图】|【直线】,绘制标题栏,完成图幅边框线的绘制。

(3) 设置图线宽度

单击幅面线,在"基本"选项卡中选取"线宽"下拉列表,选择线宽"默认"。

单击图框线,在"基本"选项卡中选取"线宽"下拉列表,选择线宽"0.5 毫米",单击"线宽"按钮,可以看到线宽发生了变化,结果如图 11-16 所示。

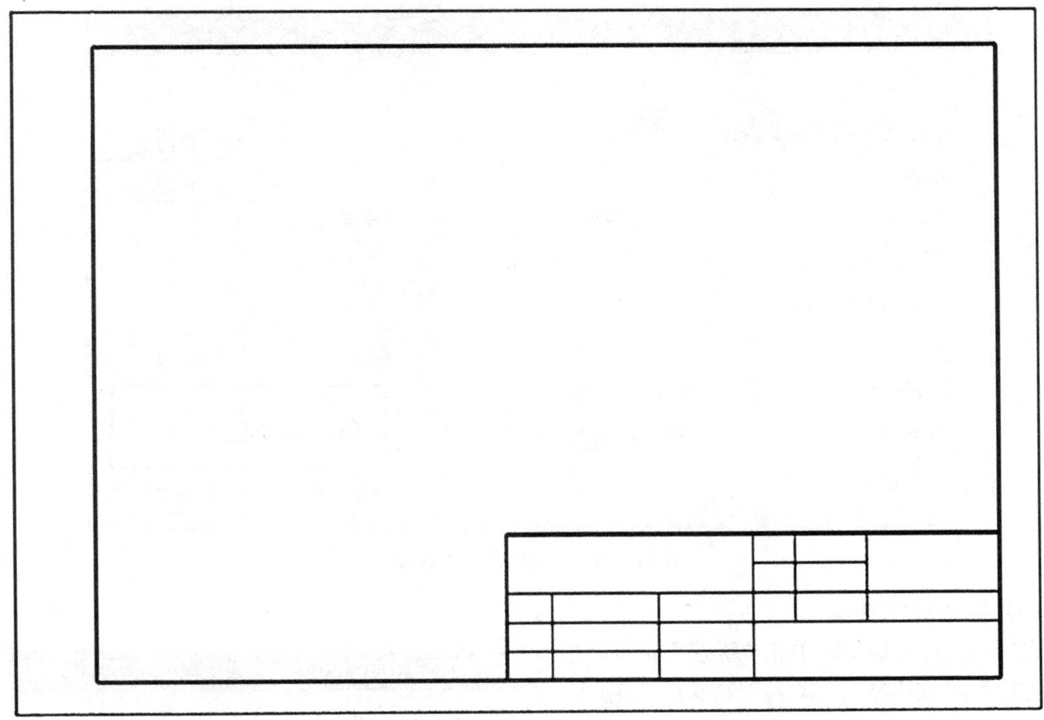

图 11－16　修改线宽后结果

2. 建立图层管理

按前节 11.3.2 中的图层方法，建立如下图层，如图 11－17 所示。

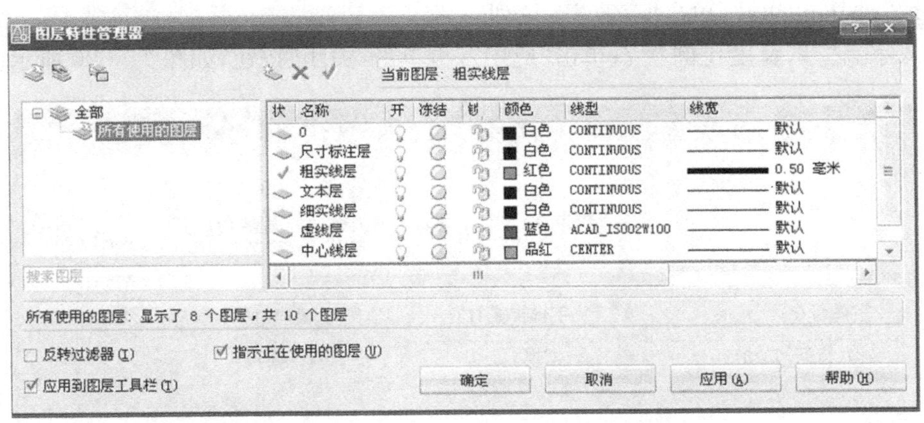

图 11－17　建立图层

这样就能保证绘制由复杂的图线组成的图形时，用户能较好、较迅速地编辑。

3. 文字设定

(1) 文字样式的设置

选择下拉菜单【格式】|【文字样式】，打开“文字样式”对话框，如图 11－18 所示。

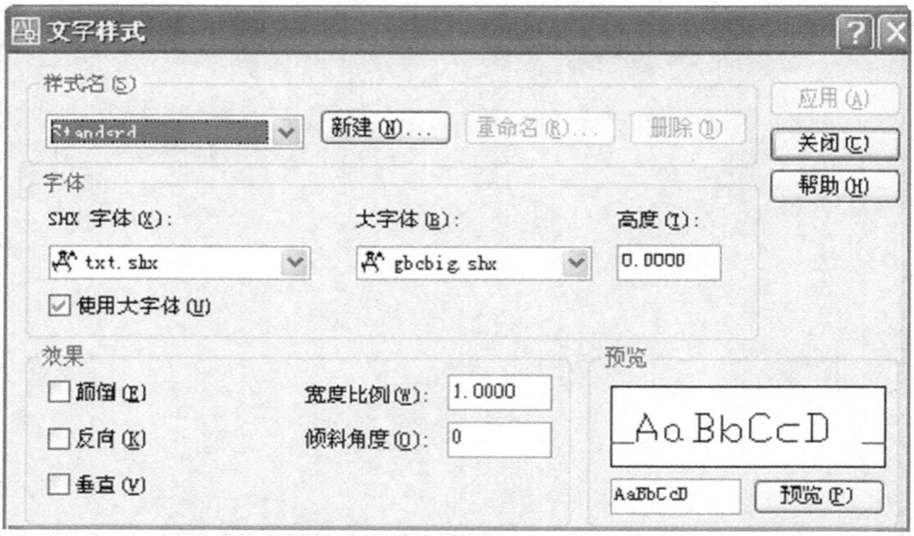

图 11-18　文字样式对话框

（2）建立汉字样式

在“样式名”选项区单击“新建”按钮，在“新建文字样式”的“样式名”文本框中输入“汉字 1”，单击“确定”，如图 11-19 所示。

图 11-19　新建文字样式

（3）设置字体和字高

在“字体”选项区单击“SHX 字体”下拉列表框，选取“仿宋体”；单击“大字体”下拉列表框，选取“gbcbig.shx”；单击“字高”下拉列表框，输入字高“7”，宽度比例 0.7；单击“应用”，再单击“关闭”按钮，如图 11-20 所示。

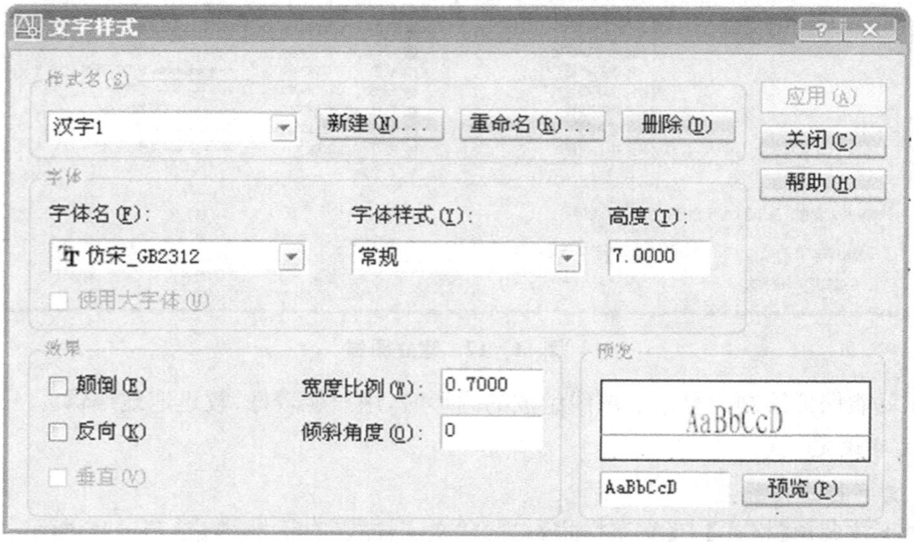

图 11-20　改变字体和字高

(4) 写标题栏文字

选择下拉菜单【绘图】|【文字】|【多行文字】，打开“文字格式”对话框，或点击工具栏中的图标，如图 11－21 所示。

图 11－21　文字格式对话框

(5) 输入文字

在文字框内输入“贵州大学”，单击“确定”按钮。

(6) 重复“多行文字”操作

参照图 11－22 分别输入其他文字，具体其他文字(如数字、拉丁字母等)可参照上述设置方式进行设定。

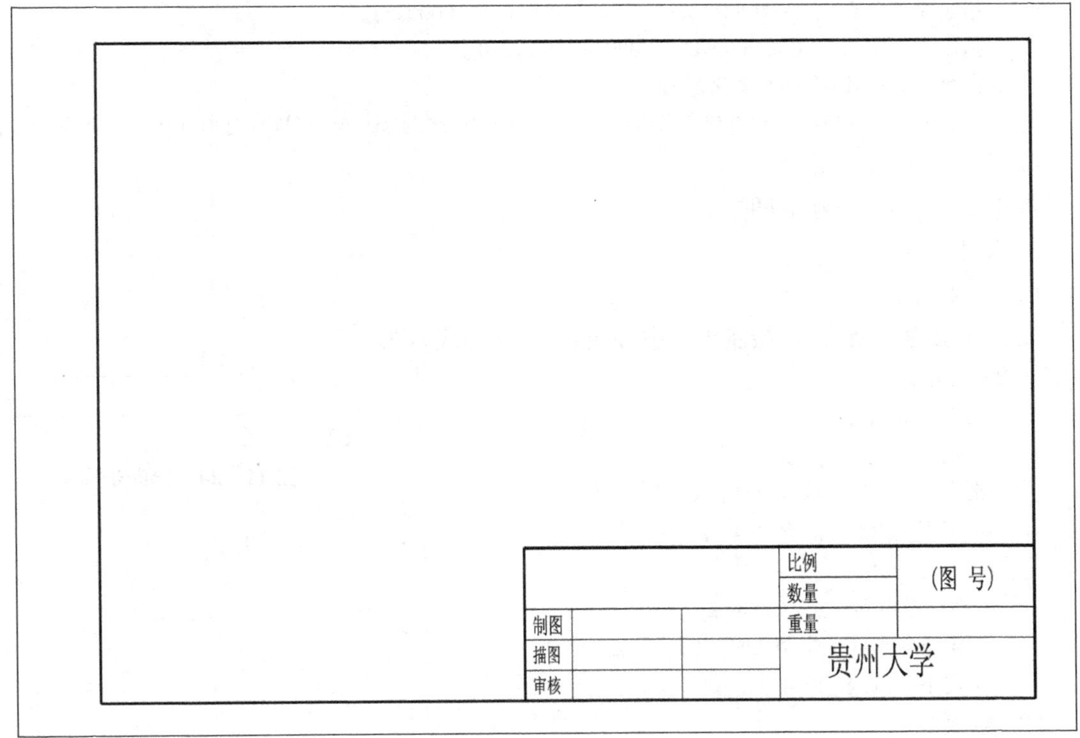

图 11－22　标准的 A4 图幅

11.4.3 绘制基本图线练习——手柄(如图 11-23)

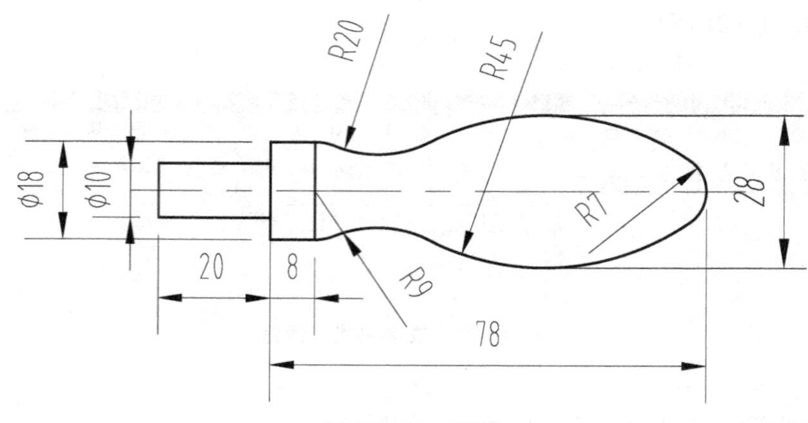

图 11-23 手柄

1. 设定绘图 A4 幅面

命令:LIMITS↙

重新设置模型空间界限:

指定左下角点或[开(ON)/关(OFF)]<0.0000,0.0000>:↙

指定右上角点 <420.0000,297.0000>: 297,210↙

命令: ZOOM (全屏绘图区域)↙

[全部(A)/中心(C)/动态(D)/范围(E)/上一个(P)/比例(S)/窗口(W)/对象(O)]<实时>: A↙

2. 设定图层及线型

按 11.3.2 的方法建立图层。

3. 绘图

(1) 绘制辅助线

设当前层为点划线层,绘制 L1(中心线)和 L2(细线),如图 11-24 所示。

L2

L1

图 11-24 绘图步骤 1

命令: LINE↙

指定第一点: 5,40↙

指定下一点或[放弃(U)]: @110,0↙

指定下一点或[放弃(U)]:↙

命令:↙

LINE 指定第一点: 50,54↙

指定下一点或[放弃(U)]: @50,0↙

指定下一点或[放弃(U)]↙

(2) 绘制图形

设当前层为粗实线层。

命令: LINE↙

指定第一点: 10,40↙

指定下一点或[放弃(U)]: @0,5↙

指定下一点或[放弃(U)]: @20,0↙

指定下一点或[闭合(C)/放弃(U)]:↙

命令:↙

LINE 指定第一点：30,40↙

指定下一点或[放弃(U)]：@0,9↙

指定下一点或[放弃(U)]：@8,0↙

指定下一点或[闭合(C)/放弃(U)]：@0,−9↙

指定下一点或[闭合(C)/放弃(U)]:↙

(3) 绘制 A1,A2 圆弧(如图 11－25)

命令：ARC↙

指定圆弧的起点或[圆心(C)]：c↙

指定圆弧的圆心：38,40↙

指定圆弧的起点：38,49↙

指定圆弧的端点或[角度(A)/弦长(L)]：a↙

指定包含角：−80↙

命令：a↙

ARC 指定圆弧的起点或[圆心(C)]：c↙

指定圆弧的圆心：101,40↙

指定圆弧的起点：@7,0↙

指定圆弧的端点或[角度(A)/弦长(L)]：150↙

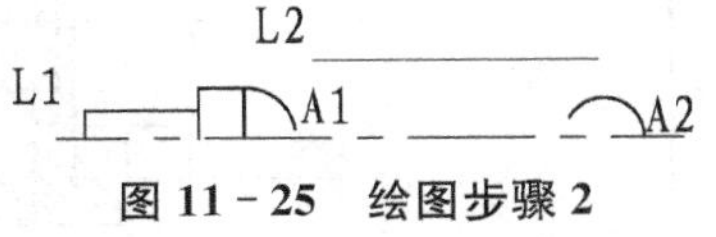

图 11－25 绘图步骤 2

(4) 用 TTR 方式绘制辅助圆 A3,A4(如图 11－26)

命令：CIRCLE↙

指定圆的圆心或[三点(3P)/两点(2P)/相切、相切、半径(T)]：TTR↙

指定对象与圆的第一个切点:↙(十字光标点取 L2 线)

指定对象与圆的第二个切点:↙(十字光标点取 A2 弧)

指定圆的半径：45↙

命令：CIRCLE↙

指定圆的圆心或[三点(3P)/两点(2P)/相切、相切、半径(T)]：TTR↙

指定对象与圆的第一个切点:↙(十字光标点取 A1 弧)

指定对象与圆的第二个切点:↙(十字光标点取 A3 弧)

指定圆的半径＜45.0000＞：20↙

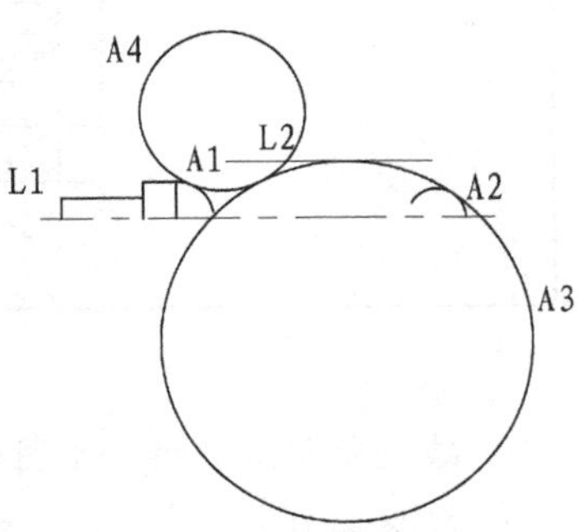

图 11－26 绘图步骤 3

4. 图形编辑

(1) 修剪图形(如图 11－27)

用 TIRM 修剪命令修剪掉多余的图线。

(2) 调用镜像命令,以中心线为对称轴镜像,完成另一半的图形绘制(如图 11－28)

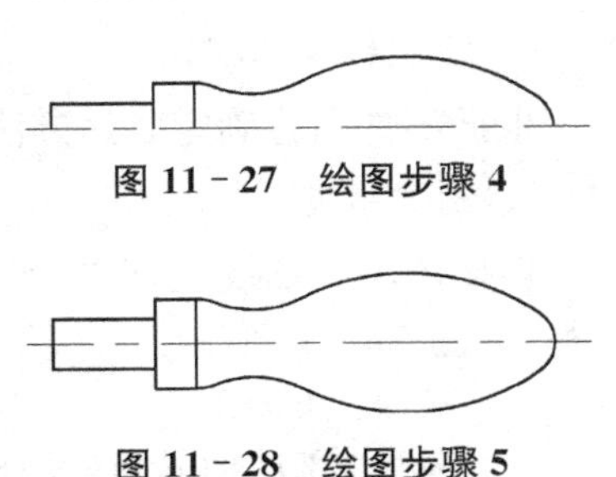

图 11－27 绘图步骤 4

图 11－28 绘图步骤 5

命令：MIRROR↙

选择对象：指定对角点：找到 10 个↙(十字光标点框选取所有线条)

选择对象:↙

指定镜像线的第一点:↙

指定镜像线的第二点:↙

要删除源对象吗？[是(Y)/否(N)] <N>：↙

完成绘图，如图 11－23 所示。

11.4.4 绘制钳口零件图(如图 11－29)

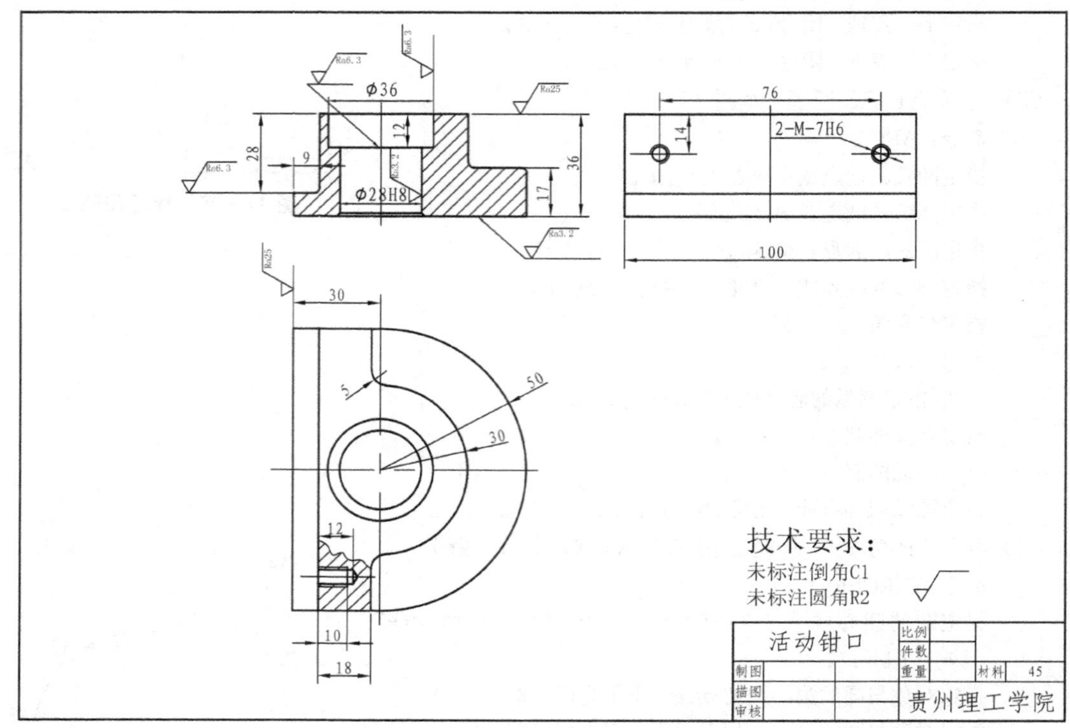

图 11－29 活动钳口零件图

1. 绘制带标题栏的 A4 图幅(297×210)

2. 设置图层

图层包含：粗线层、中心线层、文本层、尺寸层、虚线层、细线层。

3. 设置当前层

设置中心线层为当前层，在 A4 图幅的合适位置绘制定位中心线，如图 11－30 所示。

4. 绘制钳口三视图

根据零件图将确定表达方法的零件外形绘制在粗线层中，如图 11－31 所示。

5. 图案填充

切换图层到细线层，选择下拉菜单【绘图】|【图案填充】命令，打开“图案填充和渐变色”对话框，如图 11－32 所示。

命令：_bhatch

拾取内部点或[选择对象(S)/删除边界(B)]：正在选择所有对象...

正在选择所有可见对象...

正在分析所选数据...

正在分析内部孤岛...

拾取内部点或 [选择对象(S)/删除边界(B)]：

正在分析内部孤岛...

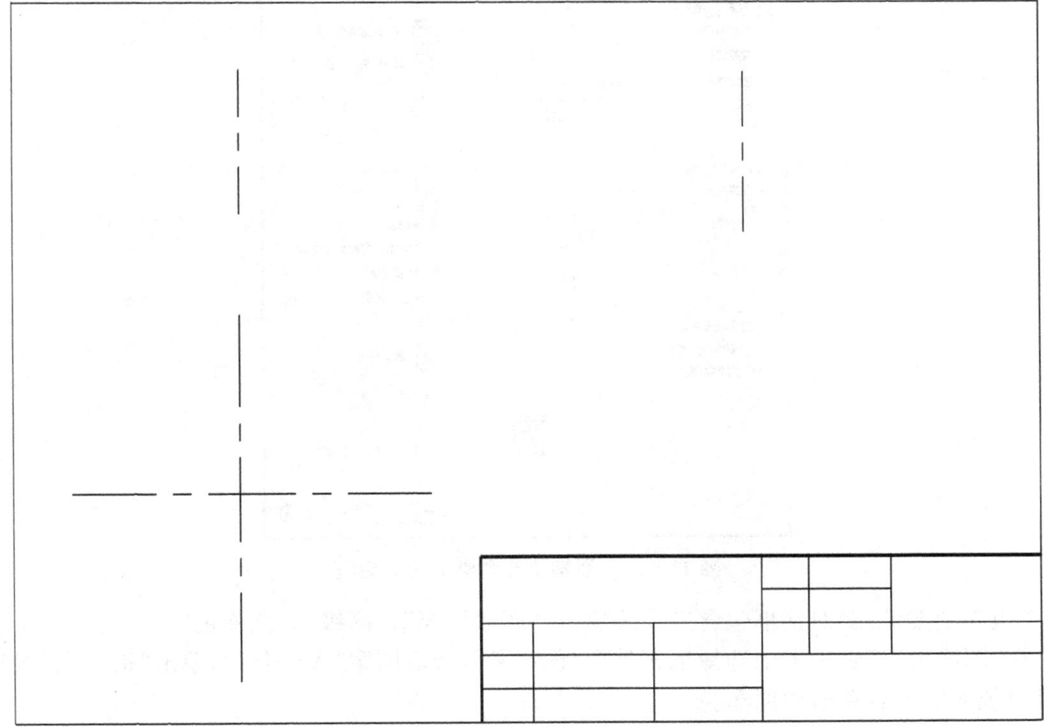

图 11－30　绘制定位中心

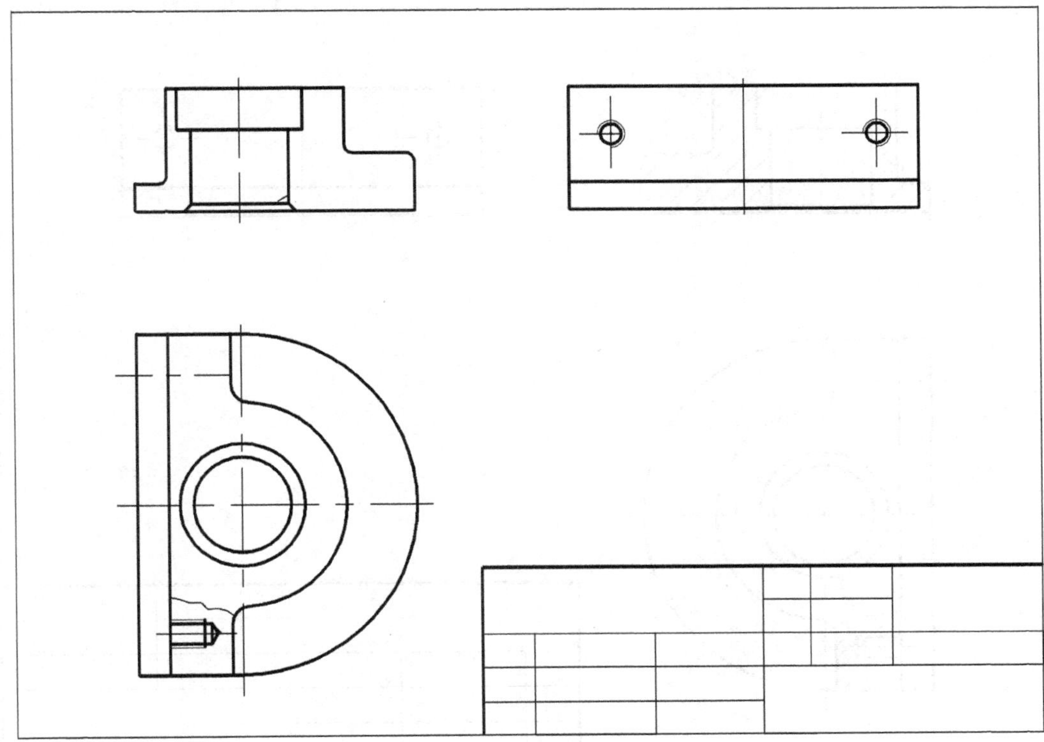

图 11－31　钳口零件外形

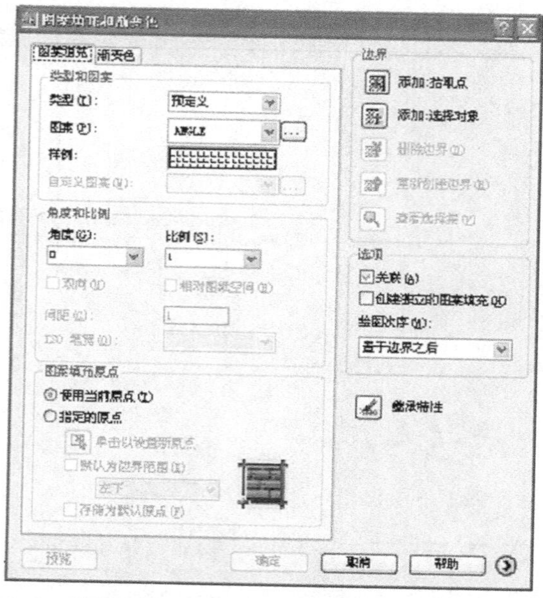

图 11-32　图案填充和渐变色对话框

"边界图案填充"对话框包含三个选项卡:"图案填充"、"高级"、"渐变色"。

在"图案填充"选项卡中选择填充类型"预定义",选取图案"ANSI31",单击"拾取点"按钮,选择要填充的区域单击后回车。

最后单击"边界图案填充"对话框包中的"确定"按钮,完成填充结果,如图 11-33 所示。

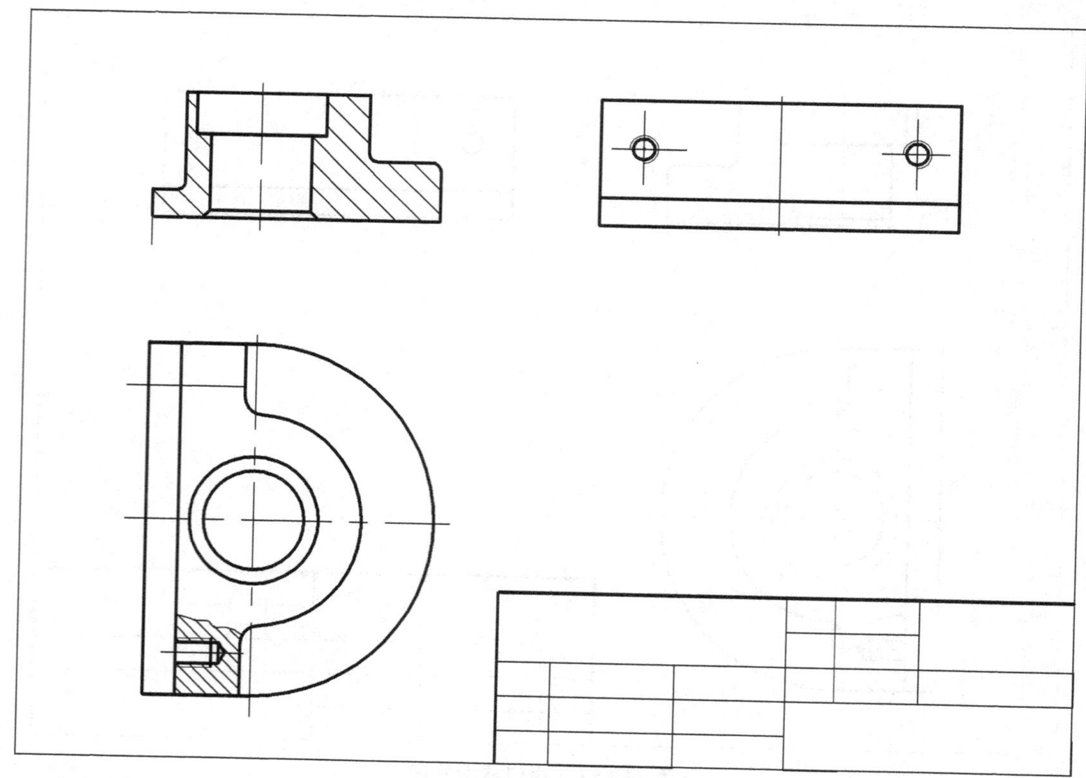

图 11-33　完成填充的钳口图

6. 尺寸标注

尺寸标注是图形设计中的一个重要步骤，是加工机械零件的依据。

设置当前层为尺寸层，选择下拉菜单【格式】|【标注样式】命令，打开标注样式管理器调整尺寸的格式及大小，如图 11－34 所示。

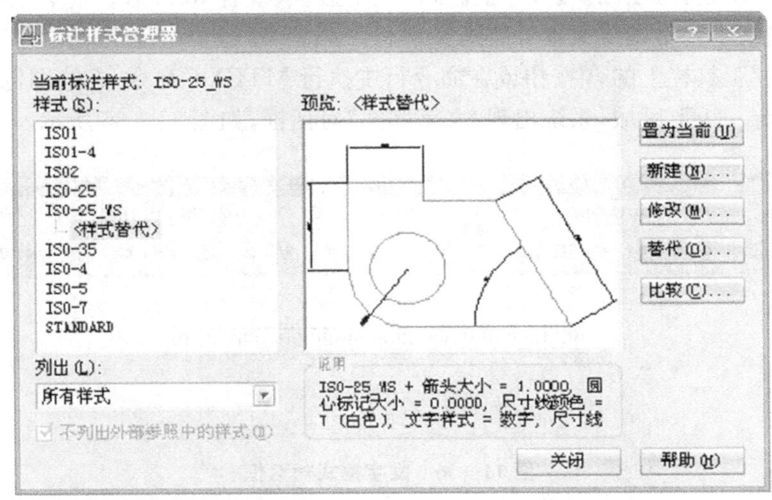

图 11－34　标注样式管理器

选择下拉菜单【标注】命令或打开标注工具栏，如图 11－35 所示，按照图形要求进行标注。

图 11－35　标注工具栏

7. 填写标题栏及文本标注

在对机械图形进行文字标注前，一般需对将要标注的文字字体、字高和效果等进行设置，才能得到统一、标准的标注文字。

在 AutoCAD 中可以使用 DTEXT 和 MTEXT 等命令进行文字标注，标注的文字可以在“文字样式”对话框中设置。

(1)标注单行文字

在下拉菜单中选择【绘图】|【文字】|【单行文字】选项或者输入 DTEXT 命令，用于为图形标注一行或几行文本，也可用于旋转、对正文字和调整文字的大小，每行文字是一个独立的对象。

例如，标注“叉架”单行文本的具体操作如下：

命令：DTEXT //激活单行文字命令

当前文字样式：中文标注 当前文字高度：10.00

指定文字的起点或[对正(J)/样式(S)]：//指定文字的起点

指定文字的旋转角度<0>：//默认不旋转文字

输入文字：活动钳口 //输入欲标注的文字

输入文字：//回车结束标注文字

如在该命令执行过程中选择“对正”选项，则可指定标注的文字中心与文字起点的对齐方

式,命令行提示如下:

"输入选项[对齐(A)/调整(F)/中心(C)/中间(M)/右(R)/左(TL)/中上(TC)/右上(TR)/左中(ML)/正中(MC)/右中(MR)/左下(BL)/中下(BC)/右下(BR)]:"

(2)标注多行文本

在下拉菜单中选择【绘图】|【文字】|【多行文字】选项或者 MTEXT 命令,用于为图形标注多行文本、表格文本和下划线文本等特殊文字。

单击"绘图"工具栏上的 A 按钮或在命令行中执行 MTEXT 命令,在绘图区需为标注多行文本的位置指定一矩形区域,系统出现"文字格式"对话框,如图 11-36 所示。

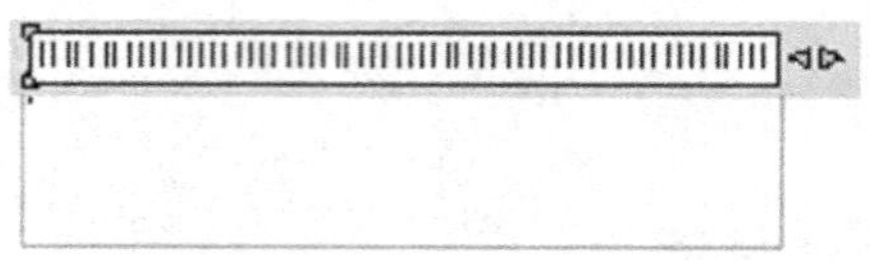

图 11-36 文字格式对话框

① 在 Standard 下拉列表框中选择一种欲标注"文字样式",如可采用默认文字样式并应用于当前环境中。

② 在 txt, gbcbig 下拉列表框下面的文本框中输入欲标注的"字体"。

③ 在 2.5 下拉列表框中输入欲标注"文本高度"。

④ 选择下面的按钮设置各种对齐方式。

⑤ 最后在矩形框中输入文字,单击"确定"。

8. 建立表面粗糙度图块

由于绘制机械图形时,表面粗糙度需要经常使用,可以将其定义成图块,如图 11-37 所示,以便在后续的工作中随时对其进行调用,以提高工作效率。

AutoCAD 2006 中图块分为内部块和外部块两种类型。

(1) 创建内部块

内部图块只能在当前图形文件中进行使用,而不能在其他图形中调用。内部块的创建是使用 BLOCK 命令,通过"块定义"对话框完成。

单击"绘图"工具栏中按钮,打开"块定义"对话框,如图 11-38 所示。

① 在"名称"下拉列表框中输入将要创建的图块名。

② 在"基点"区域中指定图块的插入基点。当用户在图形中插入图块时,当前光标位置即为图块的插入基点。默认情况下,图块的插入基点为坐标原点,用户也可在"X"、"Y"、"Z"文本框中输入其他点的坐标或通过(拾取点)按钮捕捉一点为基点。

③ 单击(选择对象)按钮,然后在绘图区选取组成图块的实体。

④ 不改变其他选项的设置,单击 确定 按钮即可创建一内部块——"粗糙度"。

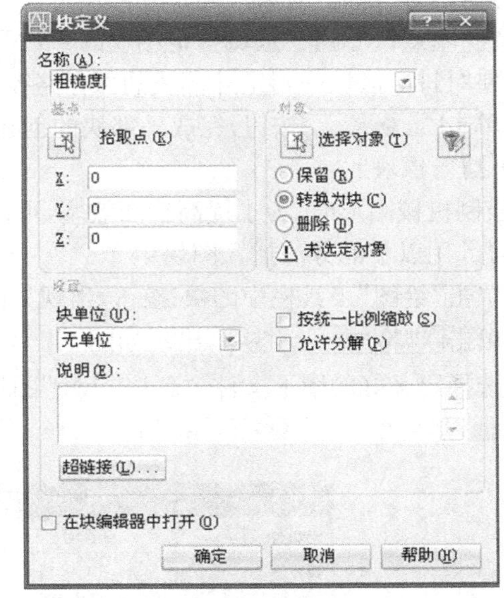

图 11－37　表面粗糙度符号

图 11－38　块定义对话框

(2) 创建外部块

外部块的创建是使用 WBLOCK 命令，通过“写块”对话框完成的。此类图块与其他图形文件并无区别，同样可以打开、编辑，既可以在当前图形中使用，又可以作为图块插入到其他图形中。

外部块在机械设计中的应用比较广泛，凡是标准和常用机械零件均可将其创建为外部块，建立自己的图块库供绘图时使用。

① 在命令行执行 WBLOCK 命令，打开“写块”对话框，如图 11－39 所示。

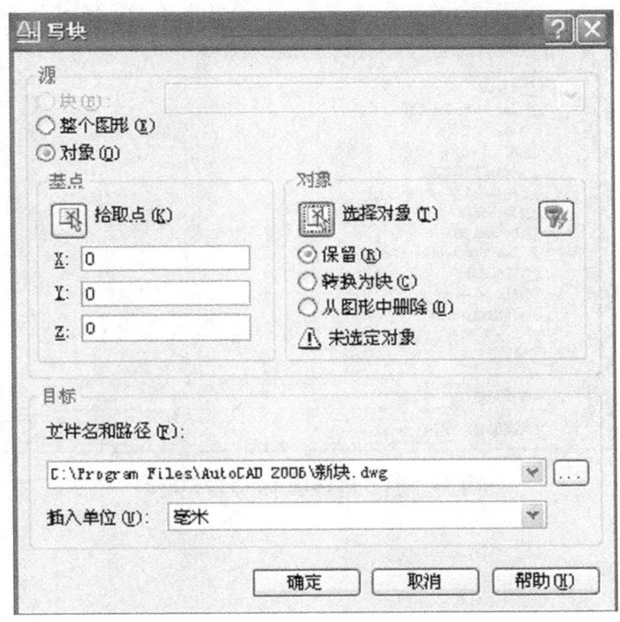

图 11－39　写块对话框

② 选择“源”中的“对象”,确定外部块定义的来源。

③ 在“基点”、“对象”区域指定相应的参数及信息。

④ 在“目标”区域中指定外部块的保存路径,然后指定外部块的文件名。

⑤ 单击[确定]按钮,完成外部块的创建。

(3) 插入图块

在绘制机械图形时,为了提高绘图效率,可以调用以前绘制好的一部分图块,并对其进行修改即可。用以下的方法插入图块:

① 单击“绘图”工具栏中的按钮,出现如图 11-40 所示的“插入”对话框。

② 单击[浏览(B)...]按钮,出现如图 11-41 所示的“选择图形文件”对话框。

③ 选择定义好的图形文件(“新块.dwg”图形文件),然后单击[打开(O)][▼]按钮,返回“插入”对话框,然后单击[确定]按钮。

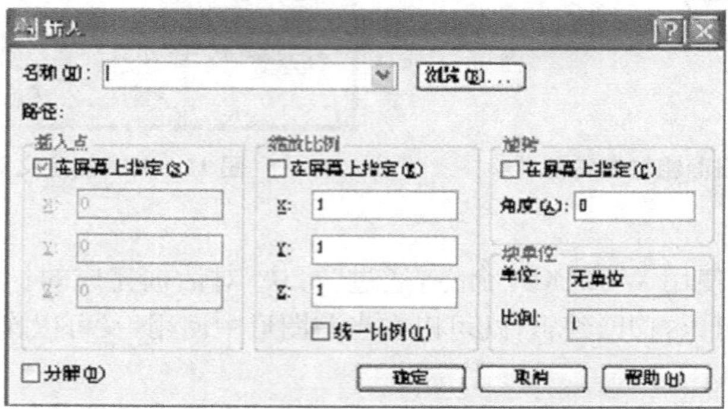

图 11-40 插入对话框

图 11-41 选择图形文件对话框

第 12 章　焊接图

焊接是将需要连接的金属零件在连接处通过局部加热或加压使其连接起来。焊接是一种不可拆连接。焊接具有施工简单、连接可靠等优点，其应用十分广泛。

焊接图(如图 12－1)是供焊接加工时所用的图样，除了把焊接件的结构表达清楚以外，还必须把焊接的有关内容表示清楚，如焊接接头型式、焊缝型式、焊缝尺寸、焊接方法等。本章仅介绍国家标准有关焊缝的符号及其标注的规定。

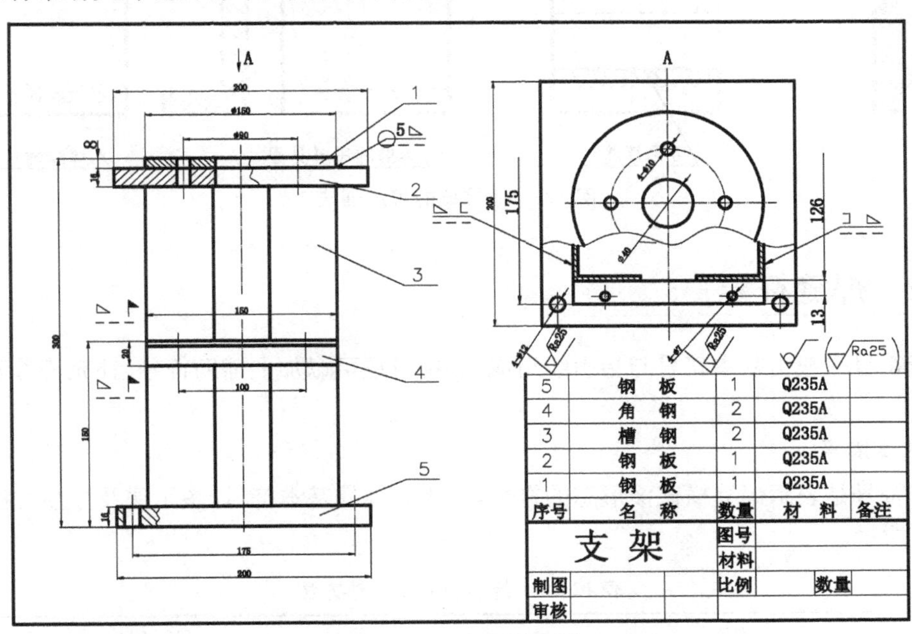

A
200
175
126
13
Ra25
5 钢 板 1 Q235A
4 角 钢 2 Q235A
3 槽 钢 2 Q235A
2 钢 板 1 Q235A
1 钢 板 1 Q235A
序号 名 称 数量 材 料 备注
支 架
图号
材料
制图
比例
数量
审核

图 12－1　支架焊接图

12.1　焊缝的种类和规定画法

根据 GB 324—88、GB 986—88 等国家标准的规定，被连接两零件的接头型式可分为：对接接头、搭接接头、T 形接头、角接接头四种，如图 12－2 所示。

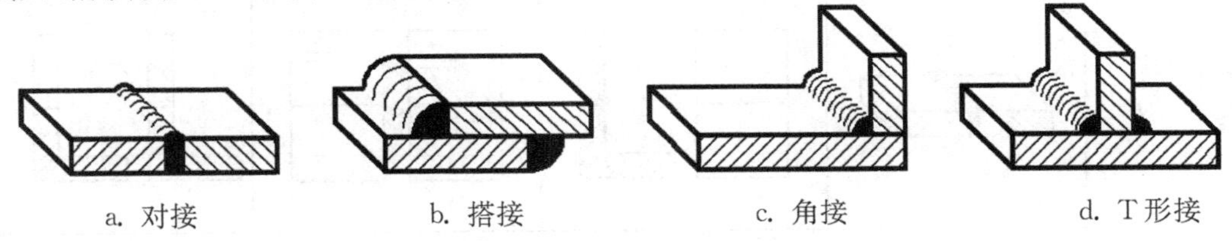

a. 对接　　b. 搭接　　c. 角接　　d. T 形接

图 12－2　常用焊接形式

零件经焊接后所形成的接缝称为焊缝。在技术图样中，一般按表 12 - 1 中的焊缝符号表示焊缝。如需在图样中简易地绘制焊缝时，可用视图、剖视图或断面图表示，也可用轴测图表示。焊缝的规定画法，如图 12 - 3 所示。

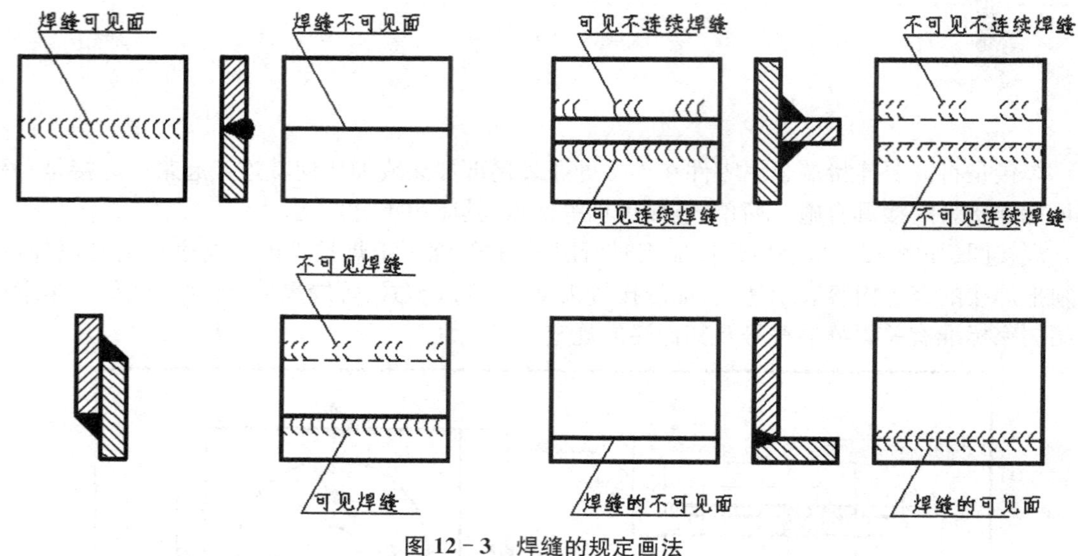

图 12 - 3　焊缝的规定画法

12.2　焊缝符号

焊缝符号一般由基本符号与指引线组成，必要时还可以加上辅助符号、补充符号和焊缝尺寸符号。

1. 基本符号

基本符号是表示焊缝横截面形态的符号，常用焊缝的基本符号、图示法及标注方法示例见表 12 - 1 所示。

表 12 - 1　焊缝符号及标注方法

名称	符号	示意图	图示法	标注法	
I 型焊缝	||				
V 型焊缝	V				

（续表）

名称	符号	示意图	图示法	标注法	
单边V形焊缝	V		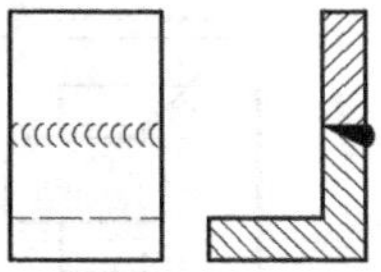	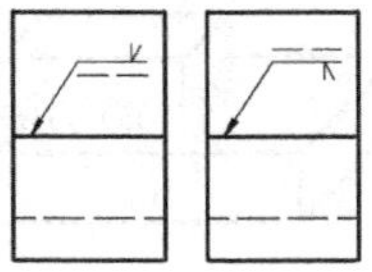	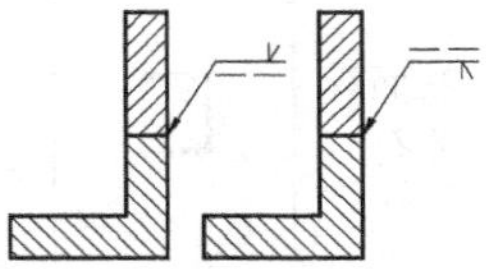
角焊缝	◺	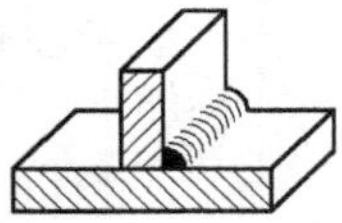	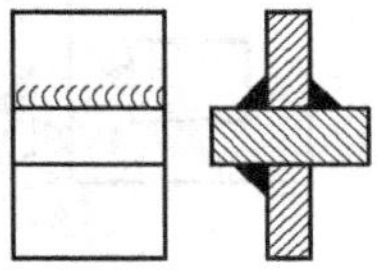	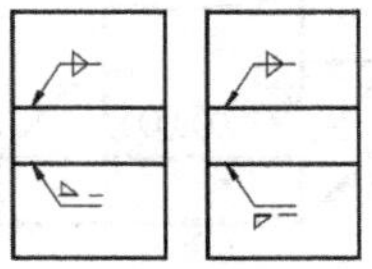	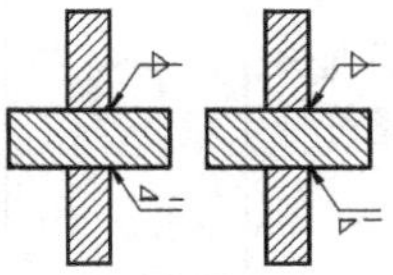

2. 辅助符号

辅助符号是表示焊缝表面形状特征的符号，见表12－2所示，不需要确切地说明焊缝表面形状时，可以不加注此符号。

表12－2　辅助符号及标注方法

名称	符号	示意图	图示法	标注法	说　明
平面符号	—		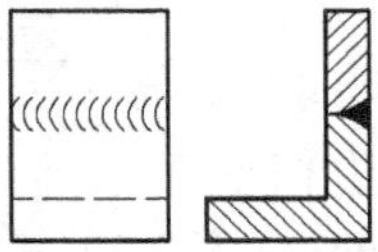	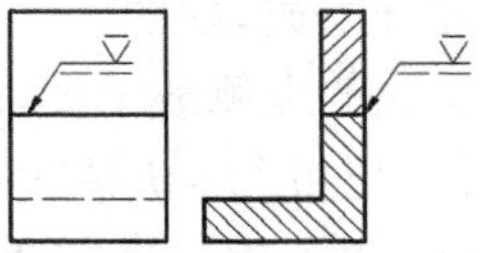	焊缝表面平齐（一般通过加工）
凸面符号	⌒		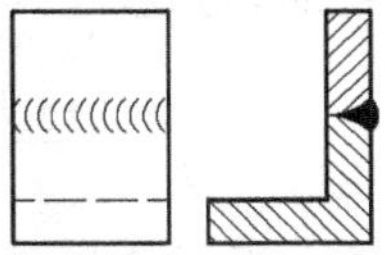	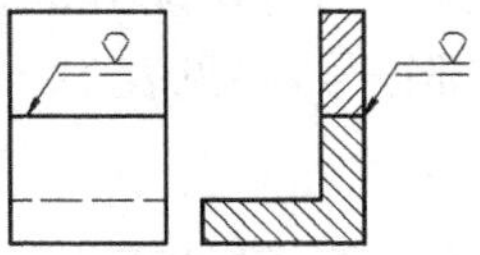	焊缝表面凸起
凹面符号	⌣	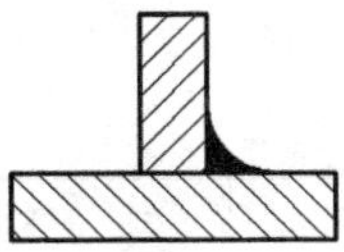	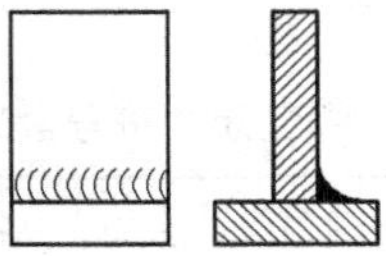	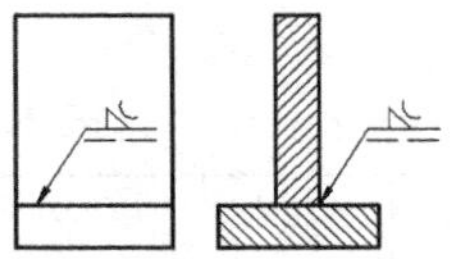	焊缝表面凹陷

3. 补充符号

补充符号是为了补充说明焊缝的某些特征而采用的符号，见表12－3所示。

表12－3　补充符号及标注方法

名称	符号	示意图	标注法	说　明
带垫板符号	▭		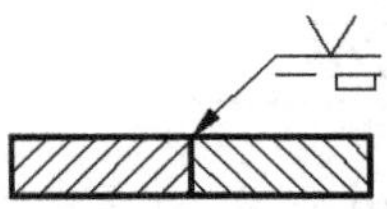	表示V形焊接缝的背面底部有垫板

(续表)

名称	符号	示意图	标注法	说　明
三面焊缝符号			111	工件三面带有焊缝、焊接方法为手工电弧焊
周围焊缝符号				表示在现场沿工作周围施焊
现场符号			见上图	表示在现场或工地上进行焊接
尾部符号			见上图	参照表 12－1 标注焊接方法等内容

4. 指引线

指引线由带箭头线和两条基准线(一条为细实线,一条为虚线)两部分组成,如图 12－4 所示。

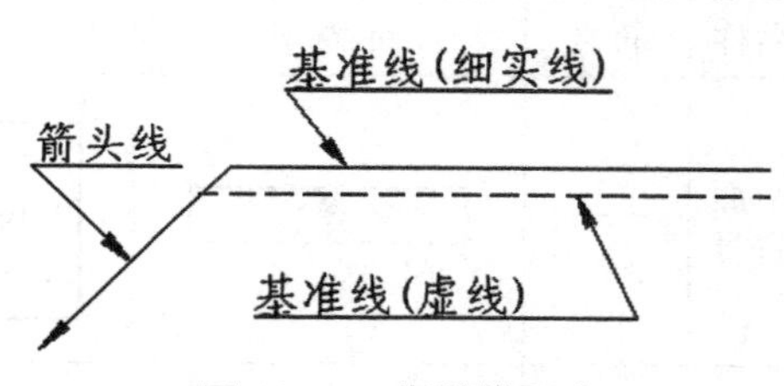

图 12－4　指引线画法

虚线可画在细实线的上侧或下侧,基准线一般与标题栏的长边相平行,也可与标题栏的长边相垂直。箭头线用细实线绘制,箭头指向有关焊缝处,必要时允许箭头线折弯一次。当需要说明焊接方法时,可在基准线末端增加尾部符号,参见表 12－3。

5. 焊缝尺寸符号

焊缝尺寸一般不标注,设计或生产需要注明焊缝尺寸时才标注,常用焊缝尺寸符号见表 12－4 所示。

表 12－4　焊缝尺寸符号含义

符　号	名　称	符　号	名　称	符　号	名　称	符　号	名　称
δ	工作厚度	c	焊缝宽度	h	余　高	e	焊缝间距
α	坡口角度	R	根部半径	β	坡口面角度	n	焊缝段数
b	根部间隙	K	焊角尺寸	S	焊缝有效厚度	N	相同焊缝数量
p	钝　边	H	坡口深度	l	焊缝长度		

12.3　焊接方法的表示

焊接方法很多,常用的有:电弧焊、电渣焊、点焊和钎焊等。焊接方法可用文字在技术要求中注明，也可用数字代号直接注写在尾部符号中。常用焊接方法及代号见表 12-5 所示。

表 12-5　焊接方法代号

代　号	焊接方法	代　号	焊接方法
1	电弧焊	15	等离子弧焊
111	手弧焊	4	压　焊
12	埋弧焊	43	锻　焊
3	气　焊	21	点　焊
311	氧—乙炔焊	91	硬钎焊
72	电渣焊	94	软钎焊

12.4　焊缝的标注方法

1. 箭头线与焊缝位置的关系

箭头线相对焊缝的位置一般没有特殊要求，箭头线可以标在有焊缝的一侧，也可以标注在没有焊缝的一侧，如图 12-5 所示，并参见表 12-1。

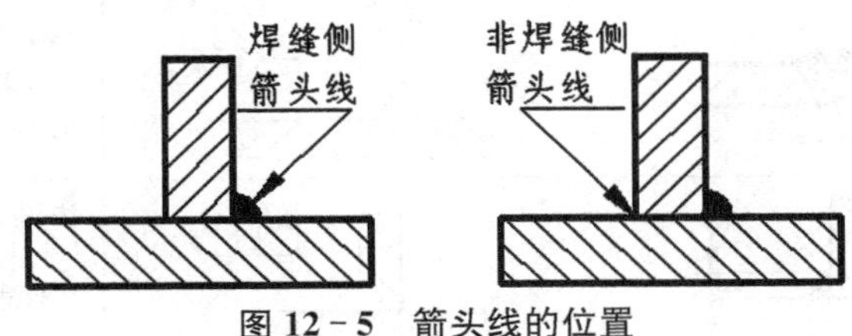

图 12-5　箭头线的位置

2. 基本符号相对基准线的位置

为了在图样上能确切地表示焊缝位置，标准中规定了基本符号相对基准线的位置，如图 12-6 所示。

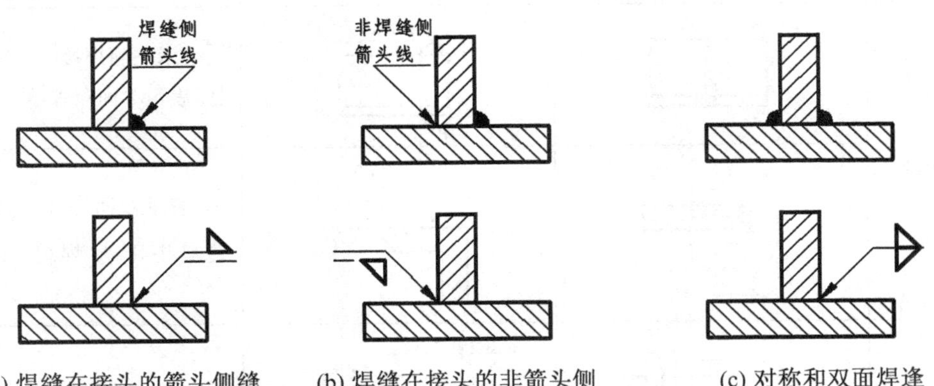

图 12-6　基本符号相对基准线的位置

① 如果焊缝接头在箭头侧，则将基本符号标在基准线的细实线一侧，如图 12-6(a)所示。

② 如果焊缝接头不在箭头侧，则将基本符号标在基准线的虚线一侧，如图 12-6(b)所示。

③ 标注对称焊缝及双面焊缝时，可不画虚线，如图 12-6(c)所示。

3. 焊缝尺寸符号及数据的标注

焊缝尺寸符号及数据的标注原则如图 12-7 所示。

① 焊缝横截面上的尺寸,标在基本符号的左侧。

② 焊缝长度方向的尺寸,标在基本符号的右侧。

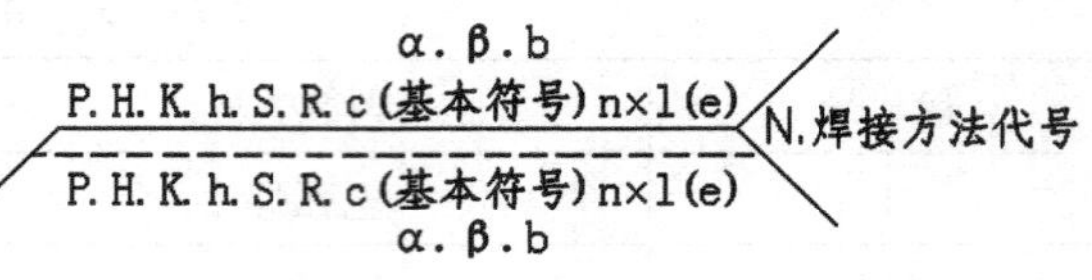

图 12-7　焊缝尺寸符号的标注原则

③ 坡口角度 α、坡口面角度 β、根部间隙 b 标在基本符号的上侧或下侧。

④ 相同焊缝数量及焊接方法代号标在尾部。

⑤ 当需要标注的尺寸数据较多,又不易分辨时,可在数据前面增加相应的尺寸符号。

12.5　常见焊缝的标注示例

常见焊缝的标注示例见表 12-6 所示。

表 12-6　焊缝的标注示例

接头形式	焊缝形式	标注示例	说　明
对接接头	α, b	α.b n×l 111	111 表示用手工电弧焊,V 形坡口,坡口角度为 α,根部间隙为 b,有 n 段焊缝,焊缝长度为 l
T 形接头	k	k	▶表示在现场装配时进行焊接 ⊳表示双面角焊缝,焊角尺寸为 K
	l e	k n×l(e)	⊳n×l(e)表示有 n 段断续双面角焊缝,l 表示焊缝长度,e 表示断续焊缝的间距
角接接头		⊏k⊿	⊏表示三面焊接 ⊿ 表示单面角焊缝
	α, k, p, b	α.b p k	表示双面焊缝,上面为带钝边单边 V 形焊缝,下面为角焊缝
搭接接头	e a	d n×(e) a	○ 表示点焊缝,d 表示焊点直径,e 表示焊点的间距,a 表示焊点至板边的间距

第二部分　实践性习题

工程制图是一门实践性很强的课程，需要学生进行大量的练习，以巩固和掌握所学的理论知识，因此，特编写实践性习题部分。

本部分的编排顺序与“第一部分　理论知识”的顺序保持一致，相互配合，使教与学相统一，学与练相促进。

第6章 机件的常用表达方法习题

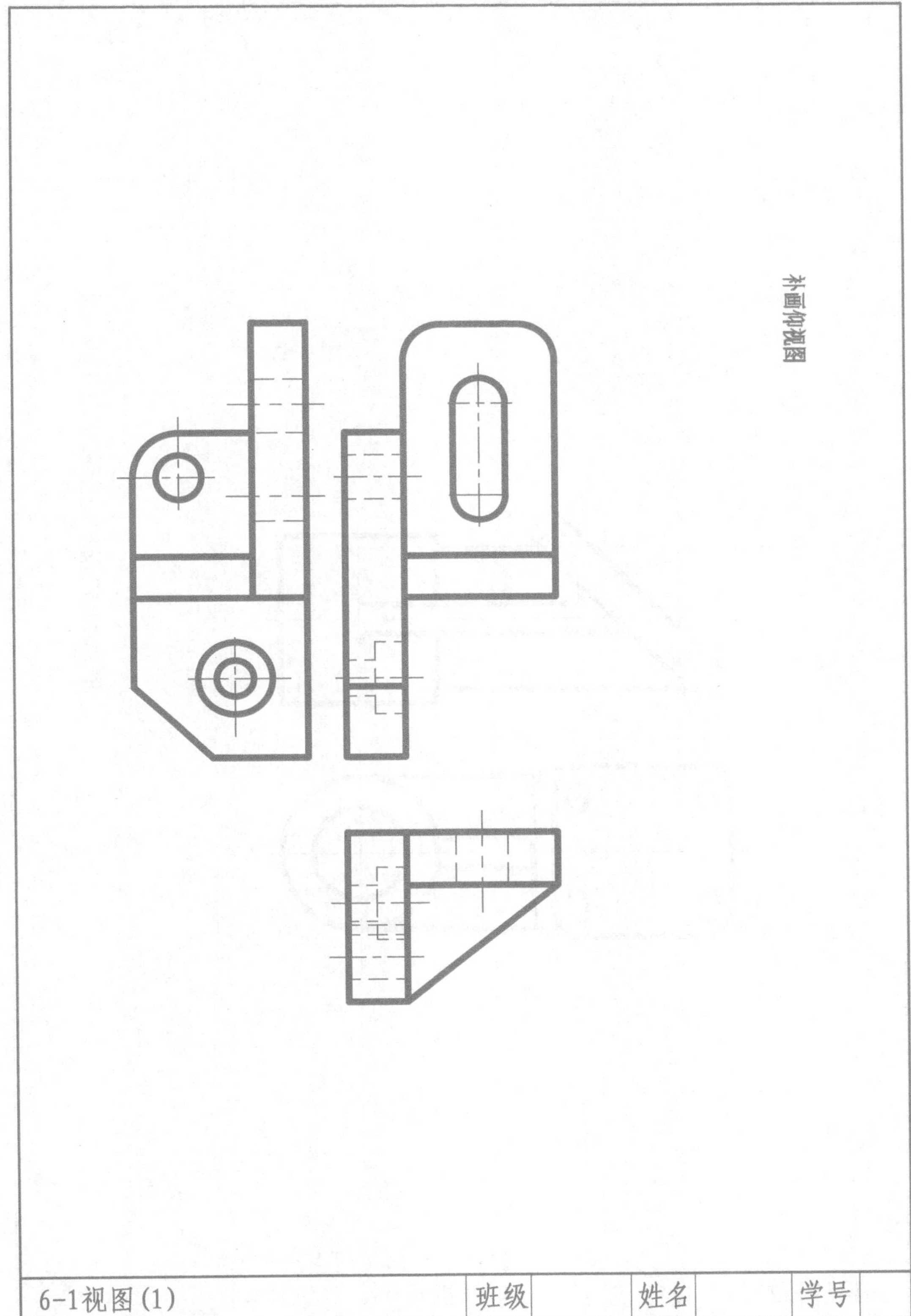

6-1视图(1)	班级		姓名		学号	

第6章 机件的常用表达方法习题

画出A向斜视图并在指定位置将左视图改为局部视图

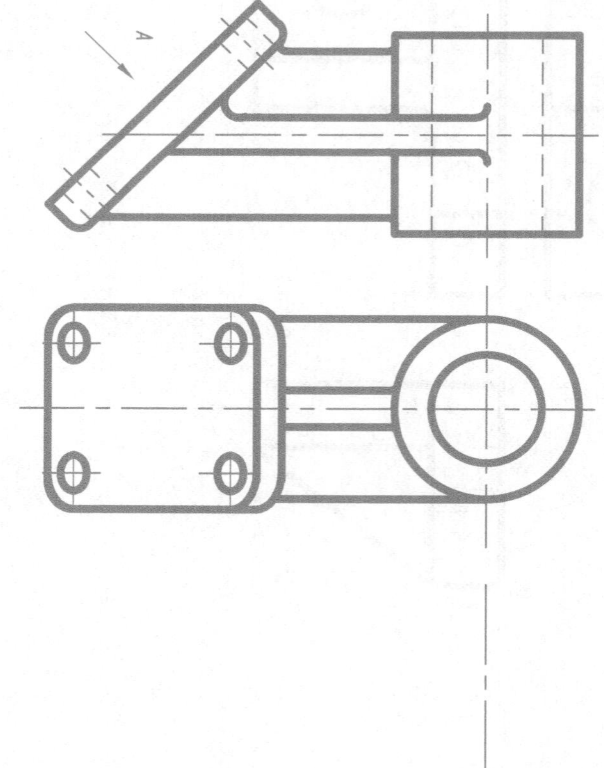

6-1视图(2)	班级		姓名		学号	

第6章 机件的常用表达方法习题

画出A向斜视图和B向局部视图

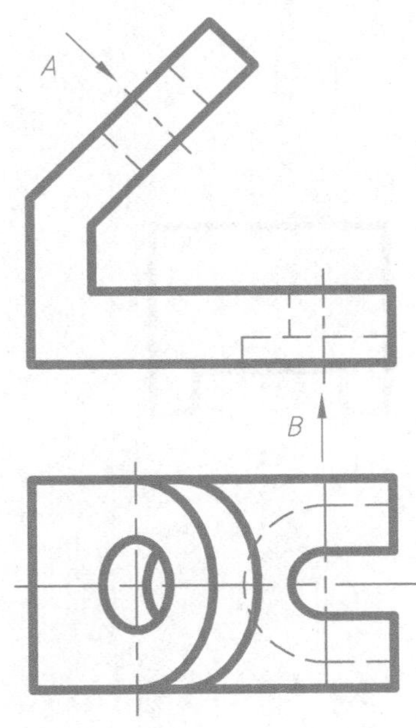

将主视图改为全剖视图

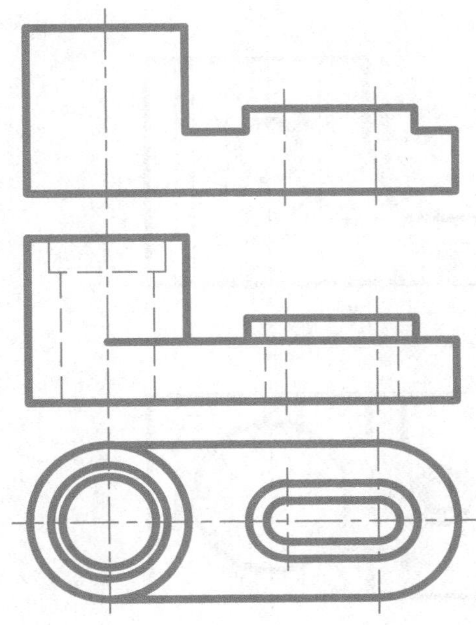

6-1视图(3)、6-2剖视(1)	班级		姓名		学号	

第6章 机件的常用表达方法习题

将主视图改为全剖视图，并选择适当的剖切位置将左视图画成全剖视图

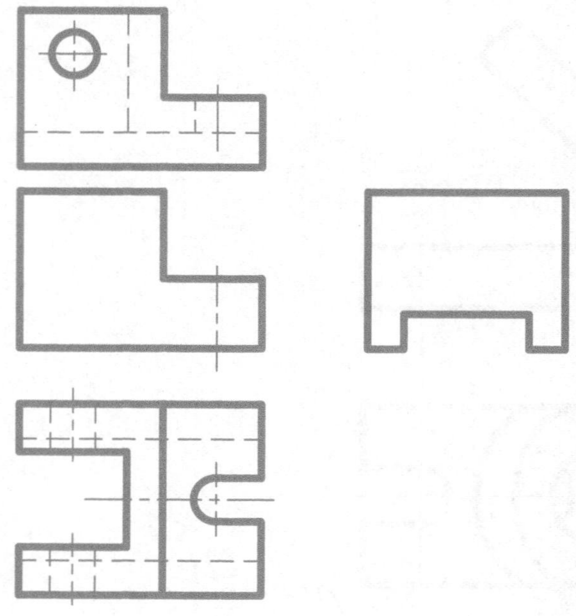

在指定位置将主视图改为全剖视图

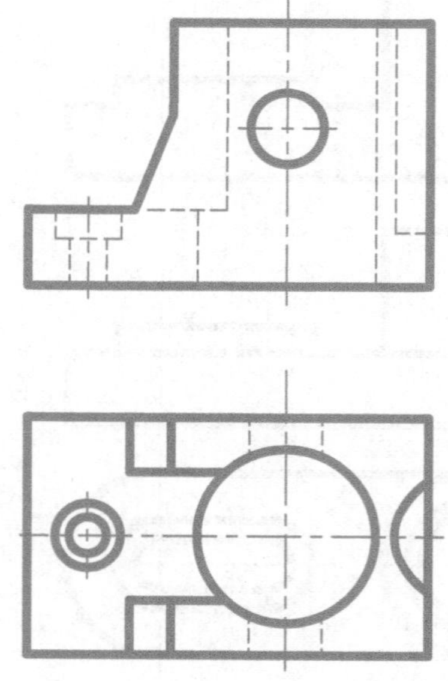

6-2剖视图(2)	班级		姓名		学号	

第6章 机件的常用表达方法习题

将主视图改为全剖视图

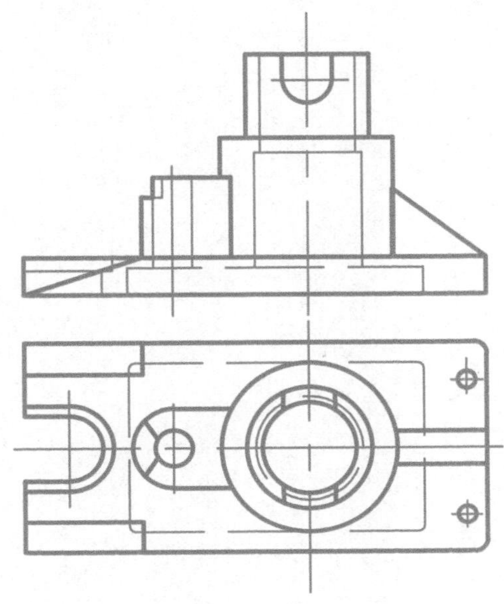

将俯视图改为全剖视图

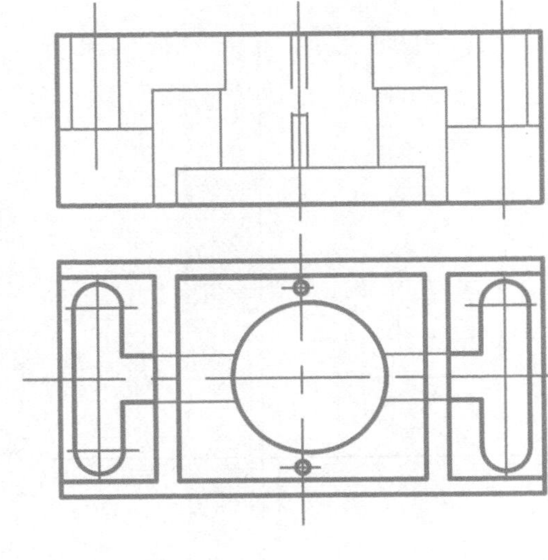

6-2剖视图(3)	班级		姓名		学号	

第6章 机件的常用表达方法习题

在指定位置将主视图改为半剖视图

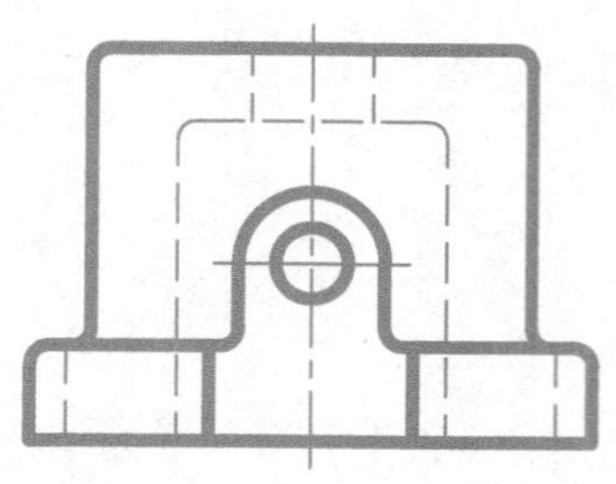

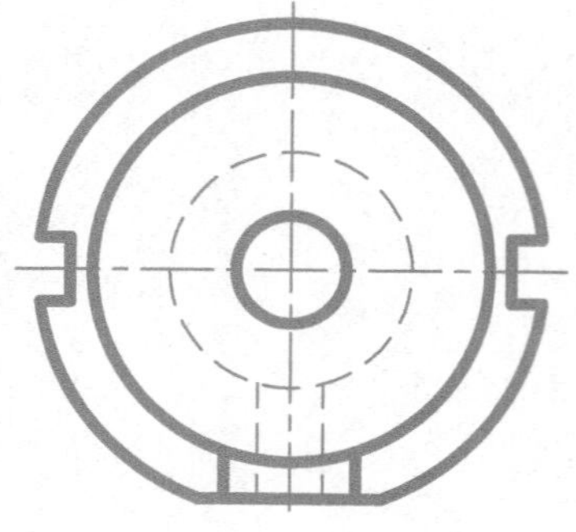

在指定位置将主视图和俯视图改为半剖视图

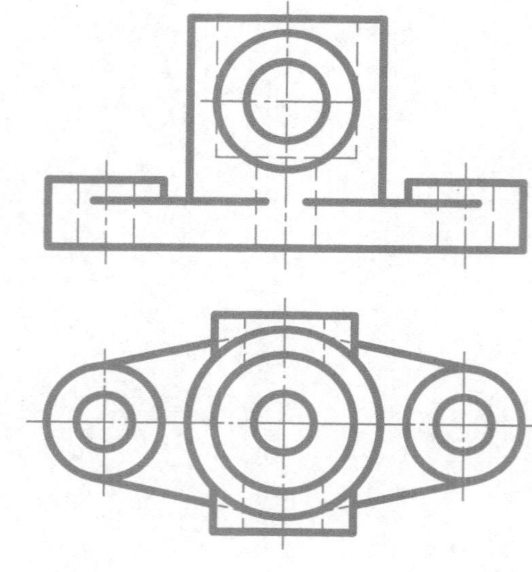

6-2剖视图(4)	班级		姓名		学号	

第6章 机件的常用表达方法习题

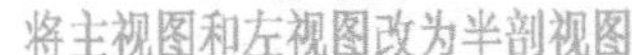

将主视图和左视图改为半剖视图

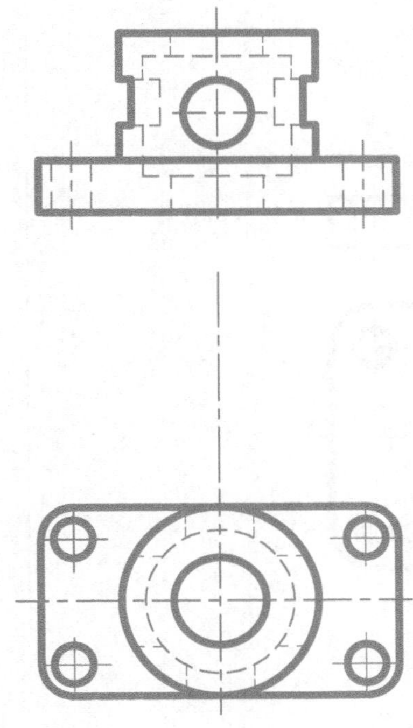

将主视图和俯视图改为局部视图

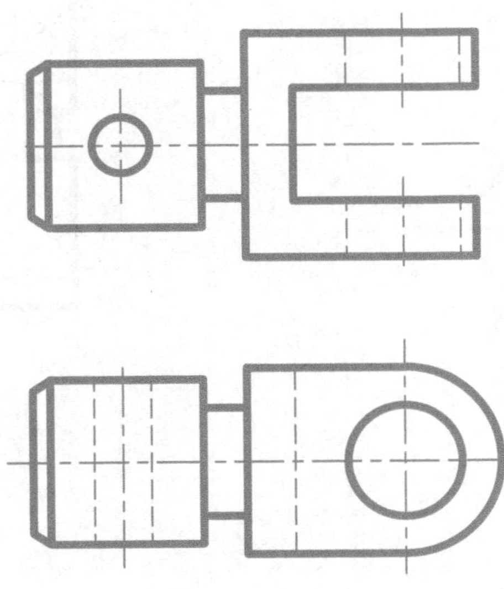

6-2剖视图(5)	班级		姓名		学号	

第6章 机件的常用表达方法习题

将主视图和俯视图改为局部剖视图

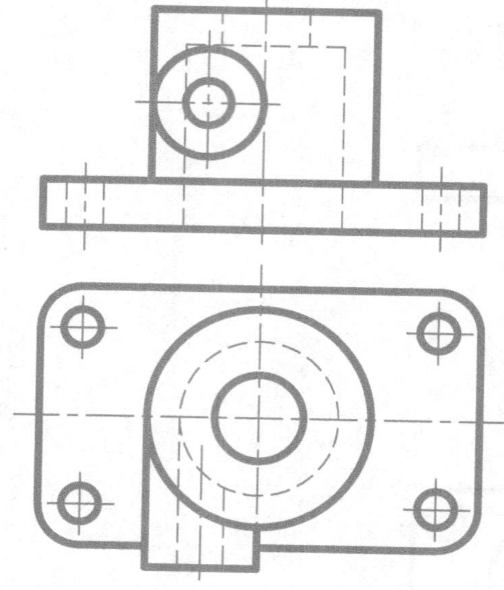

画出A-A和B-B

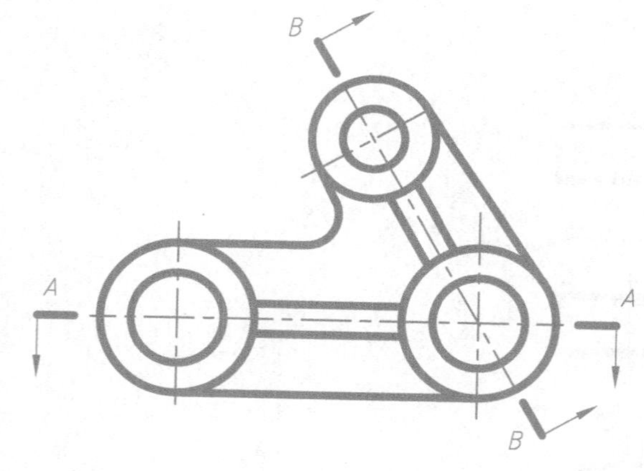

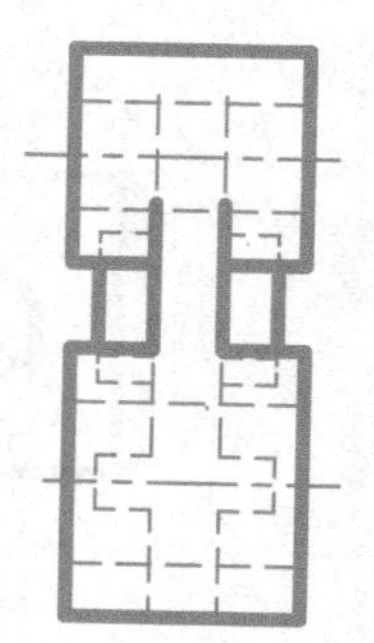

6-2剖视图(6)	班级		姓名		学号	

第6章 机件的常用表达方法习题

将主视图改为全剖视图（采用两个相交的剖切平面剖切）

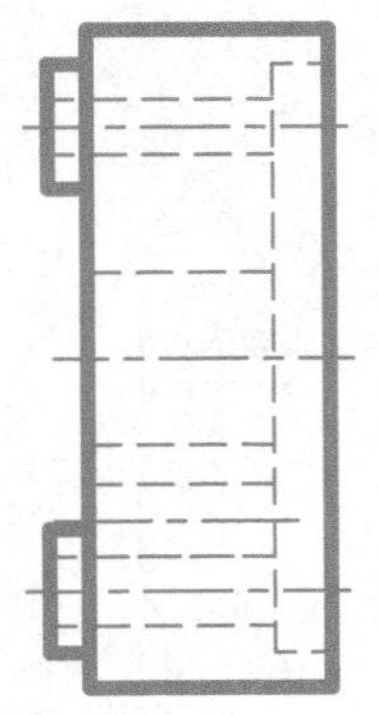

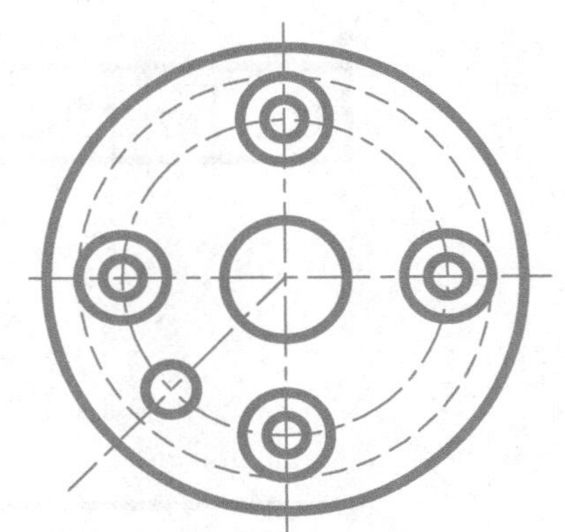

将主视图改为全剖视图（采用两个相交剖切平面剖切）

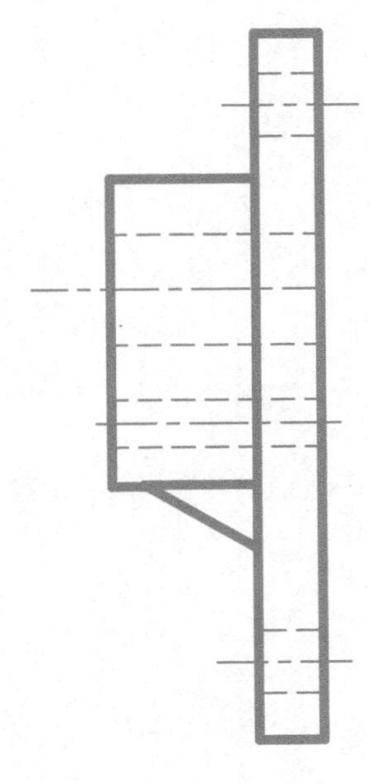

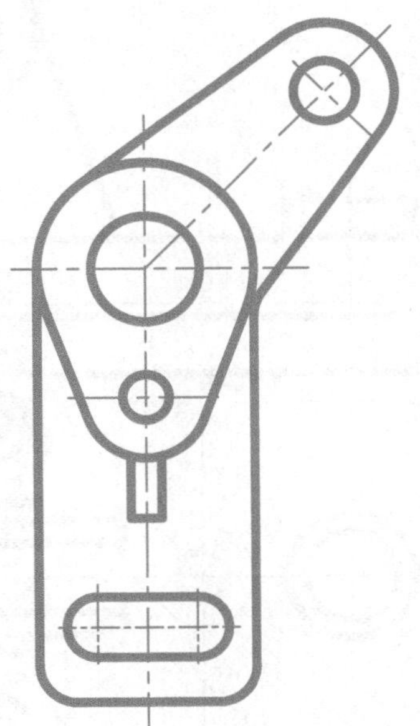

6-2剖视图(7)	班级		姓名		学号	

第6章 机件的常用表达方法习题

将主视图画成全剖视图（采用平行平面剖切）

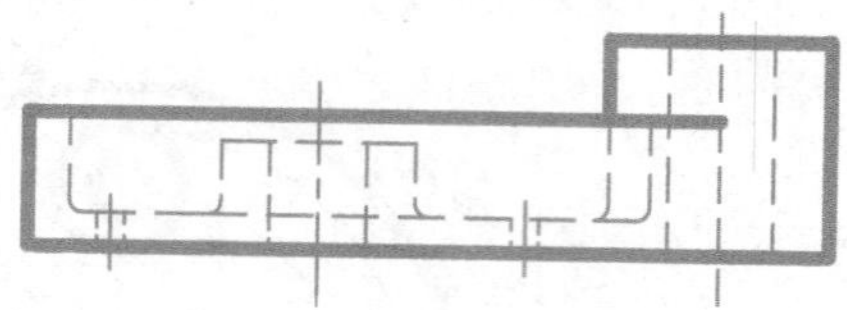

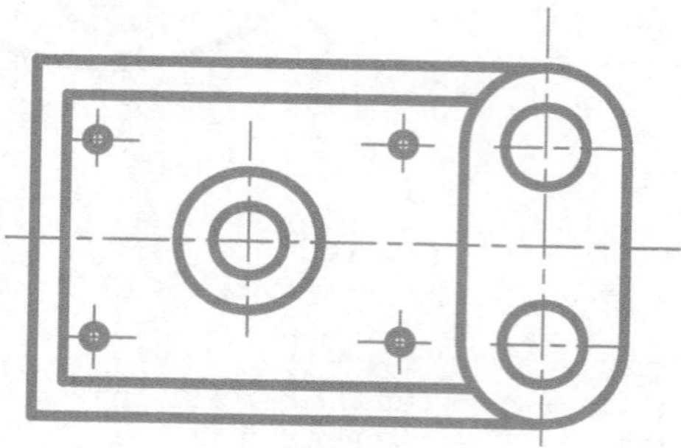

将主视图改为全剖视图（采用平行平面剖切）

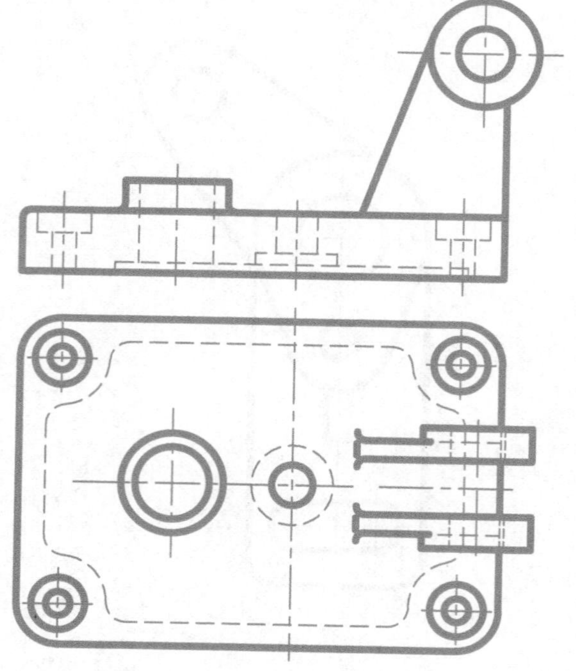

6-2剖视图(8)	班级		姓名		学号	

第6章 机件的常用表达方法习题

画出指定位置的断面图（左侧为通孔，键槽深3毫米）

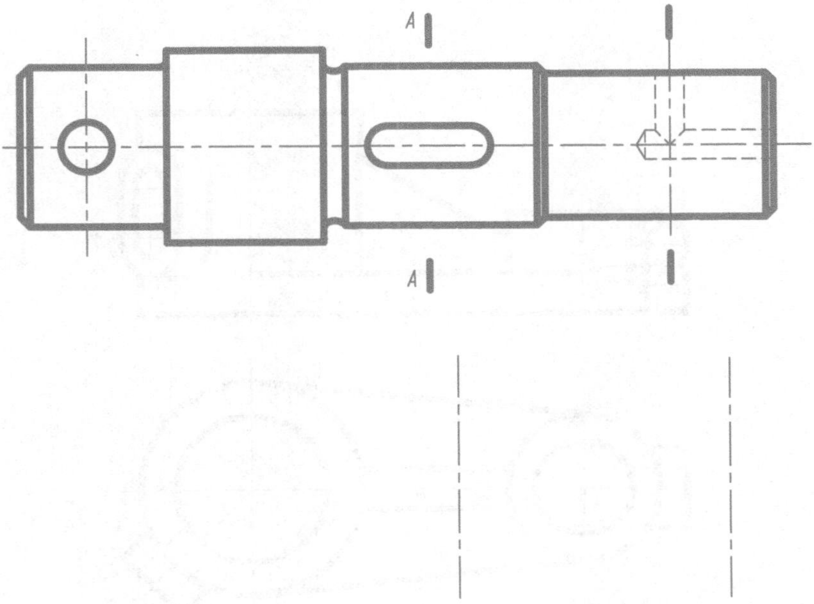

A

A

在两个相交剖切平面迹线的延长线上作移出断面

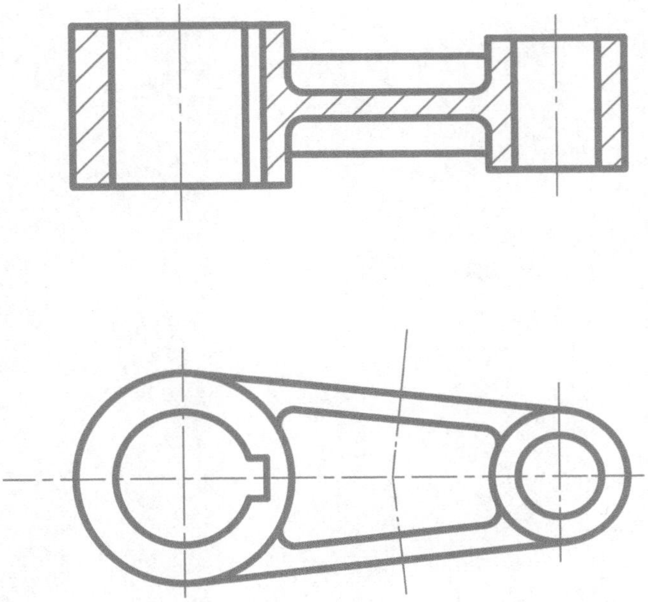

6-3断面	班级		姓名		学号	

第6章 机件的常用表达方法习题

采用合适的表达方法，将机件的形状表达清楚

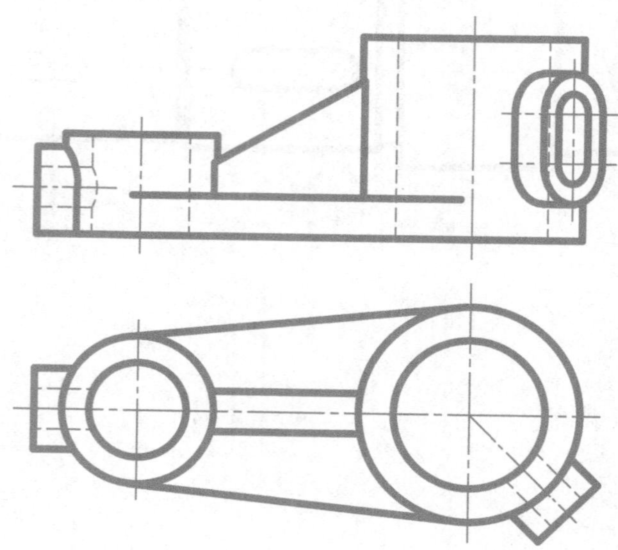

6-4表达方法综合应用(1)	班级		姓名		学号	

第6章 机件的常用表达方法习题

采用合适的表达方法，将机件的形状表达清楚

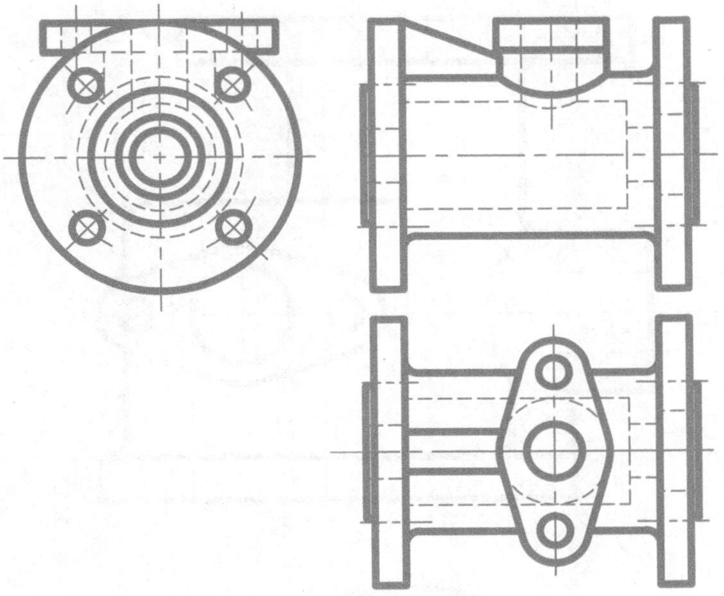

6-4表达方法综合应用(2)	班级		姓名		学号	

第6章 机件的常用表达方法习题

采用合适的表达方法，将机件的形状表达清楚

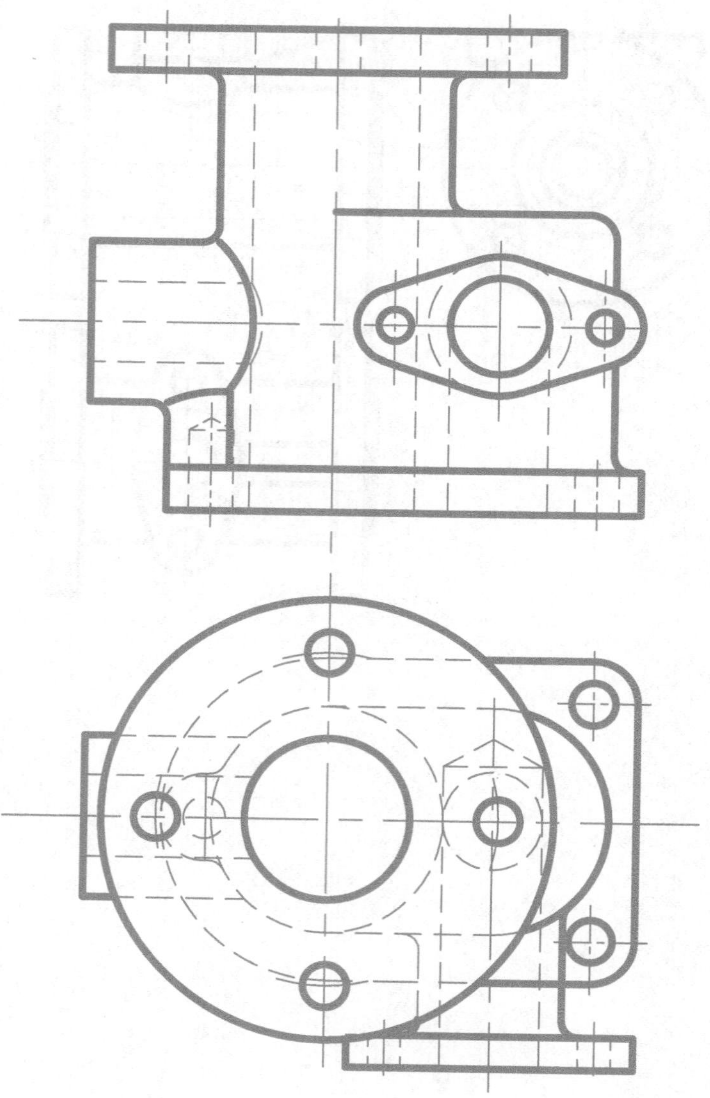

6-4表达方法综合应用(3)	班级		姓名		学号	

第6章 机件的常用表达方法习题

采用合适的表达方法，将机件的形状表达清楚

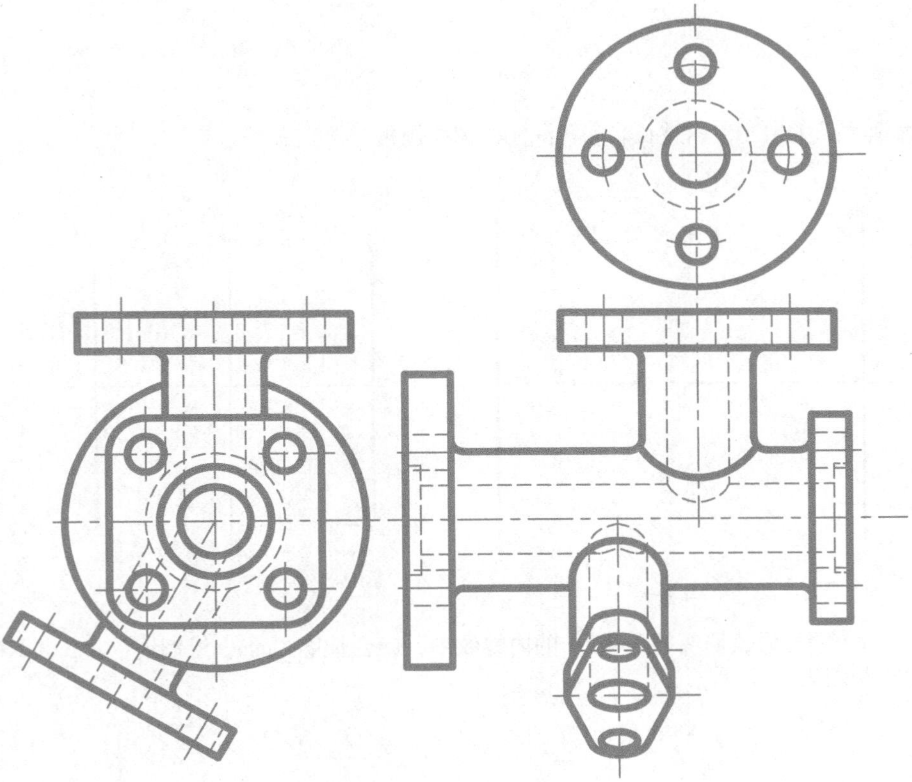

6-4表达方法综合应用(4)	班级		姓名		学号	

第7章 机件的规定表达方法习题

1. 用1:1，按规定画法，绘制螺纹的主、左两视图。

（1）外螺纹:大径M20、螺纹长40、螺杆长60、倒角$2\times45°$。

（2）内螺纹:大径M20，螺纹长40、孔深50，螺纹倒角$2\times45°$。

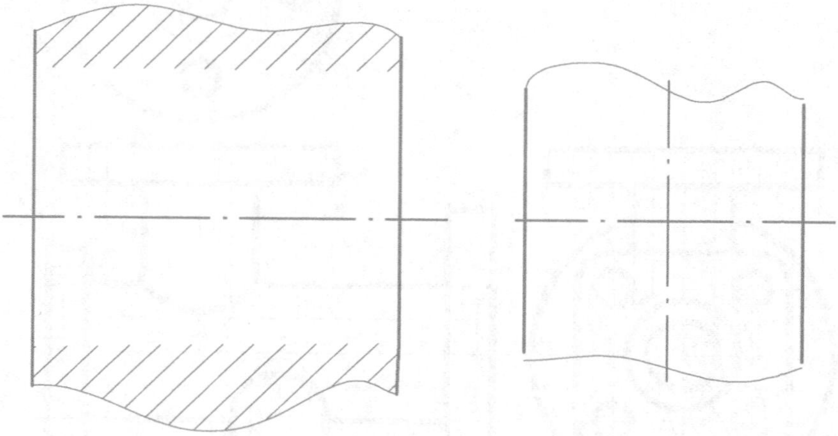

（3）将（1）的外螺纹调头旋入（2）的内螺纹中，旋合长度30mm，绘制连接画法的两视图。

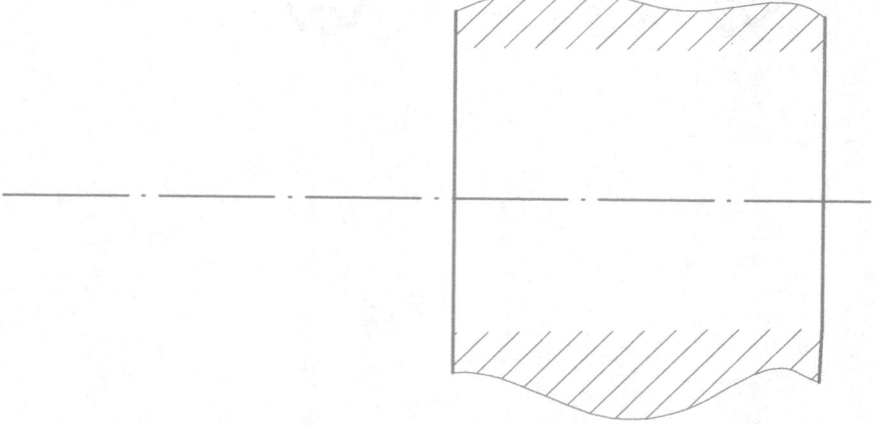

7-1螺纹画法及标注(1)	班级		姓名		学号	

第7章 机件的规定表达方法习题

2. 根据已知的螺纹代号，查表填空。

螺纹代号	螺纹种类	大径	螺距	导程	线数	旋向	公差代号（中径）	旋合长度（种类）
M16-5g6g								
M16×1LH-6E								
Tr40×24(P8)-7f-L								
G1/2A								
B30×5-8e								

3. 根据给定的螺纹要素，标注螺纹。

（1）细牙普通螺纹，大径24mm，螺距1mm，单线，左旋，中径与顶径公差代号均为6h。

（2）粗牙普通螺纹，公称直径24mm，右旋，中径与顶径公差代号均为7H。

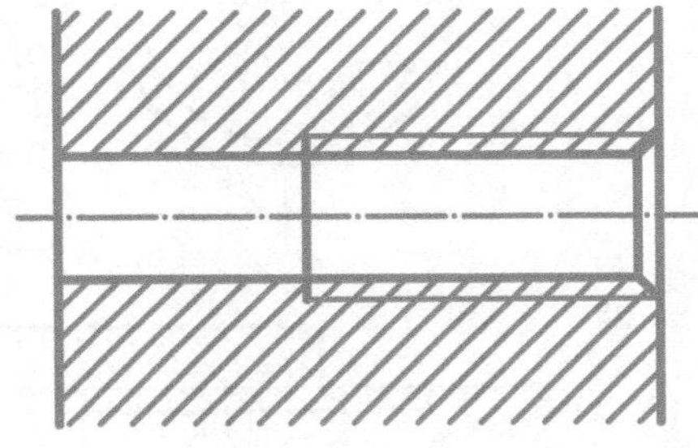

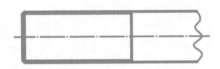

（3）非螺纹密封的管螺纹，尺寸代号3/4，公差等级为A级。

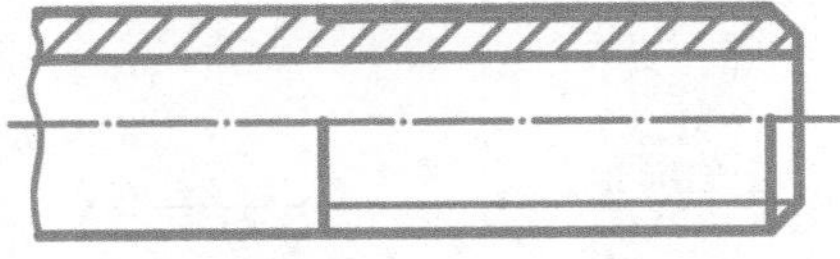

（4）梯形螺纹，公称直径30mm，螺距5mm，双线，左旋。

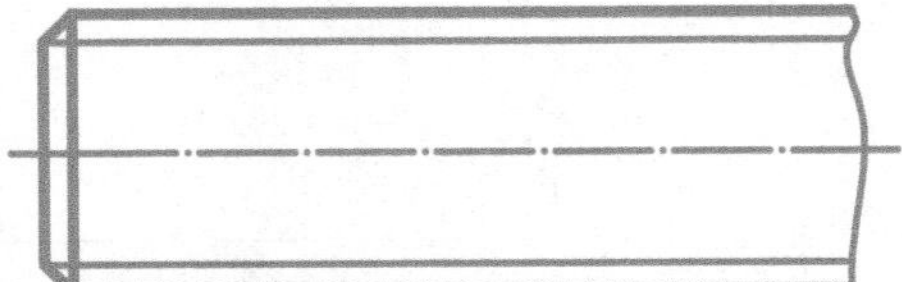

7-1螺纹画法及标注(2)	班级		姓名		学号	

第7章 机件的规定表达方法习题

4.分析图中的错误，在指定位置画出正确图形。

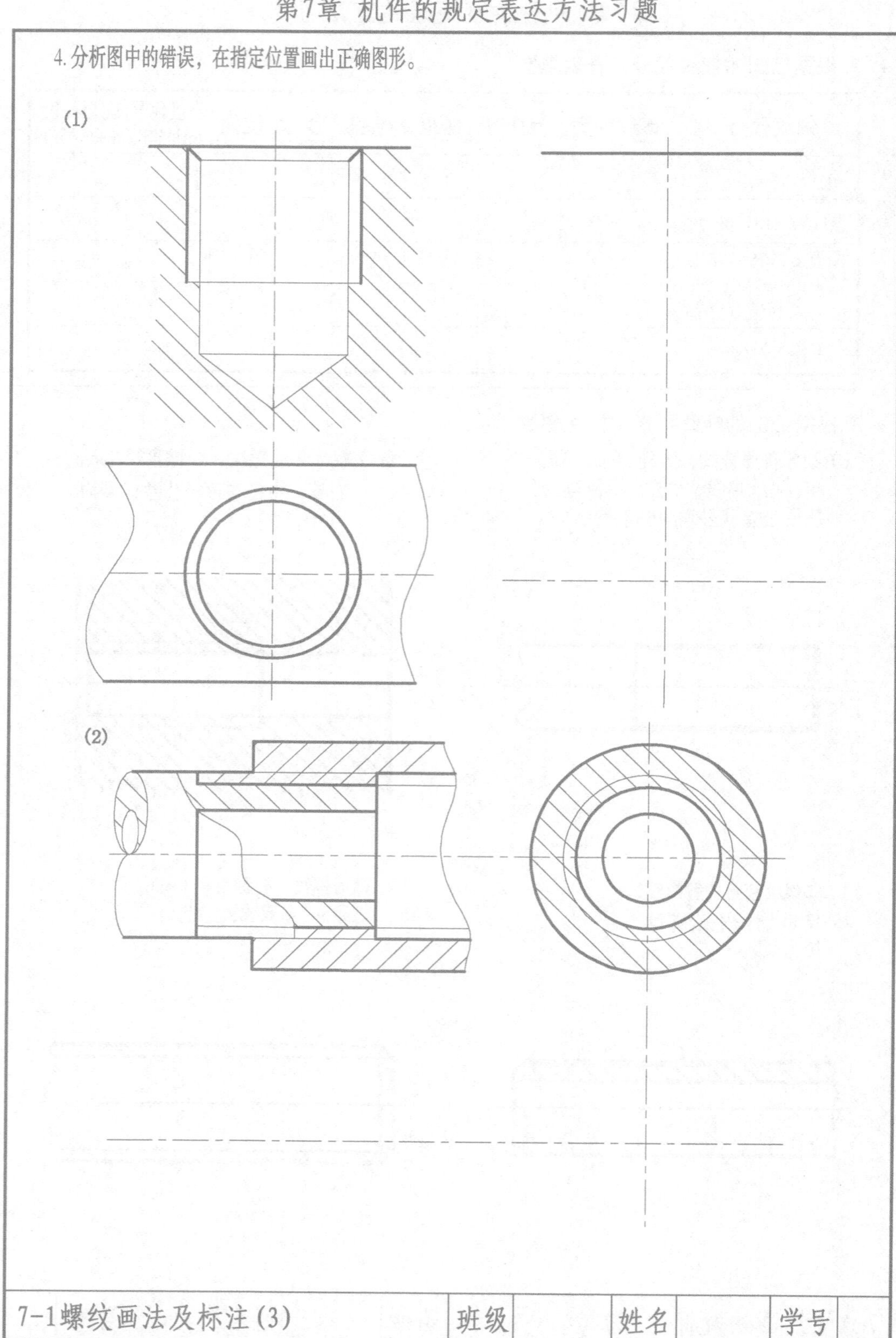

7-1螺纹画法及标注(3)	班级		姓名		学号	

第7章 机件的规定表达方法习题

1. A型双头螺柱：螺纹规格d=12mm，b_m=1.25d，公称长度L=40mm。

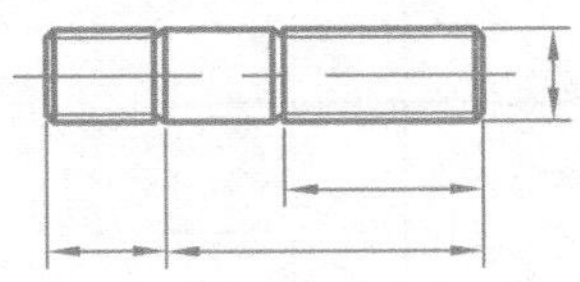

标记 ________________

2. A级L型六角螺母：螺纹规格D=18mm。

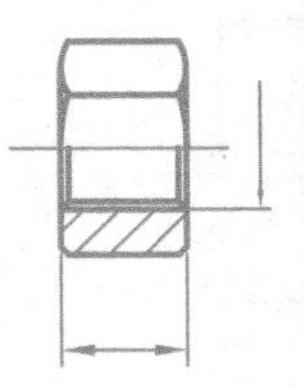

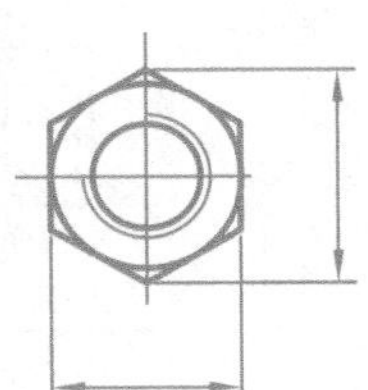

标记 ________________

3. A级倒角型平垫圈：公称尺寸d=16mm。

4. A级型槽盘螺钉：螺纹规格d=10mm、公称长度L=45mm。

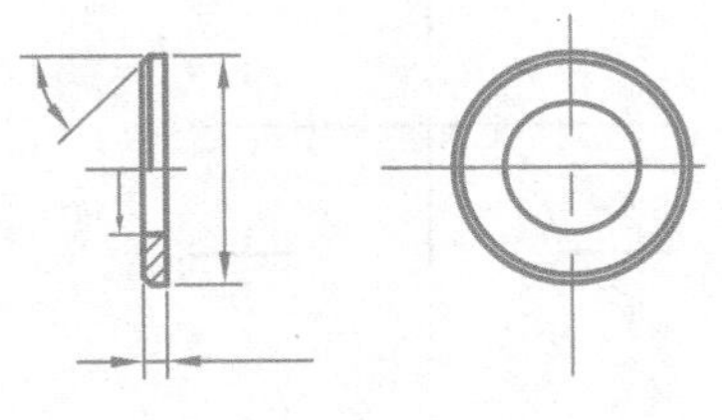

标记 ________________

标记 ________________

5. A级六角头螺栓：螺纹规格d=M14、公称长度L=50mm。

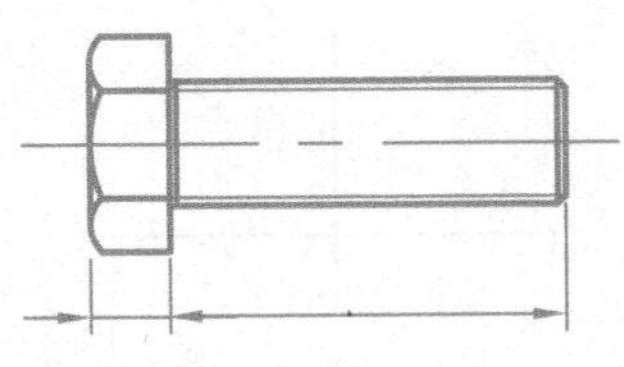

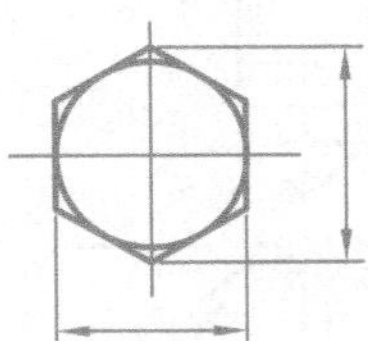

标记 ________________

7-2螺纹紧固件	班级		姓名		学号	

第7章 机件的规定表达方法习题

分析下列连接图中的错误，将正确的连接图画在旁边指定位置。

1. 螺栓连接

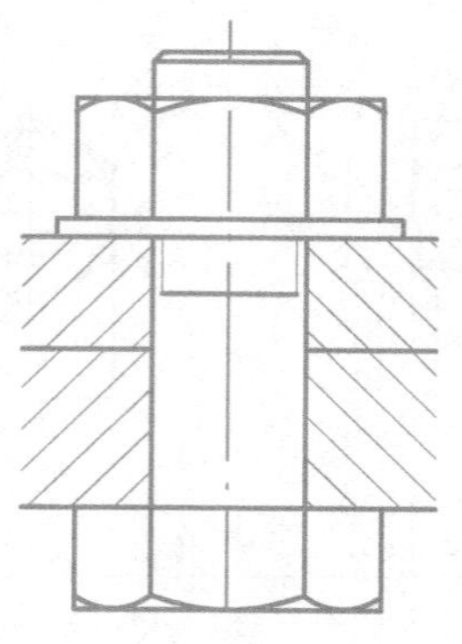

2. 双头螺柱连接

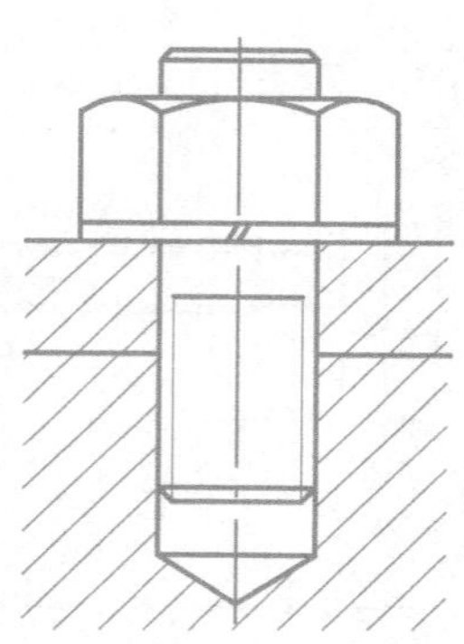

3. 螺钉连接

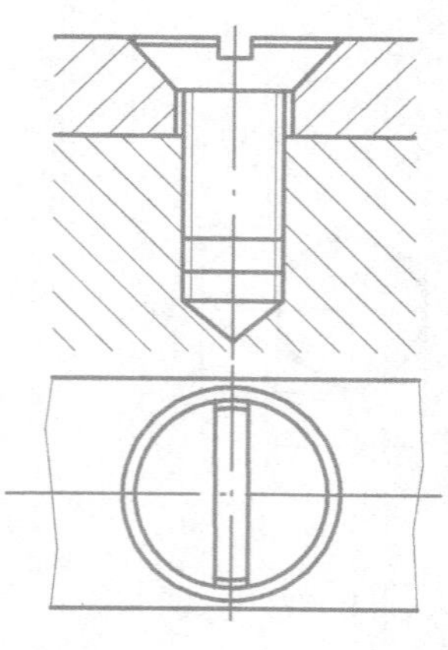

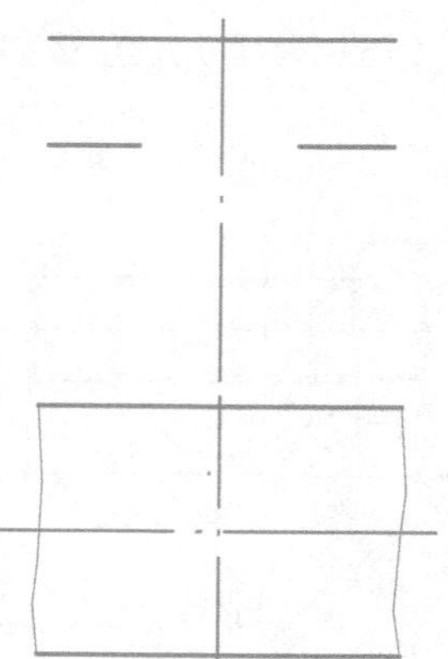

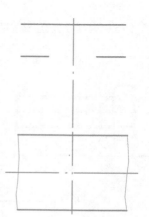

7-2螺纹紧固件(2)	班级		姓名		学号	

第7章 机件的规定表达方法习题

1. 已知轴和齿轮采用A型普通平键连接，轴孔直径为50mm，键的长度为45mm，试查表确定键和键槽的尺寸，用1:2.5画全图（1）和（2），并标注图（1）中的键槽尺寸。

（1）轴

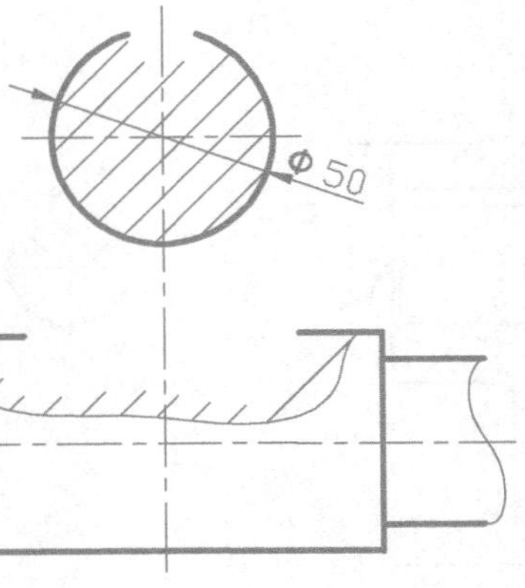

φ50

（2）平键连接齿轮和轴

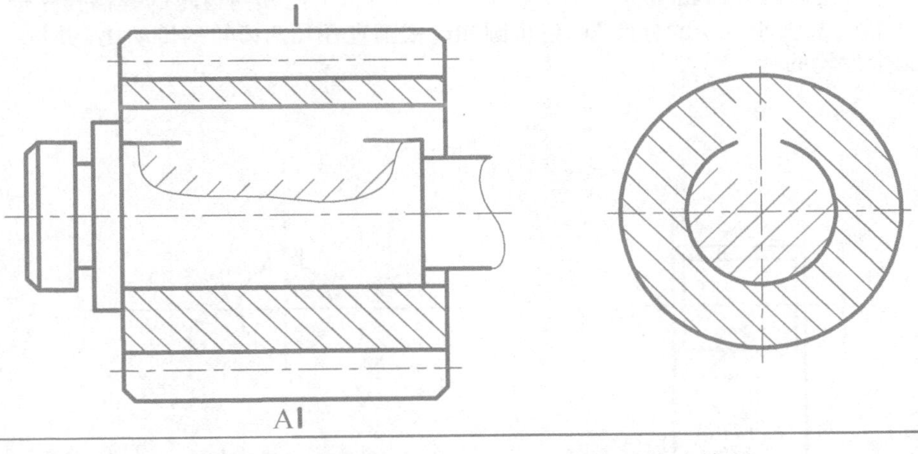

A

2. 用1:2画全轴和套筒用圆柱销GB/T119　16×60连接后的连接图。

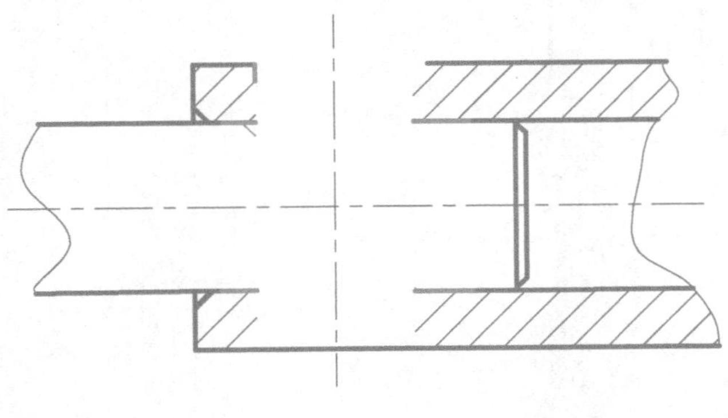

7-3键、销及齿轮(1)	班级		姓名		学号	

第7章 机件的规定表达方法习题

1. 已知一直齿圆柱齿轮的m=2，z=20，要求：
（1）列出d_a，d，d_f的计算公式并算出相关数据；
（2）补全齿轮的两视图；
（3）补全齿轮及键槽尺寸。

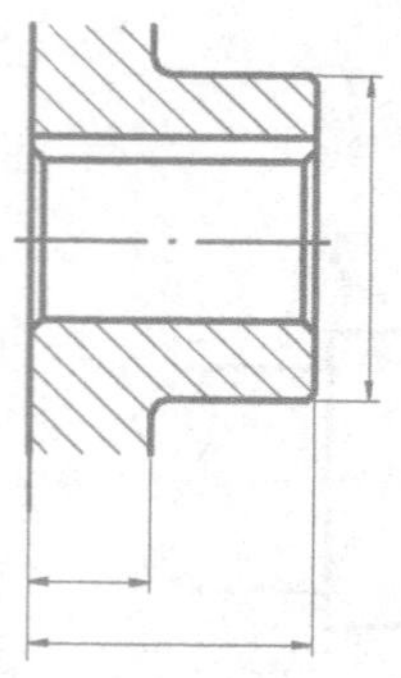

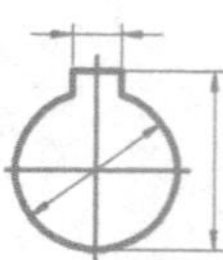

2. 已知一对直齿圆柱齿轮啮合，z_1=18，z_2=30，m=3mm，已知两齿轮的键槽孔完全一样。试计算大小齿轮的分度圆、齿顶圆和齿根圆直径及两齿轮的传动比，并按1:2画全齿轮的啮合图。

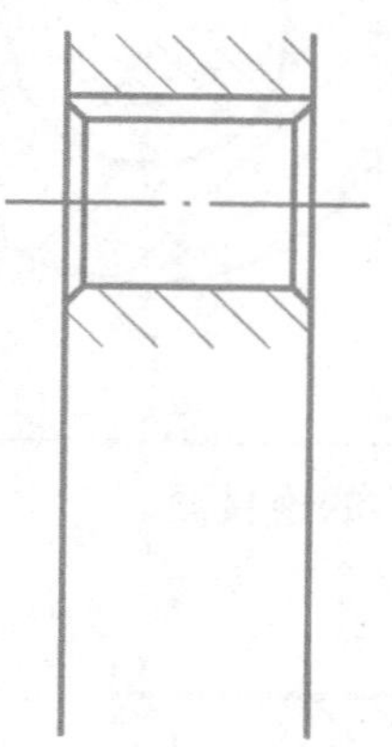

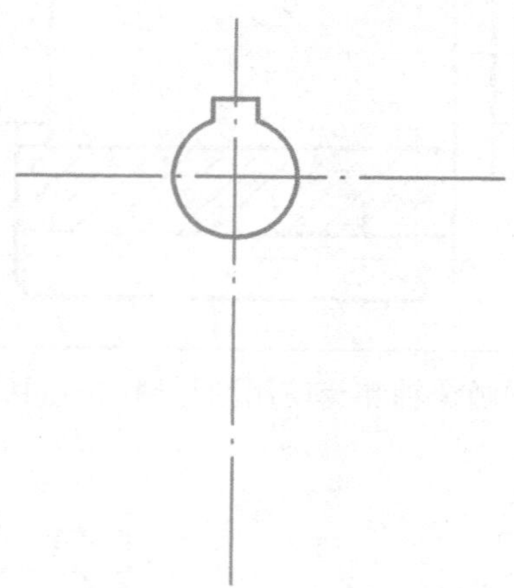

7-3键、销及齿轮(2)	班级		姓名		学号	

第8章 零件图习题

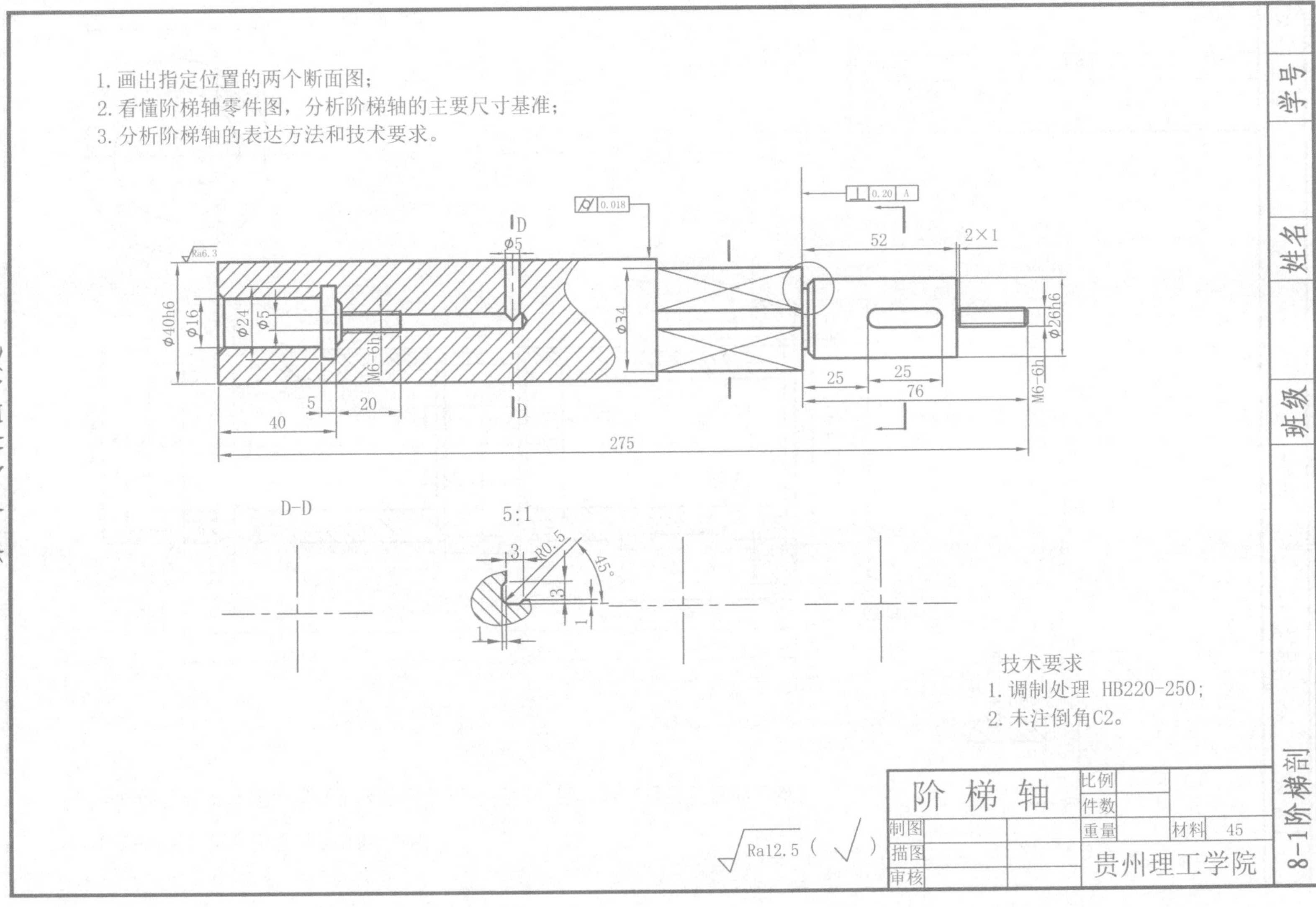

8-1阶梯剖	班级		姓名		学号	

第8章 零件图习题

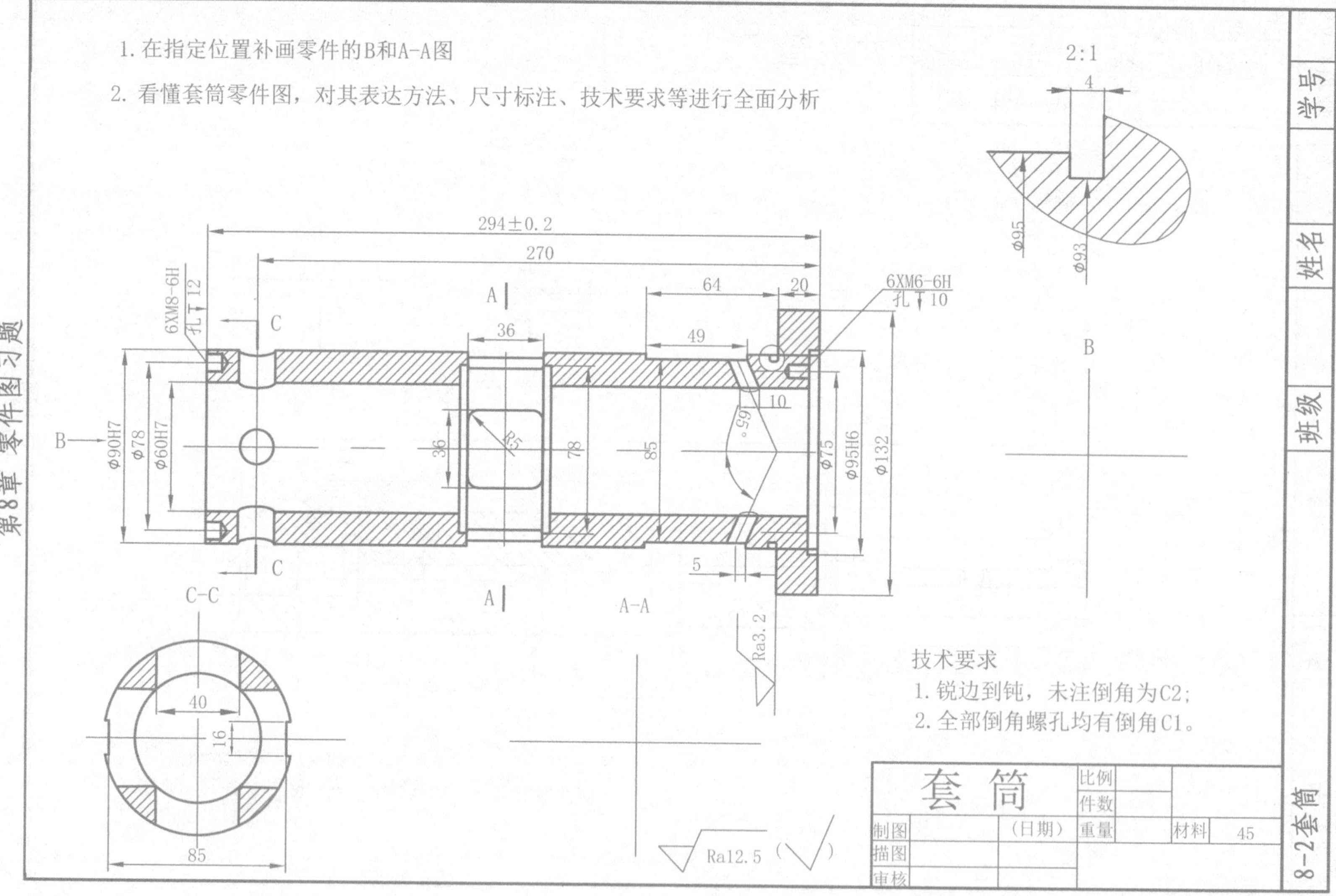

8-2套筒	班级		姓名		学号	

第8章 零件图习题

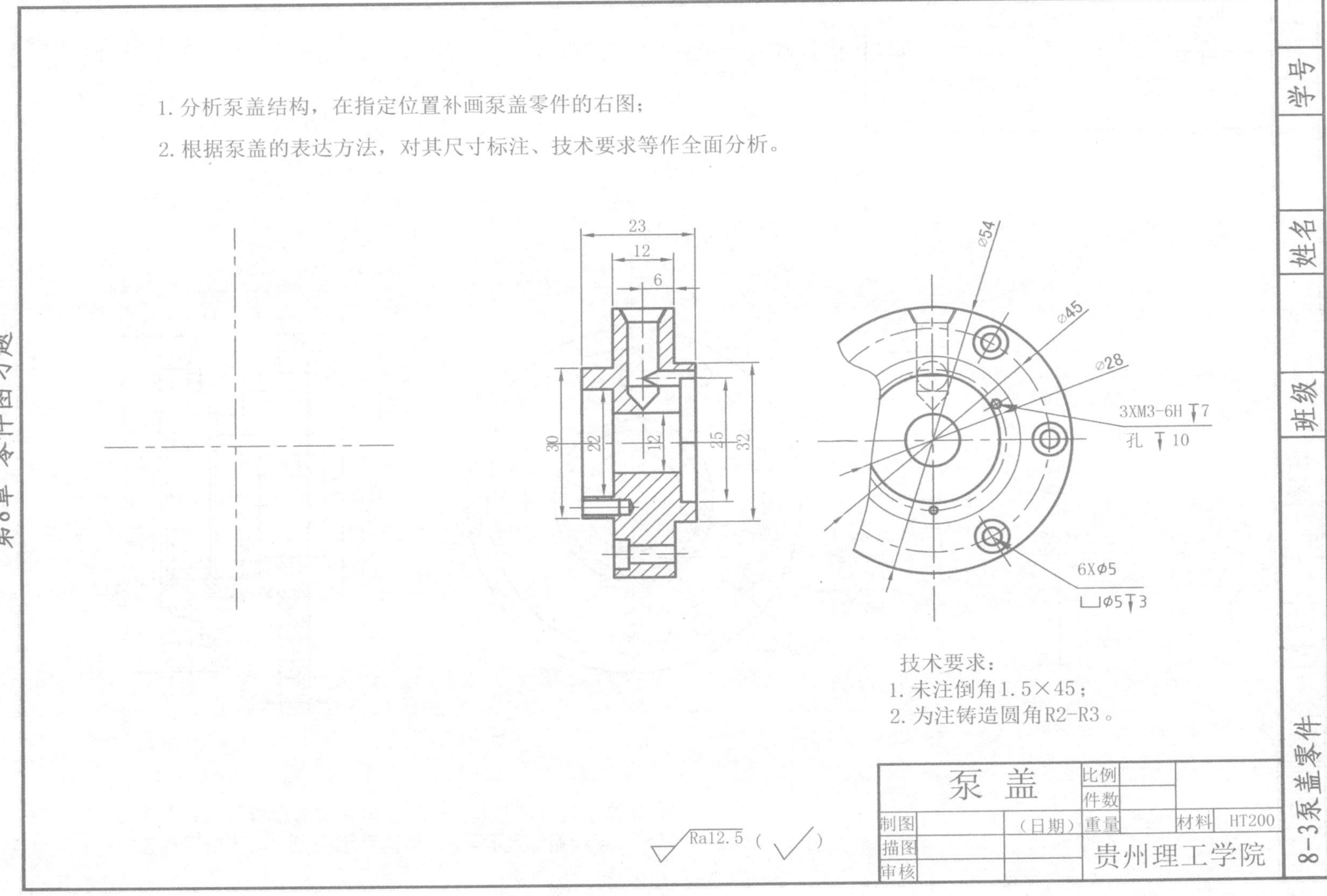
1. 分析泵盖结构，在指定位置补画泵盖零件的右图；
2. 根据泵盖的表达方法，对其尺寸标注、技术要求等作全面分析。
23
12
6
30
22
12
25
32
⌀54
⌀45
⌀28
3XM3-6H↧7
孔↧10
6X⌀5
⌴⌀5↧3
技术要求：
1. 未注倒角1.5×45；
2. 为注铸造圆角R2-R3。
泵盖
比例
件数
（日期）
重量
材料
HT200
制图
描图
审核
贵州理工学院
Ra12.5（√）
8-3泵盖零件
班级
姓名
学号

第8章 零件图习题

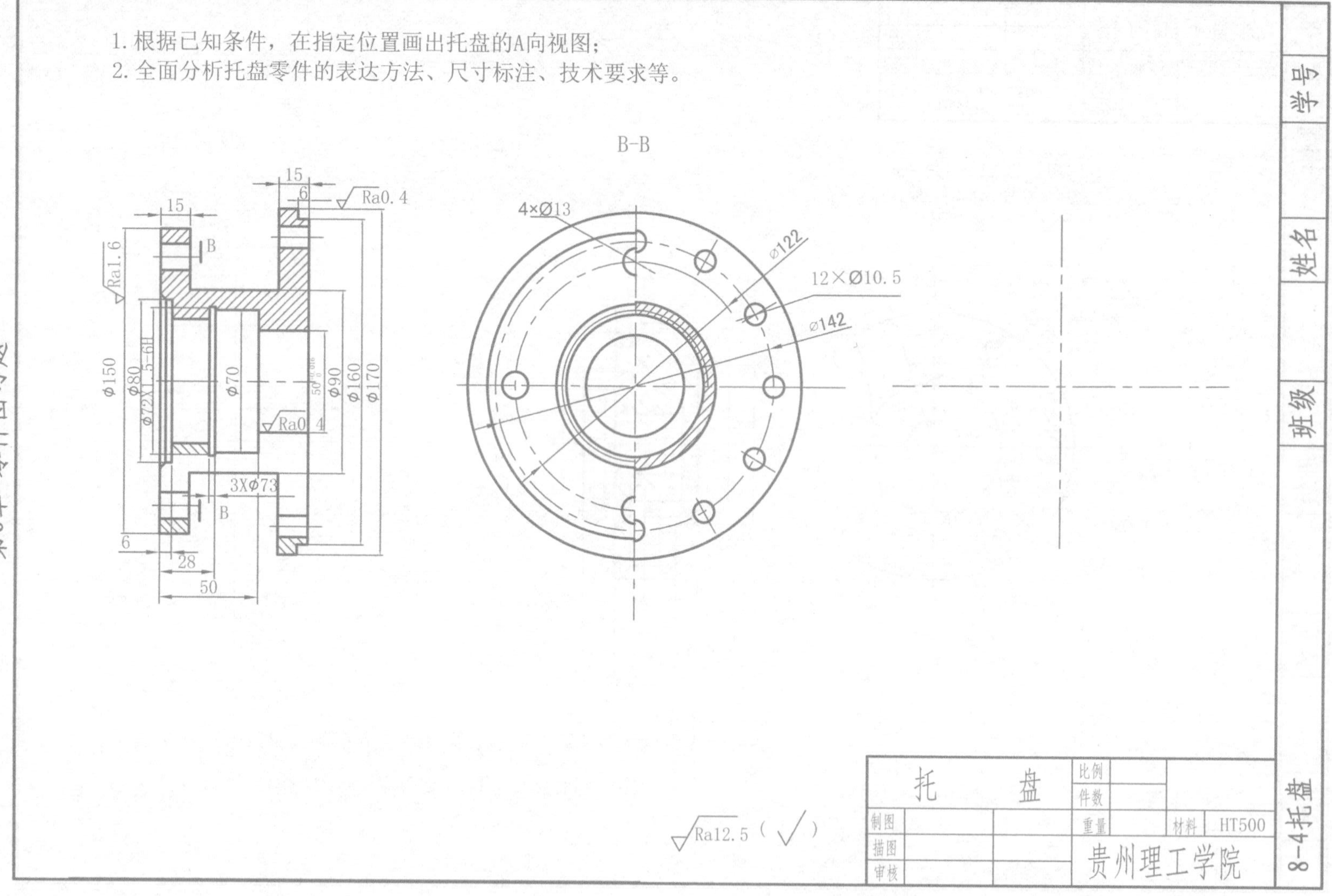

8-4托盘	班级		姓名		学号	

第8章 零件图习题

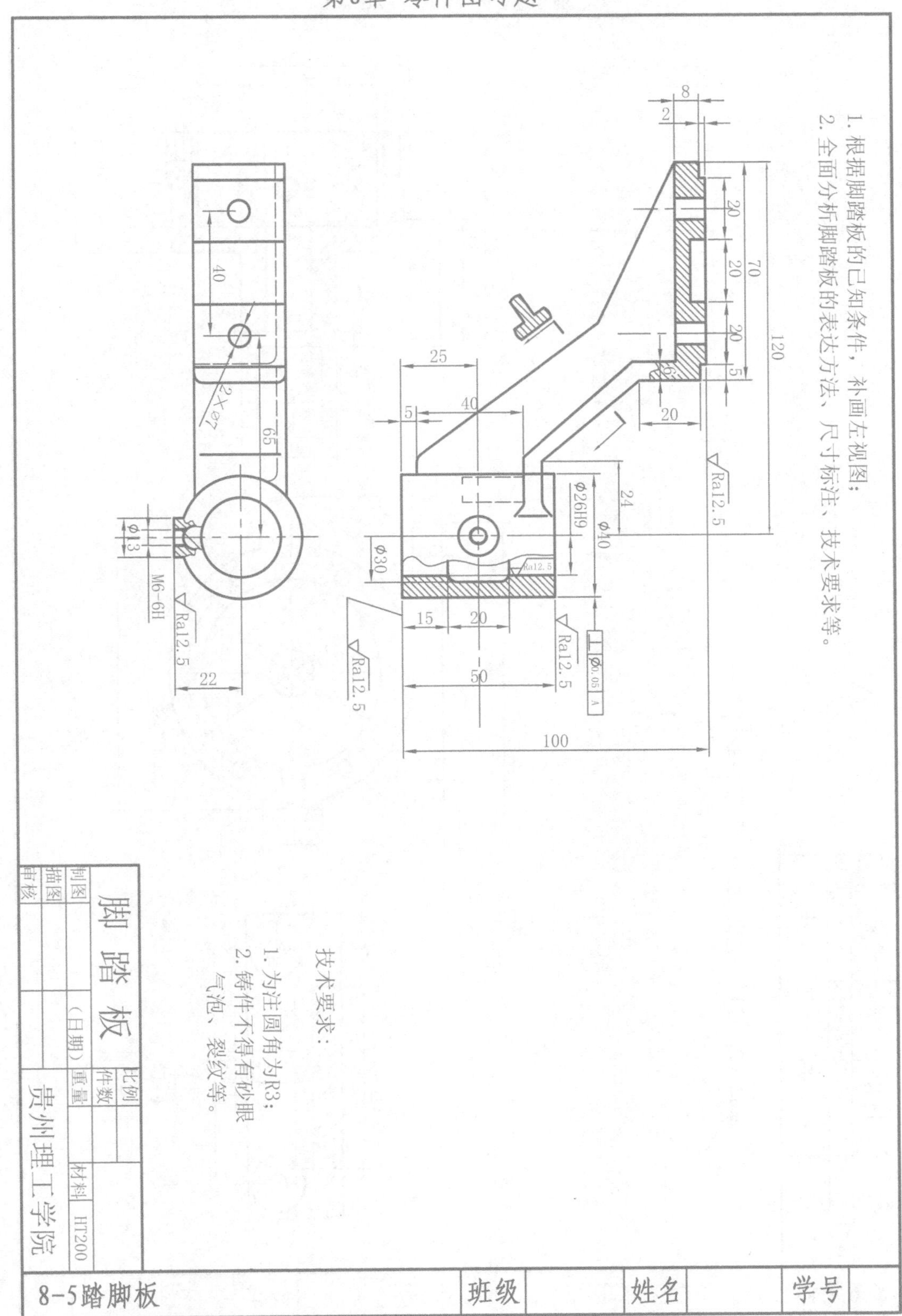
1. 根据脚踏板的已知条件，补画左视图；
2. 全面分析脚踏板的表达方法、尺寸标注、技术要求等。
技术要求：
1. 为注圆角为R3；
2. 铸件不得有砂眼气泡、裂纹等。
脚踏板
制图
描图
审核
(日期)
比例
件数
重量
材料
HT200
贵州理工学院
2×φ7
M6-6H
φ26H9
φ40
φ30
φ13
Ra12.5
8-5踏脚板
班级
姓名
学号

第8章 零件图习题

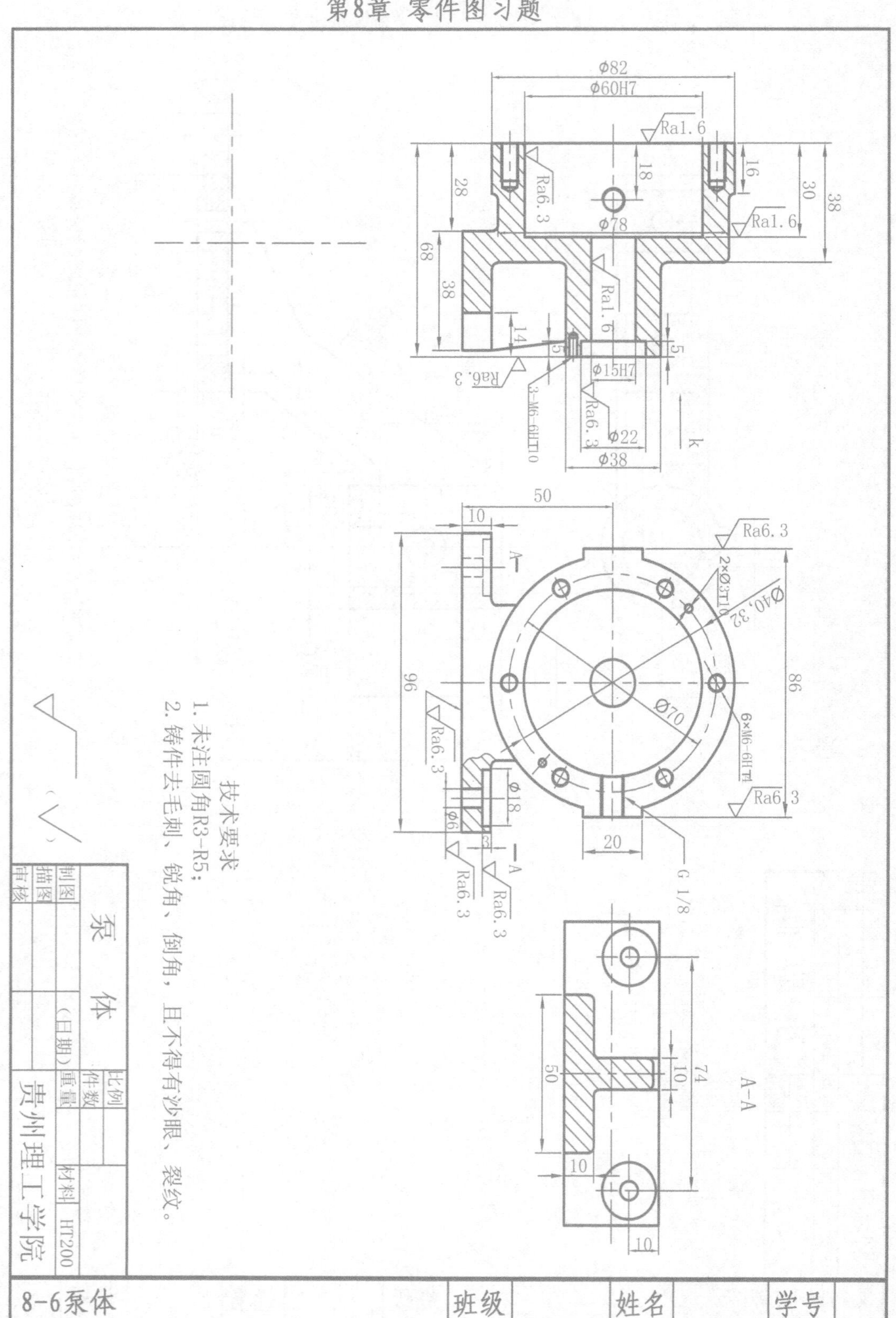

8-6泵体	班级		姓名		学号	

第8章 零件图习题

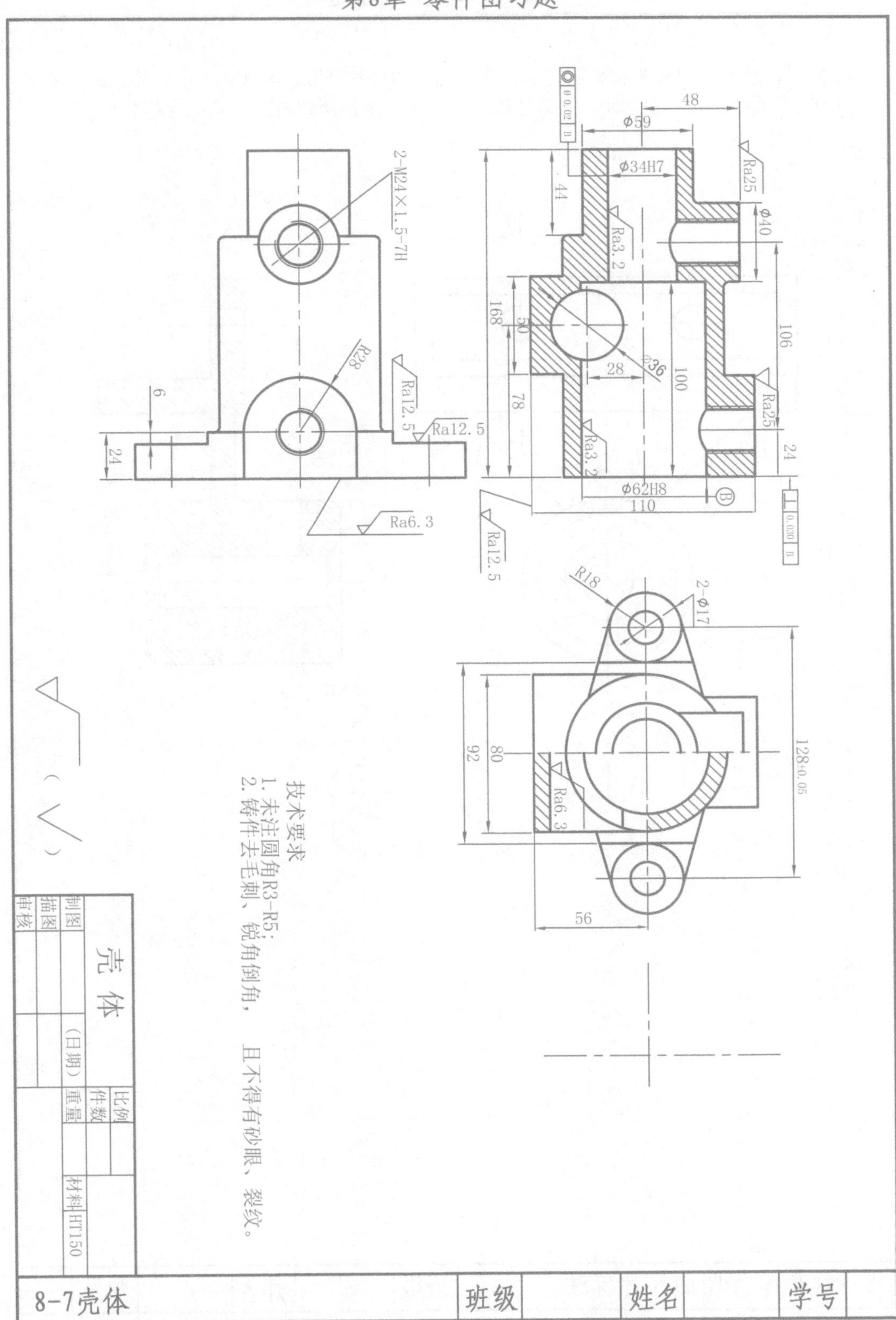

8-7壳体	班级		姓名		学号	

第8章 零件图习题

根据轴承挂架的轴测和表达方法，选择适合的尺寸基准，并按2:1的比例倒量取尺寸进行尺寸标注。 （工作时，挂架是两个，分别固定在两边机架，共同支撑轴L）

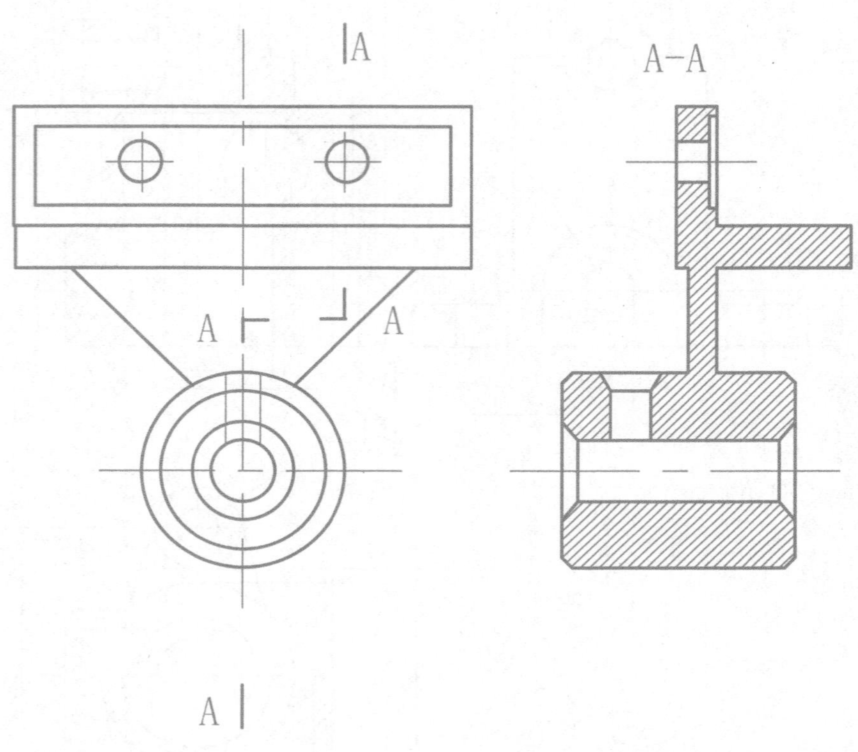

8-8挂架零件图的尺寸标注	班级		姓名		学号	

第8章 零件图习题

1. 根据图（a）的已知条件，在图（b）上正确标注各表面的表面结构。

2. 根据配合代号，查表标注出孔和轴的尺寸偏差，并分析此孔轴的配合类别。

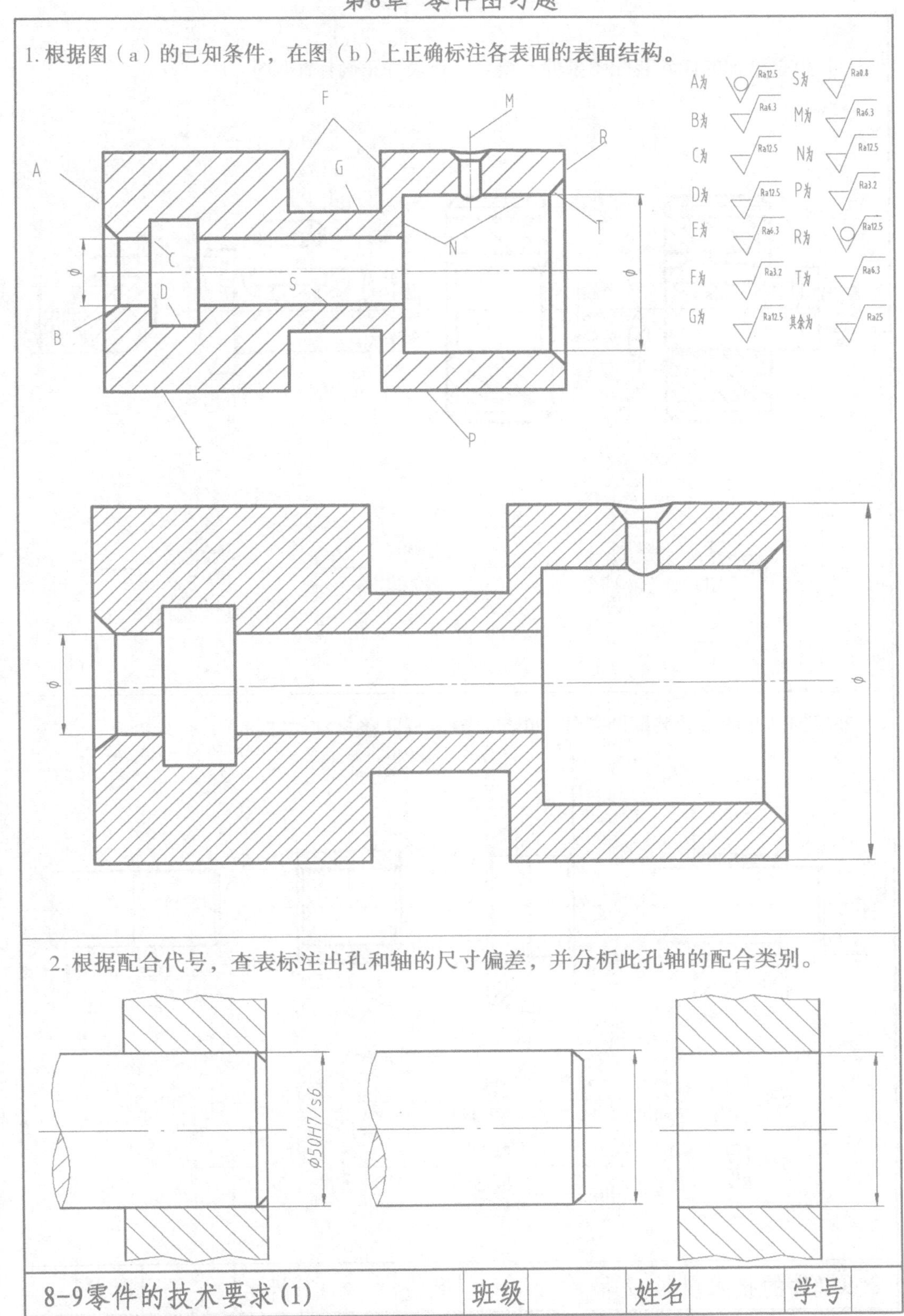

8-9零件的技术要求(1)	班级		姓名		学号	

第8章 零件图习题

1. 根据已知的齿轮装配图条件，填空、查表并正确标注尺寸。

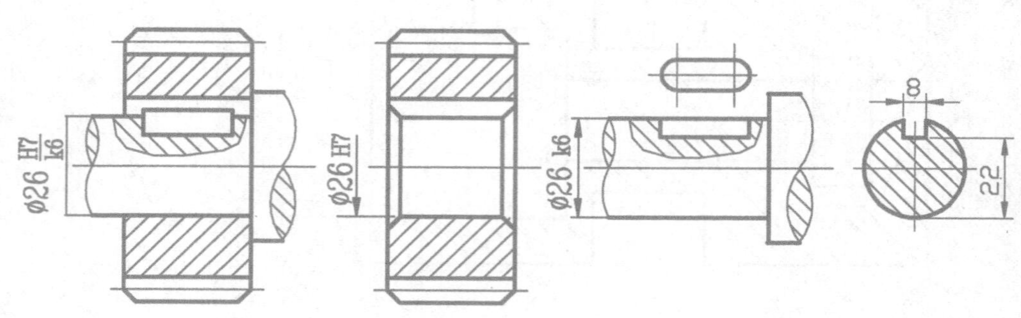

$\phi 26\frac{H7}{k6}$： 基本尺寸＿＿＿＿ 基准制＿＿＿＿ 配合种类＿＿＿＿
孔的公差代号＿＿＿＿ 轴的公差代号＿＿＿＿

2. 根据已知的轴孔装配图条件，填空、查表并正确标注尺寸。

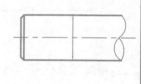

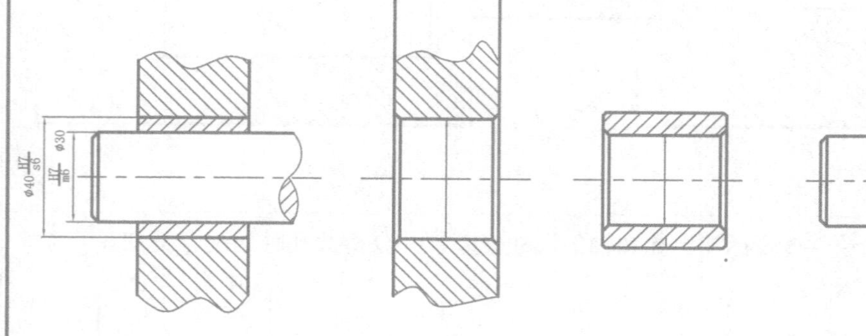

$\phi 30\frac{H7}{m6}$ 基本尺寸＿＿＿＿ 基准制＿＿＿＿ 配合种类＿＿＿＿
孔的公差代号＿＿＿＿ 轴的公差代号＿＿＿＿

$\phi 40\frac{H7}{s6}$ 基本尺寸＿＿＿＿ 基准制＿＿＿＿ 配合种类＿＿＿＿
孔的公差代号＿＿＿＿ 轴的公差代号＿＿＿＿

8-9零件的技术要求(2)	班级		姓名		学号	

第8章 零件图习题

分析图（a）中的标注错误，把正确的标注在（b）图中

Ra25
4-φ
6.3
Ra3.2
Ra3.2
Ra3.2
Ra3.2
Ra3.2
Ra6.3
Ra3.2
Ra3.2

(a)

$\sqrt{12.5}$ ($\sqrt{Ra3.2}$ $\sqrt{Ra6.3}$ $\sqrt{Ra25}$)

(b)

$\sqrt{12.5}$ ($\sqrt{Ra3.2}$ $\sqrt{Ra6.3}$ $\sqrt{Ra25}$)

$\sqrt{Ra6.3}$ ____________________

$\sqrt{Ra25}$ ____________________

$\sqrt{12.5}$ ($\sqrt{Ra3.2}$ $\sqrt{Ra6.3}$ $\sqrt{Ra25}$) ____________________

8-9零件的技术要求(3)	班级		姓名		学号	

第8章 零件图习题

根据已知的条件，查表并在相应的位置正确标注各尺寸偏差。

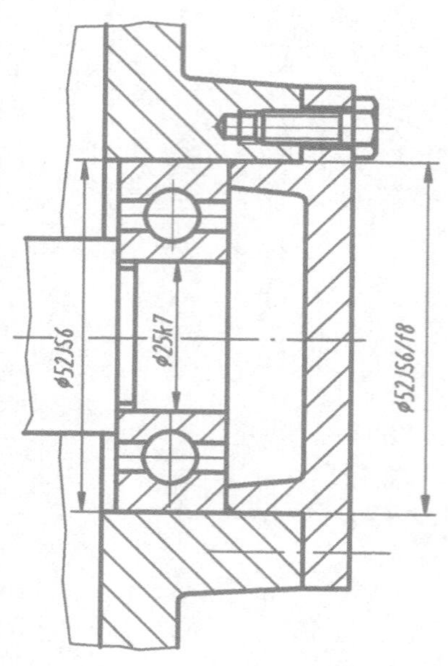

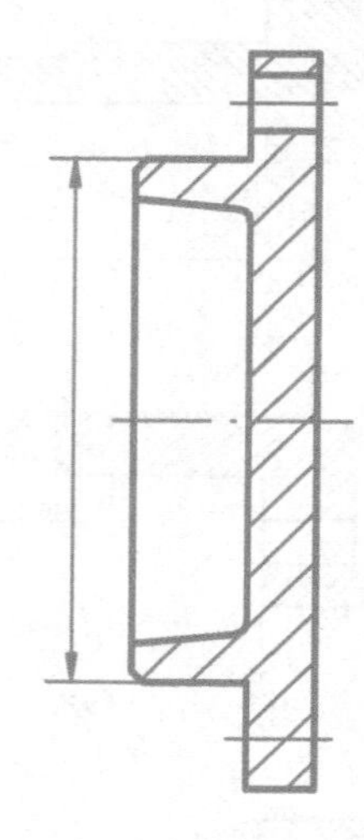

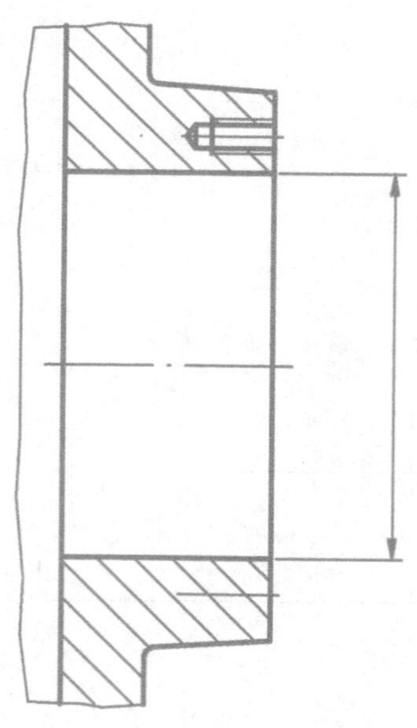

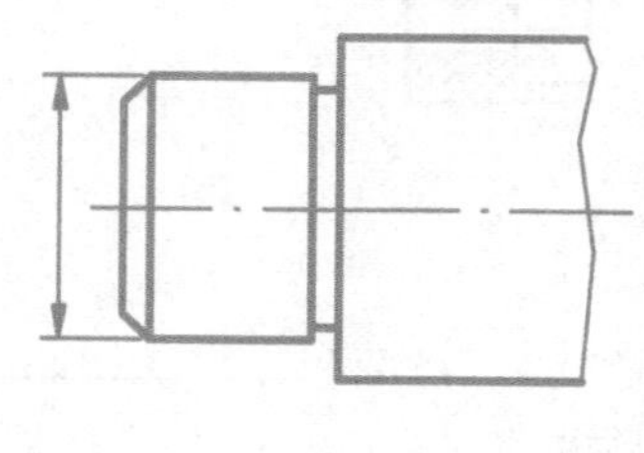

8-9零件的技术要求(4)	班级		姓名		学号	

第8章 零件图习题答案

1. 根据零件图上标注的形位公差符号和代号，用文字说明其含意。

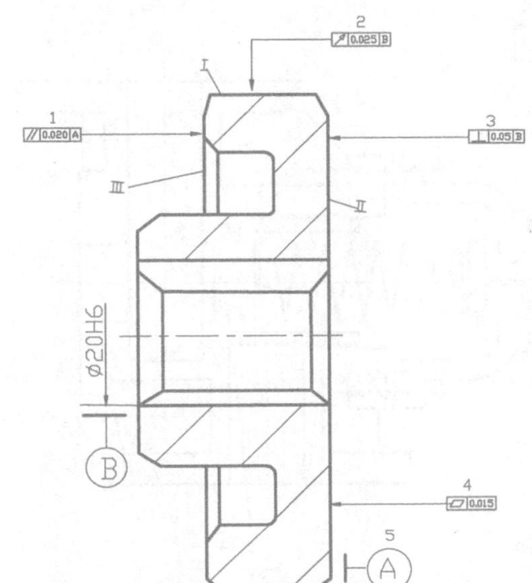

1. ________________

2. ________________

3. ________________

4. ________________

5. ________________

2. 根据文字说明，在图中标注形位公差的符号和代号。

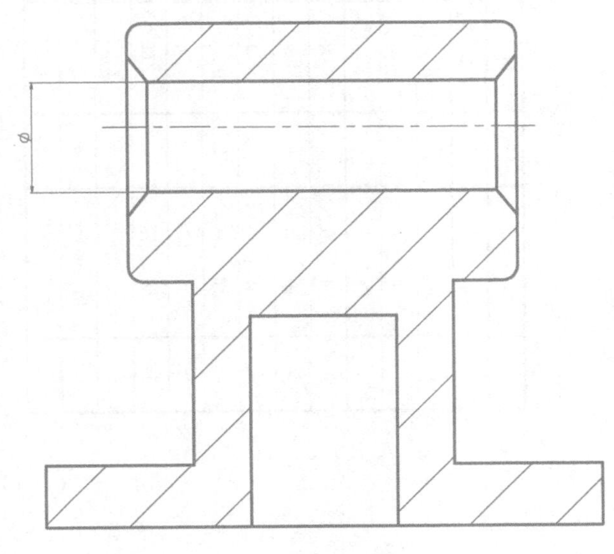

1. 孔ø轴线直线度误差不大于ø0.012;
2. 孔ø圆度误差不大不0.005mm;
3. 零件底面的平面度误差不大于0.015mm;
4. 孔ø的轴线对底面平行度误差不大于0.025mm。

8-9零件的技术要求(5)	班级		姓名		学号	

第9章 装配图习题

根据安全阀轴测图和零件图，拼画装配图。

一、工作原理

安全阀是一种安装在供油管路中的安全装置。正常工作时，阀门靠弹簧的压力处于关闭位置，油从阀体左端孔流入，经下端孔流出。当油压超过允许压力时，阀门被顶开，过量油就从阀体和阀门开启后的缝隙间经阀体右端孔管道流回油箱，从而使管路中的油压保持在允许的范围内，起到安全保护作用。

调整螺杆可调整弹簧压力，为防止螺杆松动，其上端用螺母锁紧。

二、作业要求

1. 读懂安全阀装配图的轴测图和全部零件图。
2. 拼画装配图（采用A2图纸，比例1:1）。

零件目录

序号	零件名称	数量	材料	附注及标准
1	阀体	1	ZL2	
2	阀门	1	H62	
3	弹簧	1	65Mn	
4	垫片	1	工业用纸	
5	阀盖	1	ZL2	
6	托盘	1	H62	
7	紧定螺钉M5X8	1	Q235	GB/T 75-1985
8	螺杆	1	Q235	
9	螺母 M10	1	Q235	GB/T 6170-2000
10	阀帽	1	ZL2	
11	螺母 M6	4	Q235	GB/T 6170-2000
12	垫圈 6	4	Q235	GB/T 97.1-1985
13	螺柱 M6X16	4	Q235	GB/T 899-1988

安全阀装配示意图

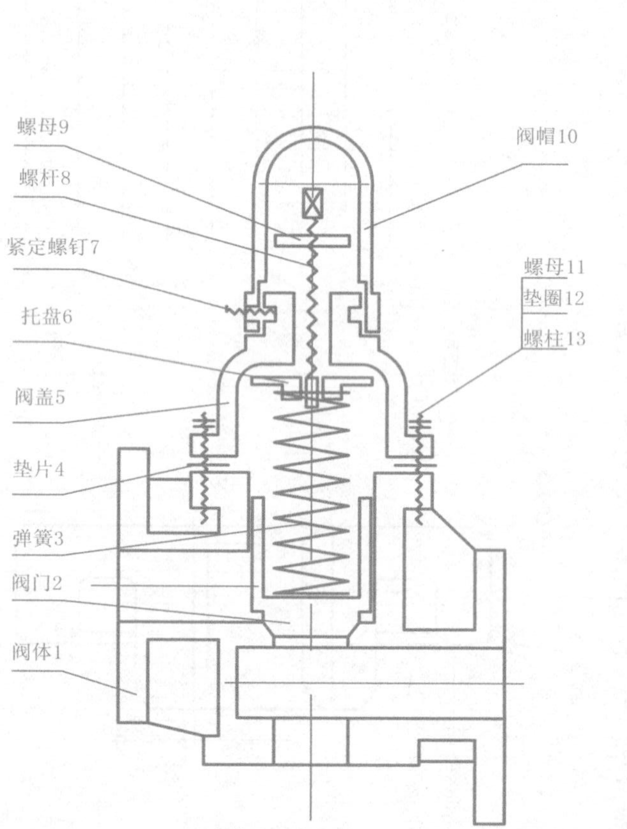

9-1由零件图画装配图(1)	班级		姓名		学号	

第9章 装配图习题

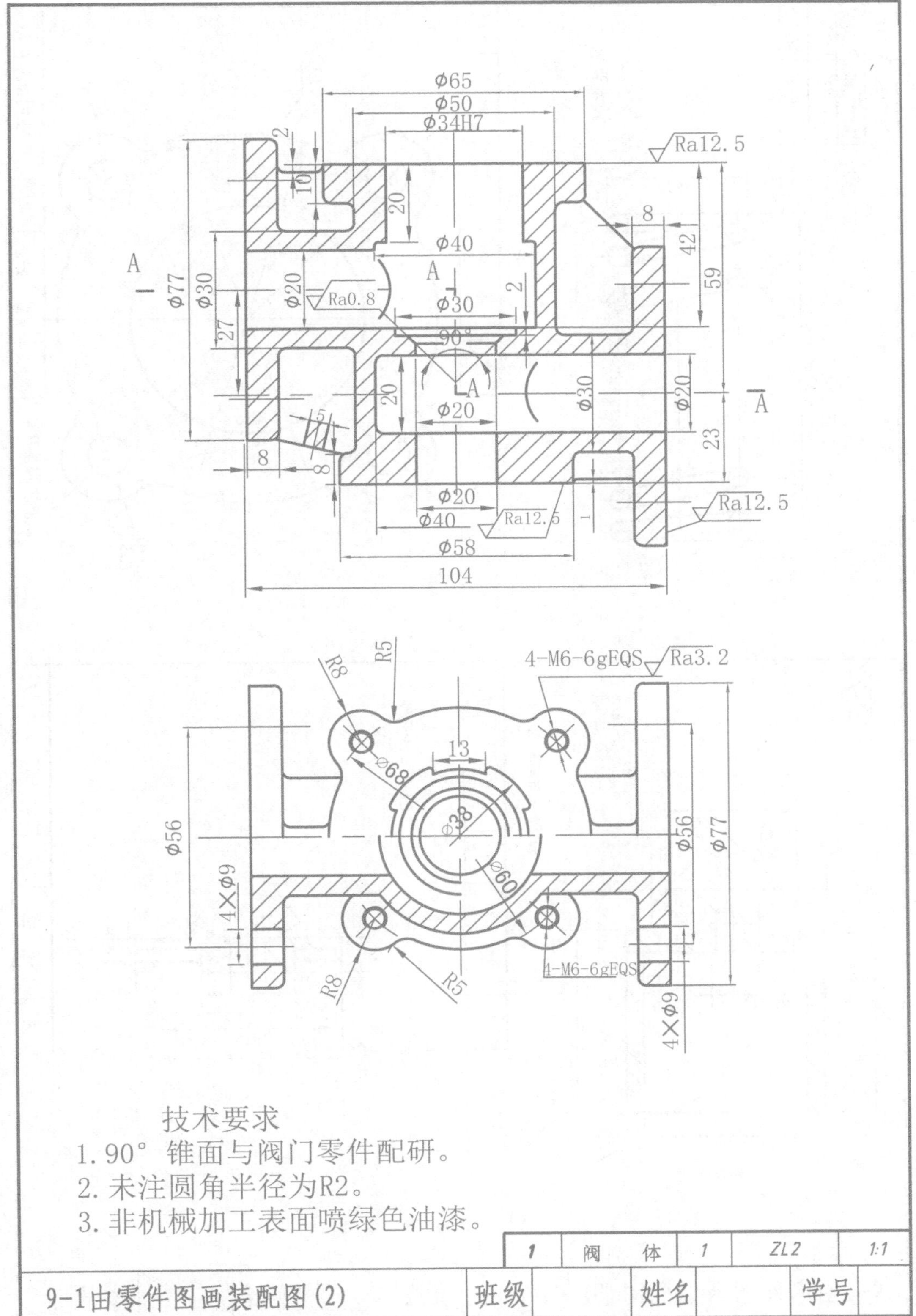

技术要求

1. 90° 锥面与阀门零件配研。
2. 未注圆角半径为R2。
3. 非机械加工表面喷绿色油漆。

1	阀　体	1	ZL2	1:1

9-1由零件图画装配图(2)	班级		姓名		学号	

第9章 装配图习题

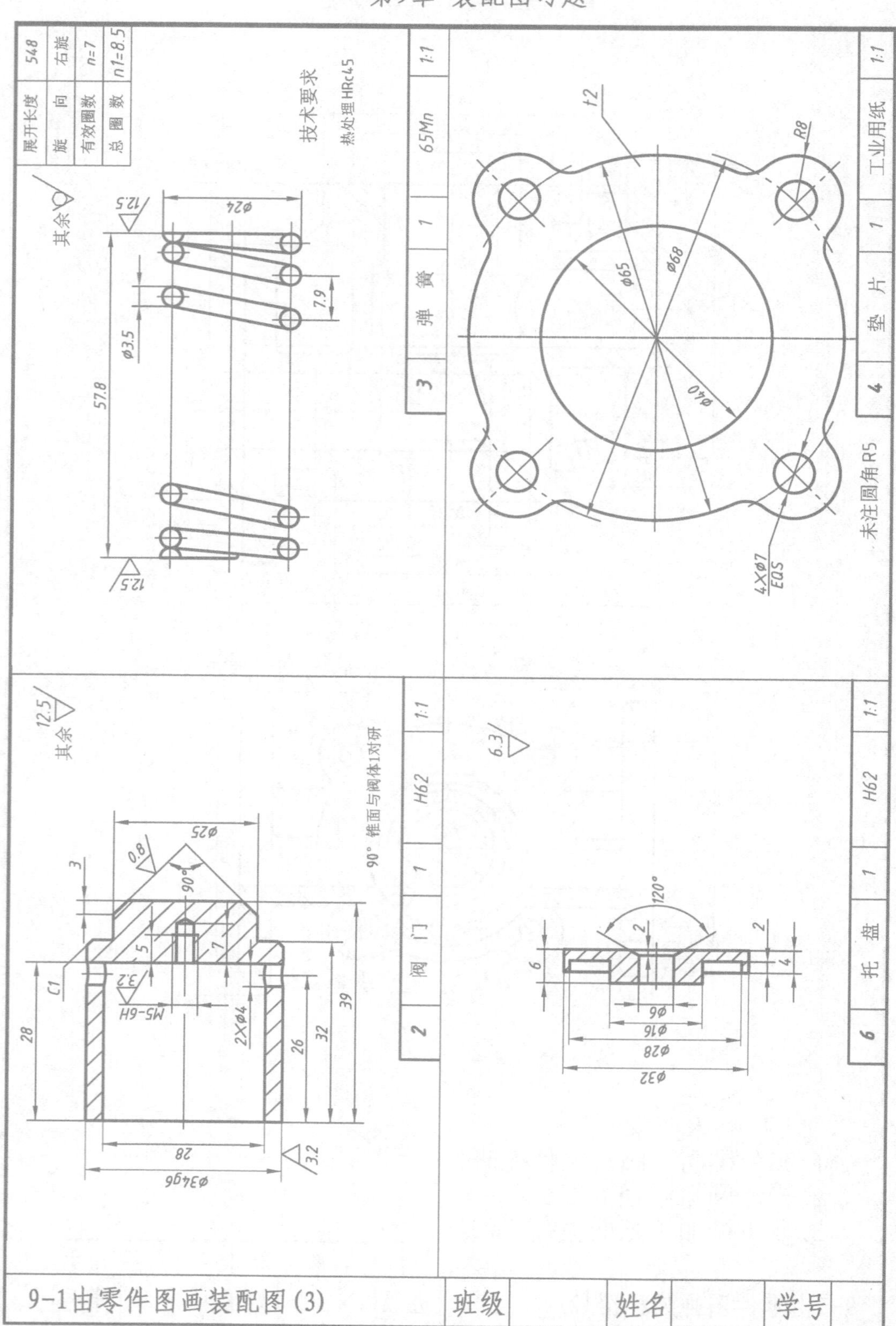

展开长度 548
旋向 右旋
有效圈数 n=7
总圈数 n1=8.5
技术要求
热处理 HRc45
3 弹簧 1 65Mn 1:1
4 垫片 1 工业用纸 1:1
未注圆角R5
4×φ7 EQS
90°锥面与阀体1对研
2 阀门 1 H62 1:1
6 托盘 1 H62 1:1
9-1由零件图画装配图(3)
班级
姓名
学号

第9章 装配图习题

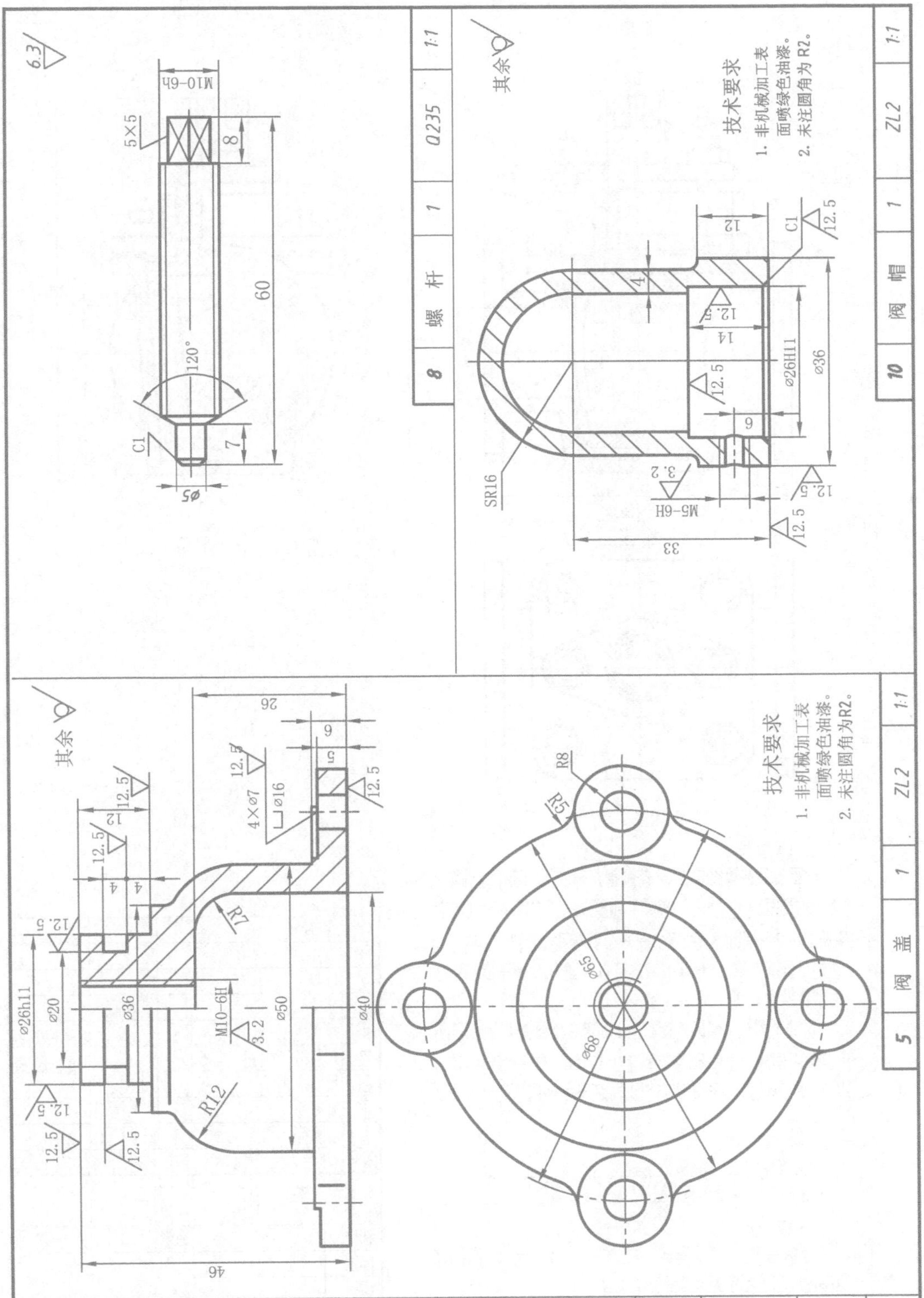

8	螺杆	1	Q235	1:1

10	阀帽	1	ZL2	1:1

技术要求

1. 非机械加工表面喷绿色油漆。
2. 未注圆角为R2。

5	阀盖	1	ZL2	1:1

技术要求

1. 非机械加工表面喷绿色油漆。
2. 未注圆角为R2。

9-1由零件图画装配图(4)	班级		姓名		学号	

第9章 装配图习题

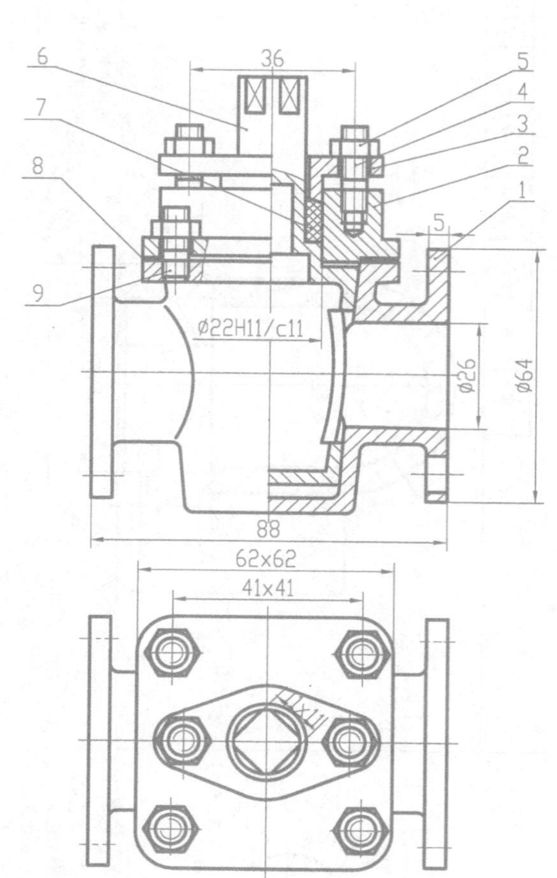

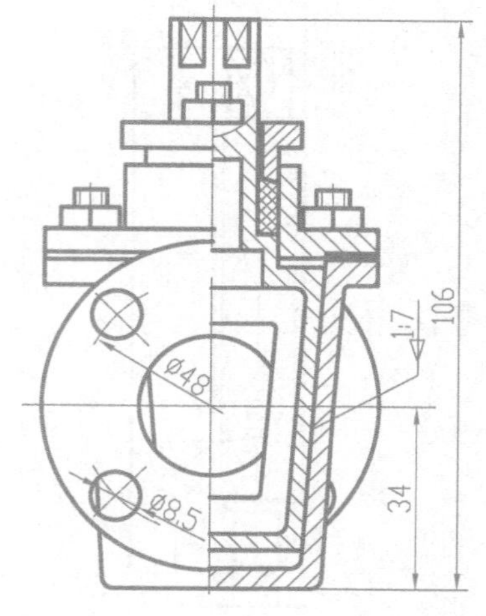

一、工作原理

旋塞安装在管路中,用来控制管路内液体的流动与流量,它主要由旋塞壳1、塞子6 等零件组成,塞子6 的外圆锥面与旋塞壳1 的内圆锥面配合。塞子6 有一个贯穿孔,如果其贯穿孔对正旋塞壳的孔,管路内液体可以流通,如将塞子旋转90度就将通道关闭。

用四个螺柱、螺母将旋塞盖2 固定在旋塞壳1 上,为了防止泄漏中间放一垫片8,在旋塞盖上装有填料7和填料压盖3组成一防漏装置,在塞子四方头上可装一手柄用来旋转塞子。

二、习题

1.若要拆下塞子6,应拆下____________。

2.ø22 $\frac{H11}{c11}$ 属于基__制__配合 H 表示________,

11表示________,c表示________。

3.拆绘零件1(旋塞壳)的零件图,不注尺寸,不注表面粗糙度尺寸按图中量取。

序号	名称	数量	材料	备注
9	螺柱M6X16	4		GB899-88
8	垫片	1	纸箔	
7	填料	1	麻	
6	塞子	1	ZCuSn10Pb1	
5	螺母M6-6	6		GB6170-86
4	螺柱M6X12	2		GB898-88
3	填料压盖	1	HT150	
2	旋塞盖	1	HT150	
1	旋塞壳	1	HT150	

旋塞阀		比例		
		件数		
制图		重量		共 张 第 张
描图				
审核				

9-2读装配图并回答问题(1)	班级		姓名		学号	

第9章 装配图习题

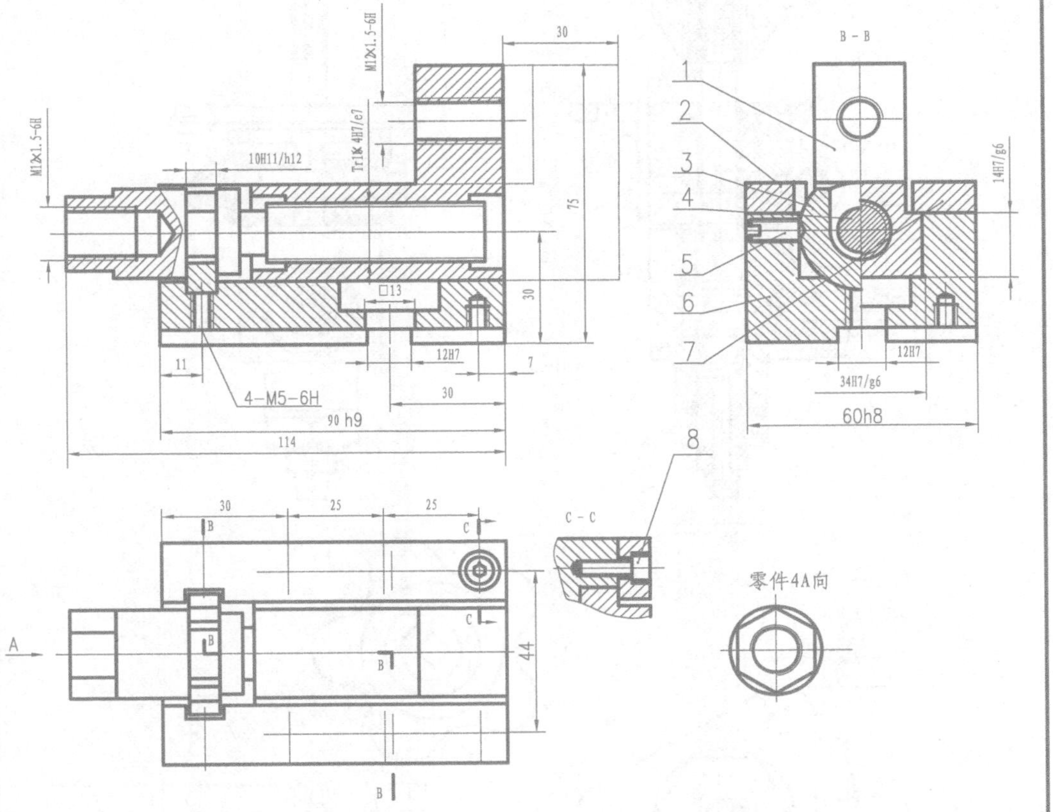

一.工作原理

夹紧卡爪用于机床上夹紧工件的组合夹具,它通过机体6底部凹槽用定位键固定在底板上(图中未画出)。

当用扳手转动螺杆4 时,由于螺杆缩颈被垫铁3 卡住,它不能轴向移动,因此带动卡爪1 沿轴向移动,从而夹紧或放松工件。

垫铁用螺钉 5固定在基体弧形槽内,前后盖板7 和2 用螺钉固定在基体上,防止卡爪脱出。

二习题

1.看懂"夹紧卡爪"装配图,拆画序号3(垫铁)的零件图,只要求选用合适的表达方法表达形体,尺寸及表面粗糙度等省略。

2.若要拆下垫铁3 ,如何拆卸?

序号	名称	数量	材料	备注
8	螺钉M6x12	6		GB70-85
7	前盖板	1	20Cr	
6	基体	1	40Cr	
5	螺钉M6x12			GB71-85
4	螺杆			
3	垫铁			
2	后盖板			
1	卡爪			

夹紧卡爪		比例		
		件数		
制图		重量		共 张第 张
描图				
审核				

9-2读装配图并回答问题(2)	班级		姓名		学号	

第9章 装配图习题

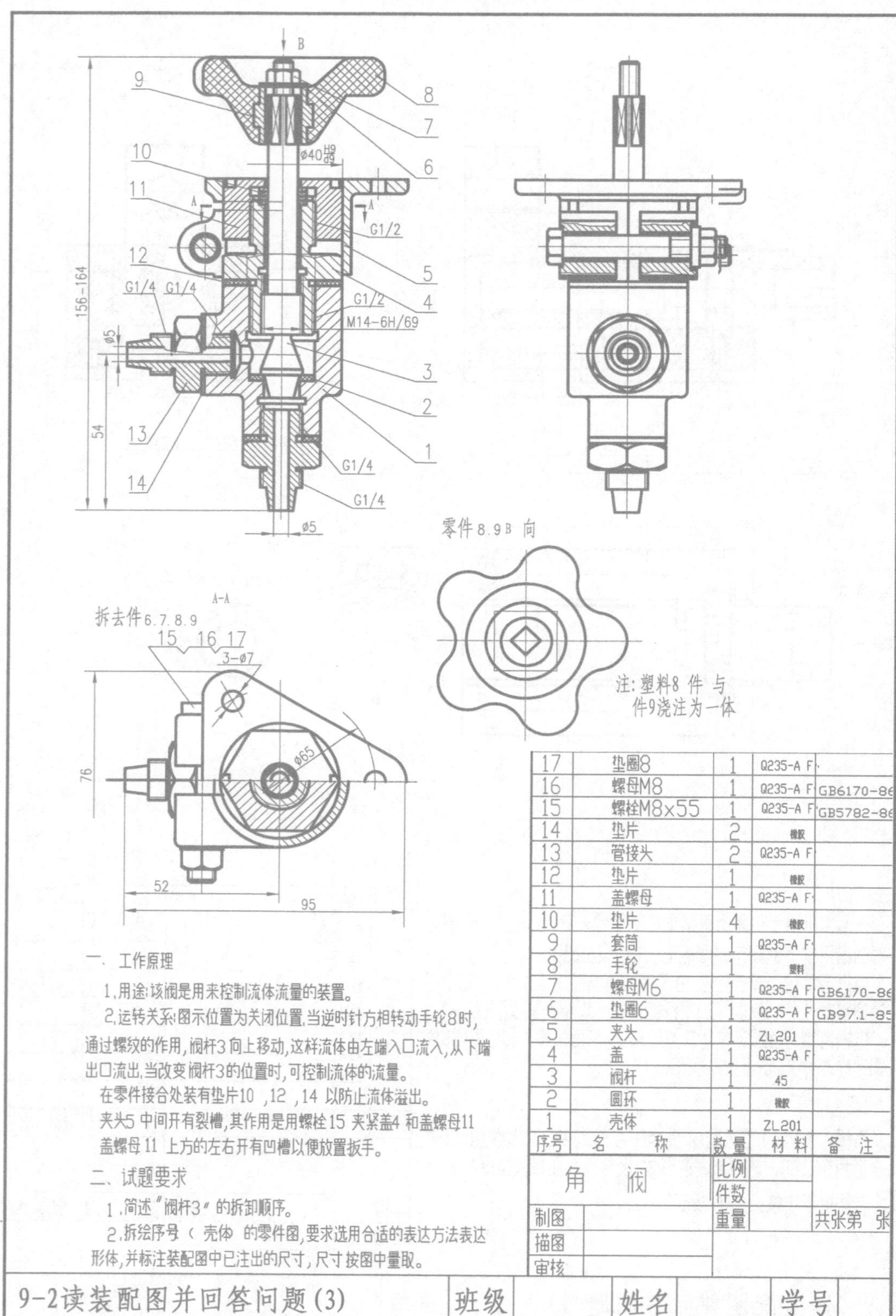

一、工作原理

1.用途:该阀是用来控制流体流量的装置。

2.运转关系:图示位置为关闭位置.当逆时针方相转动手轮8时,通过螺纹的作用,阀杆3向上移动,这样流体由左端入口流入,从下端出口流出.当改变阀杆3的位置时,可控制流体的流量。

在零件接合处装有垫片10 ,12 ,14 以防止流体溢出。

夹头5 中间开有裂槽,其作用是用螺栓15 夹紧盖4 和盖螺母11

盖螺母 11 上方的左右开有凹槽以便放置扳手。

二、试题要求

1.简述"阀杆3"的拆卸顺序。

2.拆绘序号(壳体 的零件图,要求选用合适的表达方法表达形体,并标注装配图中已注出的尺寸,尺寸按图中量取。

序号	名称	数量	材料	备注
17	垫圈8	1	Q235-A F	
16	螺母M8	1	Q235-A F	GB6170-86
15	螺栓M8x55	1	Q235-A F	GB5782-86
14	垫片	2	橡胶	
13	管接头	2	Q235-A F	
12	垫片	1	橡胶	
11	盖螺母	1	Q235-A F	
10	垫片	4	橡胶	
9	套筒	1	Q235-A F	
8	手轮	1	塑料	
7	螺母M6	1	Q235-A F	GB6170-86
6	垫圈6	1	Q235-A F	GB97.1-85
5	夹头	1	ZL201	
4	盖	1	Q235-A F	
3	阀杆	1	45	
2	圆环	1	橡胶	
1	壳体	1	ZL201	

角阀		比例		
		件数		
制图		重量		共张第张
描图				
审核				

9-2读装配图并回答问题(3)	班级		姓名		学号	

第9章 装配图习题

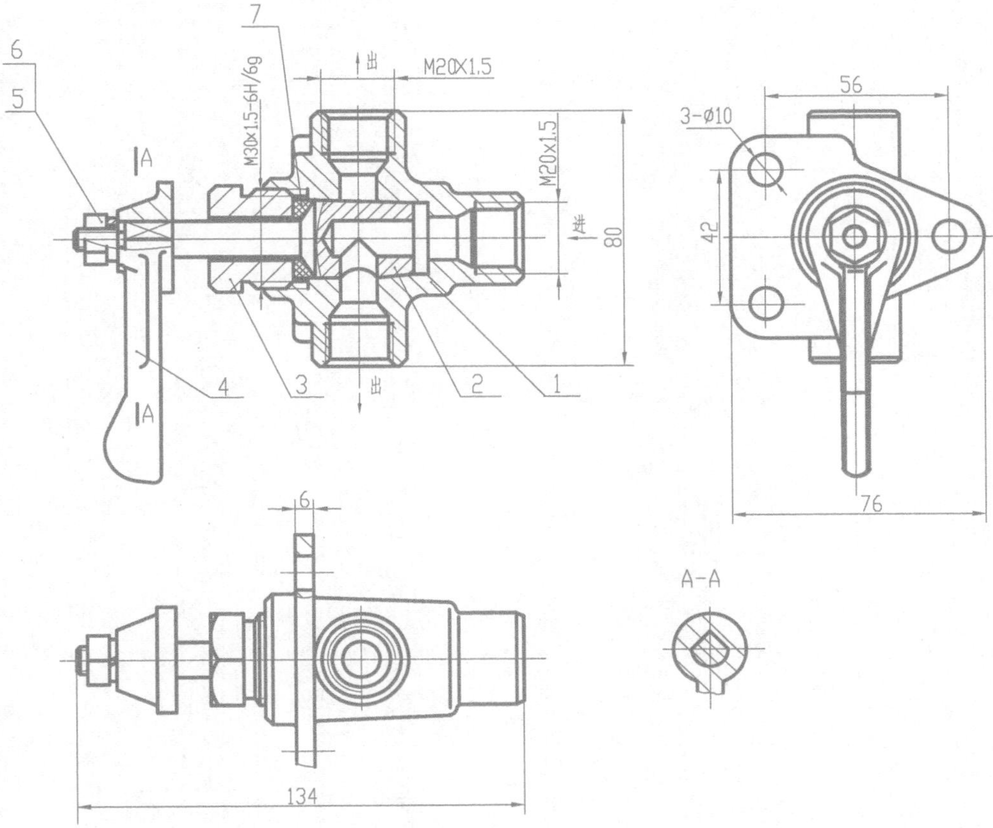

一 工作原理

本换向阀主要由阀体1,阀门2,和手柄4 等零件组成,用于流体管路中控制流体的输出方向.在图示情况下,流体从右边进入,因上出口不通,就从下出口流出.当转动手柄4,使阀门2旋转180°时,则下出口不通,就改从上出口流出.根据手柄转动的角度大小,还可以调节出口处的流量。

二 读图回答下列问题

1.手柄4是通过______结构带动阀门2旋转。

2.若要拆下手柄4则应先拆下__________。

3.换向阀的安装尺寸为__________。

4.拆画零件2阀门。(不注尺寸,不注表面粗糙度)尺寸由图中量取。

序号	名称	数量	材料	备注
7	填料	1	石棉	
6	螺母M10	1	Q235-A F	
5	垫圈10	1	65Mn	
4	手柄	1	HT200	
3	锁母	1	HT200	
2	阀门	1	Q235-A F	
	阀体	1	HT200	

换向阀		比例		
		件数		
制图		重量		共 张第 张
描图				
审核				

9-2 读装配图并回答问题 (4)	班级		姓名		学号	

第10章 立体表面的展开习题

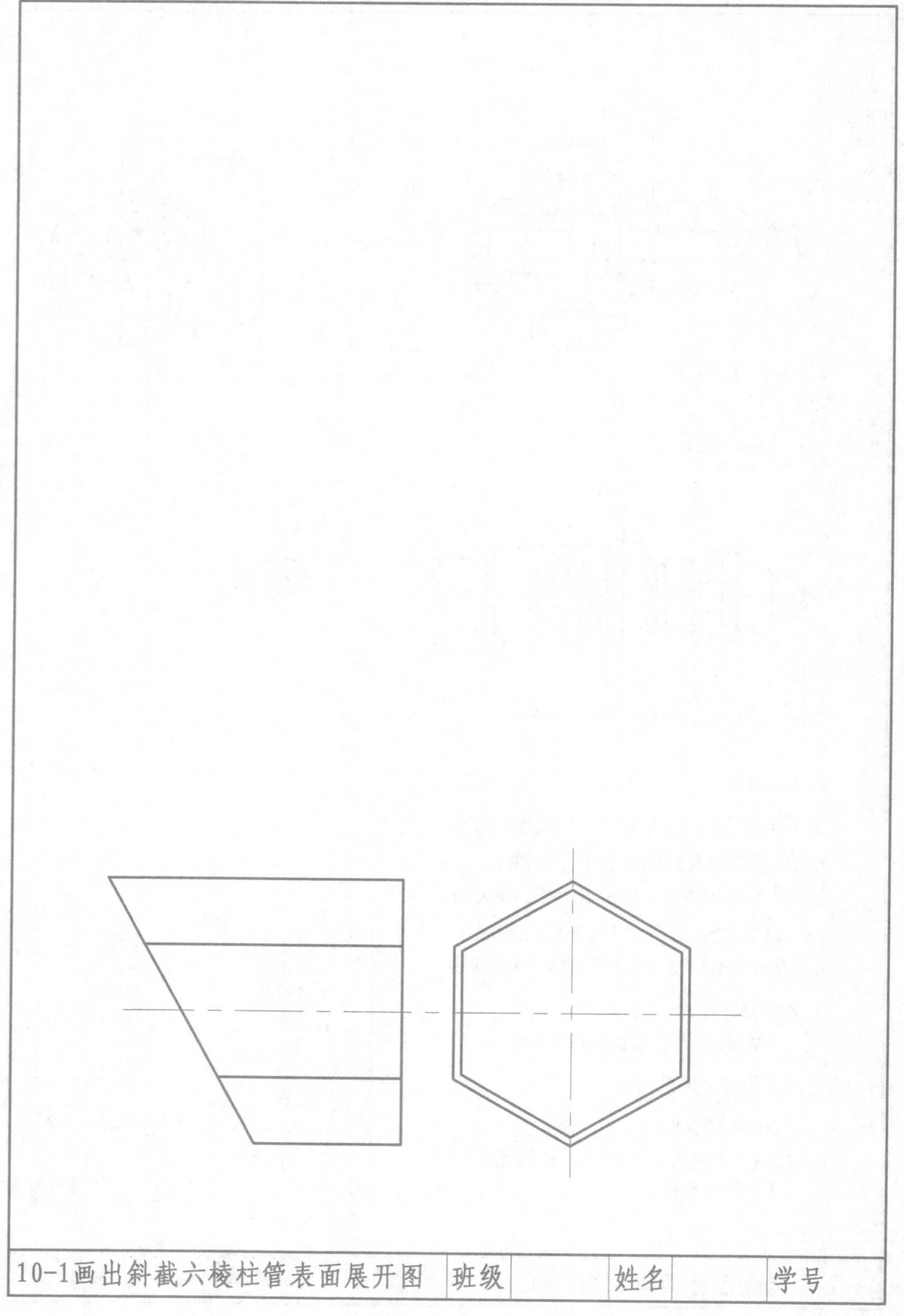

10-1画出斜截六棱柱管表面展开图	班级		姓名		学号	

第10章 立体表面的展开习题

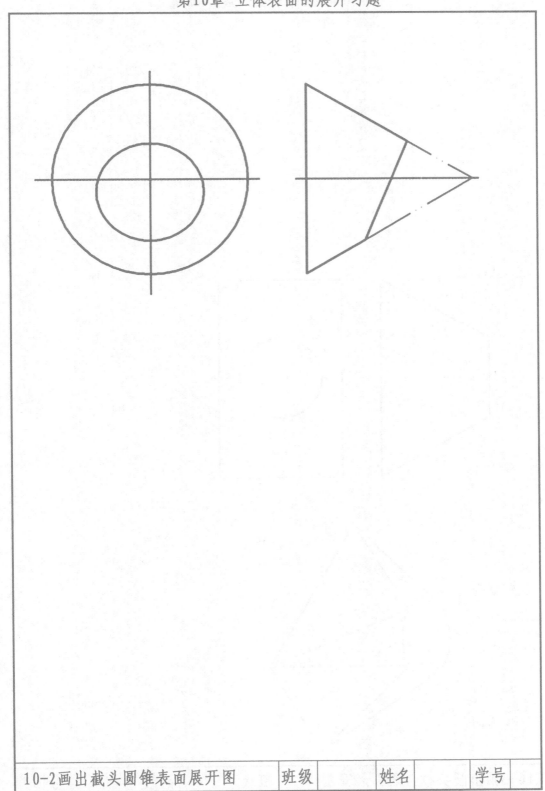

10-2画出截头圆锥表面展开图	班级		姓名		学号	

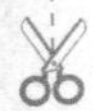

第10章 立体表面的展开习题

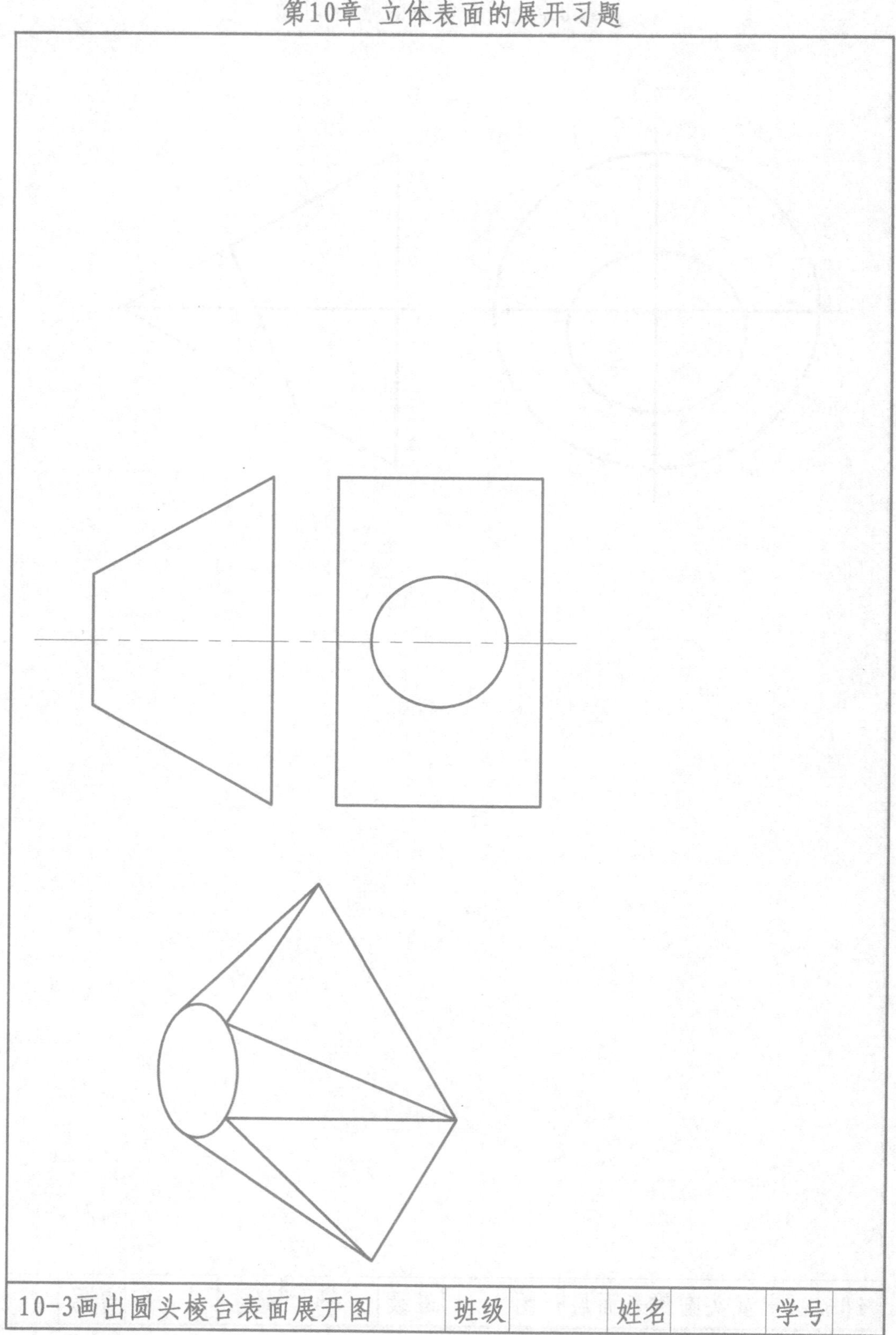

10-3画出圆头棱台表面展开图	班级		姓名		学号	

第11章 计算机绘图习题

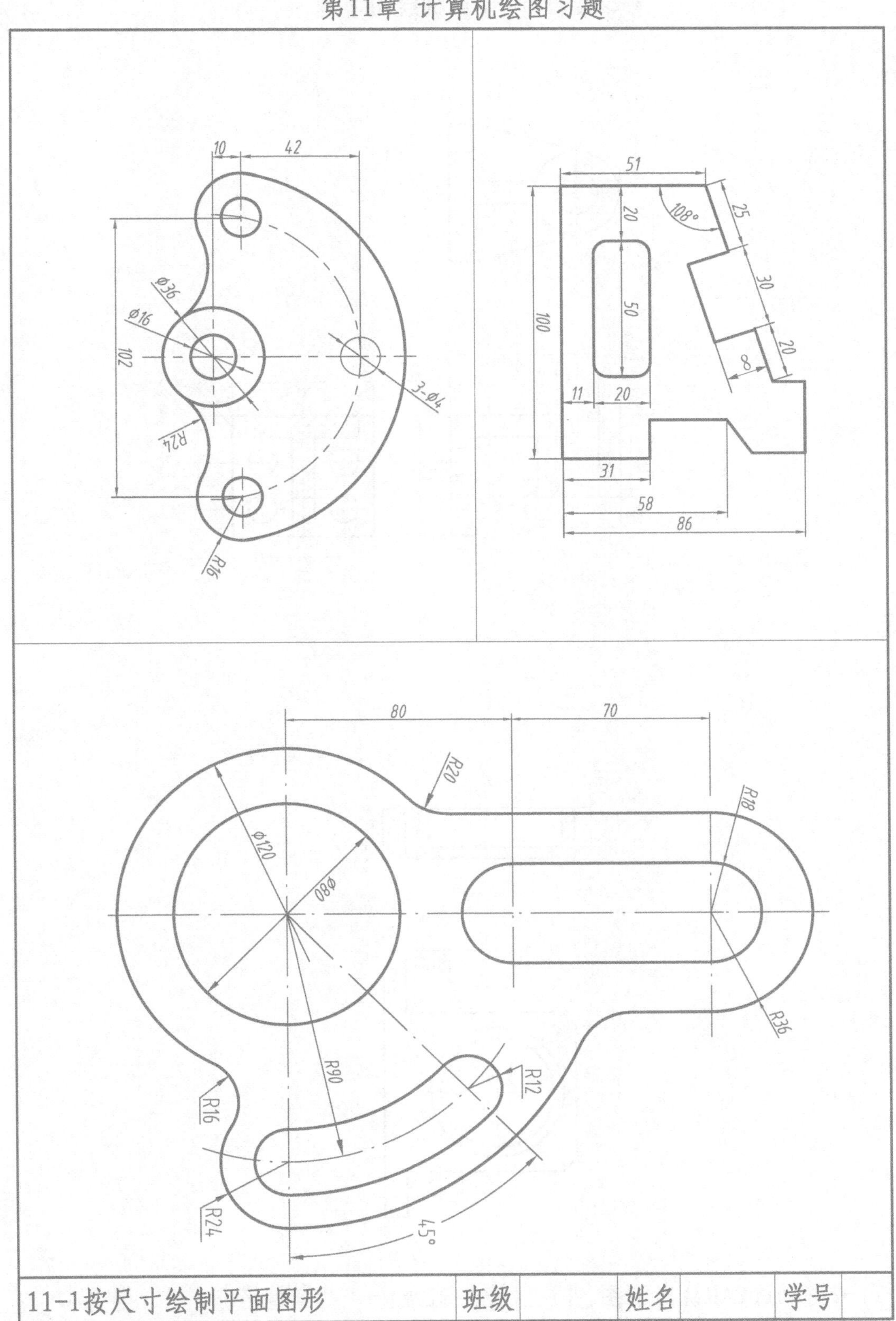

11-1按尺寸绘制平面图形	班级		姓名		学号	

第11章 计算机绘图习题

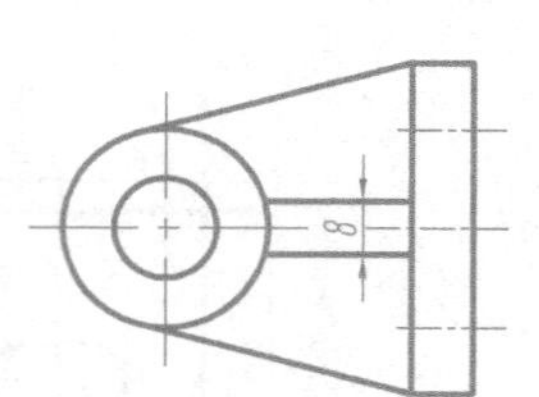

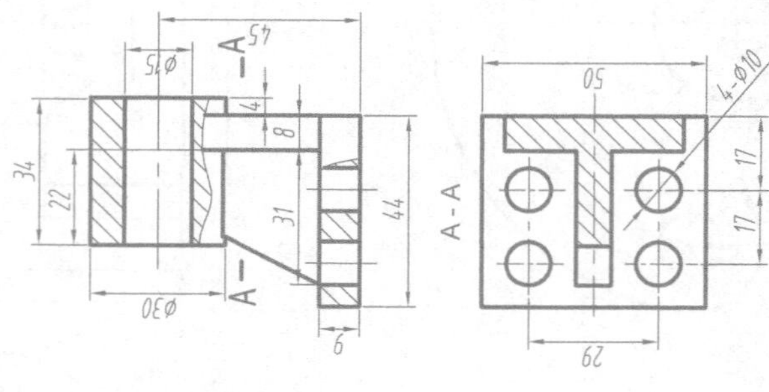

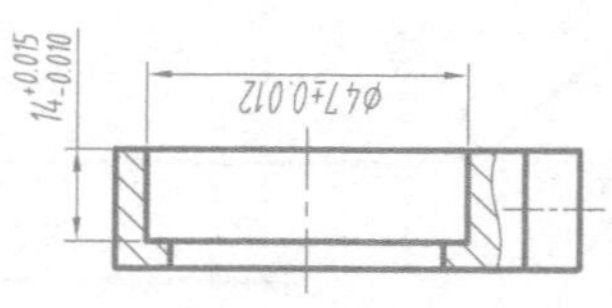

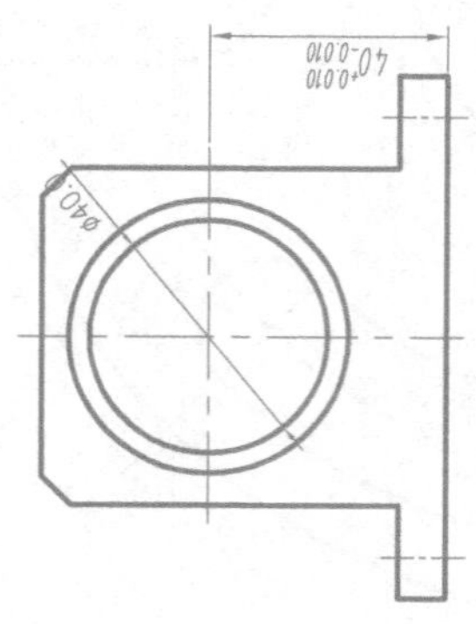

11-2用AutoCAD绘出下图，并注出尺寸	班级		姓名		学号	

第11章 计算机绘图习题

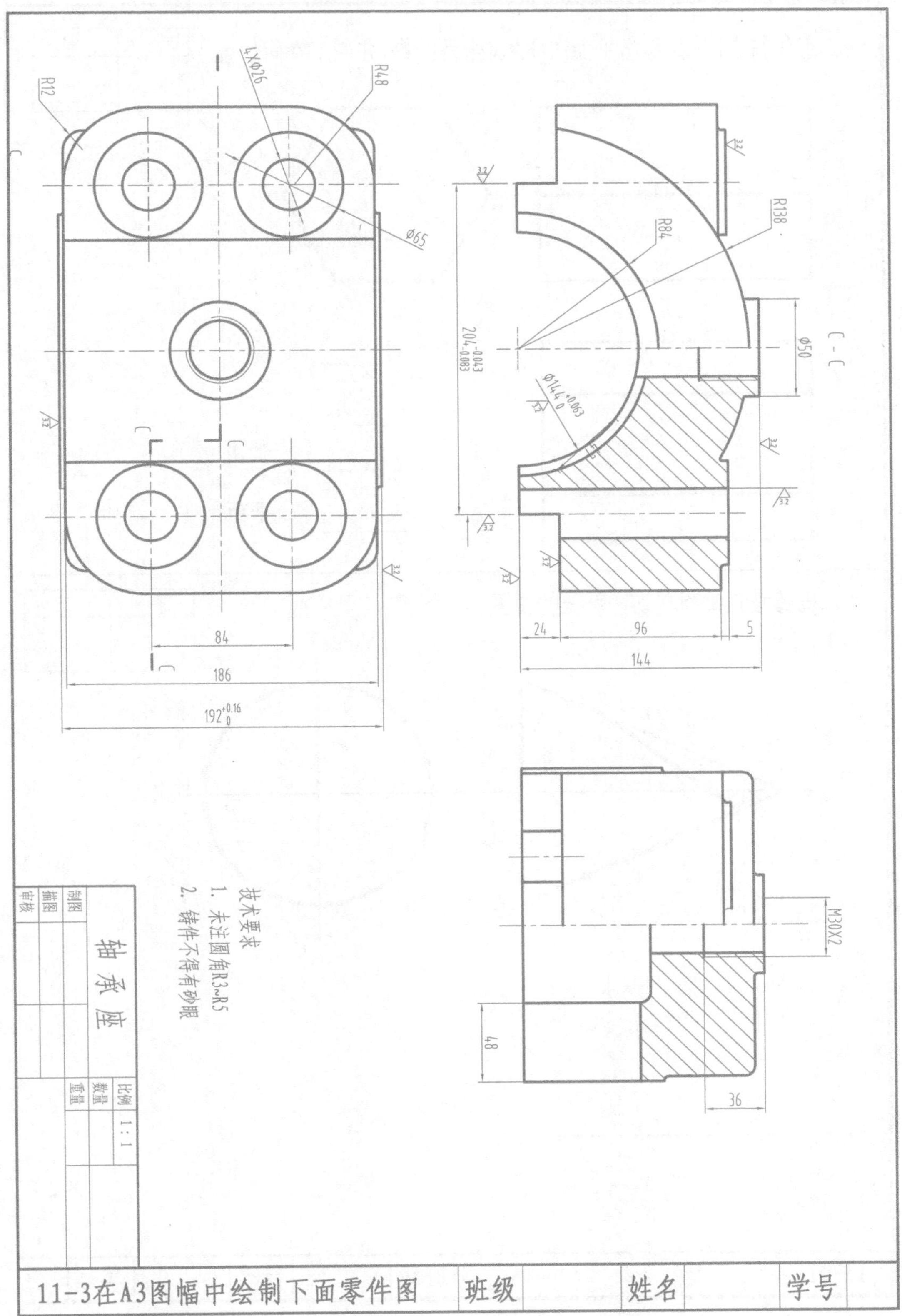

11-3在A3图幅中绘制下面零件图　班级　姓名　学号

模拟试卷一

一、求作俯视图，并标出平面P,Q的其余两投影，并判定空间位置。

评分人	得分

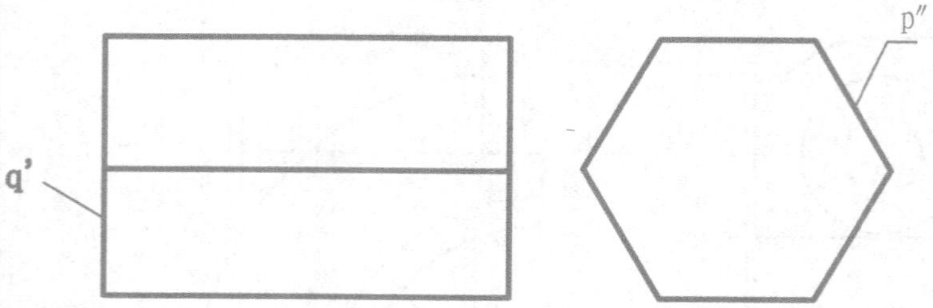

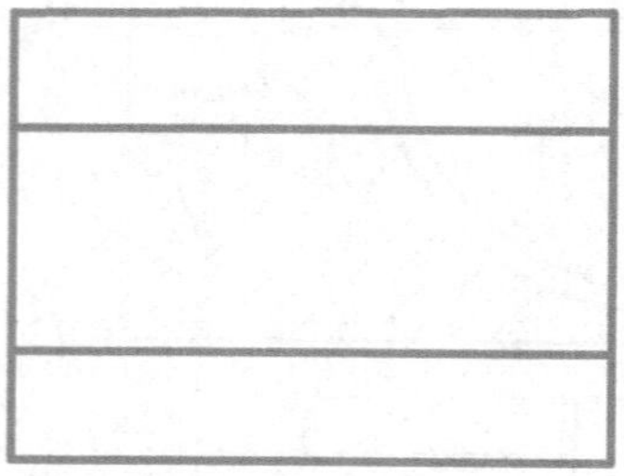

p″

q'

P ________ 平面

Q ________ 平面

二、圆锥被正垂面截切，补全俯视图和左视图。

评分人	得分

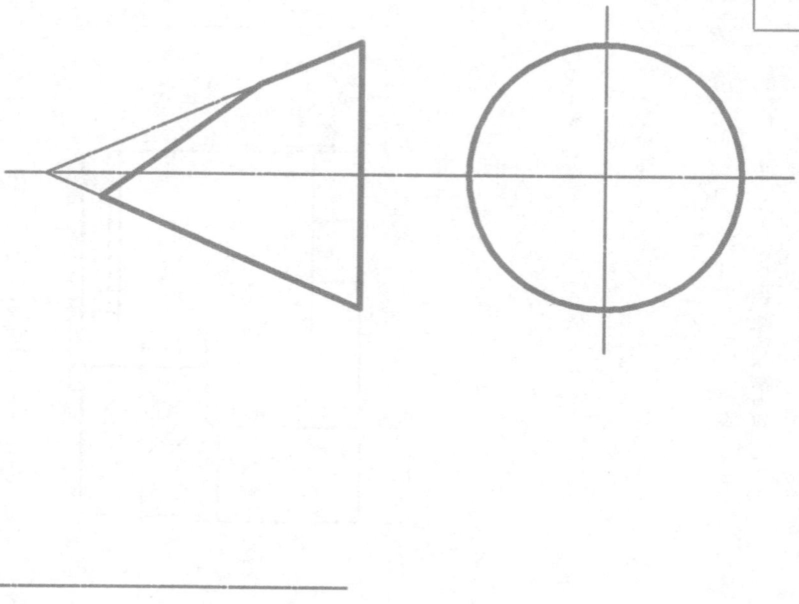

I -01	班级		姓名		学号	

模拟试卷一

三、举出生活中一个两面角的结构，并求出它的大小。

评分人	得分

四、读懂两视图后，补画第三面视图。

评分人	得分

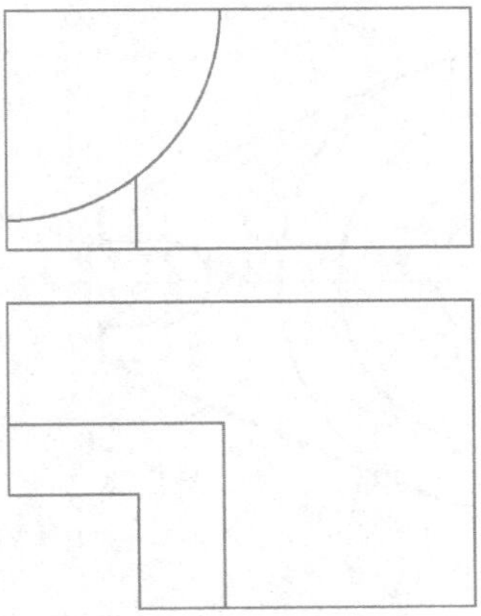

Ⅰ-02	班级		姓名		学号	

模拟试卷一

五、把主视图改画成半剖视。

评分人	得分

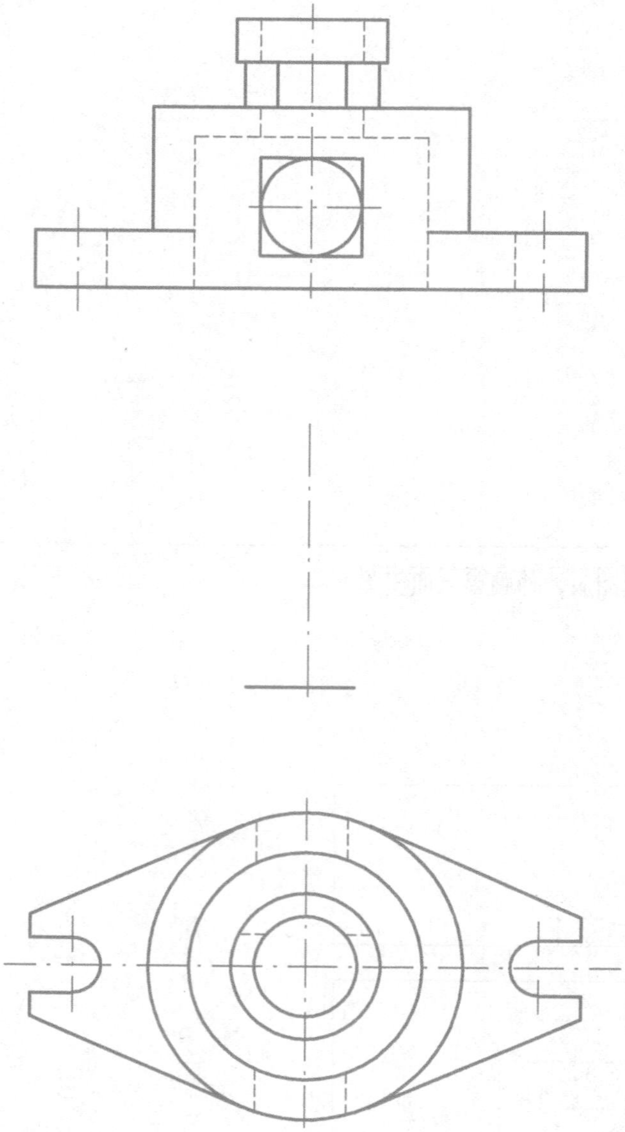

I-03	班级		姓名		学号	

模拟试卷一

六、已知齿轮的轴孔和中心距如图，且m=2,z1=20,z2=48，试计算并画出两齿轮的啮合图。

评分人	得分

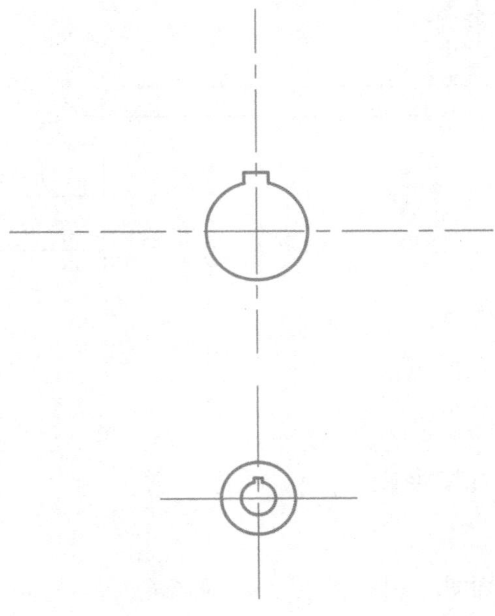

Ⅰ-04	班级		姓名		学号	

模拟试卷一

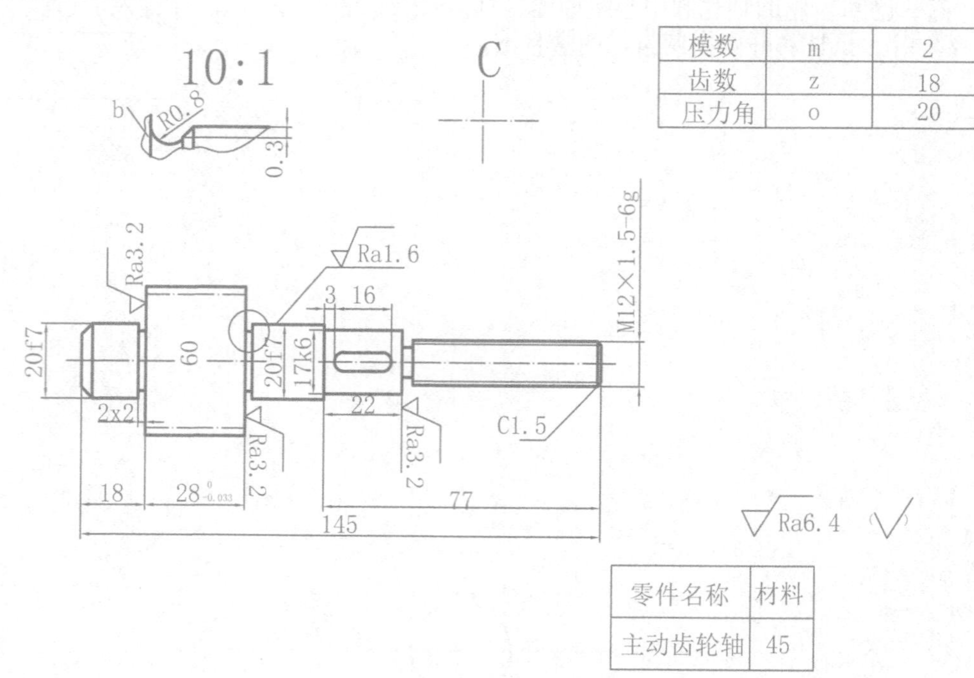

模数	m	2
齿数	z	18
压力角	α	20

零件名称	材料
主动齿轮轴	45

评分人	得分

七、看主动齿轮轴零件图，要求：

1. 在C处画出移出断面图，并标注键槽尺寸，键槽宽为5，槽深为3。

2. ⓑ 处的图形叫______图，该图比实物放大____倍。

3. M12×1.5-6g是普通细牙螺纹，公称直径是___，螺距为___，旋向是___，中径和顶径的公差代号是___。

4. ø20f7的基本尺寸___是，公差代号是___，基本偏差代号是__，公差等级是__。

5. 图中145是___尺寸，3是安____尺寸，16是其______尺寸。

I-05	班级		姓名		学号	

模拟试卷一

八、检查螺钉图中画法的错误，按正确画法画在右面。

评分人	得分

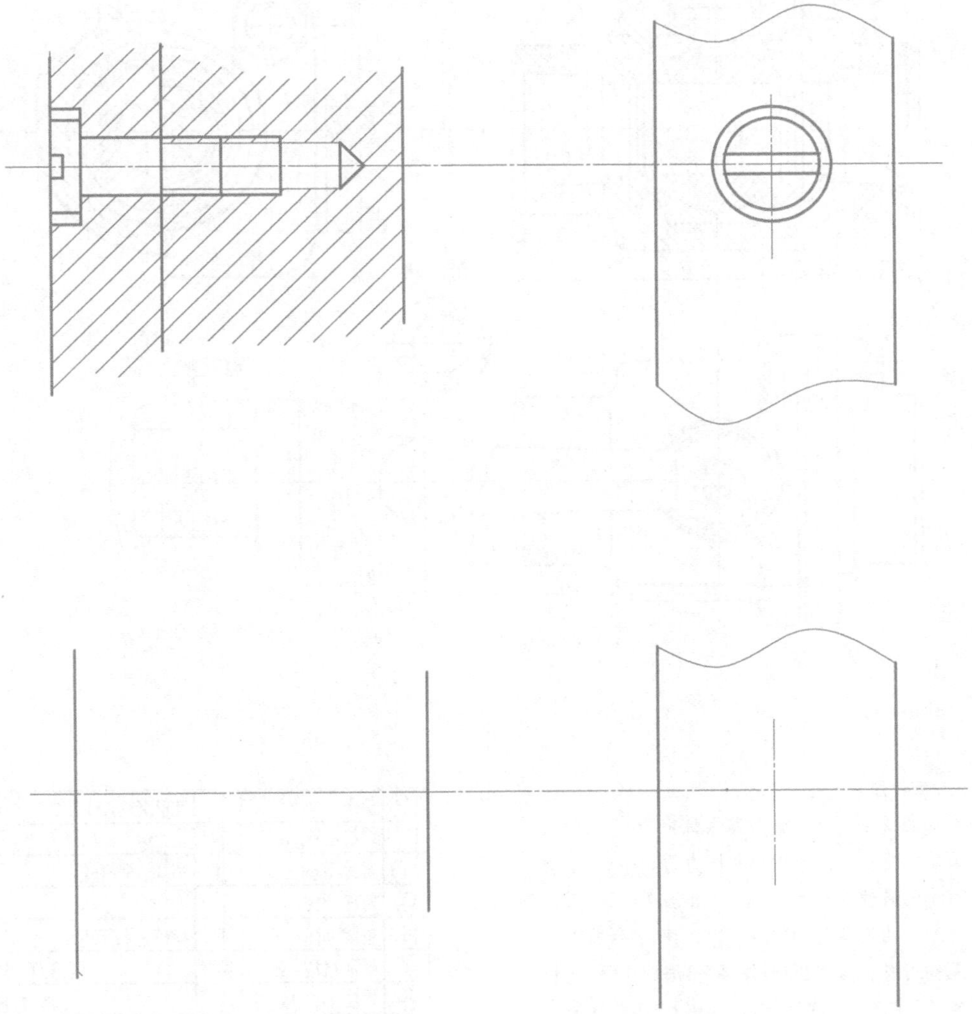

Ⅰ-06	班级		姓名		学号	

模拟试卷一

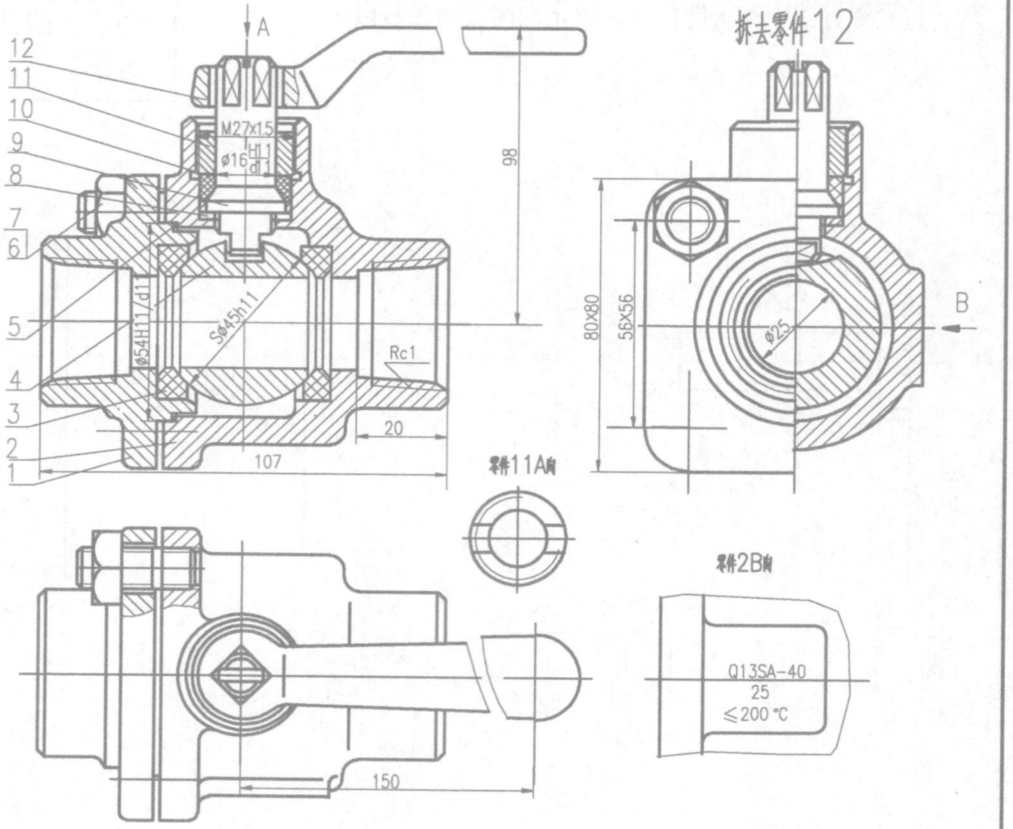

拆去零件12

零件11A向

零件2B向

Q13SA-40
25
≤200 ℃

一 工作原理

该球阀是用于石油管路系统中的一个部件，为系列化产品，球阀公称压力为40kg/cm^2，适用于无腐蚀性石油产品，工作温度≤200℃。

它是由阀体2，阀体接头1，球4和阀杆9等零件组成。阀体2和阀体接头1用四组螺柱6和螺母7连接的。在阀体2、阀体9、阀体接头中间装有球4和两只密封圈3。球4与密封圈3之间的接合面是Sϕ45h11球面。如图所示，阀门处于开启状态，管路左右相通。将扳手12左右旋转90°，这时阀门关闭，球4中的孔与左右管路不通，螺纹压环11压紧密封环10和垫圈8，起密封作用。

序号	名　称	数量	材　料	备　注
12	扳手	1	Q235-A·F	
11	螺纹压环	1	25	
10	密封环 ø16	1	聚四氯乙烯PTFE	
9	阀杆 ø16	1	40	
8	垫圈 ø16	1	聚四氯乙烯PTFE	
7	螺母 M12-6	4		GB/T 6170
6	螺柱 AM12X25	4		GB/T 897
5	垫片 ø47	1	L2	GB/T97.1
4	球 ø25	1	40	
3	密封圈ø25	2	聚四氯乙烯PTFE	
2	阀体	1	ZG25	
1	阀体接头	1	ZG25	

球　阀	材　料	
	比　例	

I -07	班级		姓名		学号	

模拟试卷一

评分人	得分

九、看装配图，并回答下列问题。

1. 图中阀门处于____状态。
1. 该机器由多少个零件组成____标准件有___种。
3. $\phi16\frac{H11}{d11}$是属于 ___ 制 ___ 配合，H表示__________ 11表示 ___ ，d表示 ____ 基本偏差代号。
4. 左视图采用了装配图什么特殊表达方法__________
5. 1号零件和2号零件采用了何种方式连接__________
6. 试拆画序号为9阀杆的零件图。

Ⅰ-08	班级		姓名		学号	

模拟试卷二

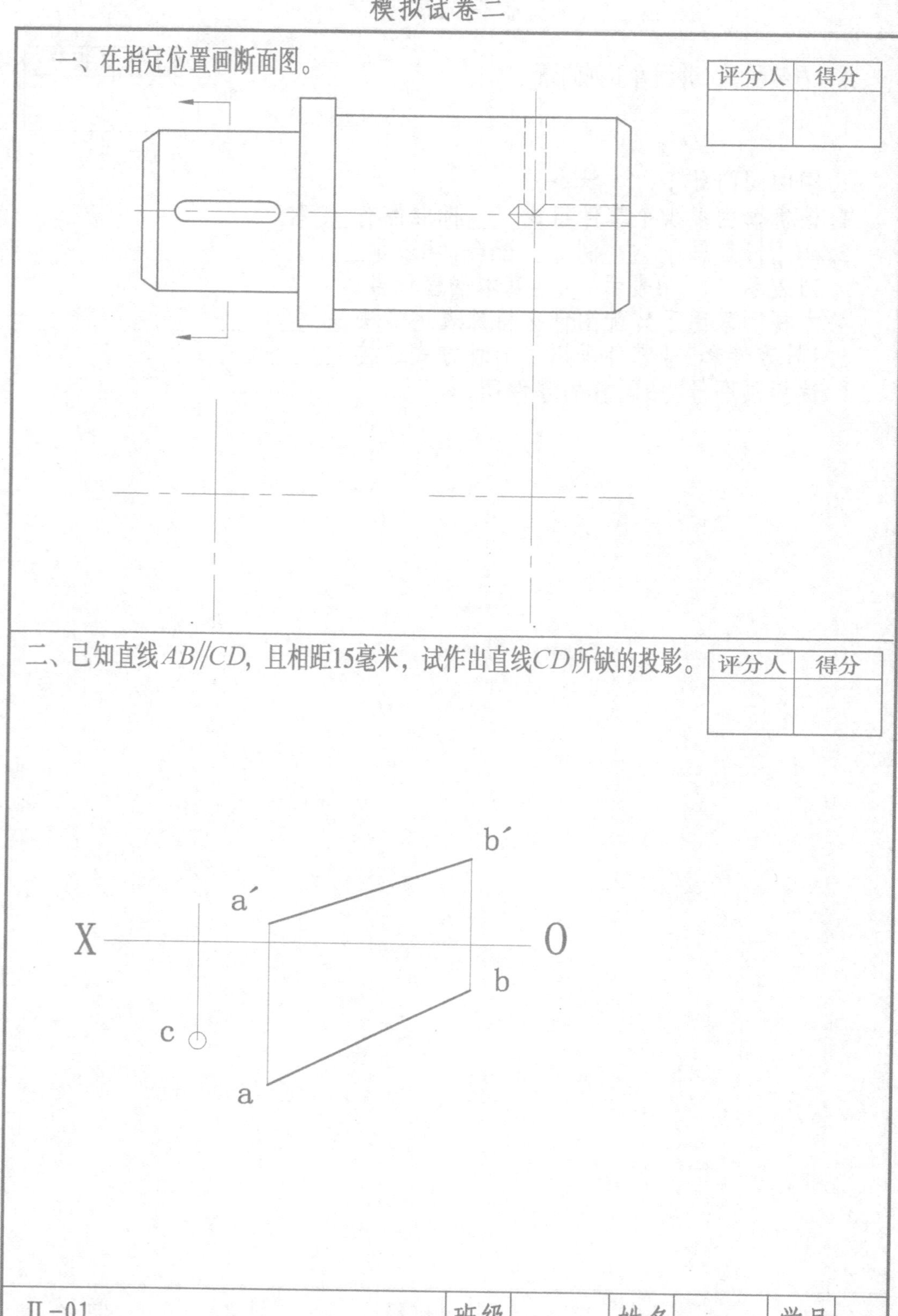
一、在指定位置画断面图。
评分人
得分
二、已知直线AB//CD，且相距15毫米，试作出直线CD所缺的投影。
评分人
得分
b´
a´
X
O
b
c
a
Ⅱ-01
班级
姓名
学号

模拟试卷二

三、标注下列组合体的尺寸（尺寸按1:1量取）。

评分人	得分

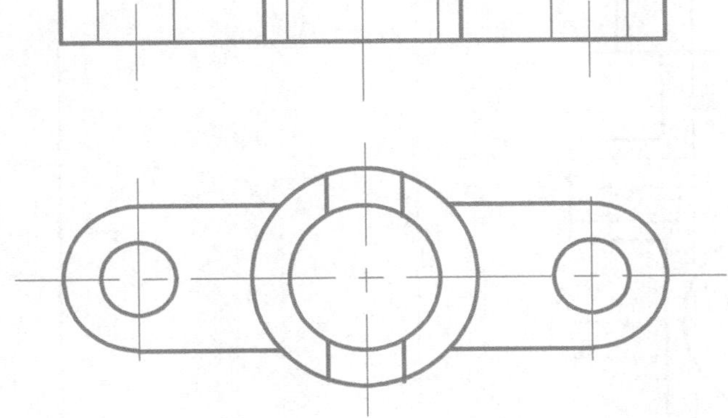

四、求AB、CD两直线之间的距离。

评分人	得分

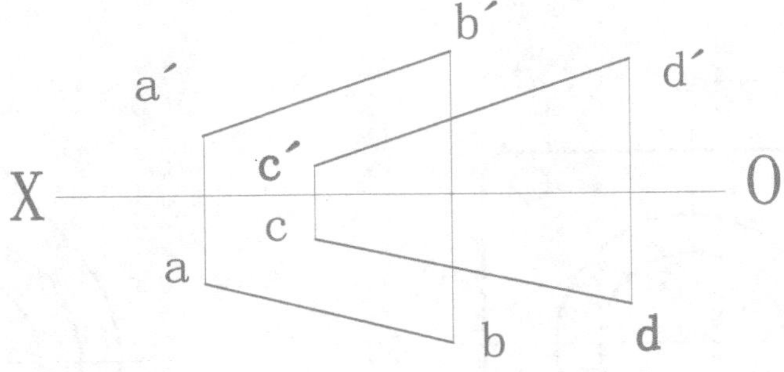

II-02	班级		姓名		学号	

模拟试卷二

五、作C-C剖视，并补全所缺的定位尺寸（按比例1:1在图中量取）。

评分人	得分

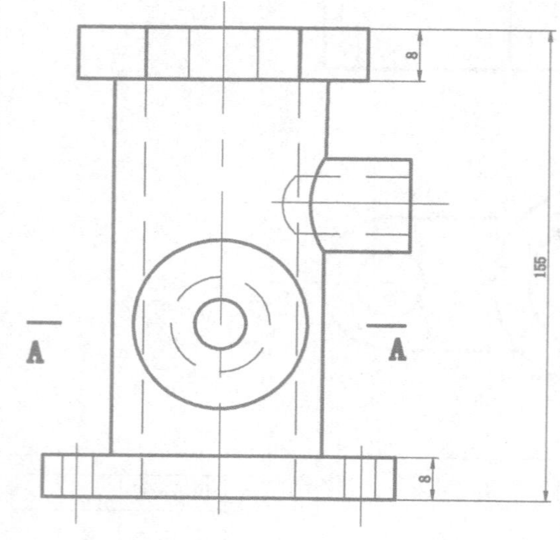

C-C

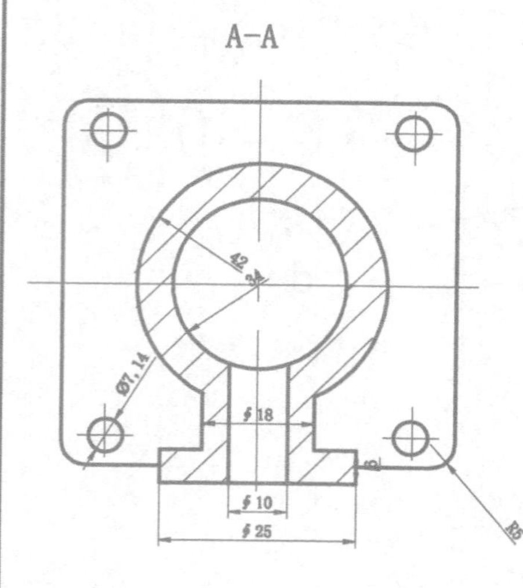

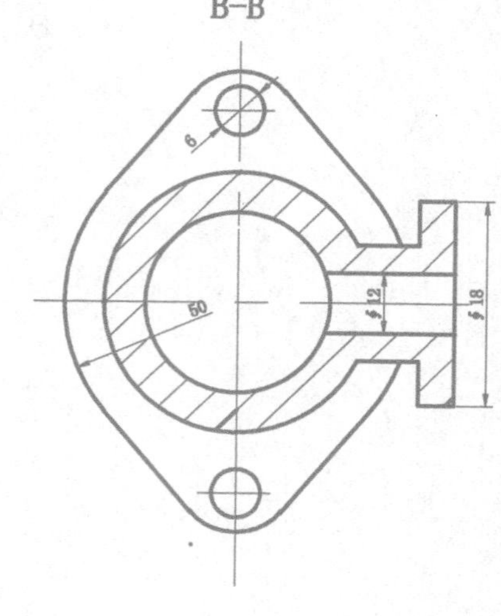

Ⅱ-03	班级		姓名		学号	

模拟试卷二

六、将主视图画成旋转剖视图，并画出B方向的局部视图。

评分人	得分

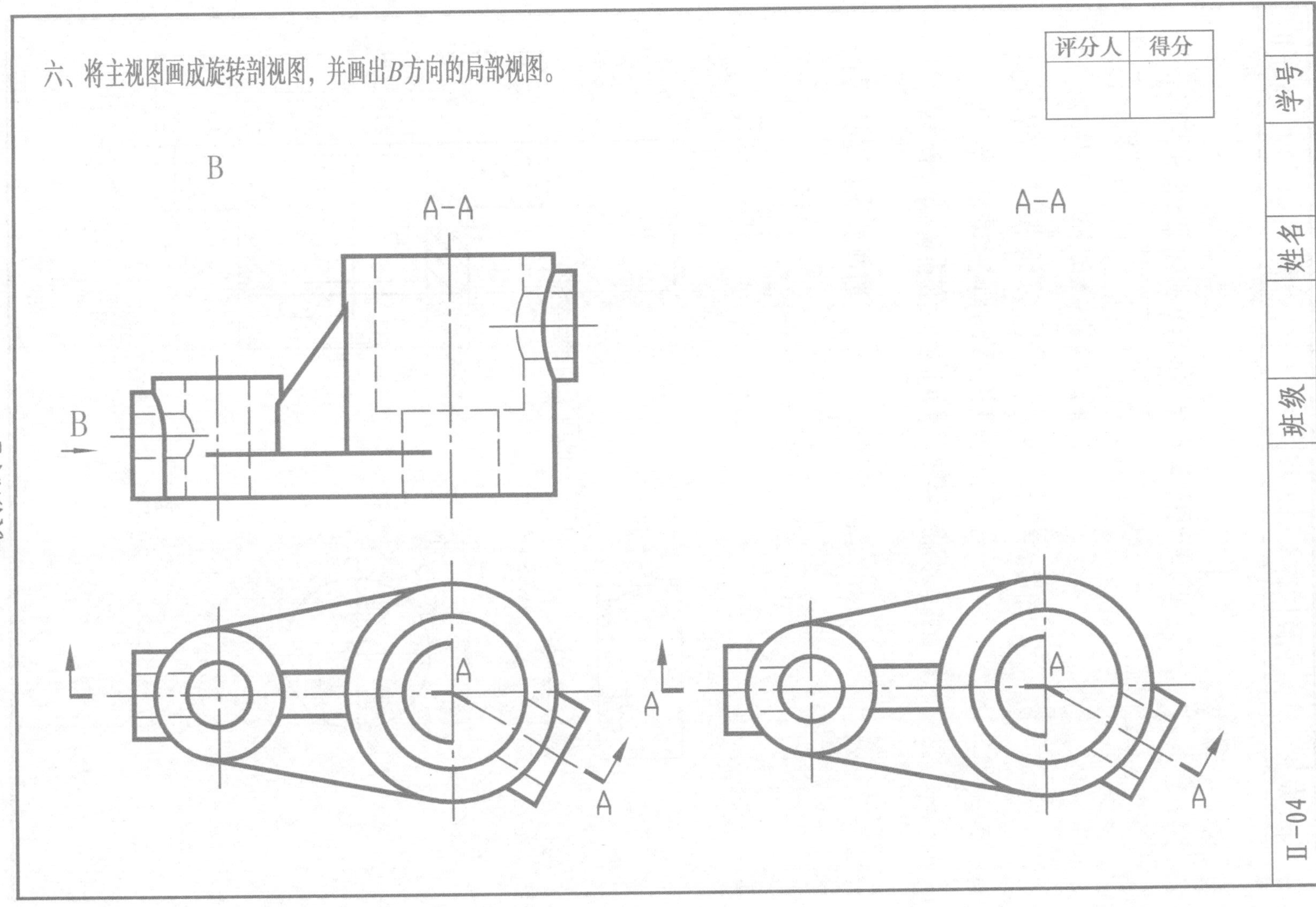

Ⅱ-04	班级		姓名		学号	

模拟试卷二

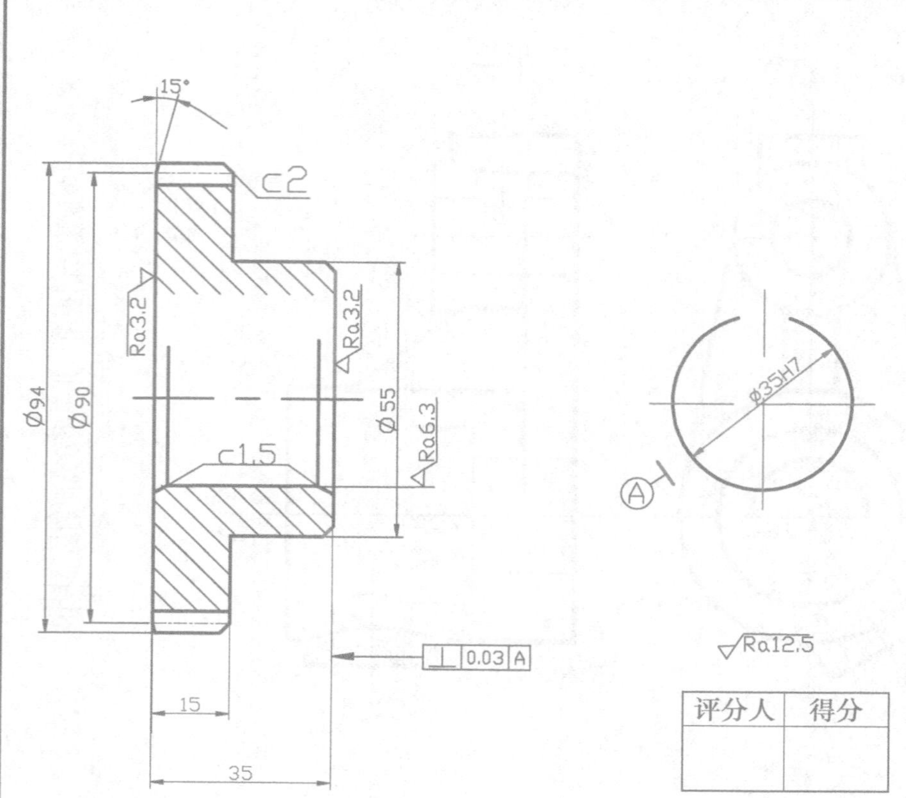

评分人	得分

七、读图并解答问题。

1. 查表确定内孔键槽的尺寸及其精度，完成主视图和局部视图，并将键槽的尺寸和偏差标注在视图上。
2. 查表确定齿轮内孔Ø35H7 的上下偏差，并标注在视图上，内孔的最大极限尺寸是（　　　　　）。
3. 解释符号 | ⊥ | 0.03 | A | 的含义。
4. 检查视图中错误的表面结构标注，并在视图中进行改正。

II-05	班级		姓名		学号	

模拟试卷二

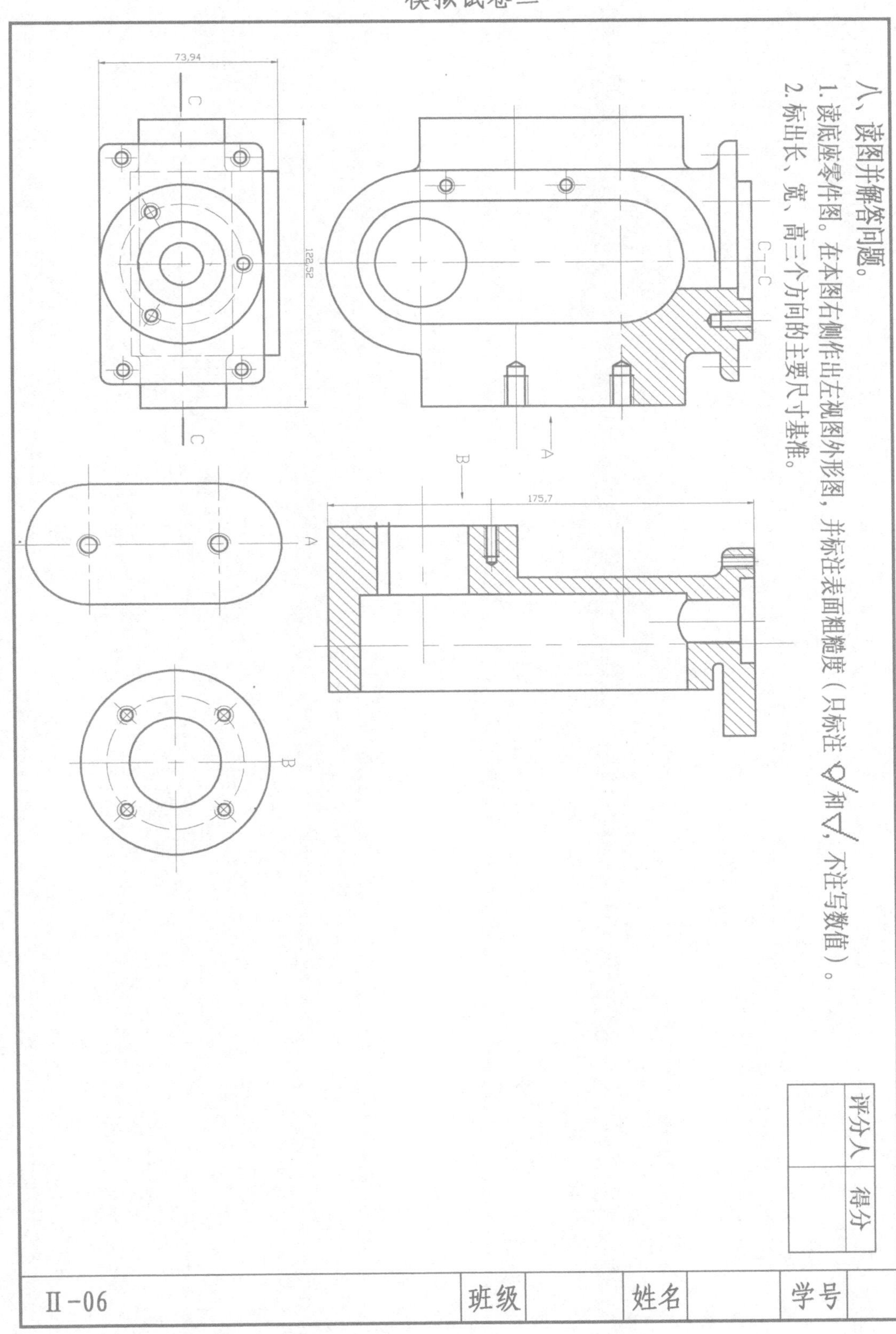
八、读图并解答问题。
1. 读底座零件图。在本图右侧作出左视图外形图，并标注表面粗糙度（只标注 ◯√ 和 ▽√，不注写数值）。
2. 标出长、宽、高三个方向的主要尺寸基准。
73,94
122,52
175,7
C
C
C－C
A
A
B
B
评分人
得分
Ⅱ－06
班级
姓名
学号

第三部分　参考答案

第6章 机件的常用表达方法习题答案

补画仰视图

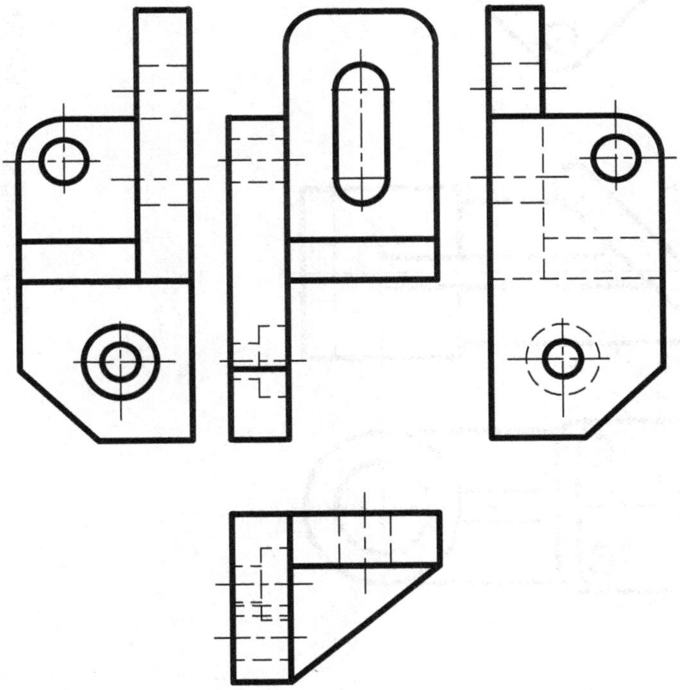

6-1视图(1)	班级		姓名		学号	

第6章 机件的常用表达方法习题答案

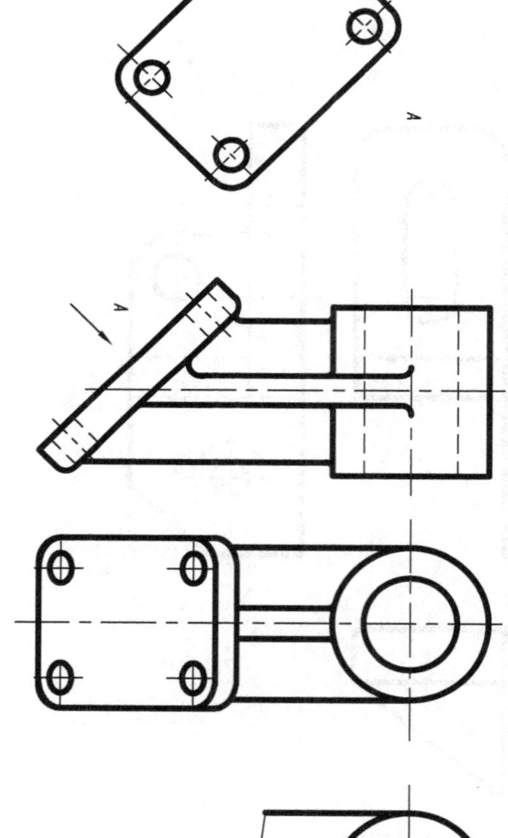

画出A向斜视图并在指定位置将左视图改为局部视图

6-1视图(2)	班级		姓名		学号	

第6章 机件的常用表达方法习题答案

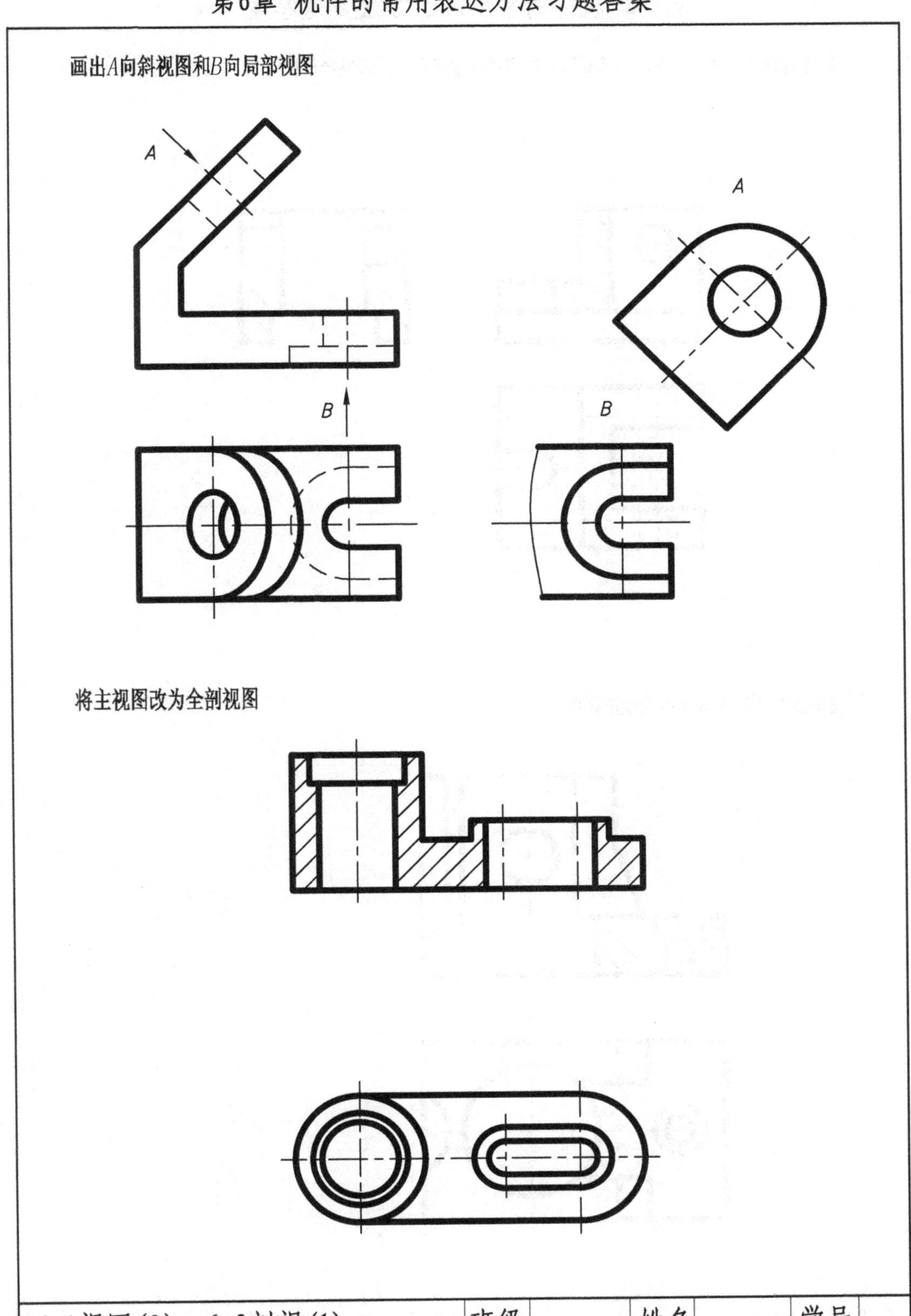

6-1视图(3)、6-2剖视(1)	班级		姓名		学号	

第6章 机件的常用表达方法习题答案

将主视图改为全剖视图，并选择适当的剖切位置将左视图画成全剖视图

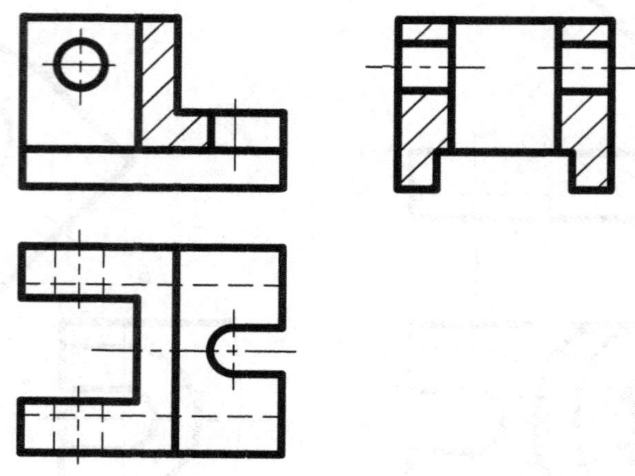

在指定位置将主视图改为全剖视图

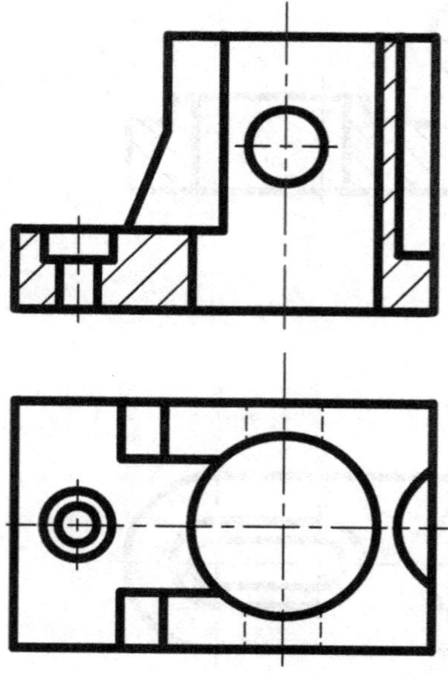

6-2剖视图(2)	班级		姓名		学号	

第6章 机件的常用表达方法习题答案

将主视图改为全剖视图

将主视图改为全剖视图

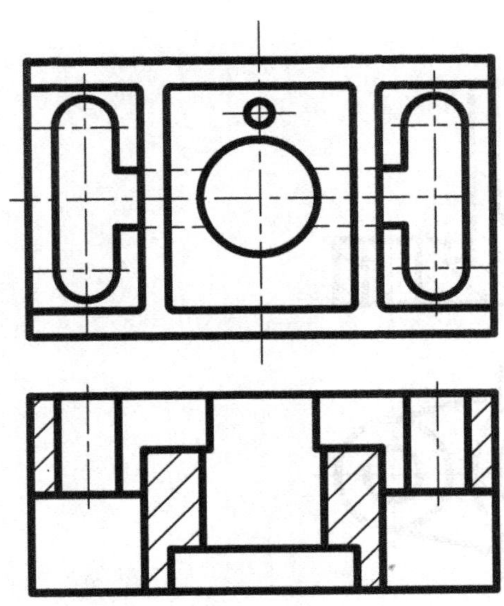

6-2剖视图(3)	班级		姓名		学号	

第6章 机件的常用表达方法习题答案

在指定位置将主视图改为半剖视图

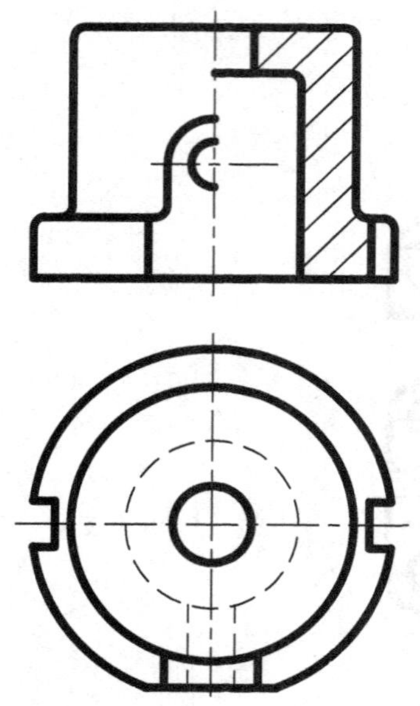

在指定位置将主视图和俯视图改为半剖视图

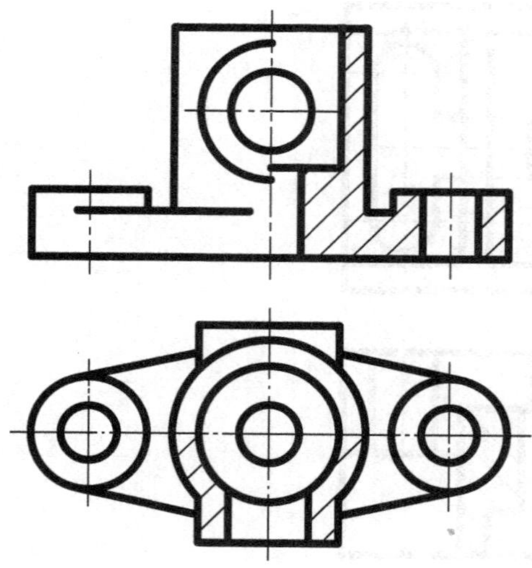

6-2剖视图(4)	班级		姓名		学号	

第6章 机件的常用表达方法习题答案

将主视图和左视图改为半剖视图

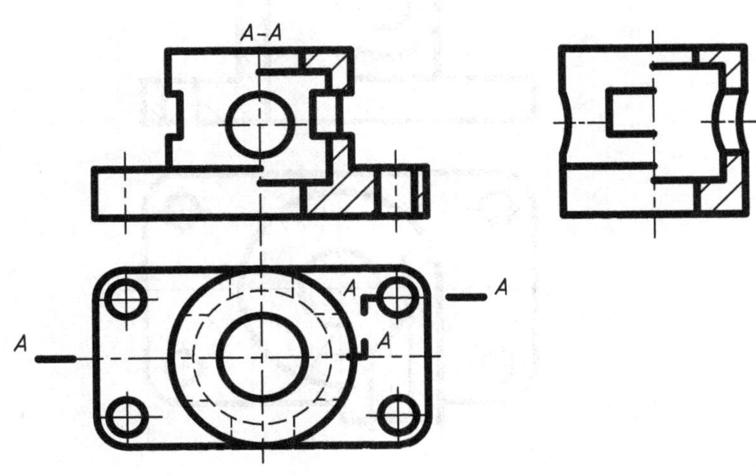

将主视图和俯视图改为局部视图

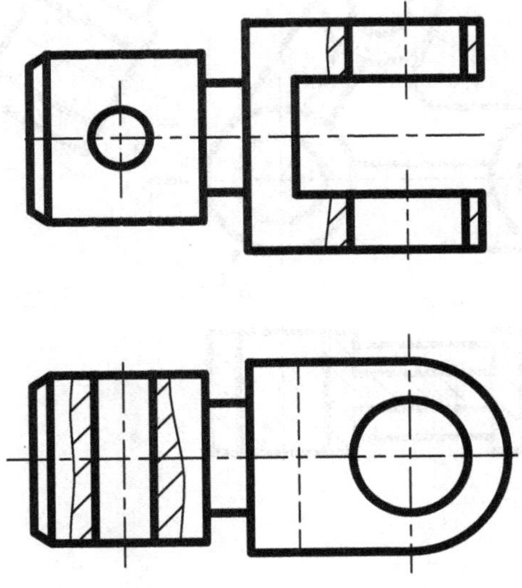

6-2剖视图(5)	班级		姓名		学号	

第6章 机件的常用表达方法习题答案

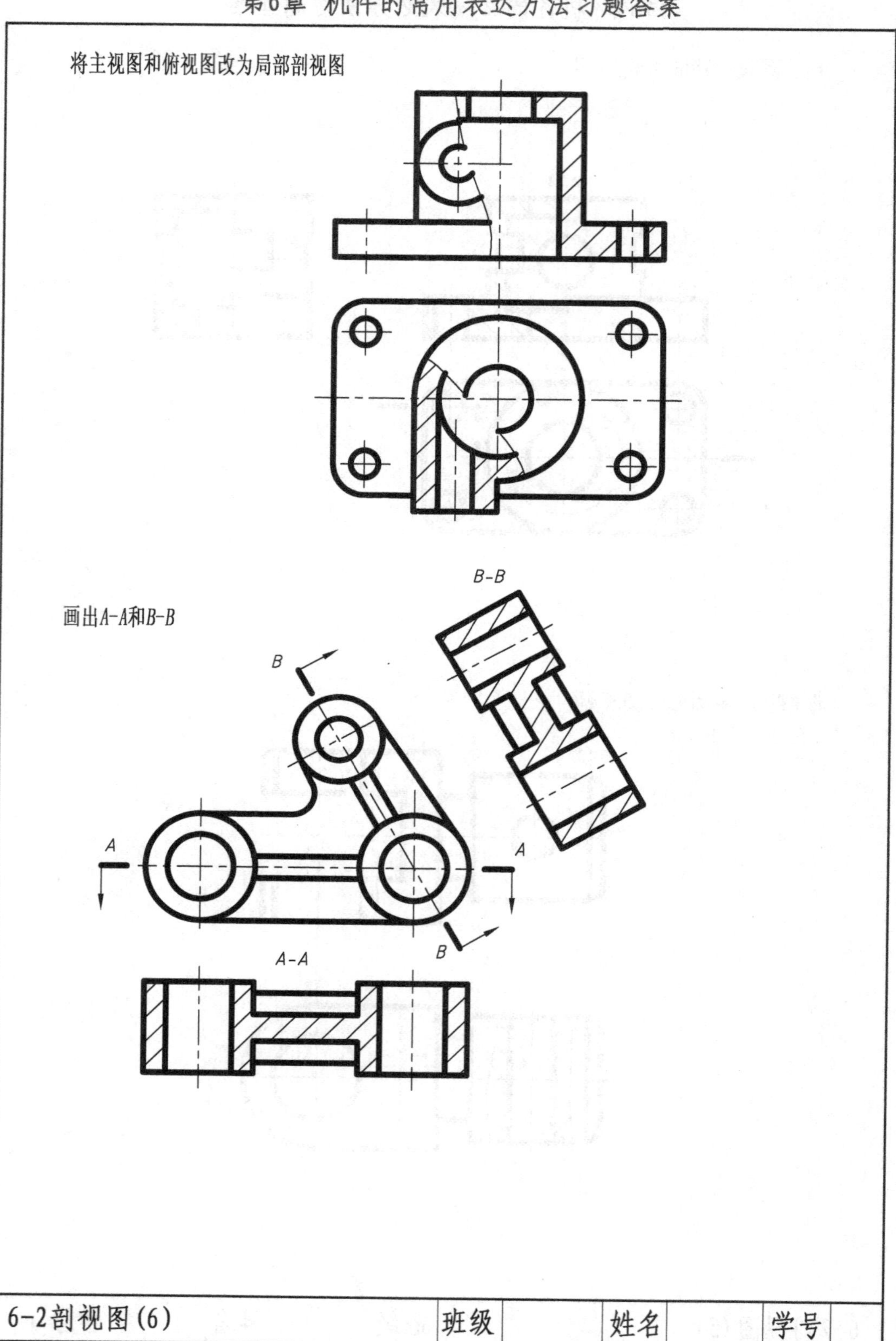

6-2剖视图(6)	班级		姓名		学号	

第6章　机件的常用表达方法习题答案

将主视图改为全剖视图（采用两个相交的剖切平面剖切）

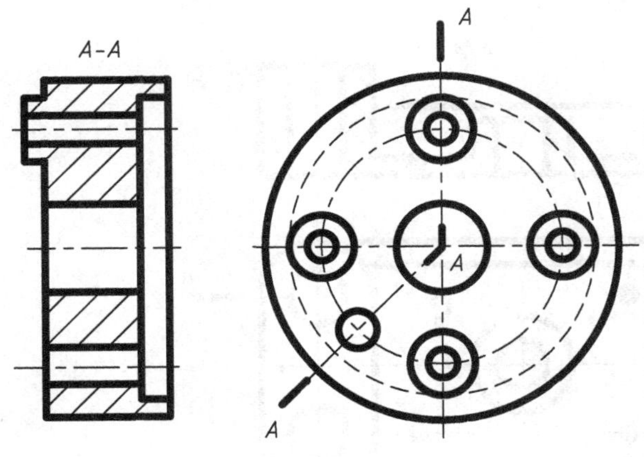

将主视图改为全剖视图（采用两个相交剖切平面剖切）

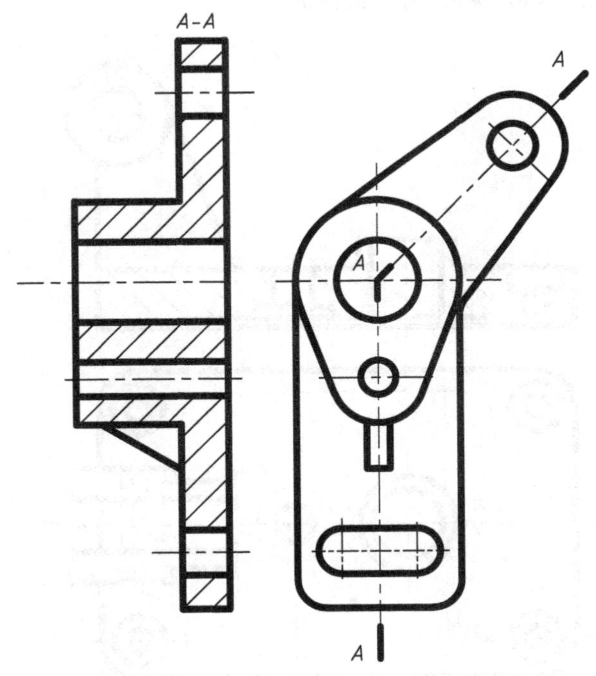

6-2剖视图(7)	班级		姓名		学号	

第6章 机件的常用表达方法习题答案

将主视图画成全剖视图（采用平行平面剖切）

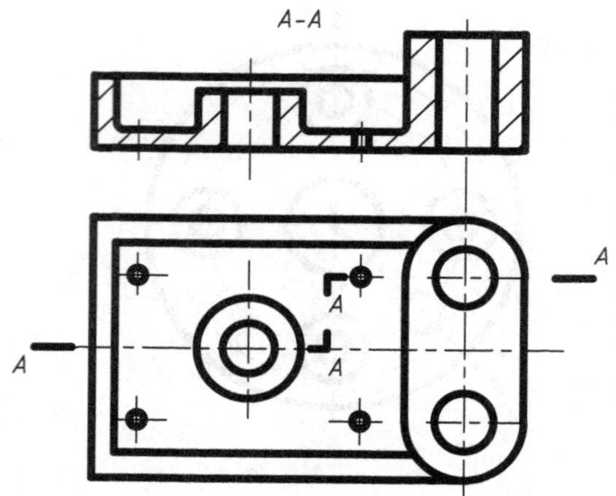

将主视图改为全剖视图（采用平行平面剖切）

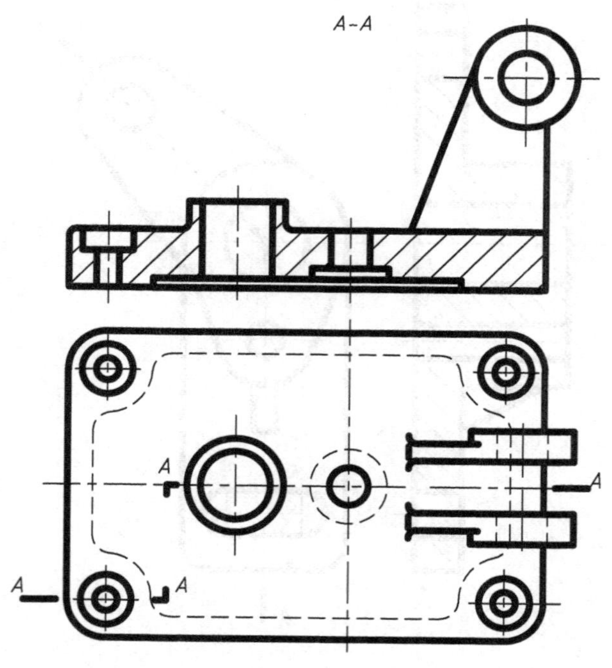

6-2剖视图(8)	班级		姓名		学号	

第6章 机件的常用表达方法习题答案

画出指定位置的断面图（左侧为通孔，键槽深3毫米）

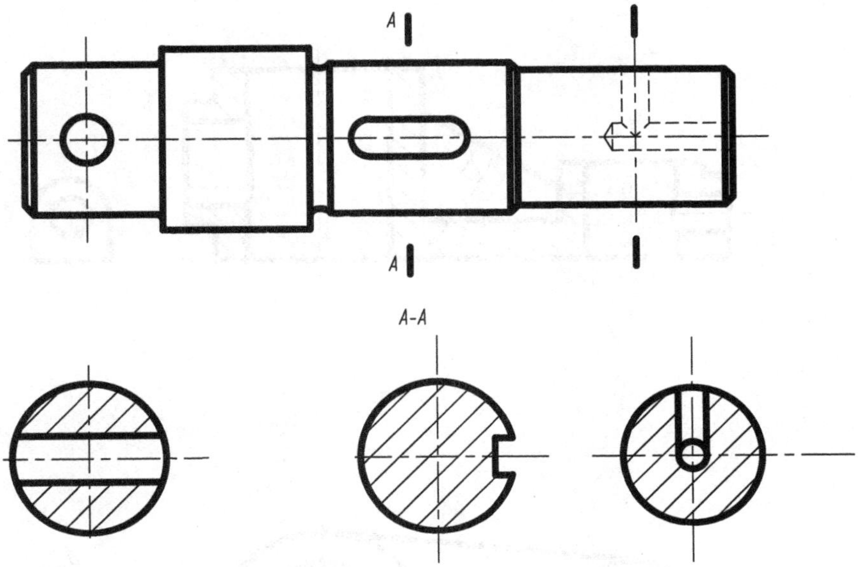

A

A

A-A

在两个相交剖切平面迹线的延长线上作移出断面

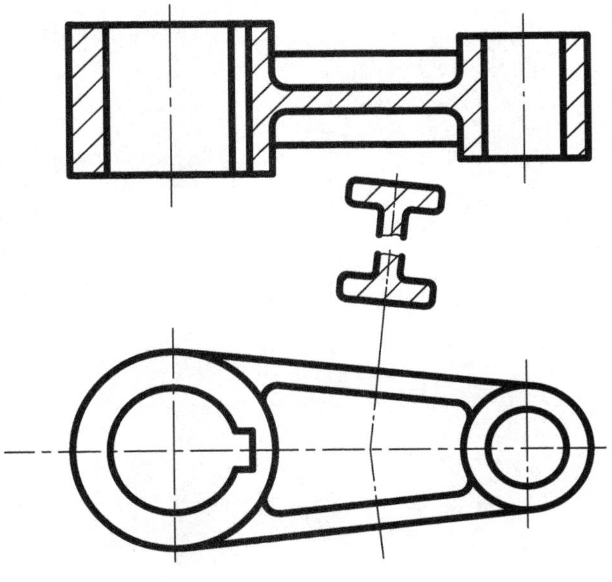

6-3断面	班级		姓名		学号	

第6章 机件的常用表达方法习题答案

采用合适的表达方法，将机件的形状表达清楚

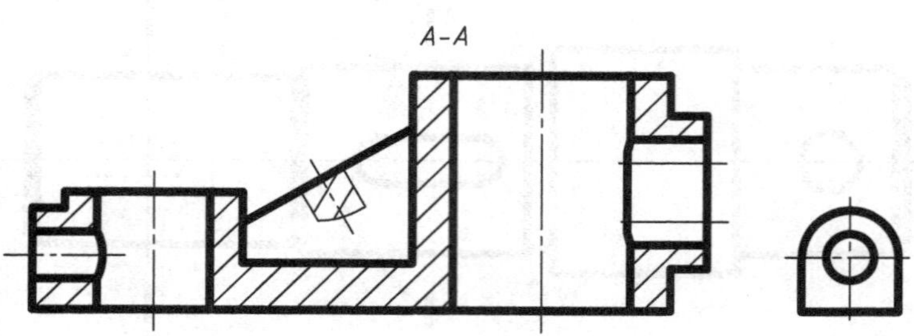

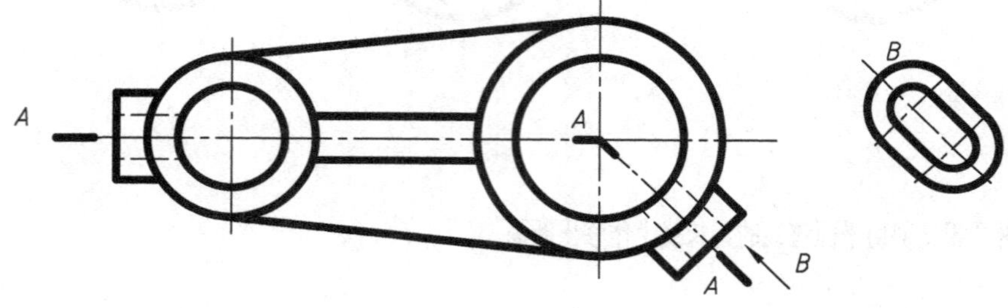

6-4表达方法综合应用(1)	班级		姓名		学号	

第6章 机件的常用表达方法习题答案

采用合适的表达方法，将机件的形状表达清楚

A

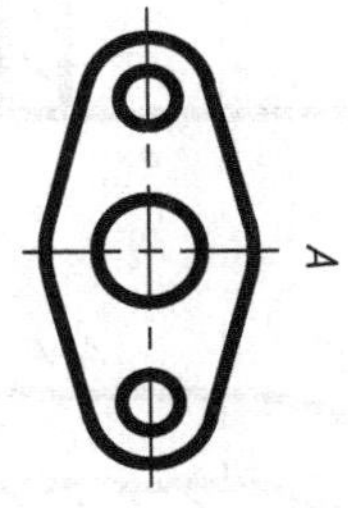

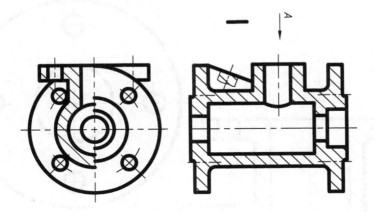

6-4表达方法综合应用(2)	班级		姓名		学号	

第6章 机件的常用表达方法习题答案

采用合适的表达方法，将机件的形状表达清楚

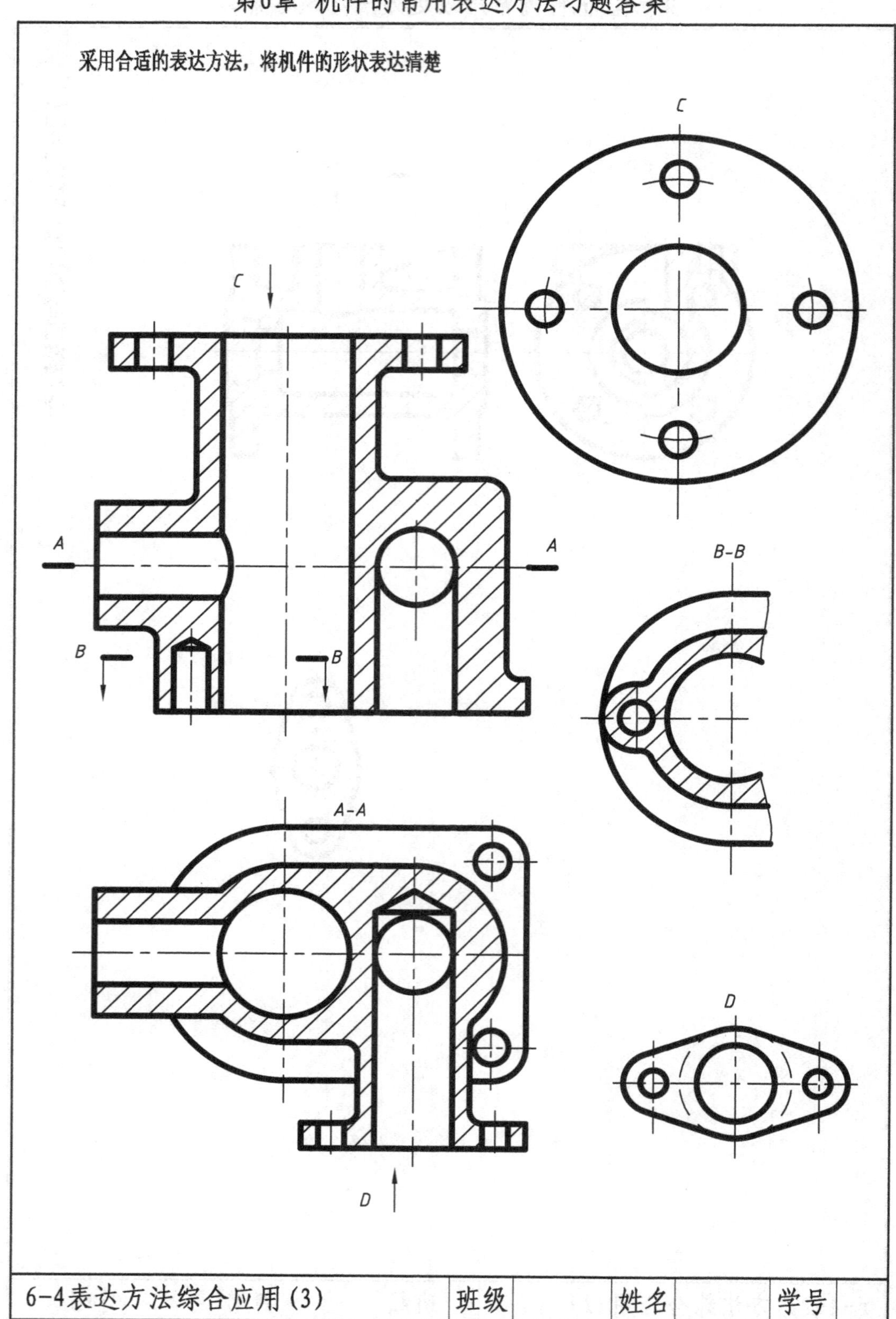

6-4表达方法综合应用(3)	班级		姓名		学号	

第6章 机件的常用表达方法习题答案

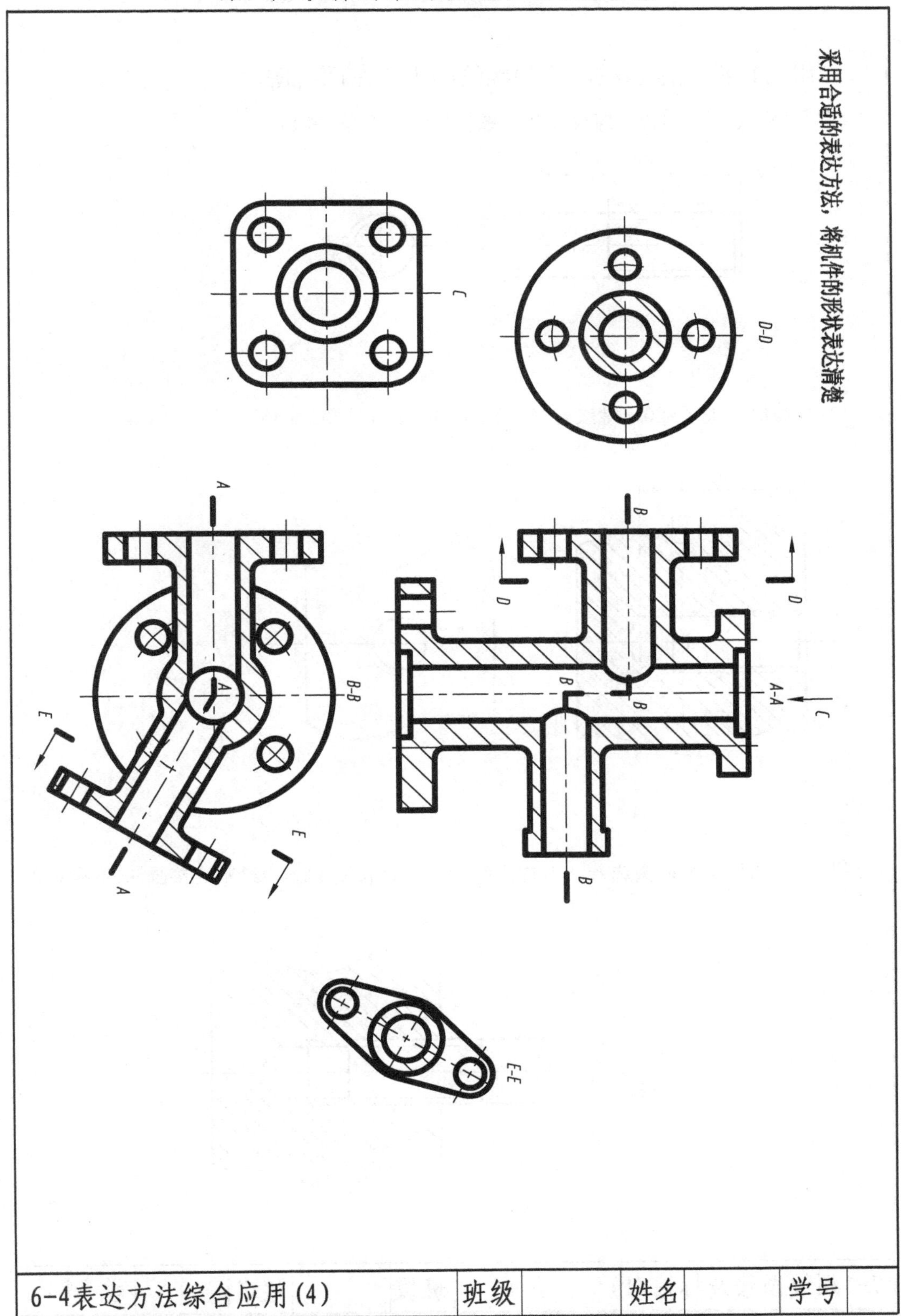

6-4表达方法综合应用(4)	班级		姓名		学号	

第7章 机件的规定表达方法习题答案

1. 用1:1,按规定画法，绘制螺纹的主、左两视图。

（1）外螺纹:大径M20、螺纹长40、螺杆长60、倒角2×45°。

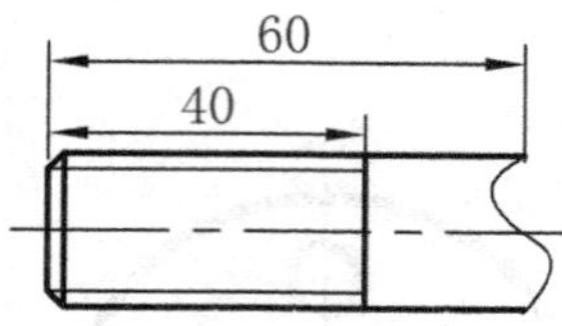

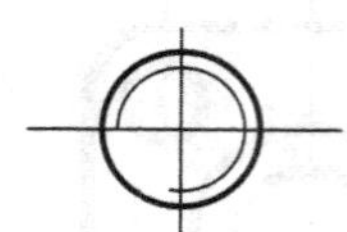

(2) 内螺纹：大径M20，螺纹长40、孔深50，螺纹倒角2×45°。

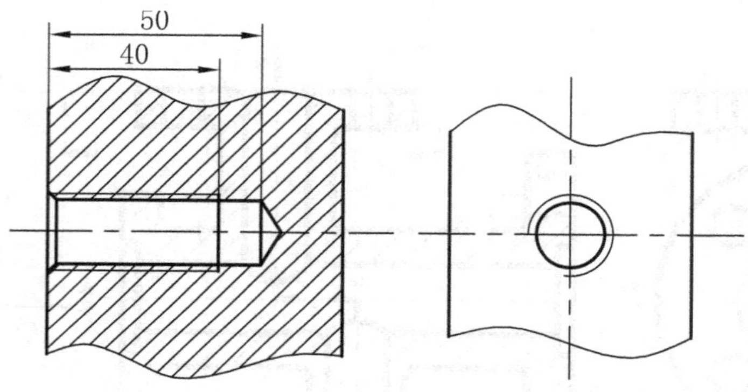

(3) 将（1）的外螺纹调头选入（2）内螺纹中，旋合长度30mm，绘制连接画法的两视图。

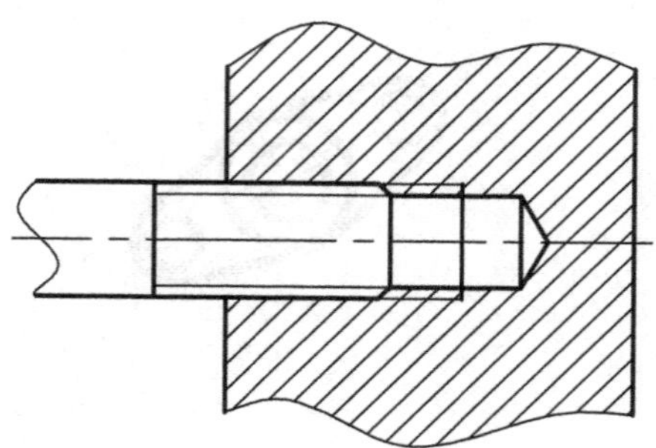

7-1螺纹画法及标注(1)	班级		姓名		学号	

第7章 机件的规定表达方法习题答案

2. 根据已知的螺纹代号，查表填空。

螺纹代号	螺纹种类	大径	螺距	导程	线数	旋向	公差代号（中径）	旋合代度（种类）
M16-5g6g	普通螺牙	M20	2.5	2.5	1	右	5g	N(中)
M16×1LH-6E	普通螺牙	M16	1	1	1	左	6E	N(中)
Tr40×24（P8）-7f-L	梯形螺纹	40	8	24	3	右	7f	L(长)
G1/2A	管螺纹	20.955	1.184	1.184	1	右	A	N(中)
B30×5-8e	锯齿形螺纹	30	5	5	1	右	8e	N(中)

3. 根据给定的螺纹要素，标注螺纹。

(1) 细牙普通螺纹，大径24mm，螺距1mm，单线，左旋，中径与顶径公差代号均为6h。

(2) 粗牙普通螺纹，公称直径24mm，右旋，中径与顶径公差代号均为7H。

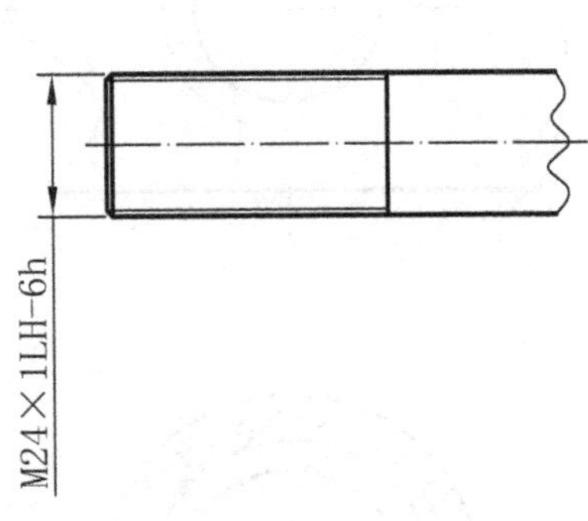

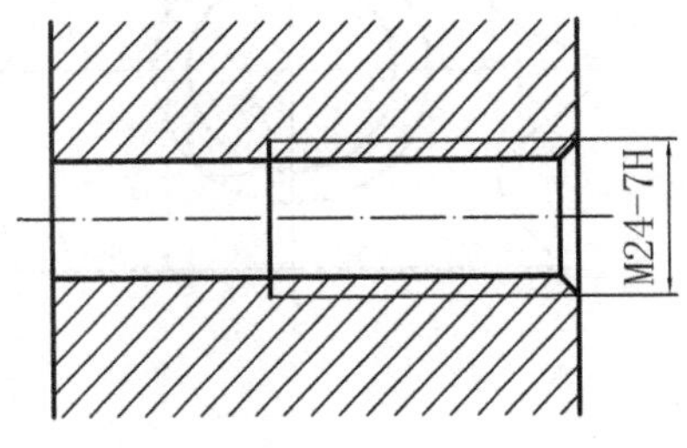

(3) 非螺纹密封的管螺纹，尺寸代号3/4，公差等级为A级。

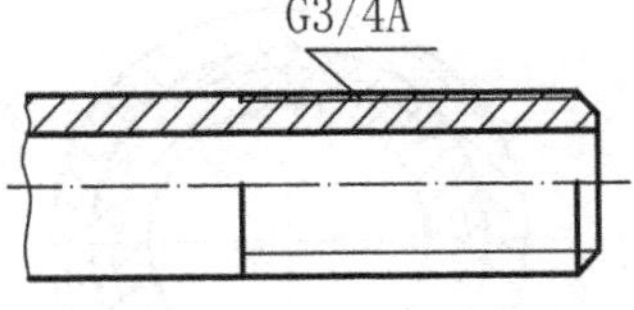

(4) 梯形螺纹，公称直径30mm，螺距5mm，双线，左旋。

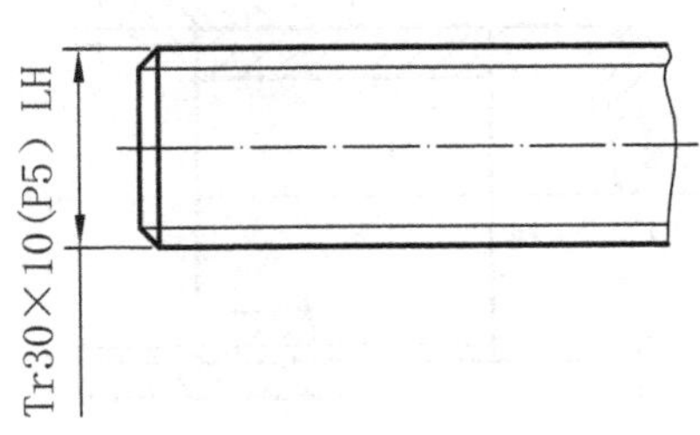

7-1螺纹画法及标注(2)	班级		姓名		学号	

第7章 机件的规定表达方法习题答案

4. 分析图中错误，在指定位置画出正确图形。

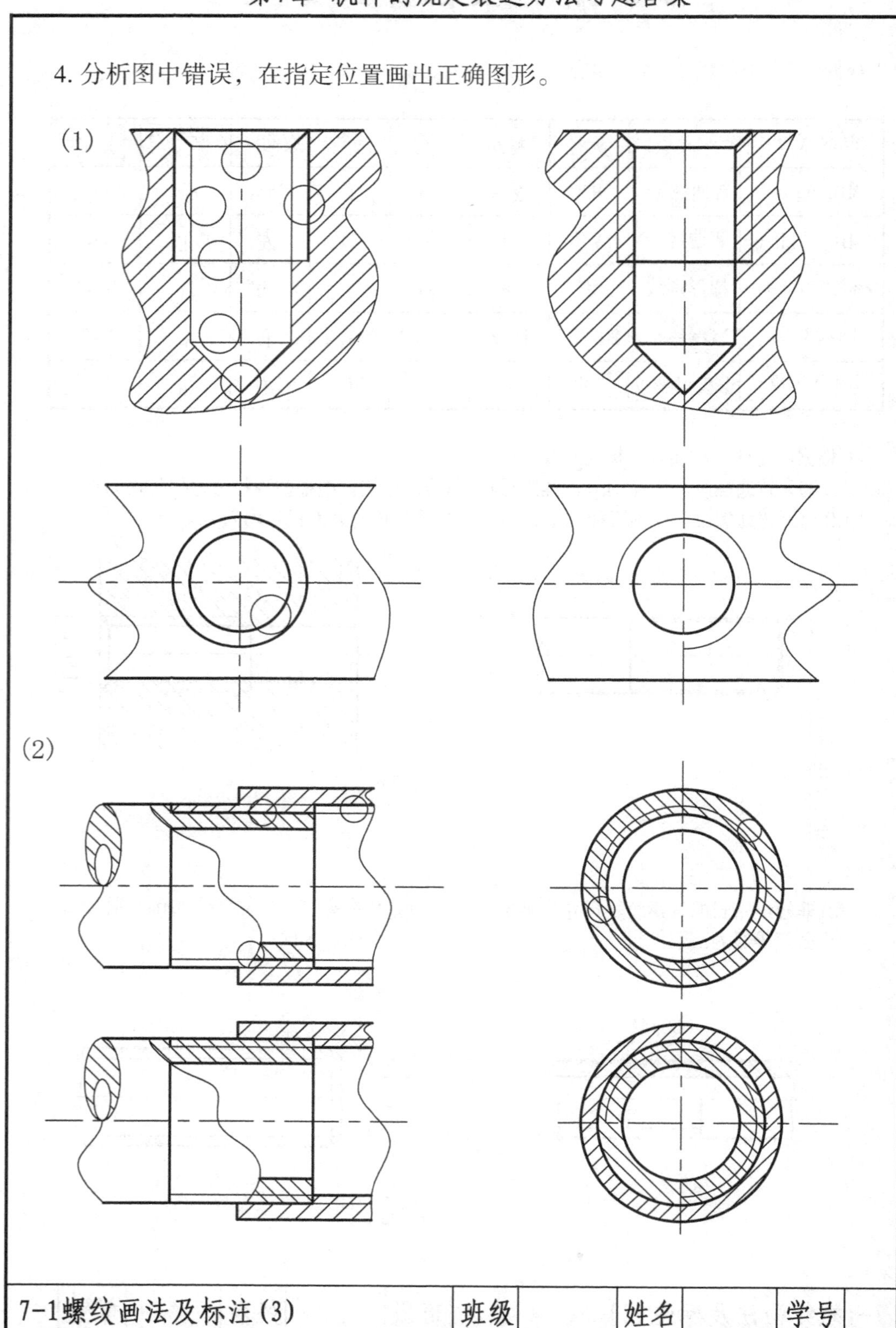

7-1螺纹画法及标注(3)	班级		姓名		学号	

第7章 机件的规定表达方法习题答案

1. A型双头螺柱：螺纹规格d=12mm，b_m=1.25d，公称长度L=40mm。

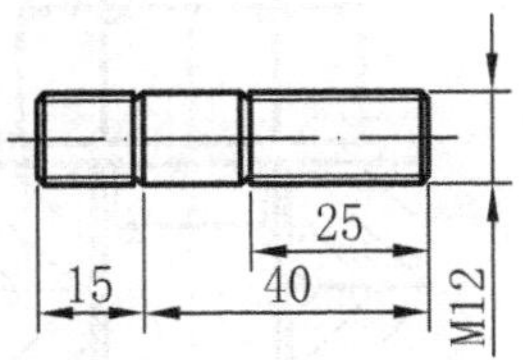

标记 螺柱GB/T 97.1 16

2. A级L型六角螺母：螺纹规格D=18mm。

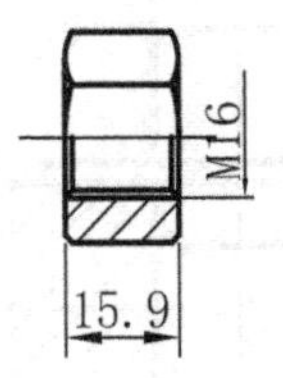

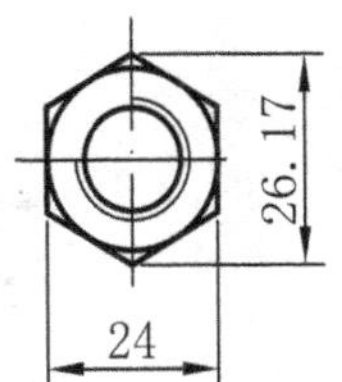

标记 螺母GB/T 41 M16

3. A级倒角型平垫圈：公称尺寸d=16mm。

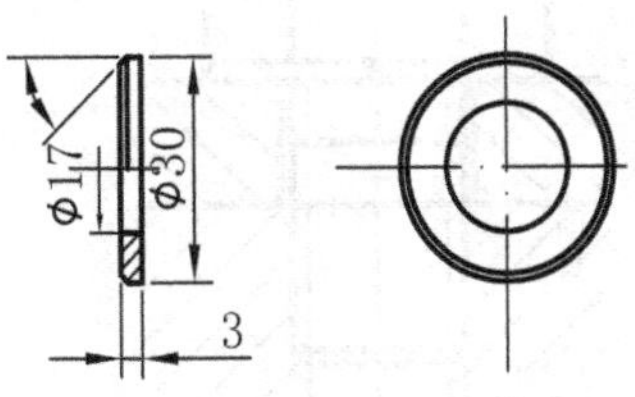

标记 垫圈 GB/T 97.1 16

4. A级型槽盘螺丁：螺纹规d=10mm、公称长度L=45mm。

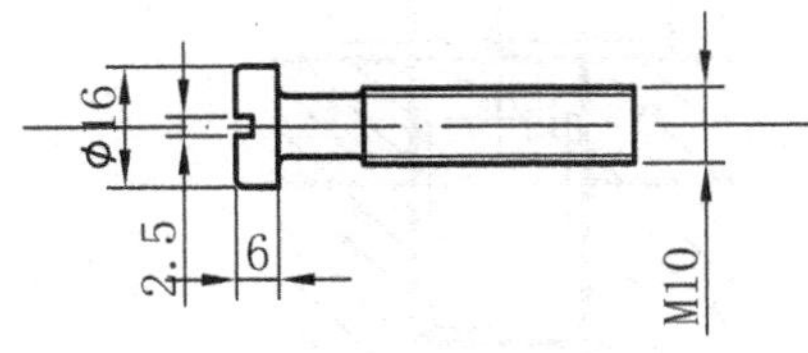

标记 螺钉 GB/T 65 M10×45

5. A级六角头螺栓：螺纹规格d=M14、公称长度L=50mm。

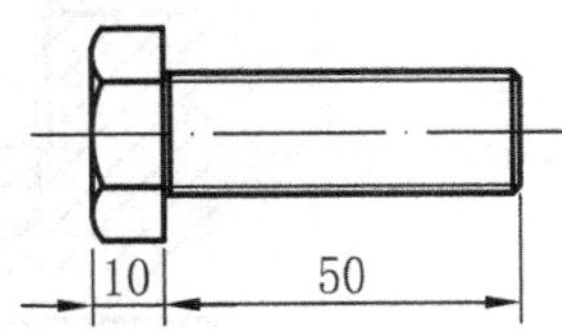

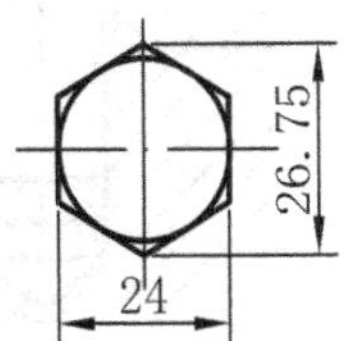

标记 螺栓 GB/T 5780 M16×50

7-2螺纹紧固件(1)	班级		姓名		学号	

第7章 机件的规定表达方法习题答案

分析下列连接图中的错误，将正确的连接图画在旁边指定位置。

1. 螺栓连接

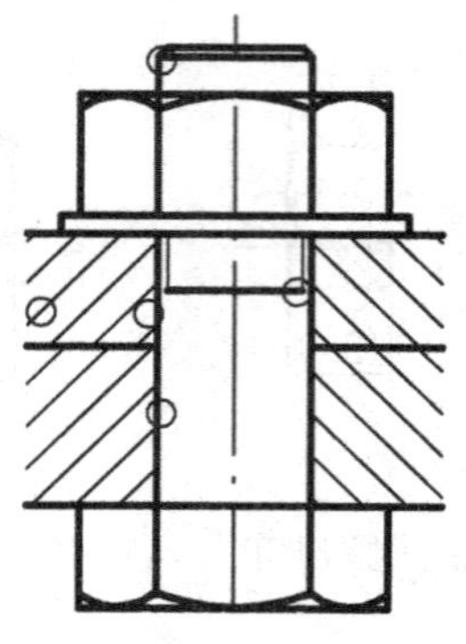
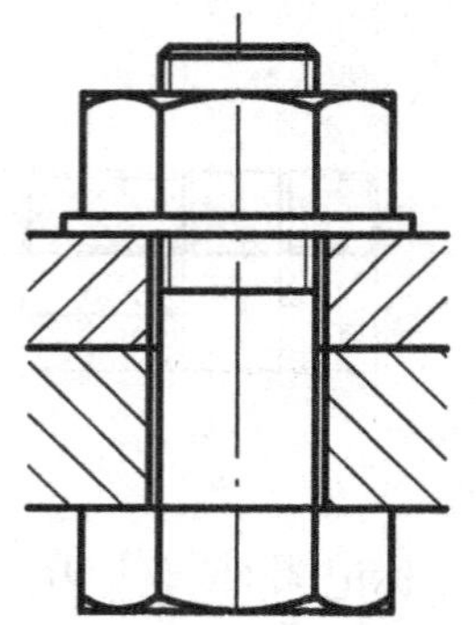

2. 双头螺柱连接

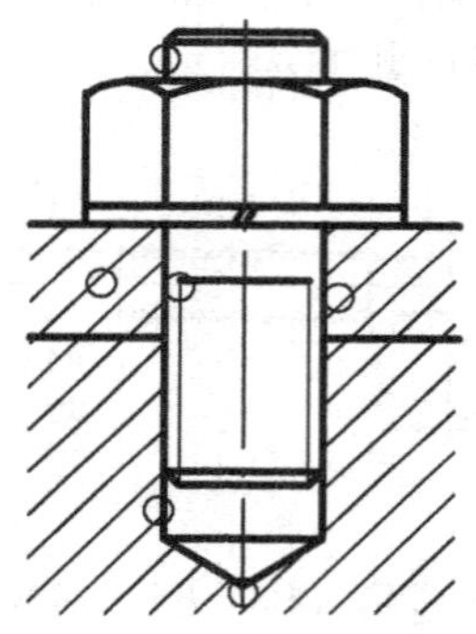
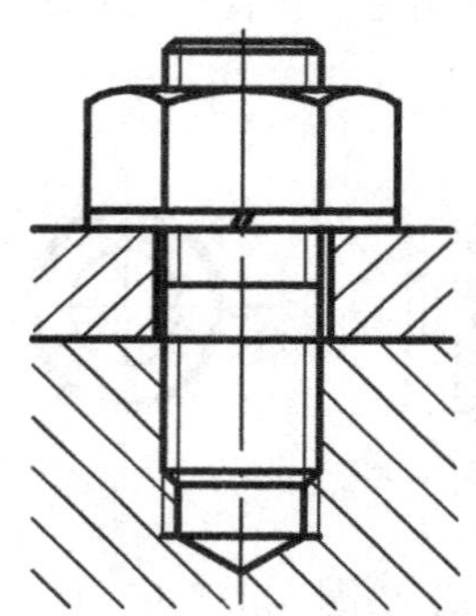

3. 螺钉连接

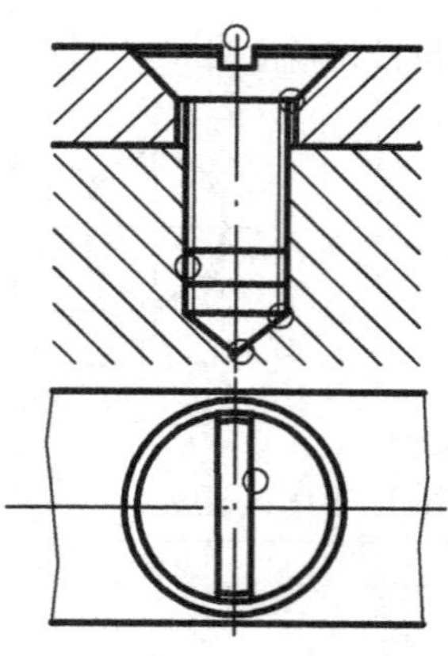
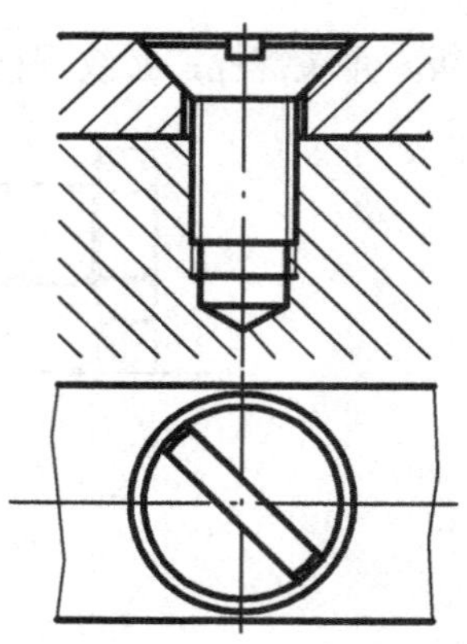

7-2螺纹紧固件(2)	班级		姓名		学号	

第7章 机件的规定表达方法习题答案

1. 已知轴和齿轮采用A型普通平键连接，轴孔直径为50mm，键的长度为45mm，试查表确定键和键槽的尺寸，用1:2.5画全图（1）和（2），并标注图（1）中的键槽尺寸。

（1）轴

∅50

φ

（2）平键连接齿轮和轴

A

A—A

A

2. 用1:2画全轴和套筒用圆柱销GB/T119　16×60连接后的连接图。

7-3键、销及齿轮(1)	班级		姓名		学号	

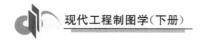

第7章 机件的规定表达方法习题答案

1. 已知一直齿圆柱齿轮的m=2，z=20，要求：
（1）列出d_a，d，d_f的计算公式并算出相关数据；
（2）补全齿轮的两视图；
（3）补全齿轮及键槽尺寸。

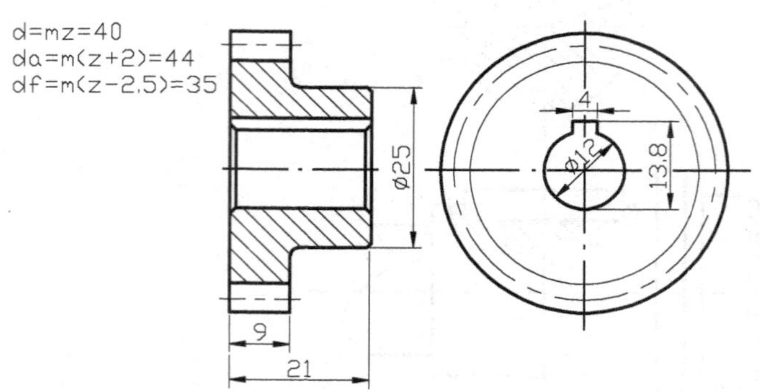

2. 已知一对直齿圆柱齿轮啮合，z_1=18，z_2=30，m=3mm，已知两齿轮的键槽孔完全一样。试计算大小齿轮的分度圆、齿顶圆和齿根圆直径及两齿轮的传动比，并按1:2画全齿轮的啮合图。

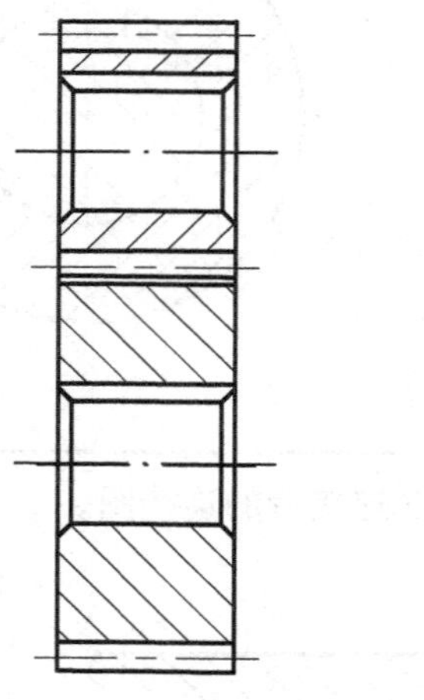

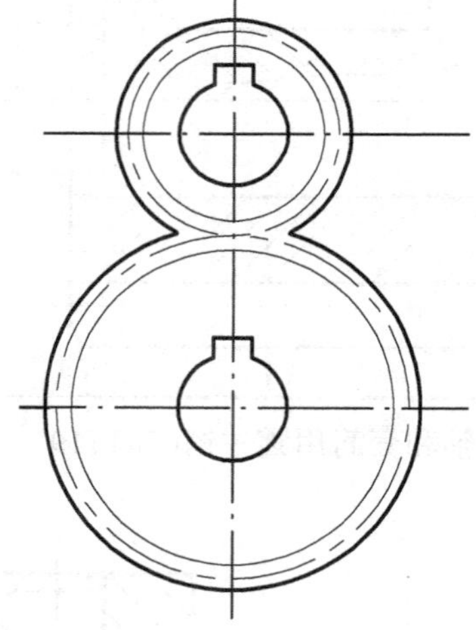

d1=18×3=54　　d2=30×3=90
da1=(18+2)×3=60　　da2=(30+2)×3=96
df1=(18-2.5)=46.5　　df2=(30-2.5)×3=82.5

7-3键、销及齿轮(2)	班级		姓名		学号	

第8章 零件图习题答案

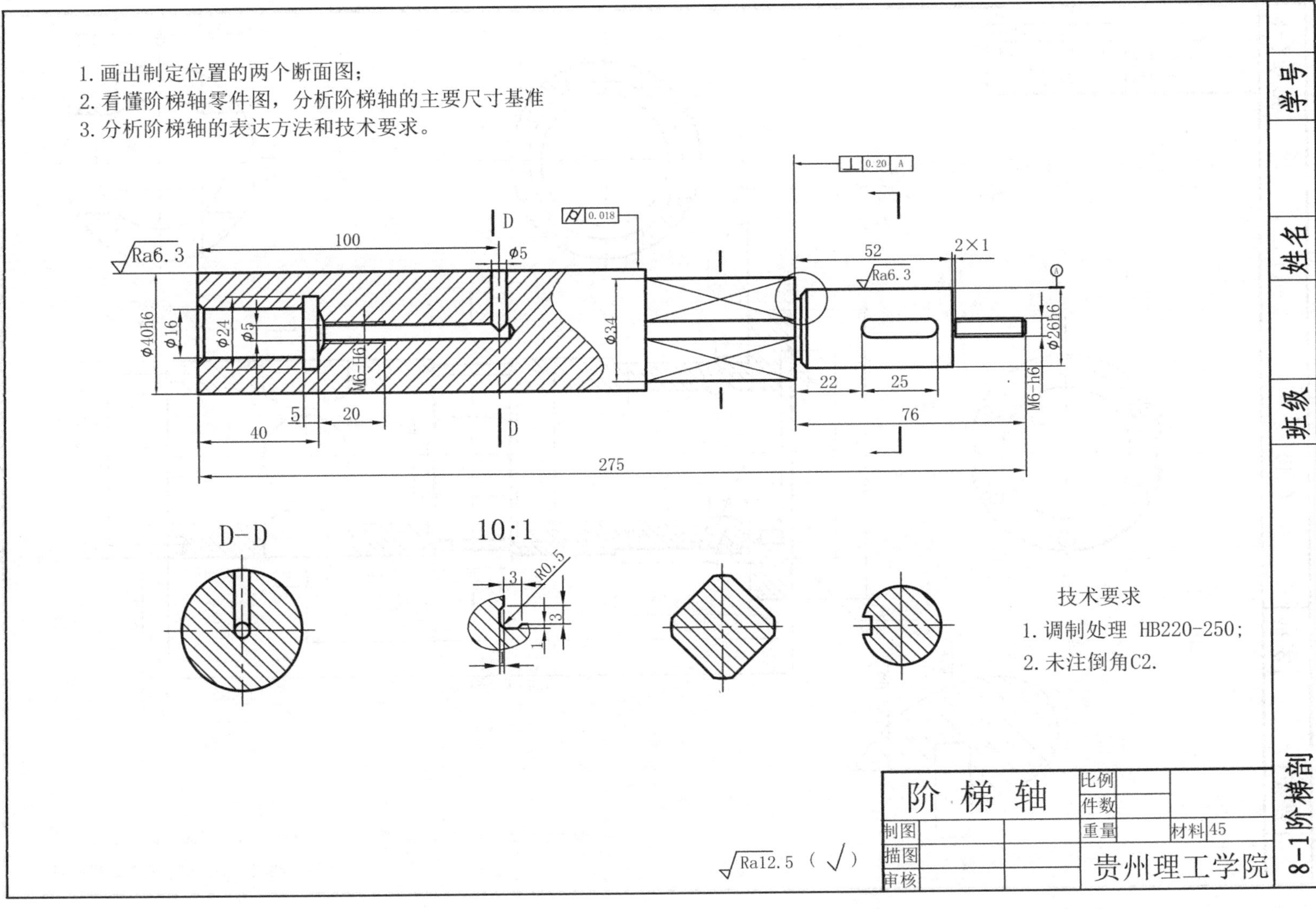
1. 画出制定位置的两个断面图；
2. 看懂阶梯轴零件图，分析阶梯轴的主要尺寸基准
3. 分析阶梯轴的表达方法和技术要求。
0.20 A
0.018
D
100
Ra6.3
φ5
52
2×1
Ra6.3
φ40h6
φ16
φ24
φ5
M6-H6
φ34
φ26h6
M6-h6
22
25
5
20
40
76
275
D-D
10:1
3
R0.5
3
1
技术要求
1. 调制处理 HB220-250;
2. 未注倒角C2.
阶梯轴
比例
件数
制图
重量
材料 45
描图
审核
Ra12.5 (√)
贵州理工学院
8-1阶梯剖
班级
姓名
学号

第8章 零件图习题答案

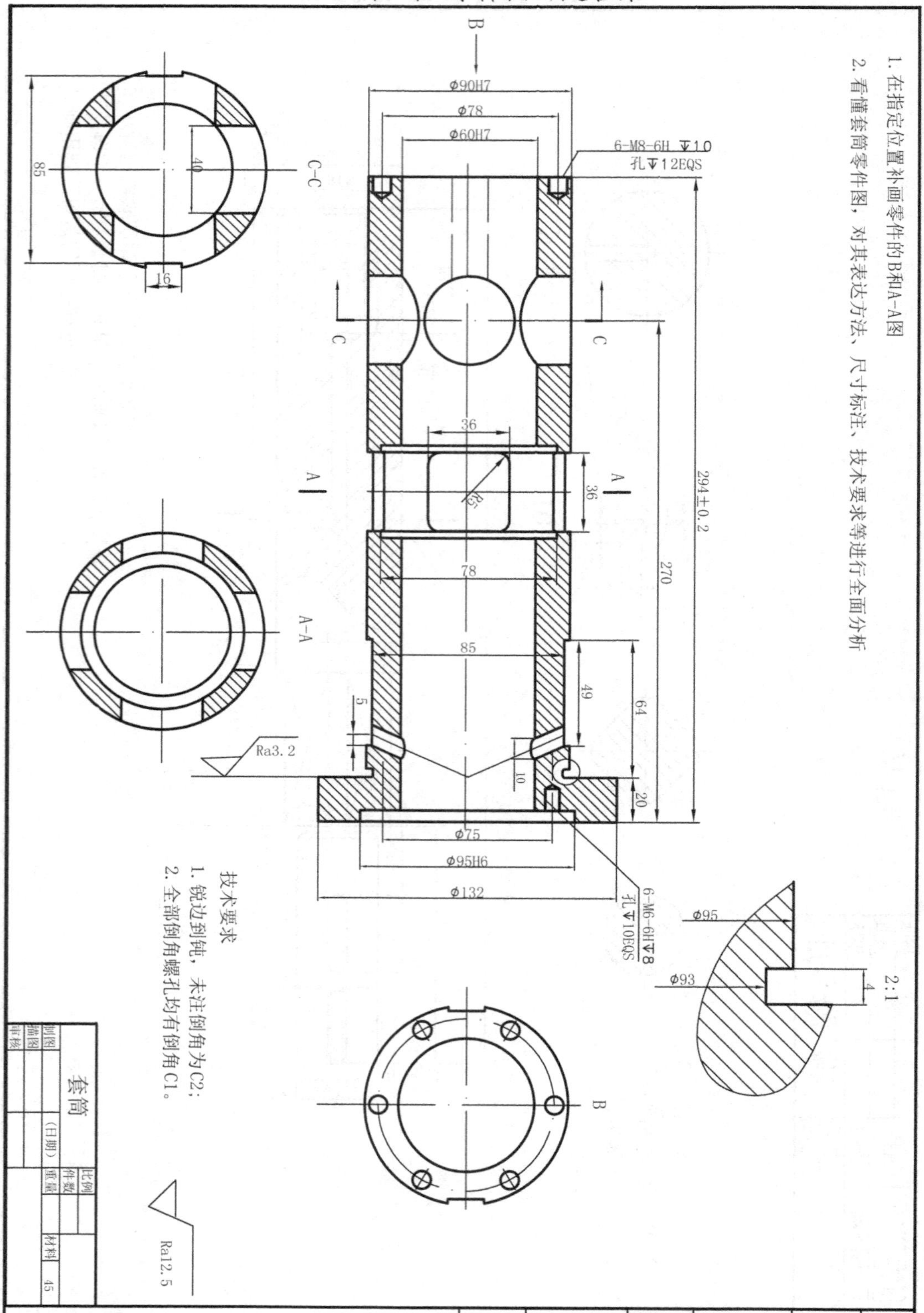

1. 在指定位置补画零件的B和A-A图
2. 看懂套筒零件图，对其表达方法、尺寸标注、技术要求等进行全面分析

B
Φ90H7
Φ78
Φ60H7
6-M8-6H ↧10
孔↧12EQS
C-C
85
40
16
C C
36
A A
36
R5
78
A-A
85
294±0.2
270
49
64
5
Ra3.2
10
20
Φ75
Φ95H6
Φ132
6-M6-6H↧8
孔↧10EQS
Φ95
Φ93
4
2:1
B
Ra12.5

技术要求
1. 锐边刮钝，未注倒角为C2;
2. 全部倒角螺孔均有倒角C1。

套筒		比例	
		件数	
制图	(日期)	重量	材料 45
描图			
审核			

8-2套筒	班级		姓名		学号	

第8章 零件图习题答案

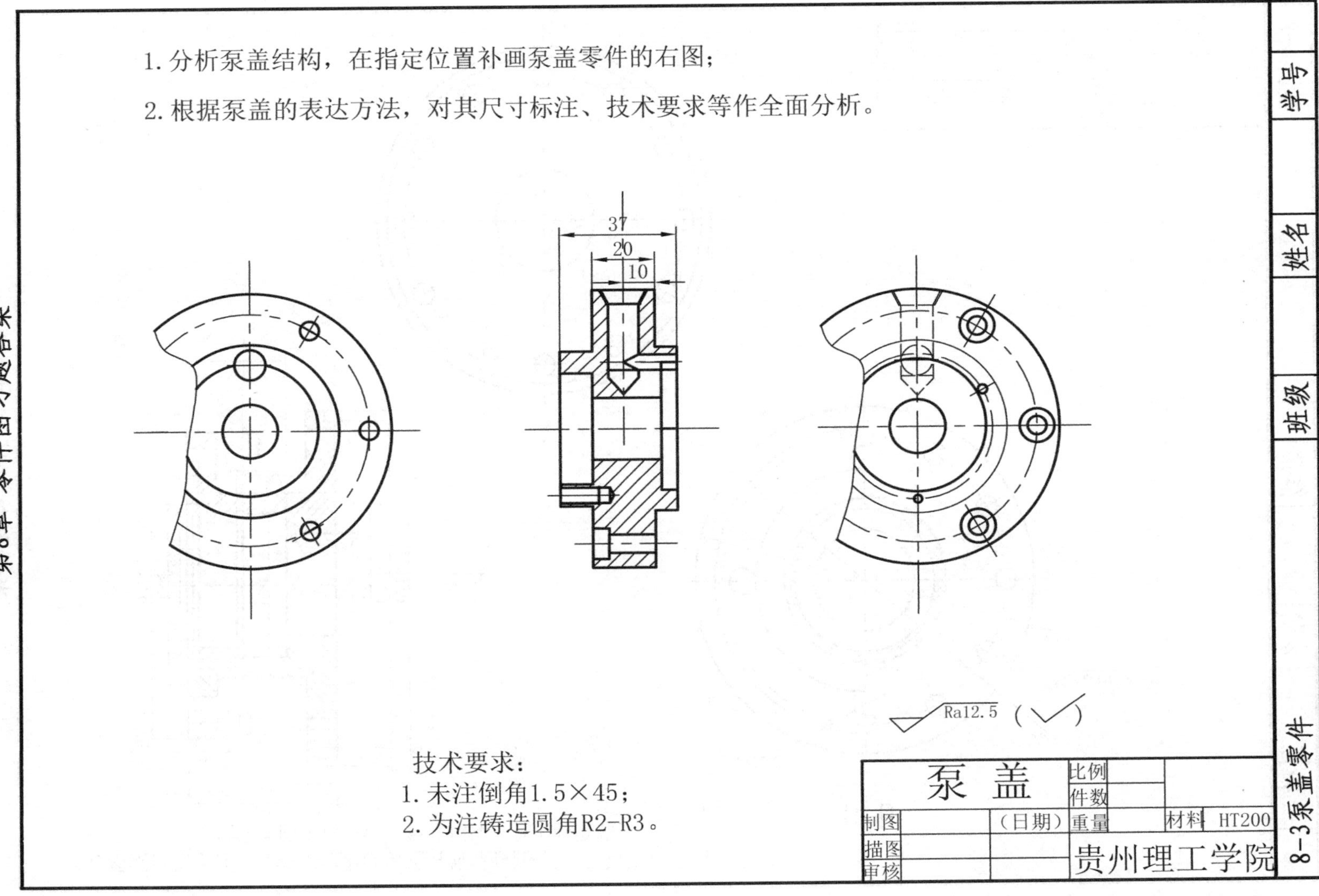
1. 分析泵盖结构，在指定位置补画泵盖零件的右图；
2. 根据泵盖的表达方法，对其尺寸标注、技术要求等作全面分析。
37
20
10
Ra12.5
技术要求：
1. 未注倒角1.5×45；
2. 为注铸造圆角R2-R3。
泵盖
比例
件数
制图
（日期）
重量
材料
HT200
描图
审核
贵州理工学院
8-3泵盖零件
班级
姓名
学号

第8章 零件图习题答案

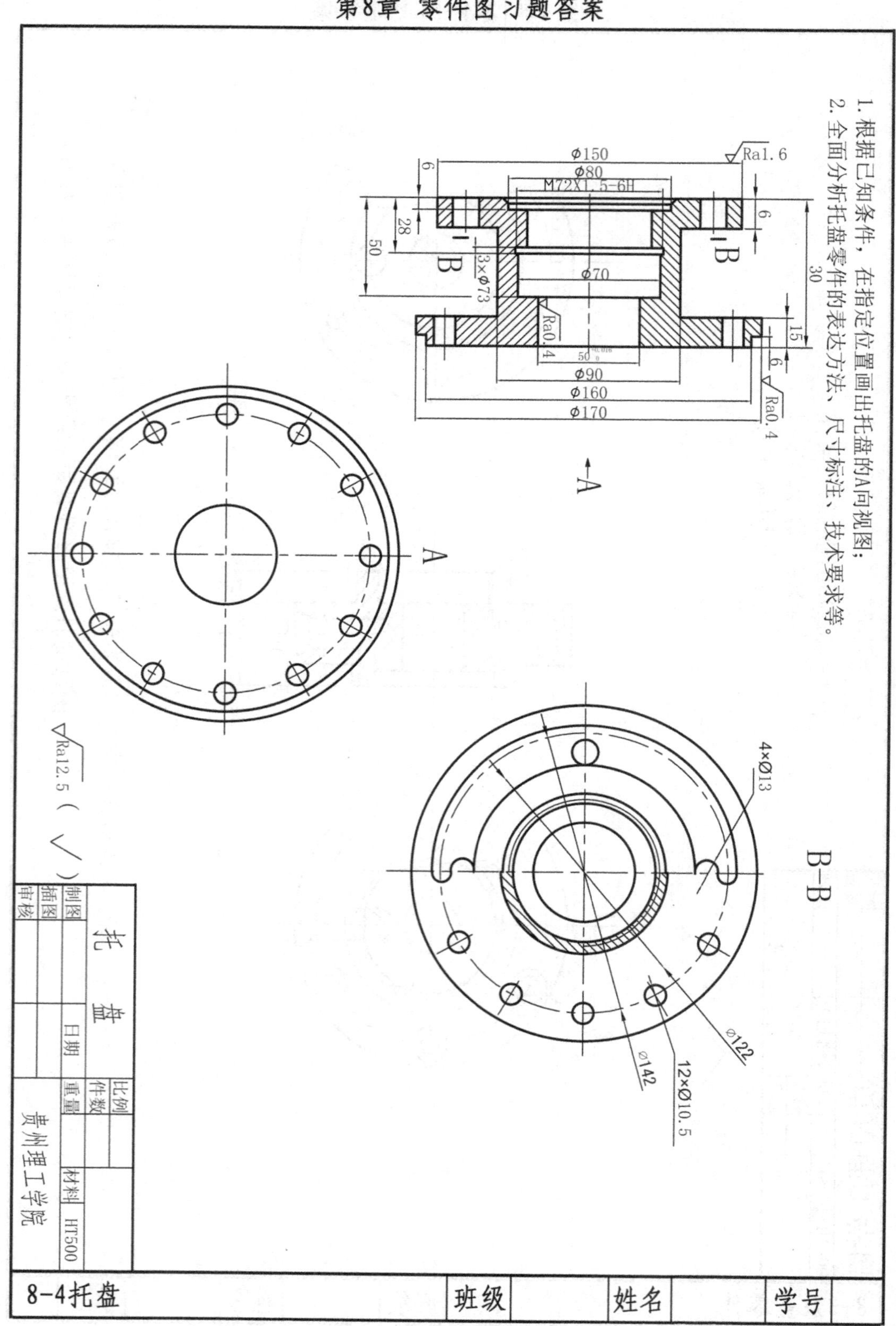
1. 根据已知条件，在指定位置画出托盘的A向视图；
2. 全面分析托盘零件的表达方法、尺寸标注、技术要求等。
Ø150
Ra1.6
Ø80
M72X1.5-6H
6
28
50
3×Ø73
Ø70
Ra0.4
50
Ø90
Ø160
Ø170
Ra0.4
30
15
6
B
B
A
A
B-B
4×Ø13
Ø122
Ø142
12×Ø10.5
Ra12.5（√）
托盘
制图
插图
审核
日期
比例
件数
重量
材料
HT500
贵州理工学院
8-4托盘
班级
姓名
学号

第8章 零件图习题答案

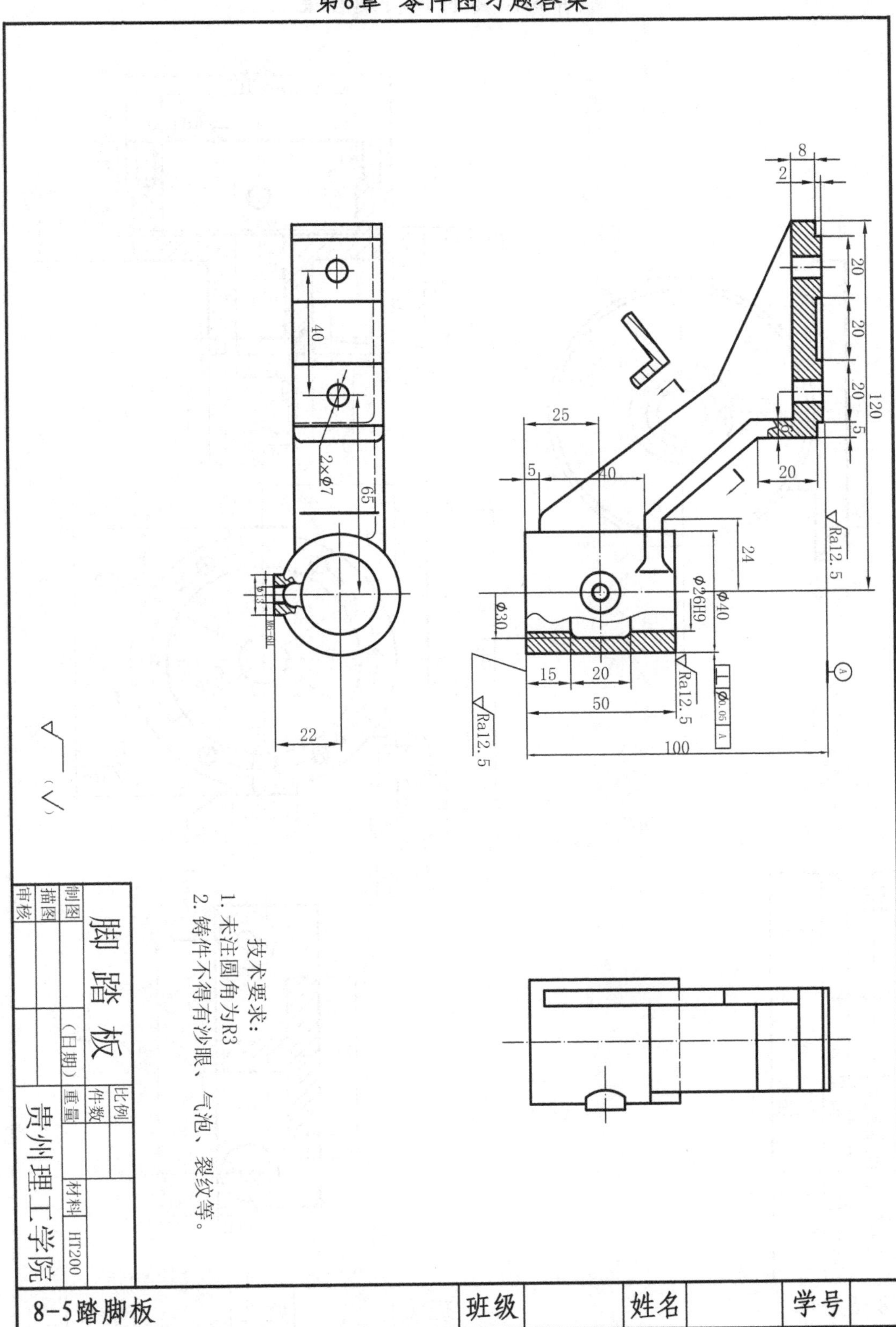
技术要求：
1. 未注圆角为R3
2. 铸件不得有砂眼、气泡、裂纹等。
脚踏板
制图
描图
审核
（日期）
比例
件数
重量
材料
HT200
贵州理工学院
2×φ7
40
65
22
25
5
40
8
2
20
20
20
120
5
20
24
φ26H9
φ40
φ30
15
20
50
100
Ra12.5
0.05
A
8-5踏脚板
班级
姓名
学号

第8章 零件图习题答案

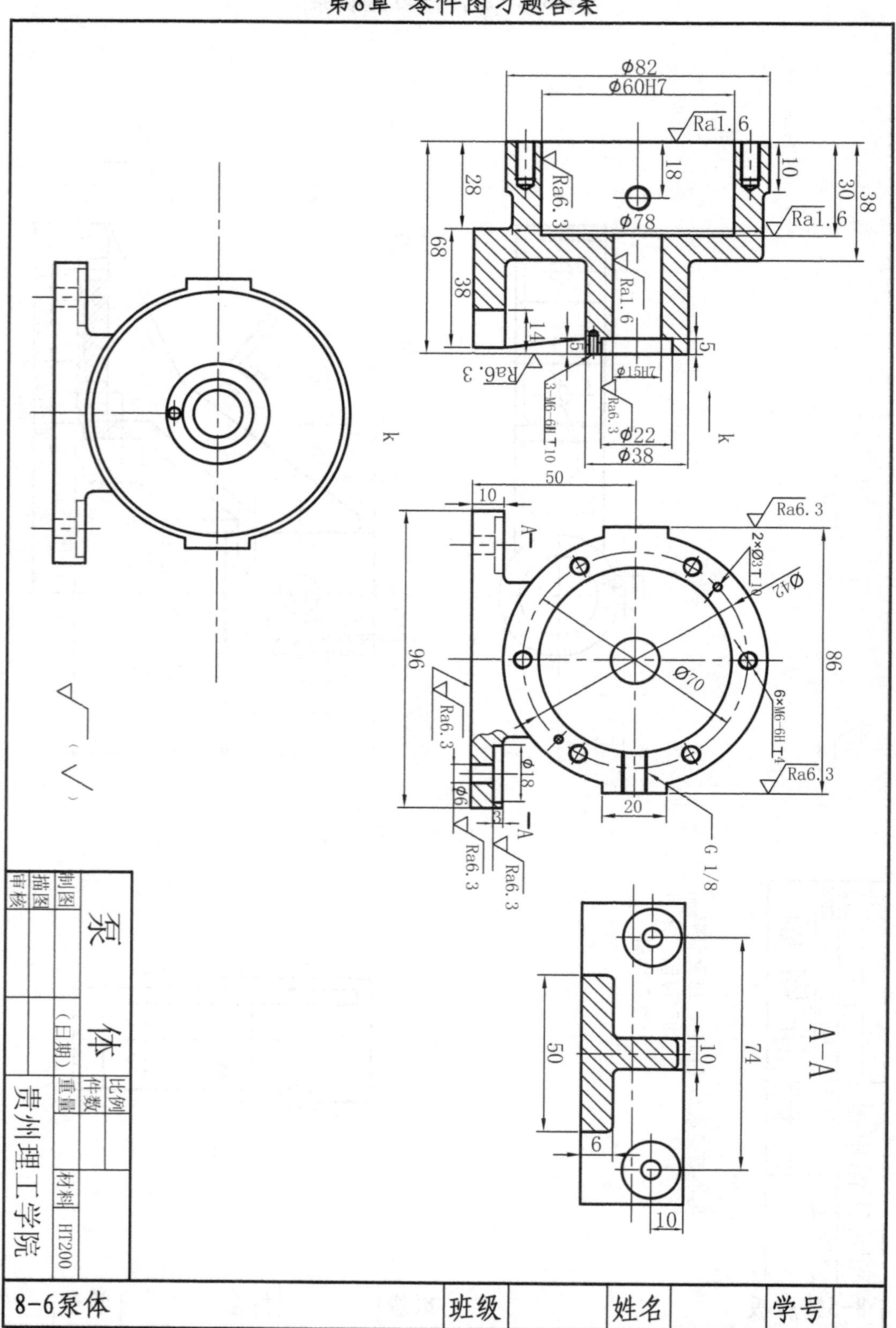

8-6泵体	班级		姓名		学号	

第8章　零件图习题答案

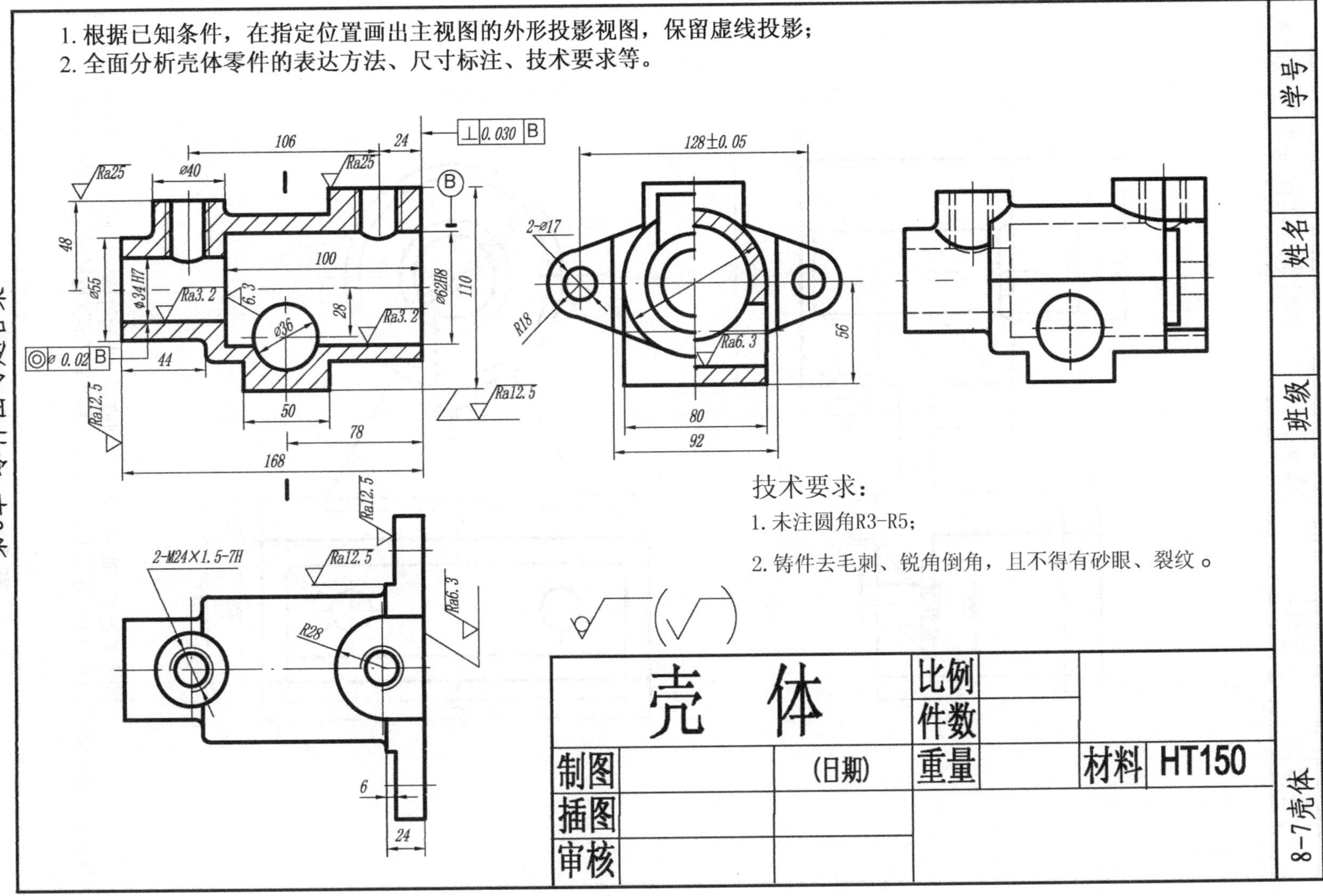

8-7壳体　　班级　　姓名　　学号

第8章 零件图习题答案

根据轴承挂架的轴测和表达方法，选择合适的尺寸基准，并按2:1的比例量取尺寸进行尺寸标注。（工作时，挂架是两个，分别固定在两边机架，共同支撑轴L）

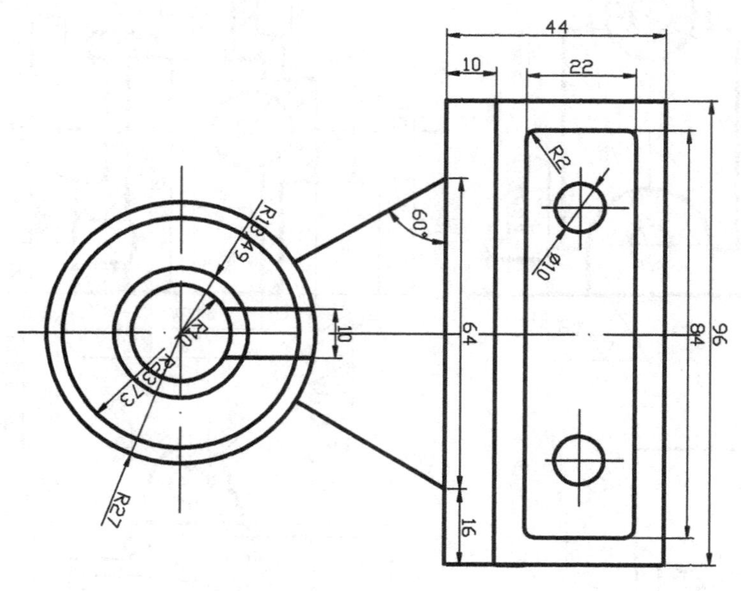

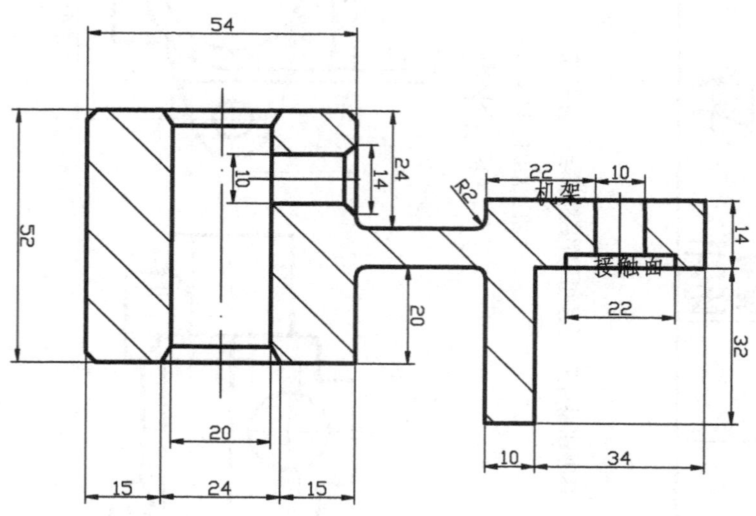

8-8挂架零件图的尺寸标注	班级		姓名		学号	

第8章 零件图习题答案

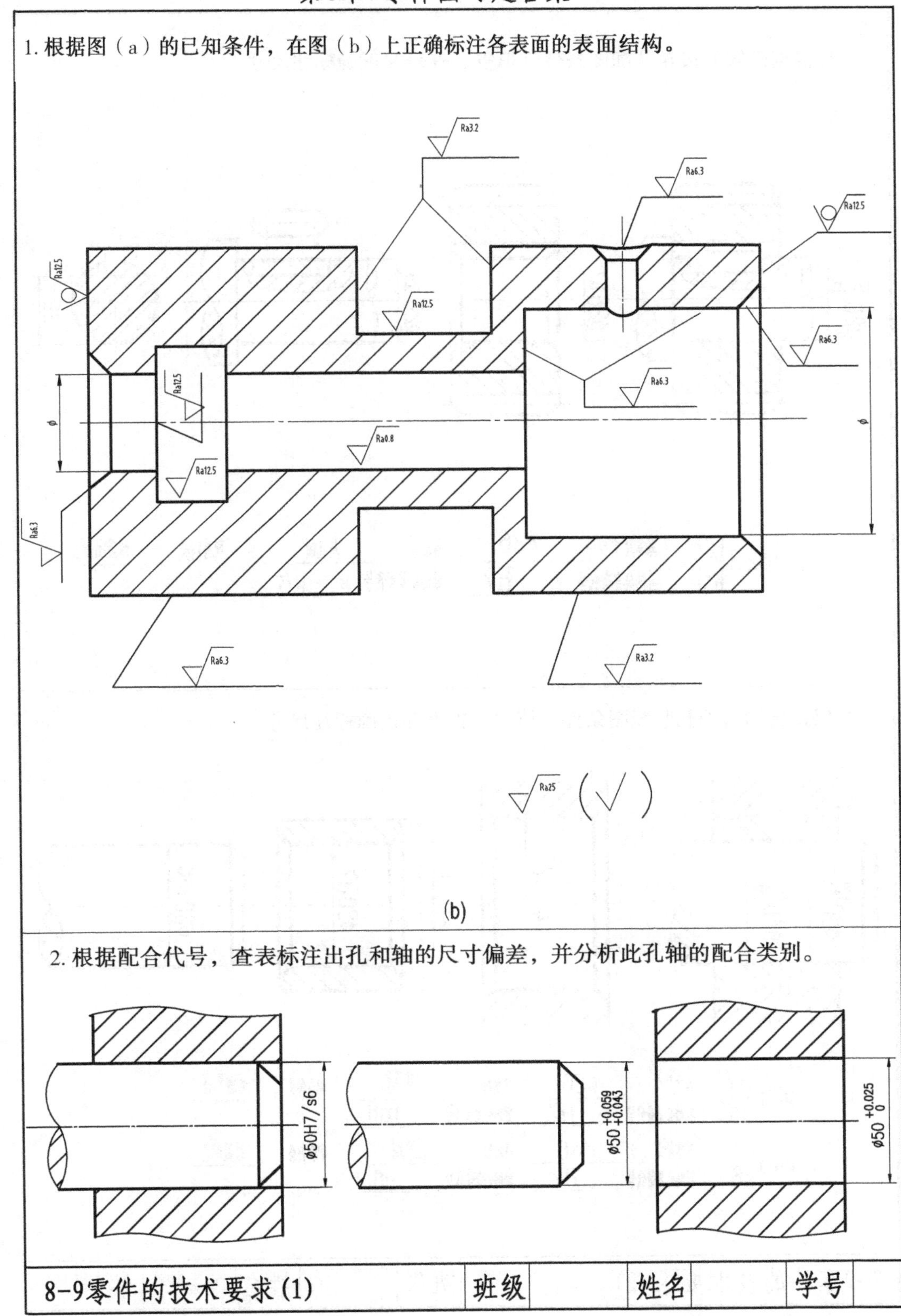

8-9零件的技术要求(1)	班级		姓名		学号	

第8章 零件图习题答案

1. 根据已知的齿轮装配图条件，填空、查表并正确标注尺寸。

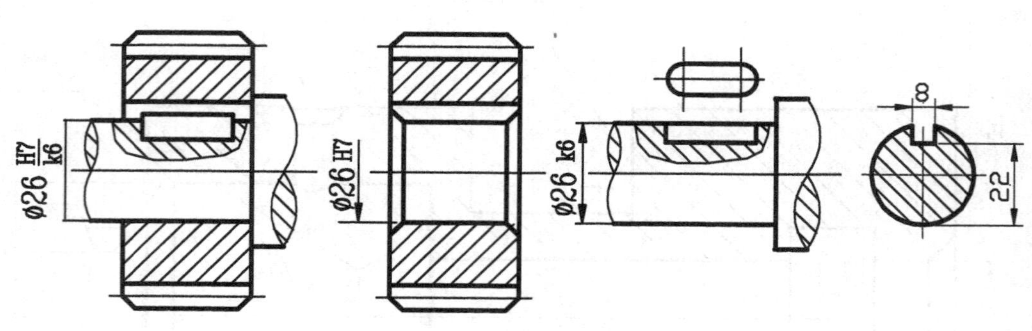

$\phi 26\frac{H7}{k6}$：基本尺寸 Ø26　基准制 基孔制　配合种类 过渡配合
孔的公差带代号 H7　轴的公差带代号 k6

2. 根据已知的轴孔装配图条件，填空、查表并正确标注尺寸。

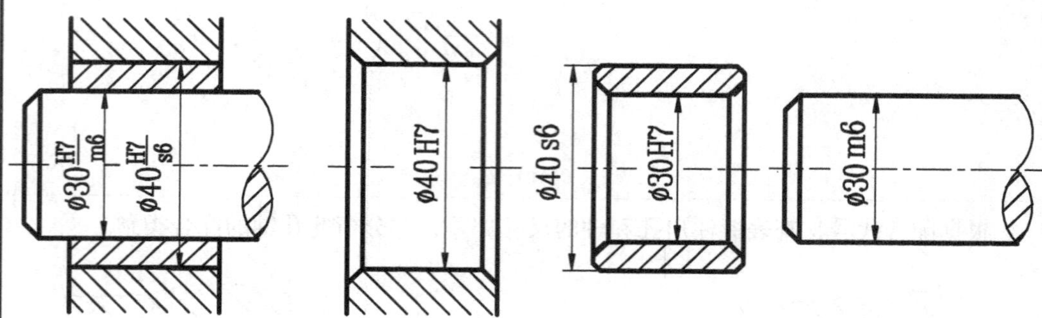

$\phi 30\frac{H7}{m6}$ 基本尺寸 Ø30　基准制 基孔制　配合种类 过渡配合
孔的公差带代号 H7　轴的公差带代号 m6

$\phi 40\frac{H7}{s6}$ 基本尺寸 Ø40　基准制 基孔制　配合种类 过盈配合
孔的公差带代号 H7　轴的公差带代号 s6

8-9零件的技术要求(2)	班级		姓名		学号	

第8章 零件图习题答案

分析图（a）中的标注错误，把正确的标注在（b）图中

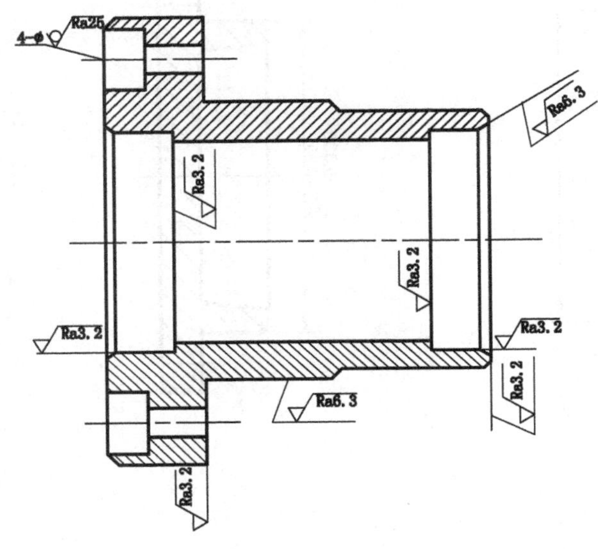

(b)　　√12.5 （√Ra3.2 √Ra6.3 √Ra25）

√Ra6.3　表示所标注几何要素的表面结构Ra值不超过6.3um

√Ra25　表示所标注几何要素的表面结构Ra值不超过25um

√12.5 （√Ra3.2 √Ra6.3 √Ra25）　表示未标注的所有几何要素的表面结构Ra值不超过12.5um

8-9零件的技术要求(3)	班级		姓名		学号	

第8章 零件图习题答案

根据已知的条件，查表并在相应的位置正确标注各尺寸偏差。

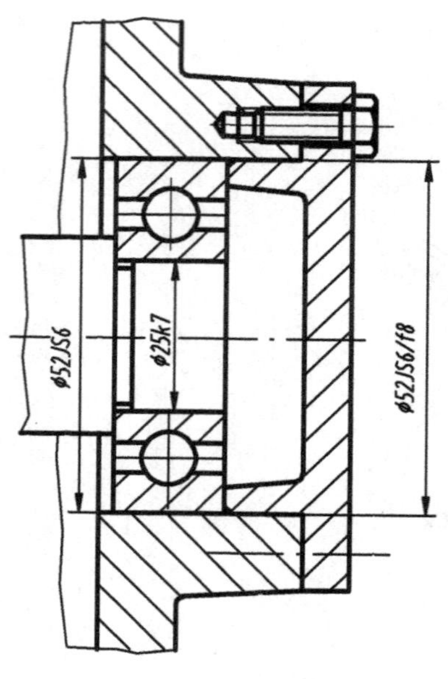

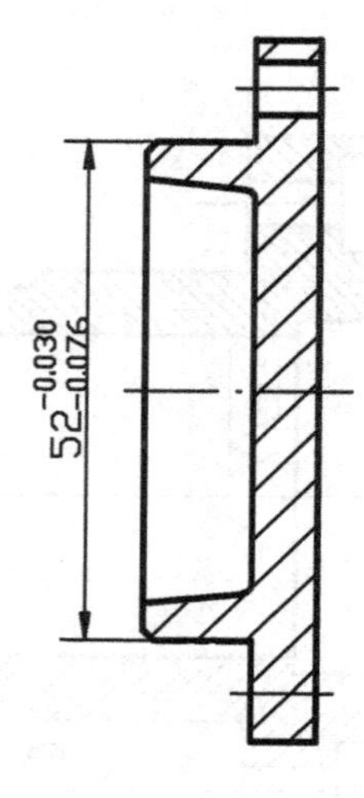

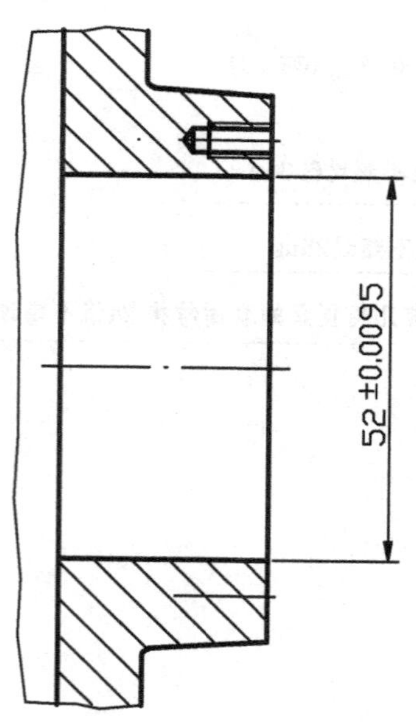

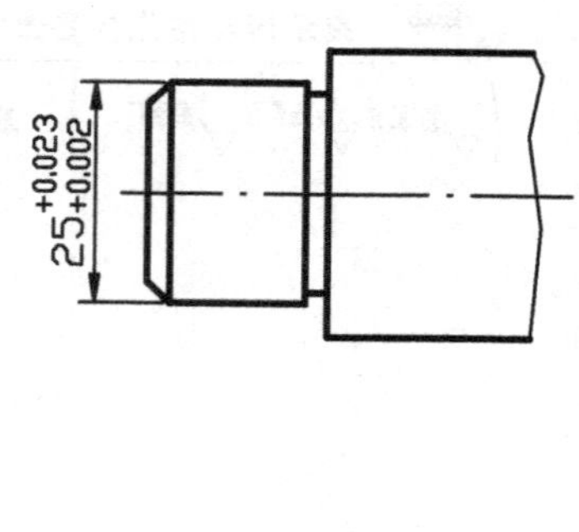

8-9零件的技术要求(4)	班级		姓名		学号	

第8章 零件图习题答案

1. 根据零件图上标注的形位公差符号和代号，用文字说明其含意。

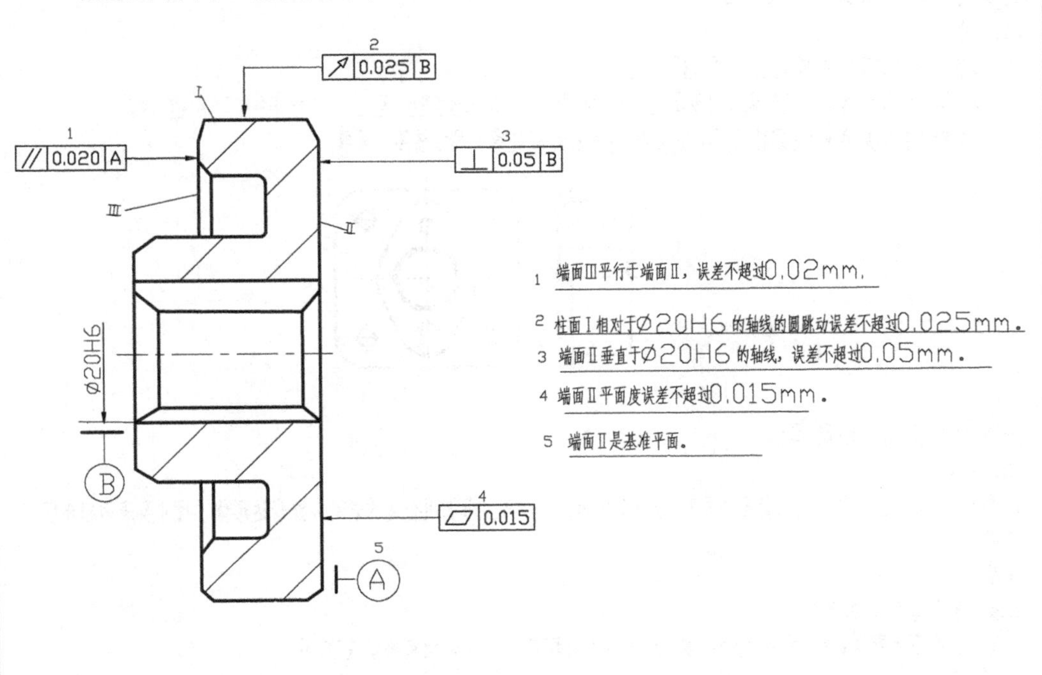

2. 根据文字说明，在图中标注形位公差的符号和代号。

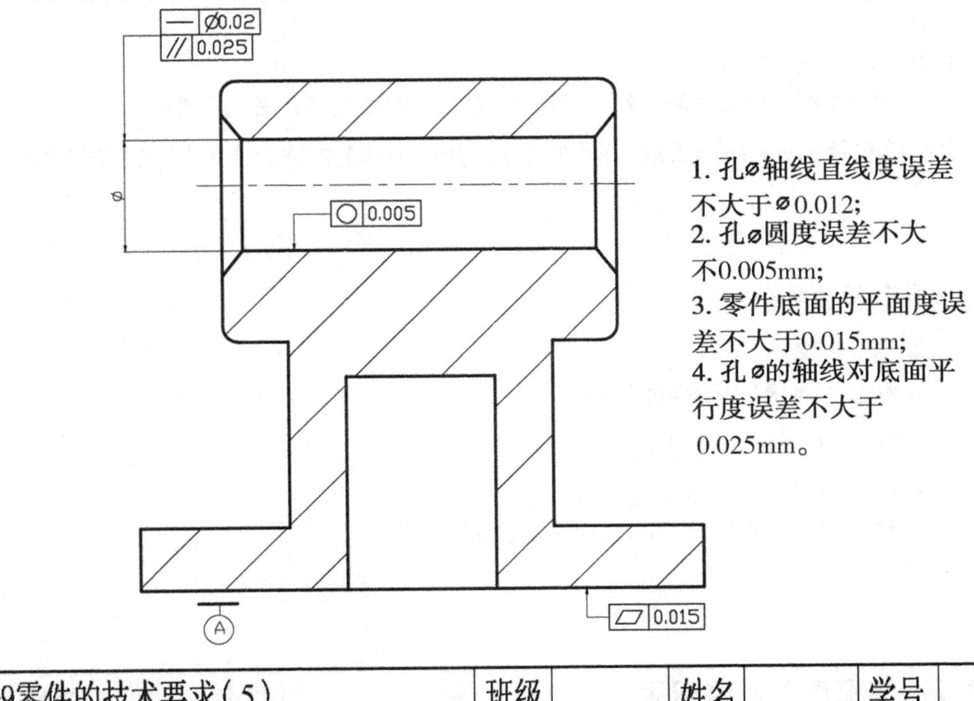

1. 孔ø轴线直线度误差不大于ø0.012;
2. 孔ø圆度误差不大不0.005mm;
3. 零件底面的平面度误差不大于0.015mm;
4. 孔ø的轴线对底面平行度误差不大于0.025mm。

8-9零件的技术要求(5)	班级		姓名		学号	

第9章 装配图习题答案

旋塞阀装配习题解答：

二. 习题：

1.若要拆下塞子6，应拆下 54327 。

2.∅22 $\frac{H11}{c11}$ 属于基 孔制 间隙 配合. H表示 孔的基本公差带代号，11表示 公差等级代号 ，c 表示 轴的基本公差带代号。

3.拆绘零件1(旋塞壳)的零件图.（不注尺寸，不注表面 粗糙度）尺寸按图中量取。

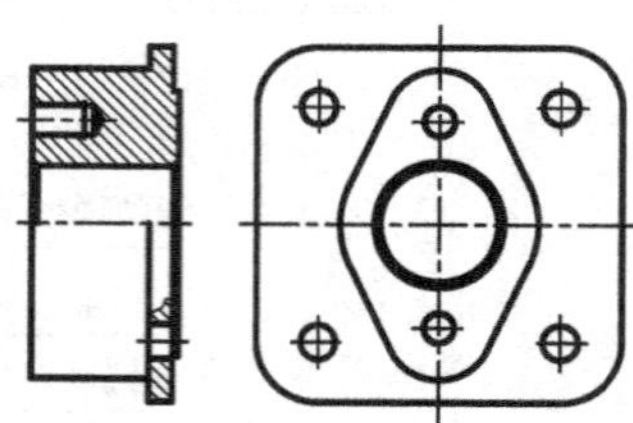

夹紧卡爪装配习题解答：

二、习题

1.看懂“夹紧卡爪”装配图，拆画序号3（垫铁）的零件图，只要求选用合适的表达方法表达形体，尺寸及表面粗糙度等省略。

（略）

2.若要拆下垫铁3，如何拆卸？

答：先拆下六颗螺钉8，并将后盖板2取下；再拆下两颗螺钉5，随后便可将垫铁3拆下。

角阀装配习题解答：

二、习题

1.简述"阀杆" 3 的拆卸顺序。

答：先拆下垫圈6、螺母7、手轮8、螺母16、螺栓15、垫圈17，然后拆下夹头5；便可拆下阀杆3。

2.拆绘序号1(壳体)的零件图，要求选用合适的表达方法表达形体，并标注装配图中已注出的尺寸。尺寸按图中量取。

（略）

换向阀装配习题解答：

二 读图回答下列问题

1.手柄4是通过 轴上菱柱 结构带动阀门2旋转。

2.若要拆下手柄4则应先拆下 5、6 。

3.换向阀的安装尺寸为 42、56 。

4.拆画零件2阀门。（不注尺寸，不注表面粗糙度）尺寸由图中量取。

（略）

9-2读装配图并回答问题	班级		姓名		学号	

第10章　立体表面的展开习题答案

一、斜六棱柱管表面展开

略

二、截头圆锥表面展开

步骤如下：

1）把水平投影圆周12等分，在正面投影图上作出相应素线投影s'1'、s'2'、……。

2）过正面投影图上各条素线与斜顶面交点a'、b'、……分别作水平线，与圆锥转向线s'1'分别交于a1'、b1'、……各点，则1'a1'、1'b1'、……为斜截口正圆锥管上相应素线的实长。

3）作出完整圆锥表面的展开图。在相应棱线上截取ⅠA= 1'a1'、ⅡB= 1'b1'、……，得A、B、……各端点。

4）用光滑曲线连接A、B、……各端点，得到斜截口正圆锥管的表面展开图，如右图所示。

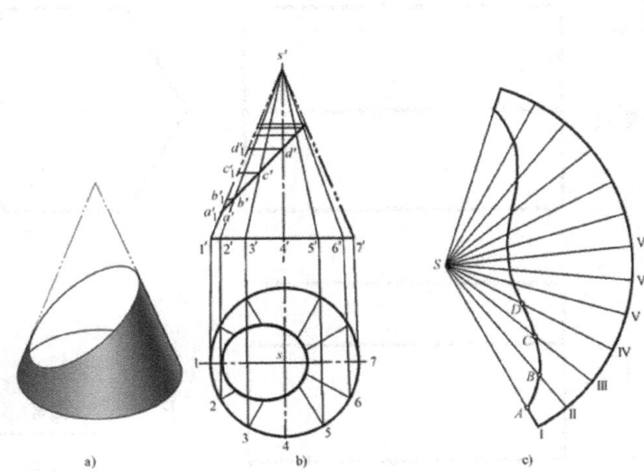

三、圆头棱台表面展开

圆头棱台上部为一圆形管口，下方位方形管口的上圆下方变形接头，为了准确地画出这种接头的展开图，必须正确地分析它的表面组成。从立体模型可知，它由四个相同的等腰三角形和四个相同的1/4局部斜锥面组成，将这些组成部分依次展开画在同一平面上，即得该方圆过渡管的展开图，作图步骤如下：

1）在水平投影图上，将圆口的1/4圆弧分成三等分，得分点2、3。由图可知，连线a1、a2、a3、a4分别为斜圆锥面上素线AⅠ、AⅡ、AⅢ、AⅣ的水平投影，其中素线AⅠ=AⅣ，AⅡ=AⅢ。

2）用直角三角形法求作素线AⅠ，AⅡ的实长，画在正面投影的右方，图中OⅠ=a1，OⅡ=a2，实长为AⅠ(AⅣ)、AⅡ(AⅢ)。

3）在展开图上，取AB=ab，分别以A、B为圆心，AⅠ为半径作圆弧，交于点Ⅳ，得三角形ABⅣ，为三角形的实形。再分别以Ⅳ、A为圆心，以34的弧长（近似作图用弦长代替）和AⅡ为半径作圆弧，交于Ⅲ点，得三角形AⅢⅣ。同理依次作出三角形AⅡⅢ、AⅠⅡ，用光滑曲线连接Ⅰ、Ⅱ、Ⅲ、Ⅳ各点，即可得1/4斜锥面的展开图。

4）以完全相同的方法继续作图，即得方圆接管的展开图。

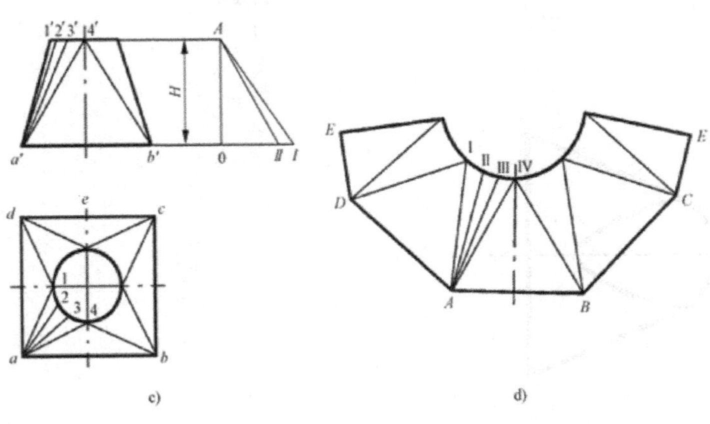

10-1画出展开图解答	班级		姓名		学号	

模拟试卷一答案

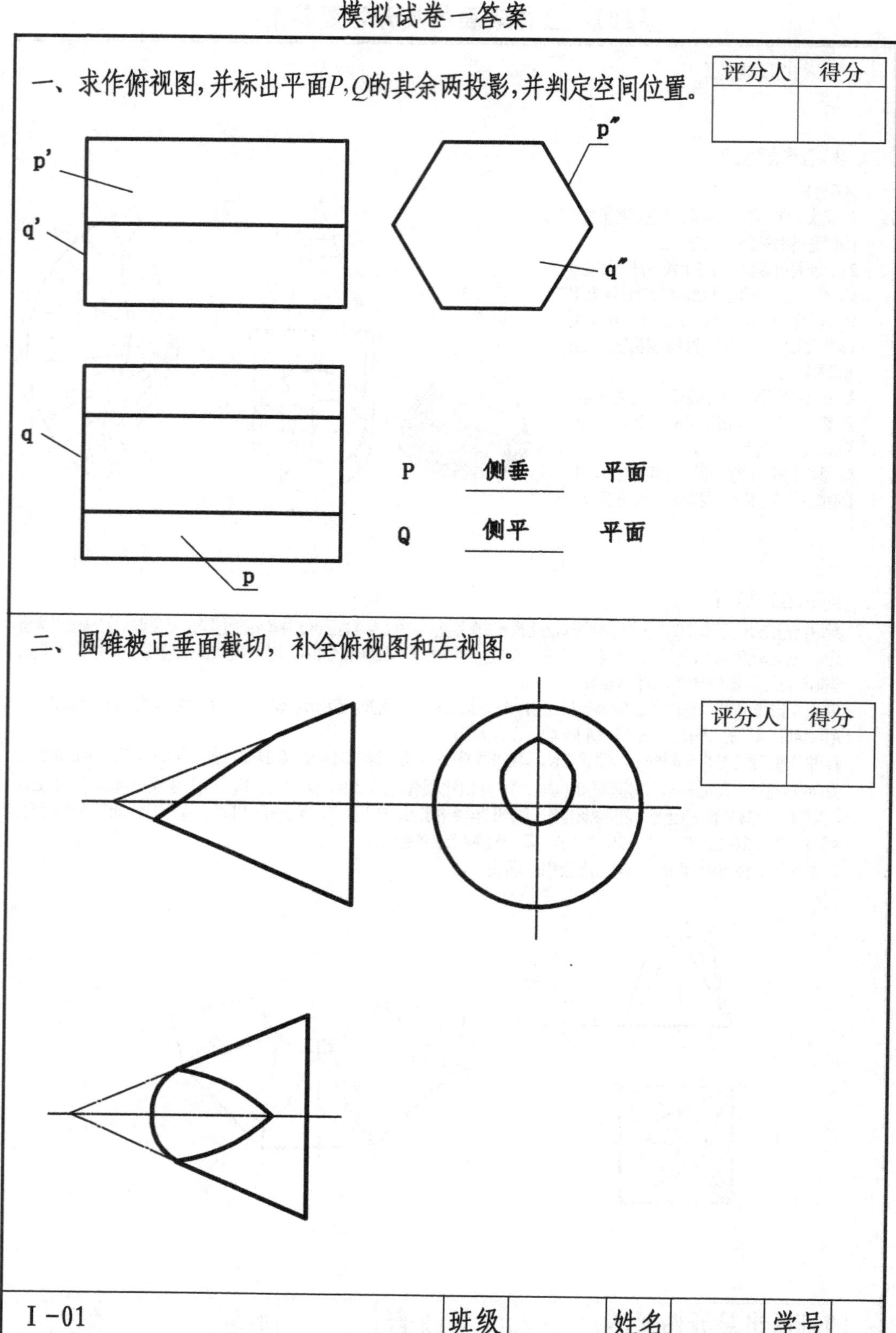
一、求作俯视图，并标出平面P,Q的其余两投影，并判定空间位置。
评分人
得分
p'
q'
p"
q"
q
p
P 侧垂 平面
Q 侧平 平面
二、圆锥被正垂面截切，补全俯视图和左视图。
评分人
得分
I -01
班级
姓名
学号

模拟试卷一答案

三、举出生活中一个两面角的结构，并求出它的大小。

评分人	得分

四、读懂两视图后，补画第三面视图。

评分人	得分

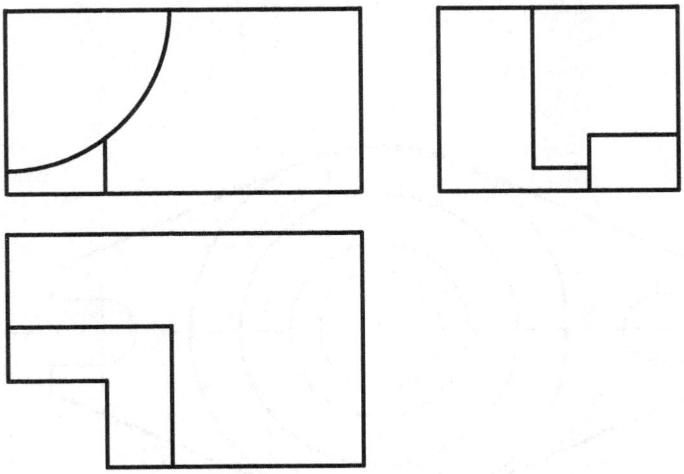

I -02	班级		姓名		学号	

模拟试卷一答案

五、把主视图改画成半剖视。

评分人	得分

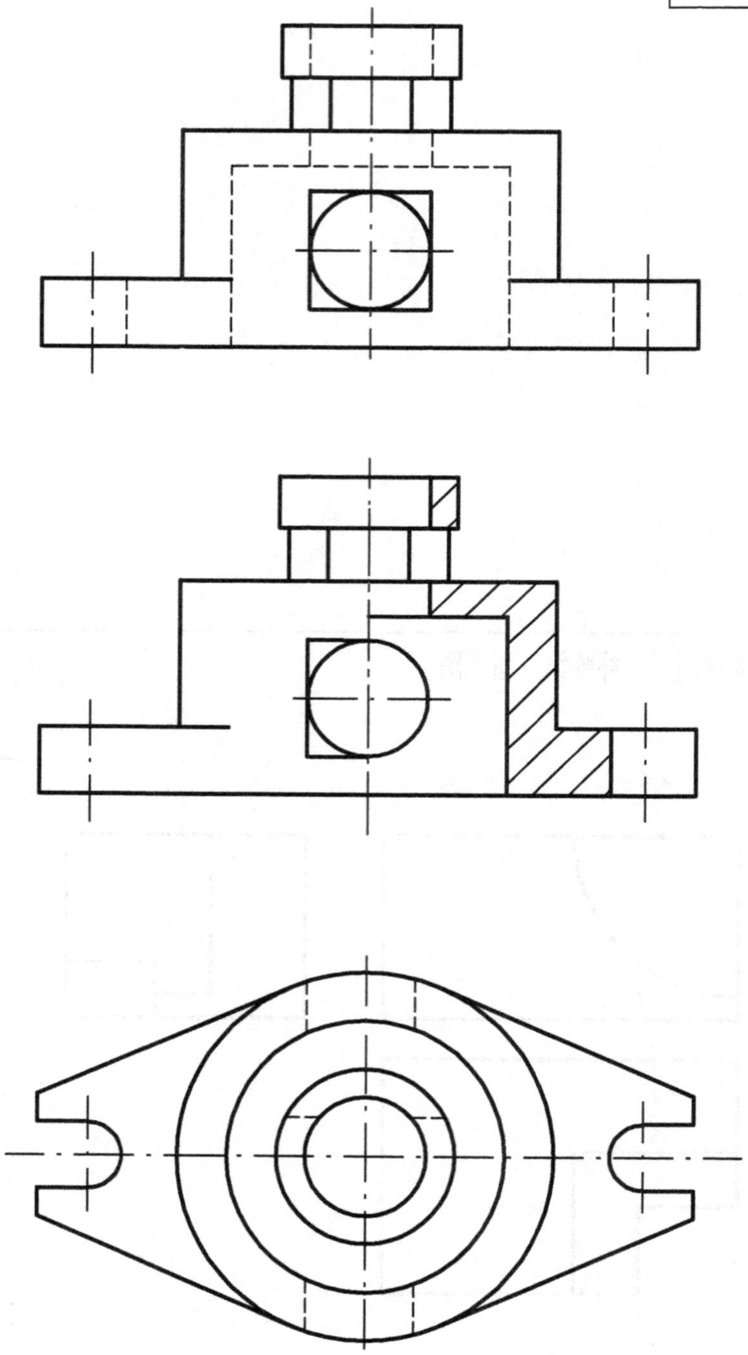

I -03	班级		姓名		学号	

模拟试卷一答案

六、已知齿轮的轴孔和中心距如图，且m=2, z1=20, z2=48，试计算并画出两齿轮的啮合图。

评分人	得分

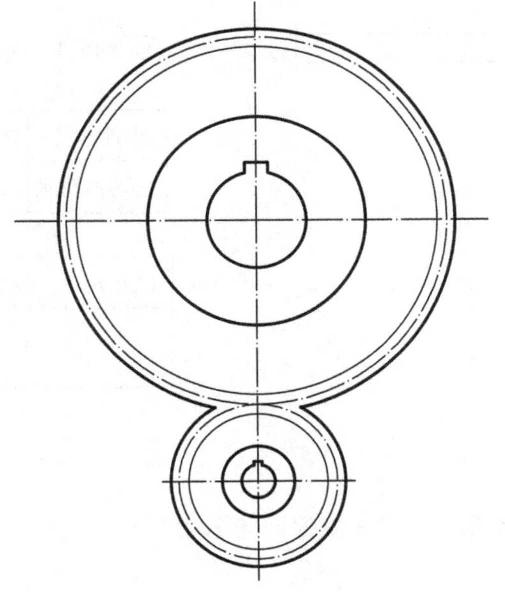

分度圆直径d；

d=mz=96；

齿顶圆直径d1；

d1=m(z1+2)=100；

齿根圆直径d2；

d2=m(z1-2.5)=91；

分度圆直径r；

r=mz=40；

齿顶直径r1；

r1=m(z2+2)=44；

齿顶直径r2；

r2=m(z2-2.5)=35；

I-04	班级		姓名		学号	

模拟试卷一答案

模数	m	2
齿数	z	18
压力角	o	20

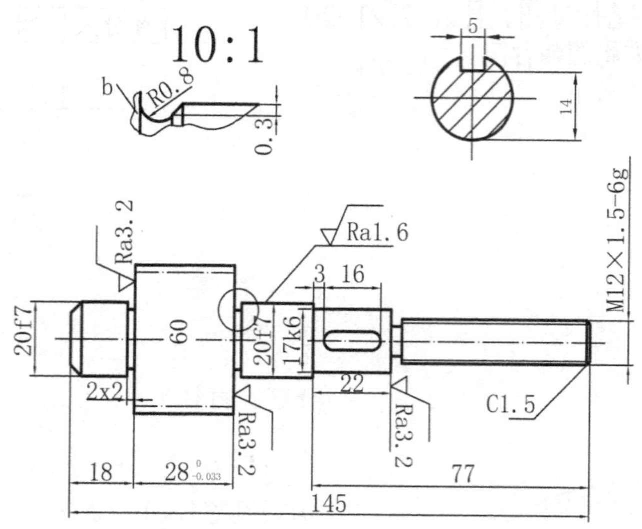

√Ra6.4 (√)

零件名称	材料
主动齿轮轴	45

评分人	得分

七、看主动齿轮轴零件图，要求：

1. 在C处画出移出断面图，并标注键槽尺寸，键槽宽为5，槽深为3。

2. ⓑ 处的图形叫局部放大图，该图比实物放大 10 倍。

3. M12×1.5-6g是普通细牙螺纹，公称直径是12，螺距为1.5，旋向是右，中径和顶径的公差代号是 6g。

4. ϕ20f7的基本尺寸 20是，公差代号是 f7，基本偏差代号是 f，公差等级是 7 。

5. 图中145是外形尺寸，3是安安装尺寸，16是 其他尺寸尺寸。

I -05	班级		姓名		学号	

模拟试卷一答案

八、检查螺钉图中画法的错误，按正确画法画在右面。

评分人	得分

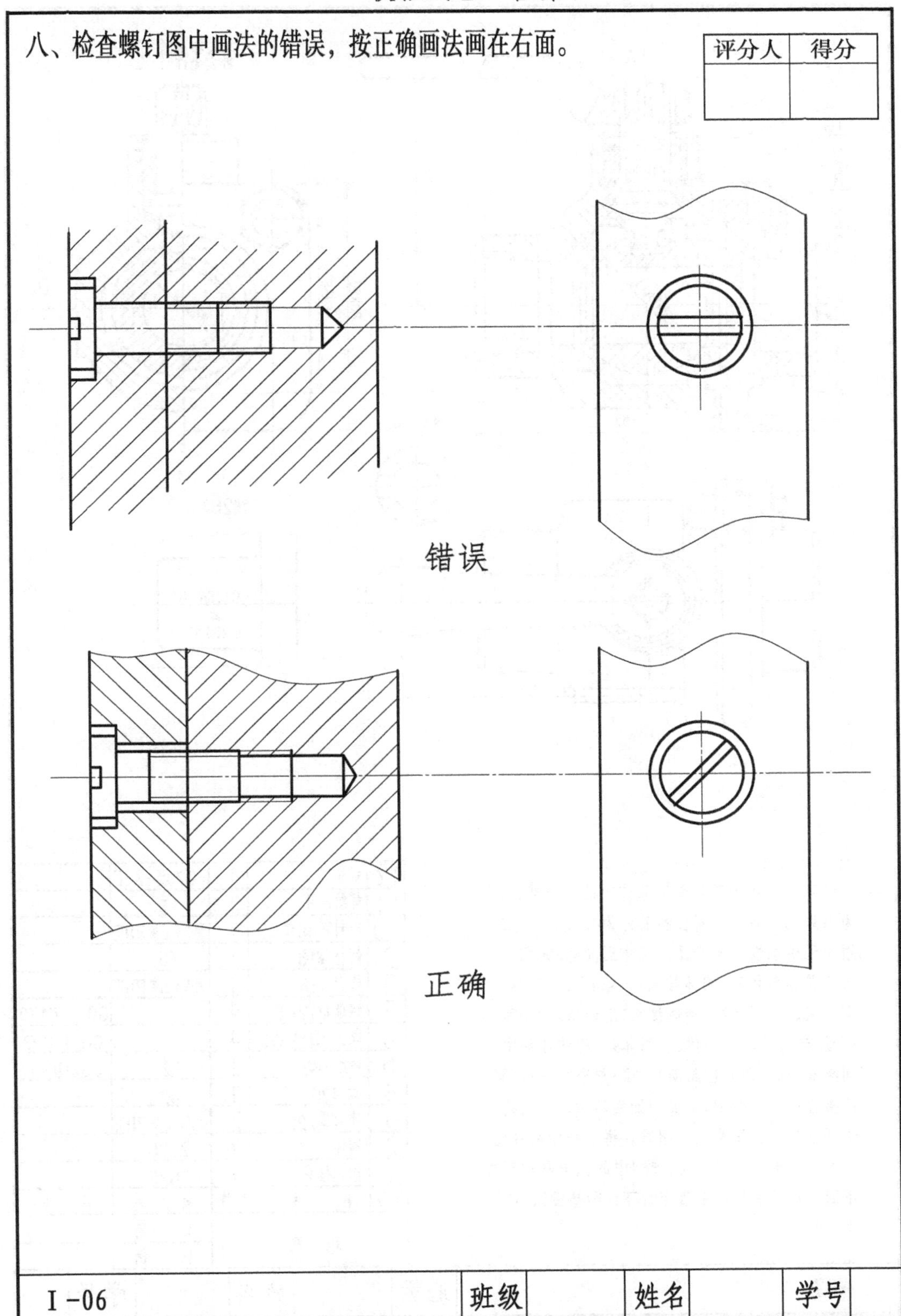

I -06	班级		姓名		学号	

模拟试卷一答案

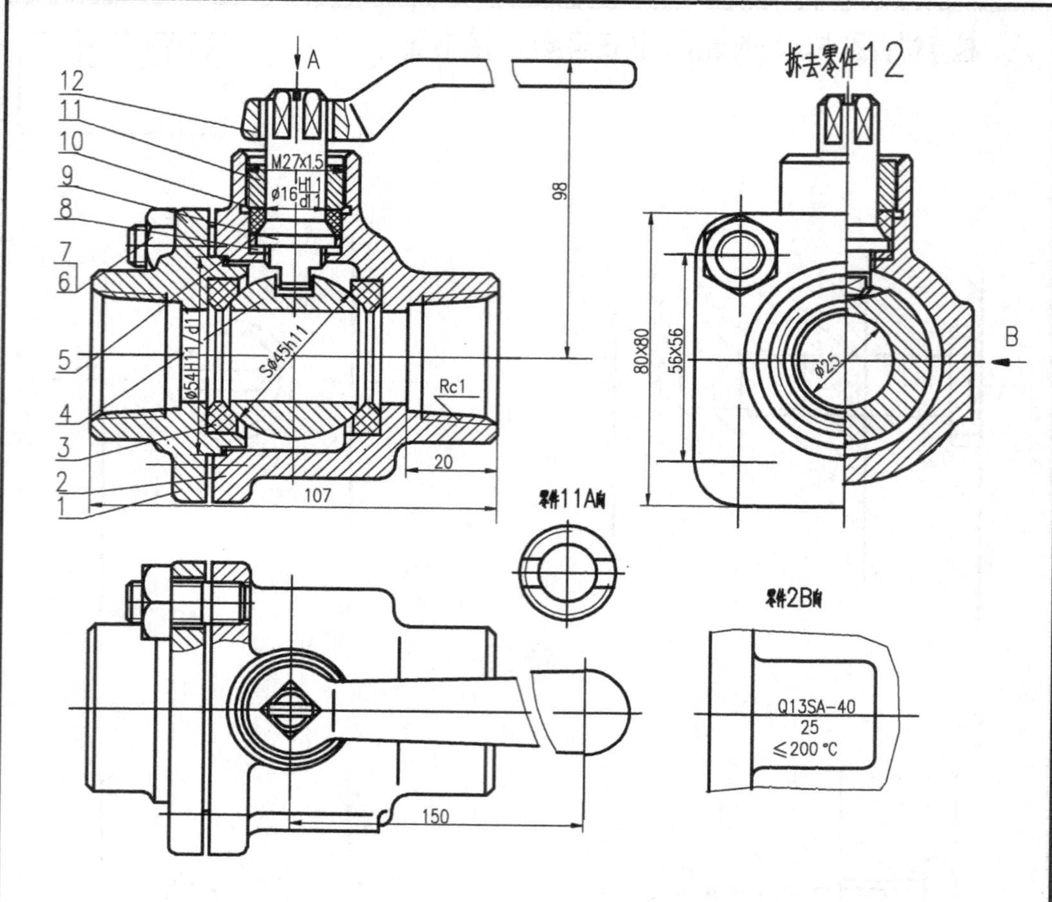

一 工作原理

该球阀是用于石油管路系统中的一个部件，为系列化产品，球阀公称压力为40kg/cm^2，适用于无腐蚀性石油产品，工作温度≤200℃。

它是由阀体2，阀体接头1，球4和阀杆9等零件组成。阀体2和阀体接头1用四组螺柱6和螺母7连接的。在阀体2、阀体9、阀体接头中间装有球4和两只密封圈3。球4与密封圈3之间的接合面是Sϕ45h11球面。如图所示，阀门处于开启状态，管路左右相通。将扳手12左右旋转90°，这时阀门关闭，球4中的孔与左右管路不通，螺纹压环11压紧密封环10和垫圈8，起密封作用。

序号	名　称	数量	材　料	备　注
12	扳手	1	Q235-A·F	
11	螺纹压环	1	25	
10	密封环 ø16	1	聚四氯乙烯 PTFE	
9	阀杆 ø16	1	40	
8	垫圈 ø16	1	聚四氯乙烯 PTFE	
7	螺母 M12-6	4		GB/T 6170
6	螺柱 AM12X25	4		GB/T 897
5	垫片 ø47	1	L2	GB/T97.1
4	球 ø25	1	40	
3	密封圈 ø25	2	聚四氯乙烯 PTFE	
2	阀体	1	ZG25	
1	阀体接头	1	ZG25	

球　阀	材　料	
	比　例	

I -07	班级		姓名		学号	

模拟试卷一答案

九、看装配图，并回答下列问题。

评分人	得分

1、图中阀门处于开启状态。

2、该机器由19个零件组成，标准件有3种。

3、$\varnothing\frac{H11}{d11}$是属于基孔制间隙配合，H表示孔的基本偏差代号，11表示公差等级代号，d表示轴的基本偏差代号。

4、左视图采用了装配图什么特殊表达方法 按结合面的规定画法、拆卸画法、简化画法、夸大画法。

5、1号零件和2号零件采用了该了何种方式连接 螺柱连接。

6、拆画如下图。

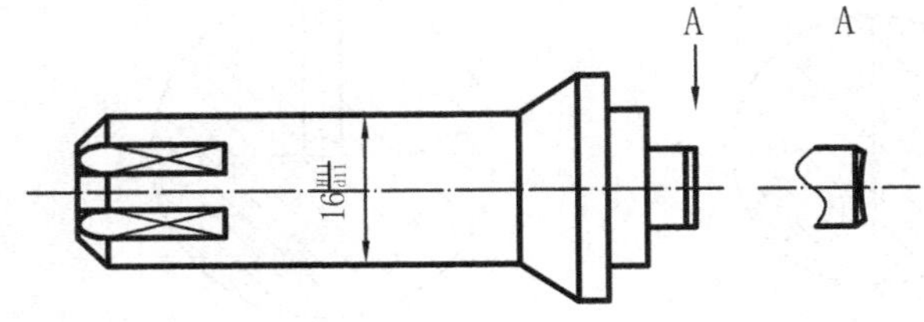

I -08	班级		姓名		学号	

模拟试卷二答案

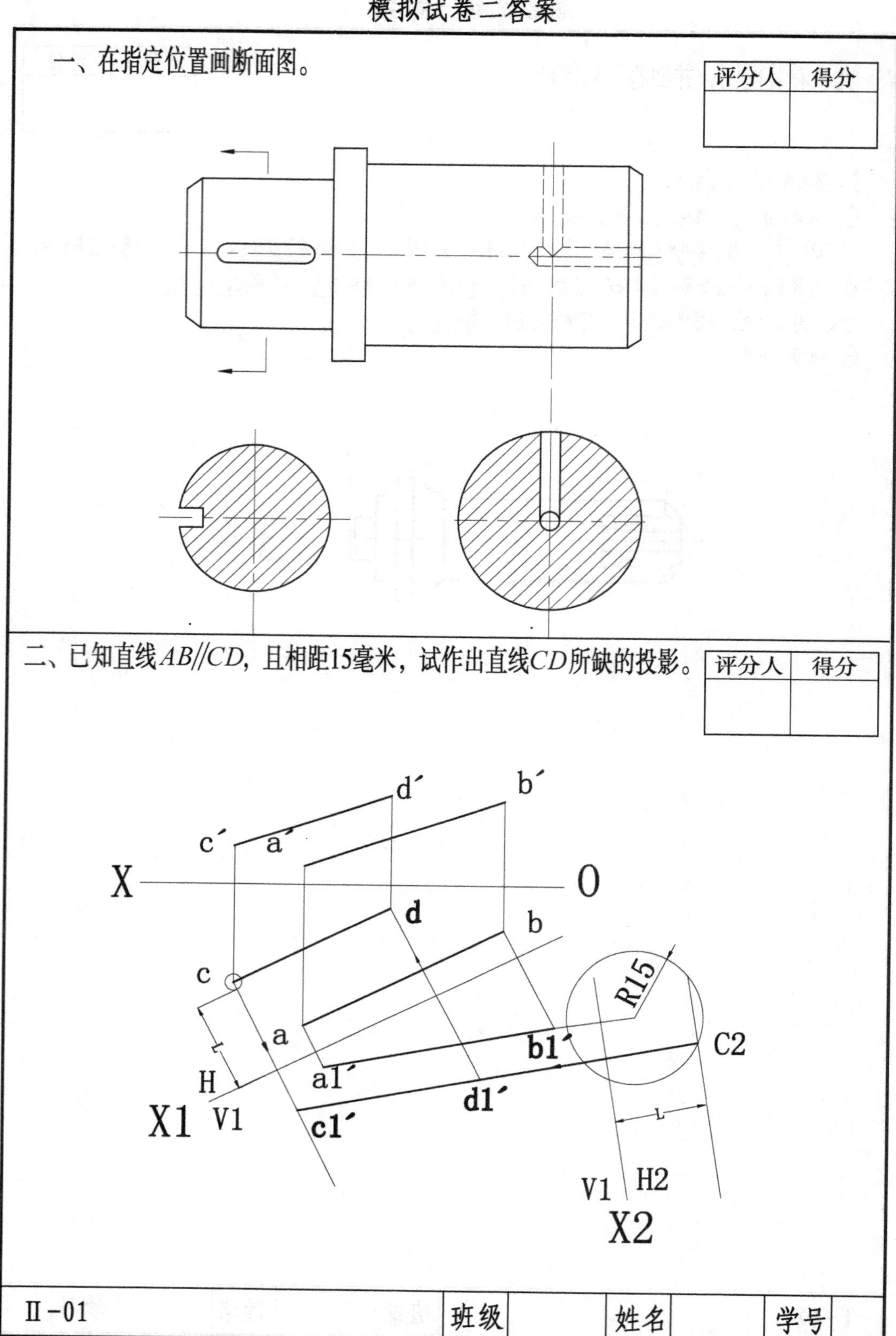

一、在指定位置画断面图。

评分人	得分

二、已知直线$AB//CD$，且相距15毫米，试作出直线CD所缺的投影。

评分人	得分

Ⅱ-01	班级		姓名		学号	

模拟试卷二答案

三、标注下列组合体的尺寸（尺寸按1:1量取）。

评分人	得分

四、求AB、CD两直线之间的距离。

评分人	得分

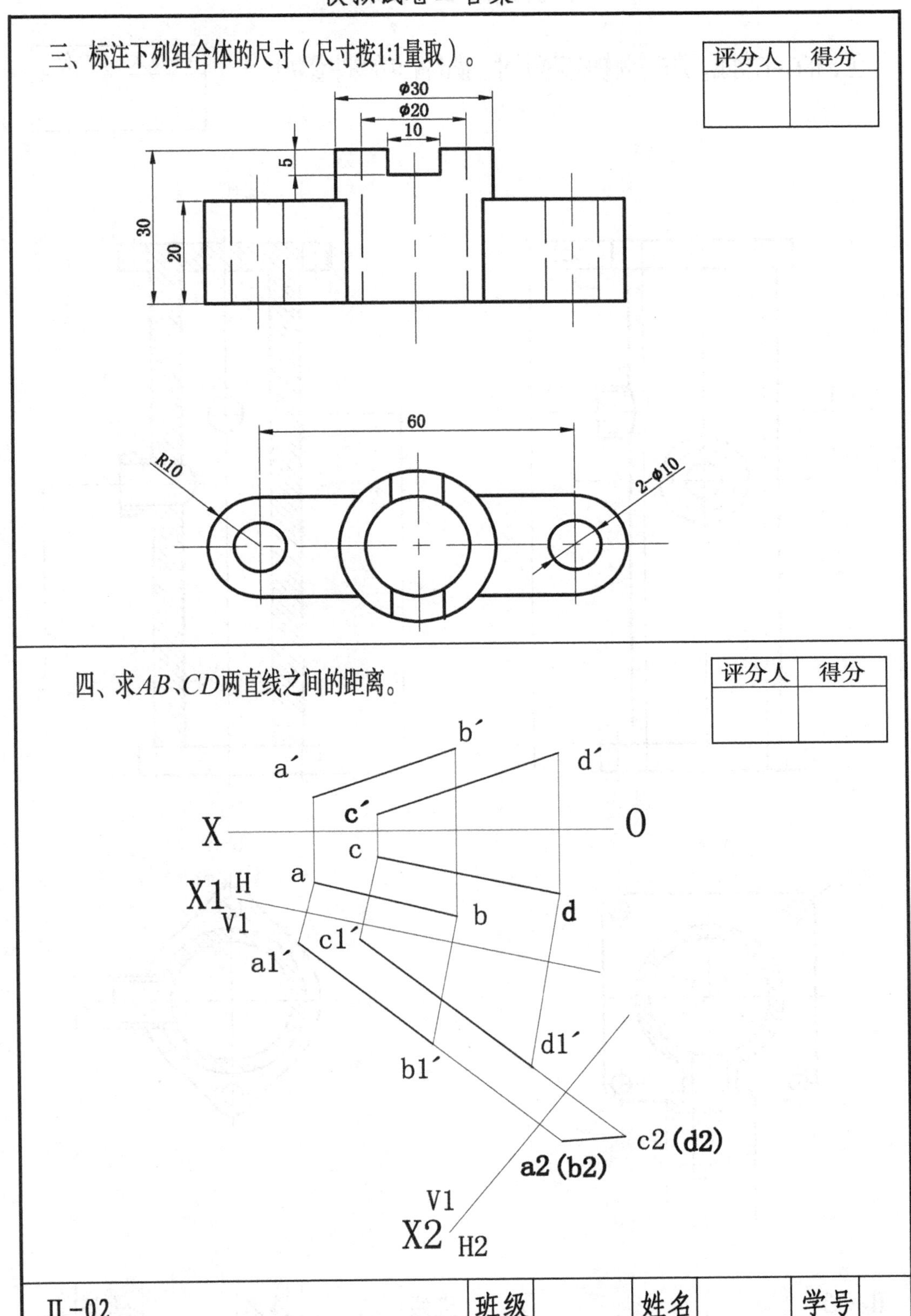

II-02	班级		姓名		学号	

模拟试卷二答案

五、作C-C剖视，并补全所缺的定位尺寸(按比例1:1在图中量取)。

评分人	得分

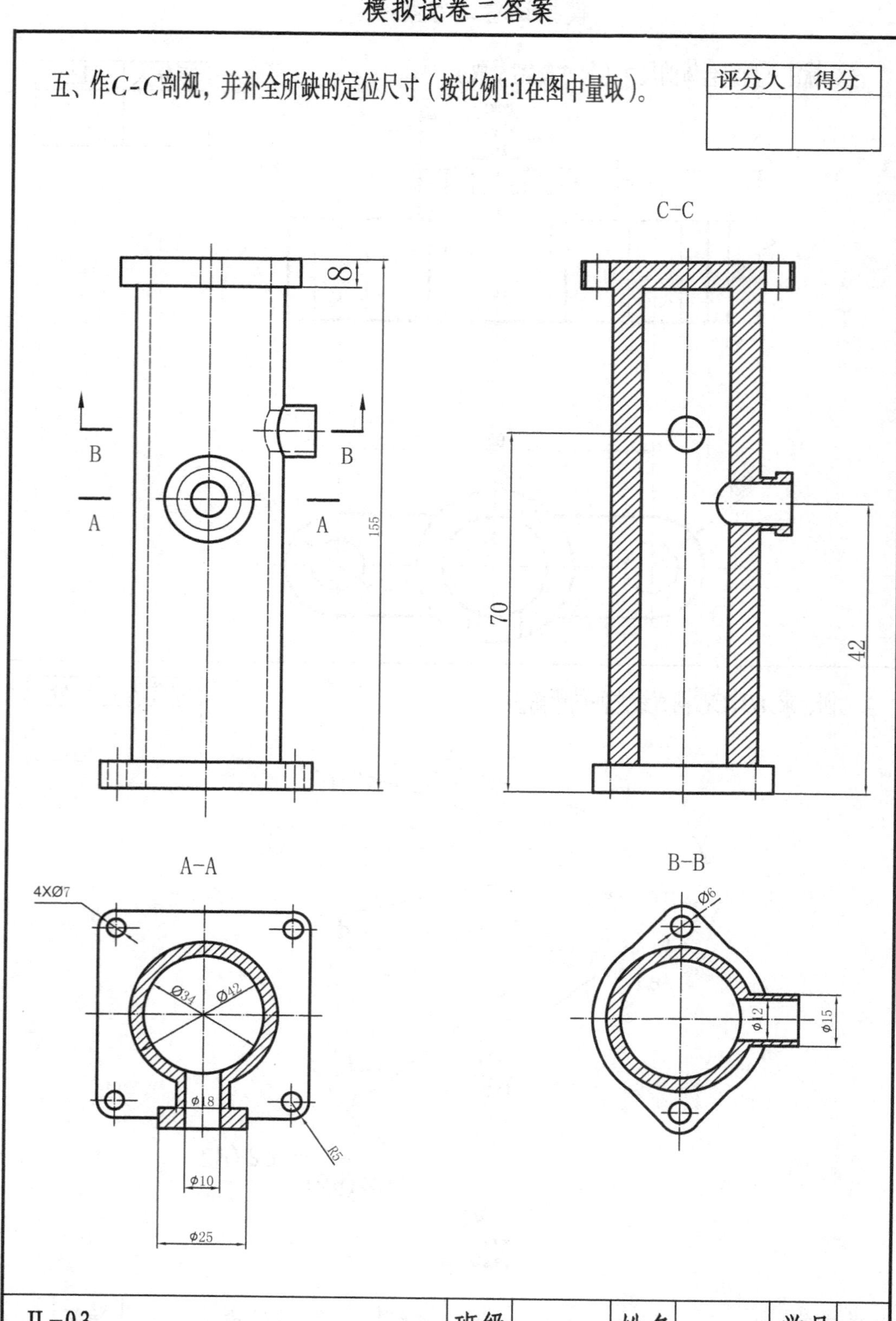

Ⅱ-03	班级		姓名		学号	

模拟试卷二答案

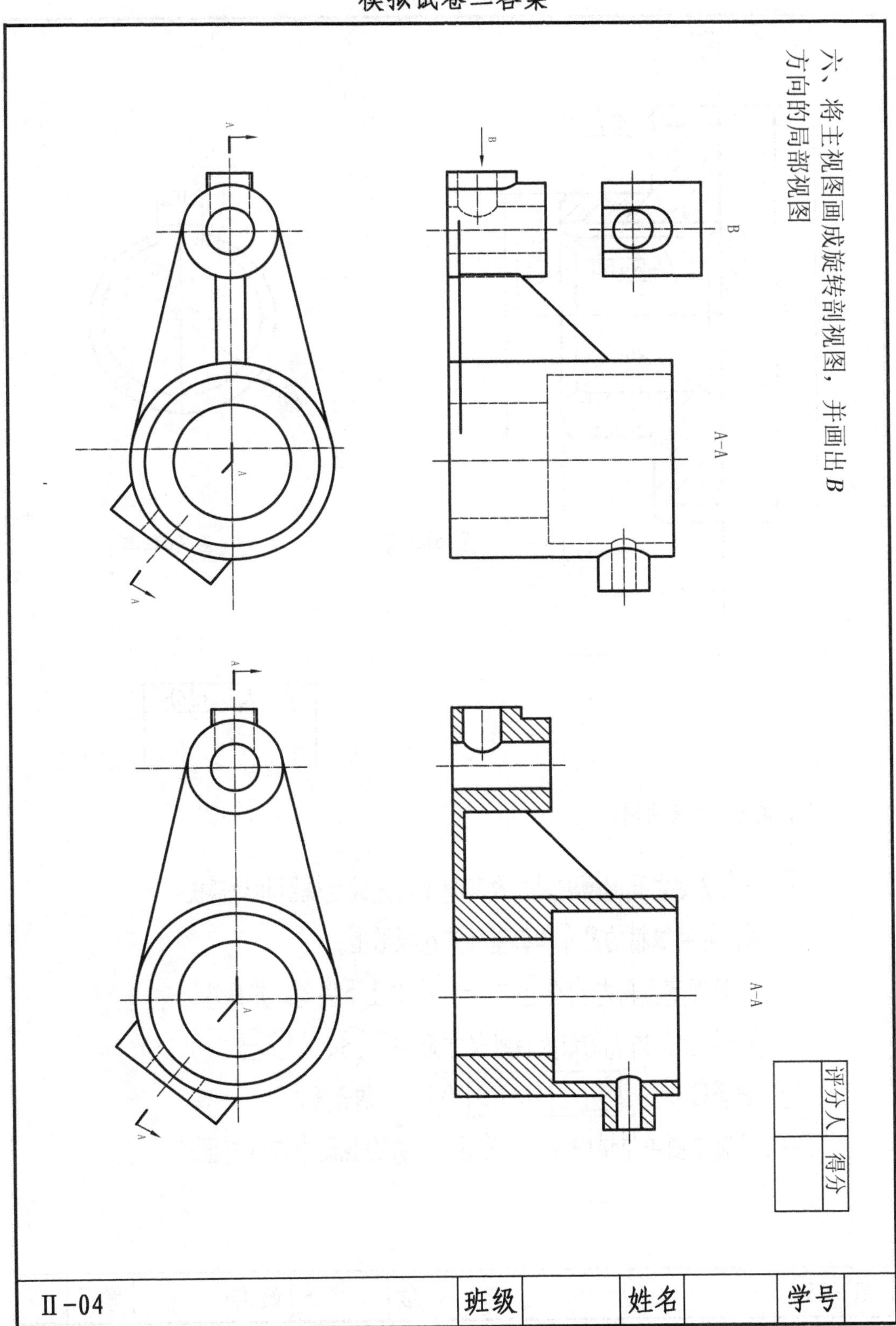
六、将主视图画成旋转剖视图，并画出B方向的局部视图
B
A
A-A
评分人
得分
Ⅱ-04
班级
姓名
学号

模拟试卷二答案

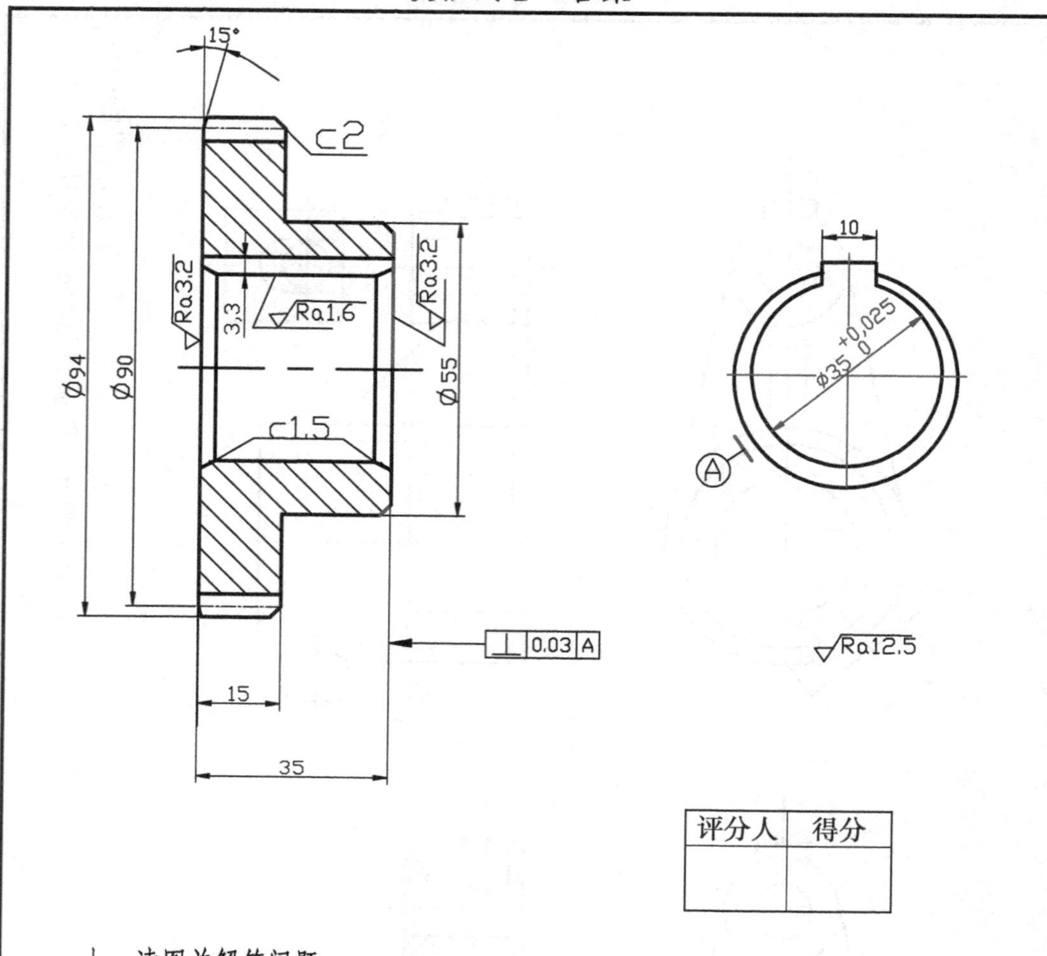

评分人	得分

七、读图并解答问题。

1. 查表确定内孔键槽的尺寸及其精度，完成主视图和局部视图，并将键槽的尺寸和偏差标注在视图上。
2. 查表确定齿轮内孔Ø35H7的上下偏差，并标注在视图上，内孔的最大极限尺寸是（Ø35.025）。
3. 解释符号 ⊥ 0.03 A 的含义。
4. 检查视图中错误的表面结构标注，并在视图中进行改正。

Ⅱ-05	班级		姓名		学号	

模拟试卷二答案

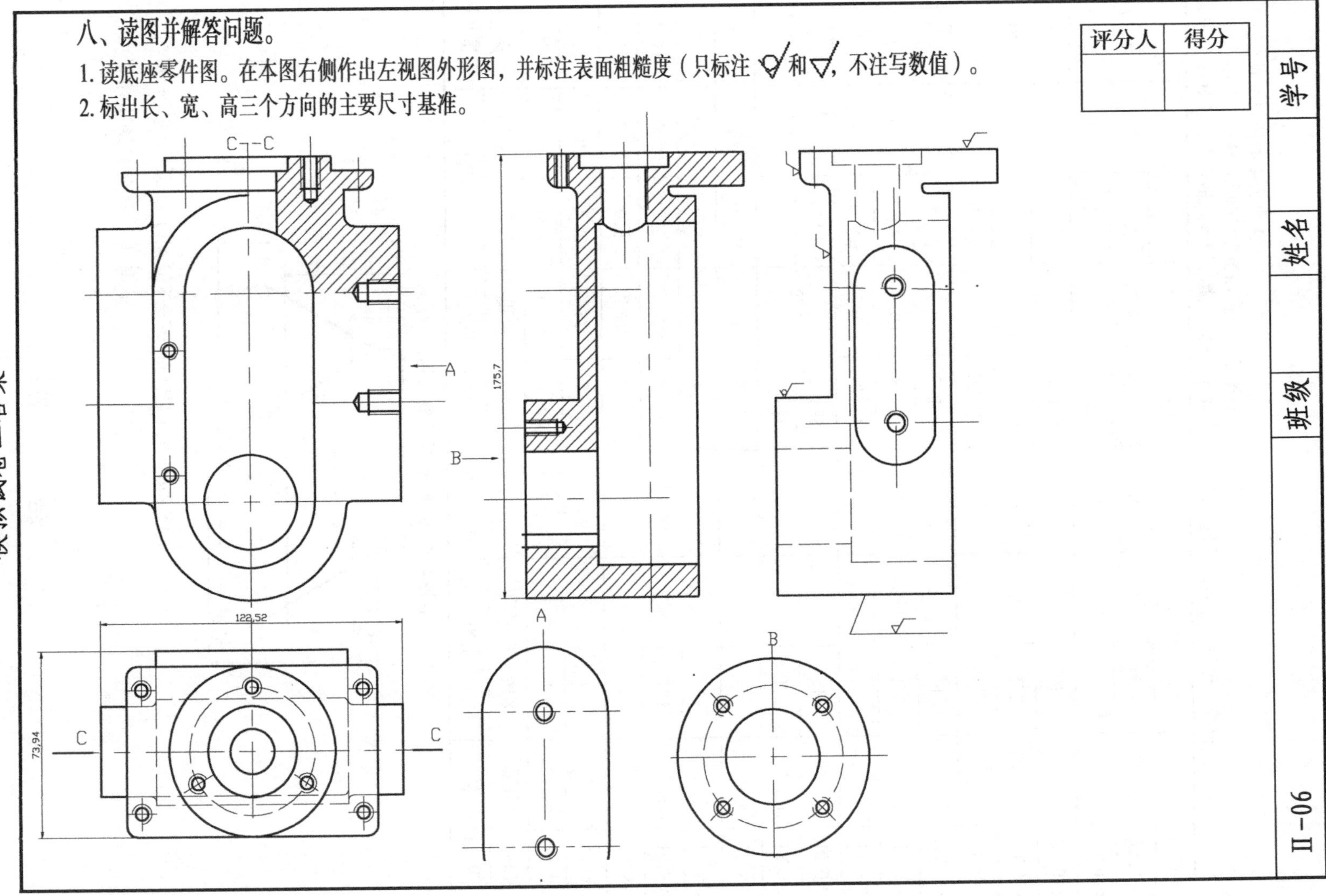

八、读图并解答问题。
1. 读底座零件图。在本图右侧作出左视图外形图，并标注表面粗糙度（只标注 和 ，不注写数值）。
2. 标出长、宽、高三个方向的主要尺寸基准。
评分人
得分
C—C
A
B
175,7
122,52
73,94
C
学号
姓名
班级
II-06

附　　录

一、常用螺纹及螺纹紧固件

1. 常用螺纹(摘自 GB 193—2003、GB 196—2003)

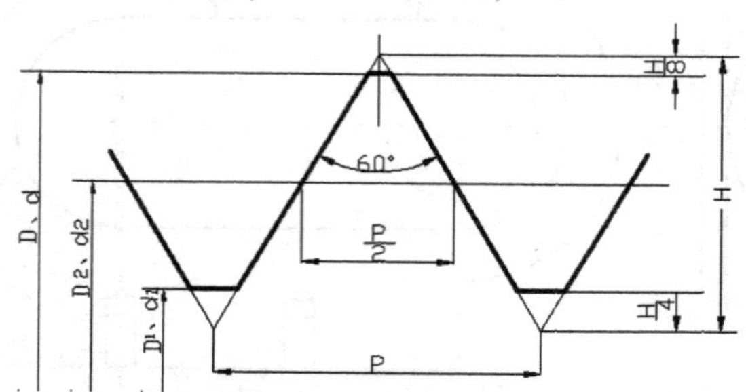

附表 1　常用螺纹直径、螺距、基本尺寸

mm

公称直径 D,d	螺距 P		小径 D_1,d_1		公称直径 D,d	螺距 P		小径 D_1,d_1	
	粗牙	细牙	粗牙	细牙		粗牙	细牙	粗牙	细牙
3	0.5	0.35	2.459	2.621	16	2	1.5	13.835	14.376
(3.5)	(0.6)	0.35	2.850	3.121			1		14.917
4	0.7	0.5	3.242	3.459	(18)	2.5	2	15.294	15.835
(4.5)	(0.75)	0.5	3.688	3.959			1.5		16.376
5	0.8	0.5	4.134	4.459			1		16.917
6	1	0.75	4.917	5.188	20	2.5	2	17.294	17.835
8	1.25	1	6.647	6.917			1.5		18.376
		0.75		7.188			1		18.917
10	1.5	1.25	8.376	8.647	(22)	2.5	2	19.294	19.835
		1		8.917			1.5		20.376
		0.75		9.188			1		20.917
12	1.75	1.5	10.106	10.376	24	3	2	20.752	21.835
		1.25		10.647			1.5		22.376
		1		10.917			1		22.917
(14)	2	1.5	11.835	12.376	(27)	3	2	23.752	24.835
		1.25		12.647			1.5		25.376
		1		12.917			1		25.917

注:[1] 公称直径中不带括号的为第一系列,带括号的为第二系列,应优先选用第一系列;

[2] 中径 D_2、d_2 未列入,需要时可参看有关标准;

[3] 括号内的螺距尽量不用。

附表 2　细牙普通螺纹螺距与小径的关系

mm

螺距 P	小径 D_1,d_1	螺距 P	小径 D_1,d_1	螺距 P	小径 D_1,d_1
0.35	$D-1+0.621$	1	$D-2+0.918$	2	$D-3+0.835$
0.5	$D-1+0.459$	1.25	$D-2+0.647$	3	$D-4+0.752$
0.75	$D-1+0.188$	1.5	$D-2+0.376$	4	$D-5+0.670$

注：表中的小径按 $D_1 = d_1 - 2\times\frac{5}{8}H, H = \frac{\sqrt{3}}{2}P$ 计算得出。

2. 梯形螺纹(摘自 GB/T 5796.1～5796.4—1986)

附表 3　梯形螺纹直径与螺距系列、基本尺寸

mm

公称直径 d	螺距 P	小径		大径 D_4	公称直径 d	螺距 P	小径		大径 D_4
		d_3	D_1				d_3	D_1	
8	1.5	6.20	6.50	8.30	(26)	3	22.50	23.00	26.50
(9)	1.5	7.20	7.50	9.30		5	20.50	21.00	26.50
	2	6.50	7.00	9.50		8	17.00	18.00	27.00
10	1.5	8.20	8.50	10.30	28	3	24.50	25.00	28.50
	2	7.50	8.00	10.50		5	22.50	23.00	28.50
(11)	2	8.50	9.00	11.50		8	19.00	20.00	29.00
	3	7.50	8.00	11.50	(30)	3	26.50	29.00	30.50
12	2	9.50	10.00	12.50		6	23.00	24.00	31.00
	3	8.50	9.00	12.50		10	19.00	20.00	31.00
(14)	2	11.50	12.00	14.50	32	3	28.50	29.00	32.50
	3	10.50	11.00	14.50		6	25.00	26.00	33.00
16	2	13.50	14.00	16.50		10	21.00	22.00	33.00
	4	11.50	12.00	16.50	(34)	3	30.50	31.00	34.50
(18)	2	15.50	16.00	18.50		6	27.00	28.00	35.00
	4	13.50	14.00	18.50		10	23.00	24.00	35.00
20	2	17.50	18.00	20.50	36	3	32.50	33.00	36.50
	4	15.50	16.00	20.50		6	29.00	30.00	37.00
(22)	3	18.50	19.00	22.50		10	25.00	26.00	37.00
	5	16.50	17.00	22.50	(38)	3	34.50	35.00	38.50
	8	13.00	14.00	23.00		7	30.00	31.00	39.00
24	3	20.50	21.00	24.50		10	27.00	28.00	39.00
	5	18.50	19.00	24.50	40	3	36.50	37.00	40.50
	8	15.00	16.00	25.00		7	32.00	33.00	41.00
						10	29.00	30.00	41.00

注：[1] 公称直径中不带括号的为第一系列，带括号的为第二系列，应优先选用第一系列；

[2] 中径 $D_2=d_2$ 未列入，需要时可参看有关标准。

3. 非螺纹密封的管螺纹(摘自 GB/T 7303—1987)

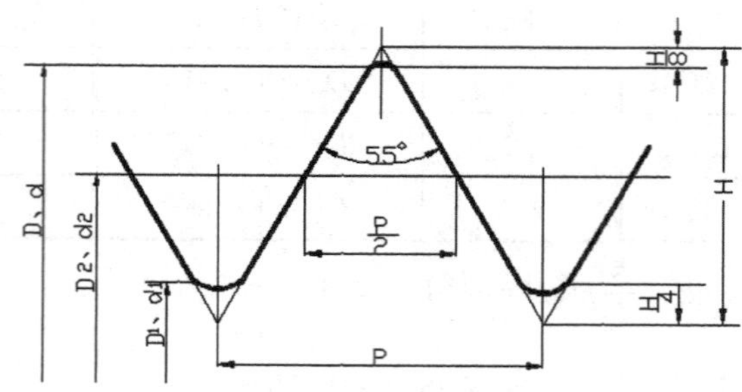

附表 4 管螺纹尺寸代号及基本尺寸

mm

尺寸代号	每 25.4 mm 内所含的牙数 n	螺距 P	牙高 H	基本直径或基准平面内的基本直径			外螺纹的有效螺纹不小于
				大径(基本直径)$d=D$	中径 $d_2=D_2$	小径 $d_1=D_1$	
$\frac{1}{16}$	28	0.907	0.581	7.723	7.142	6.561	6.5
$\frac{1}{8}$	28	0.907	0.581	9.728	9.147	8.566	6.5
$\frac{1}{4}$	19	1.337	0.856	13.157	12.301	11.445	9.7
$\frac{3}{8}$	19	1.337	0.856	16.662	15.806	14.950	10.1
$\frac{1}{2}$	14	1.814	1.162	20.955	19.793	18.631	13.2
$\frac{3}{4}$	14	1.814	1.162	26.441	25.279	24.117	14.5
1	11	2.309	1.479	33.249	31.770	30.291	16.8
$1\frac{1}{4}$	11	2.309	1.479	41.910	40.431	38.952	19.1
$1\frac{1}{2}$	11	2.309	1.479	47.803	46.324	44.845	19.1
2	11	2.309	1.479	59.614	58.135	56.656	23.4
$2\frac{1}{2}$	11	2.309	1.479	75.184	73.705	72.226	26.7
3	11	2.309	1.479	87.884	86.405	84.926	29.8
4	11	2.309	1.479	113.030	111.551	110.072	35.8
5	11	2.309	1.479	138.430	136.951	135.472	40.1
6	11	2.309	1.479	163.830	162.351	162.351	40.1

注:第五列中所列的是圆柱螺纹的基本直径和圆锥螺纹在基本平面内的基本直径;第六、七列只适用于圆锥螺纹。

4. 螺栓

六角头螺栓—C 级(GB/T 5780—2000),六角头螺栓—A 和 B 级(GB/T 5782—2000)

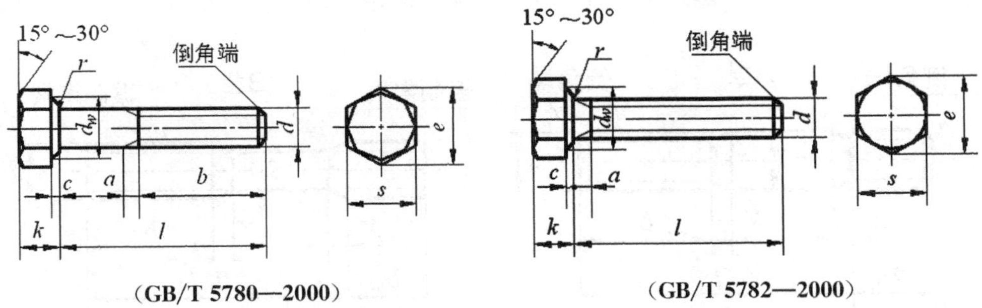

（GB/T 5780—2000）　　（GB/T 5782—2000）

标记示例　螺纹规格 d＝M12、公称长度 l＝80、性能等级为 4.8 级、不经表面处理、产品等级为 C 级的六角头螺栓的标记

螺栓 GB/T 5780　M12×80

附表 5　常用螺栓规格及尺寸

mm

螺纹规格 d		M3	M4	M5	M6	M8	M10	M12	M16	M20	M24	M30
b 参考	l≤125	12	14	16	18	22	26	30	38	46	54	66
	125<l≤200	18	20	22	24	28	32	36	44	52	60	72
	l>200	31	33	35	37	41	45	49	57	65	73	85
k 公称		2	2.8	3.5	4	5.3	6.4	7.5	10	12.5	15	18.7
s 公称		5.5	7	8	10	13	16	18	24	30	36	46
e min	A 级	6.01	7.66	8.79	11.05	14.38	17.77	20.03	26.75	33.53	39.98	—
	B 级	5.88	7.50	8.63	10.89	14.20	17.59	19.85	26.17	32.95	39.55	50.85
商品规格范围	l GB/T5782	20～30	25～40	25～50	30～60	40～80	45～100	50～120	65～160	80～200	90～240	110～300
	l(全螺) GB/T5783	6～30	8～40	10～50	12～60	16～80	20～100	25～120	30～200	40～200	50～200	60～200
l 长度系列		6,8,10,12,16,20,25,30,35,40,50,55,60,65,70,80,90,100,110,120,130,140,150,160,180,200,220,240,260,280,300										

注：[1] A 级用于 d≤24 和 l≤10d 或≤150 的螺栓；

[2] B 级用于 d>24 和 l>10d 或>150 的螺栓；

[3] 公称长度 l 范围：GB/T 5870—2000 为 25～500，GB/T 5782—2000 为 12～500；

[4] 材料为钢的螺栓性能等级有 5.6，8.8，9.8，10.9 级，其中 8.8 级为常用。

5. 双头螺柱

双头螺柱—b_m＝1d(GB/T 897—1988)

双头螺柱—b_m＝1.25d(GB/T 898—1988)

双头螺柱—b_m＝1.5d(GB/T 899—1988)

双头螺柱—b_m＝2d(GB/T 900—1988)

标记示例　① 两端均为粗牙普通螺纹、d＝10、l＝50、性能等级为 4.8 级、B 型、b_m＝1d 的双头螺柱：

螺柱 GB/T 897—1988　M10×50

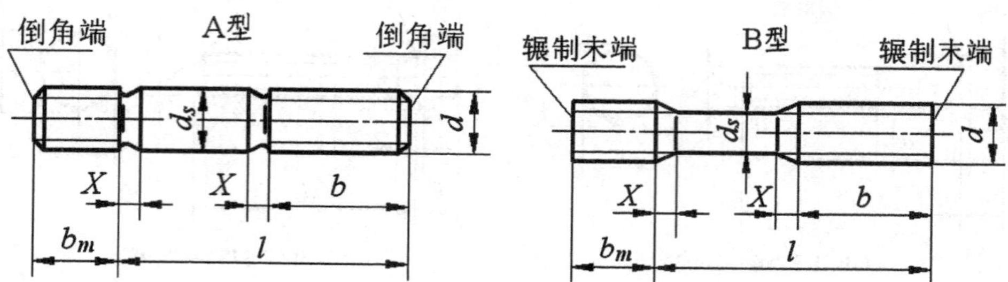

② 旋入机体一端为粗牙普通螺纹、旋螺母一端为螺距 1 的细牙普通螺纹、$d=10$、$l=50$、性能等级为 4.8 级、A 型、$b_m=1d$ 的双头螺柱：

螺柱 GB/T 897—1988　AM10×1×50

附表 6　常用螺柱规格与尺寸

mm

螺纹规格 d	b_m				l/b
	GB/T897—1988	GB/T898—1988	GB/T899—1988	GB/T900—1988	
M2			3	4	(12～16)/6,(18～25)/10
M2.5			3.5	5	(14～18)/8,(20～30)/11
M3			4.5	6	(16～20)/6,(22～40)/12
M4			6	8	(16～22)/8,(25～40)/14
M5	5	6	8	10	(16～22)/10,(25～50)/16
M6	6	8	10	12	(20～22)/10,(25～30)/14,(32～75)/18
M8	8	10	12	16	(20～22)/12,(25～30)/16,(32～90)/22
M10	10	12	15	20	(25～28)/14,(30～38)/16,(40～120)/26,130/32
M12	12	15	18	24	(25～30)/16,(32～40)/20,(45～120)/30,(130～180)/36
(M14)	14	18	21	28	(30～35)/18,(38～45)/25,(50～120)/34,(130～180)/40
M16	16	20	24	32	(30～38)/20,(40～55)/30,(60～120)/38,(130～200)/44
(M18)	18	22	27	36	(35～40)/22,(45～60)/35,(65～120)/42,(130～200)/48
M20	20	25	30	40	(35～40)/25,(45～65)/35,(70～120)/46,(130～200)/52
(M22)	22	28	33	44	(40～55)/30,(50～70)/40,(75～120)/50,(130～200)/56
M24	24	30	36	48	(45～50)/30,(55～75)/45,(80～120)/54,(130～200)/60

（续表）

螺纹规格 d	b_m				l/b
	GB/T897—1988	GB/T898—1988	GB/T899—1988	GB/T900—1988	
(M27)	27	35	40	54	(50～60)/35,(65～85)/50,(90～120)/60,(130～200)/66
M30	30	38	45	60	(60～65)/40,(70～90)/50,(95～120)/66,(130～200)/72,(210～250)/85
M36	36	45	54	72	(65～75)45,(80～110)/60,120/78,(130～200)/84,(210～300)/97
M42	42	52	63	84	(70～80)/50,(85～110)/70,120/90,(130～200)/96,(210～300)/109
M48	48	60	72	96	(80～90)/60,(95～110)/80,120/102,(130～200)/108,(210～300)/121
l(系列)	12,(14),16,(18),20,(22),25,(28),30,(32),35,(38),40,(55),60,(65),70,(75),80,(85),90,(95),100,110,120,130,140,150,160,170,180,190,200,210,220,230,240,250,260,280,300				

6. 螺钉

(1) 开槽圆柱头螺钉(GB/T 65—2000)、开槽盘头螺钉(GB/T 67—2000)、开槽沉头螺钉(GB/T 68—2000)

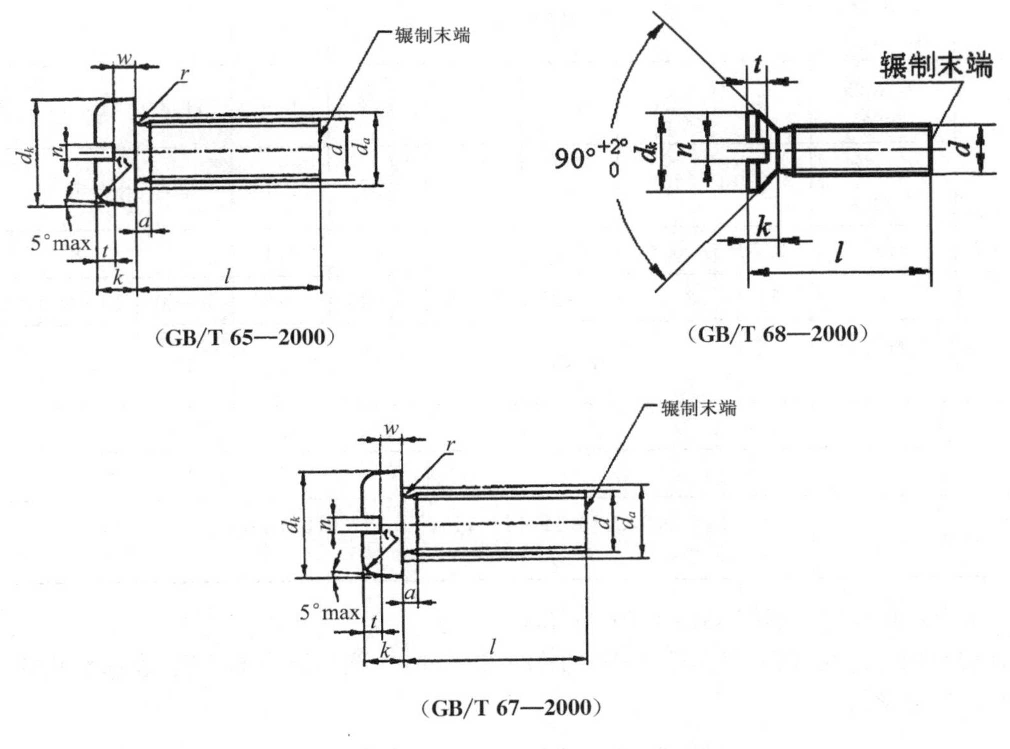

标记示例 螺纹规格 d=M5、公称长度 l=20 mm、性能等级为 4.8 级、不经表面处理的 A 级开槽圆柱头螺钉

螺钉 GB/T 65—2000 M5×20

附表 7 常用开槽圆柱头螺钉规格及尺寸

mm

螺纹规格 d		M1.6	M2	M2.5	M3	M4	M5	M6	M8	M10
GB/T65—2000	d_k 公称=max	3	3.8	4.5	5.5	7	8.5	10	13	16
	k 公称=max	1.1	1.4	1.8	2	2.6	3.3	3.9	5	6
	t min	0.45	0.6	0.7	0.85	1.1	1.3	1.6	2	2.4
	l	2～16	3～20	3～25	4～35	5～40	6～50	8～60	10～80	12～80
	全螺纹时最大长度	全螺纹					40	40	40	40
GB/T67—2000	d_k 公称=max	3.2	4	5	5.6	8	9.5	12	16	20
	k 公称=max	1	1.3	1.5	1.8	2.4	3	3.6	4.8	6
	t min	0.35	0.5	0.6	0.7	1	1.2	1.4	1.9	2.4
	l	2～16	2.5～20	3～25	4～30	5～40	6～50	8～60	10～80	12～80
	全螺纹时最大长度	全螺纹					40	40	40	40
GB/T68—2000	d_k 公称=max	3	3.8	4.7	5.5	8.4	9.3	11.3	15.8	18.3
	k 公称=max	1	1.2	1.5	1.65	2.7	2.7	3.3	4.65	5
	t min	0.32	0.4	0.5	0.6	1	1.1	1.2	1.8	2
	l	2.5～16	3～20	4～25	5～30	6～40	8～50	8～60	10～80	12～80
	全螺纹时最大长度	全螺纹					45	45	45	45
n		0.4	0.5	0.6	0.8	1.2	1.2	1.6	2	2.5
b		25				38				
l(系列)		2,2.5,3,4,5,6,8,10,12,(14),16,20,25,30,35,40,45,50,(55),60,(65),70,(75),80								

(2) 内六角圆柱头螺钉(GB/T 70.1—2000)

标记示例 螺纹规格 d=M5、公称长度 l=20 mm、性能等级为 4.8 级、表面氧化的 A 级内六角圆柱头螺钉

螺钉 GB/T 70.1—2000 M5×20

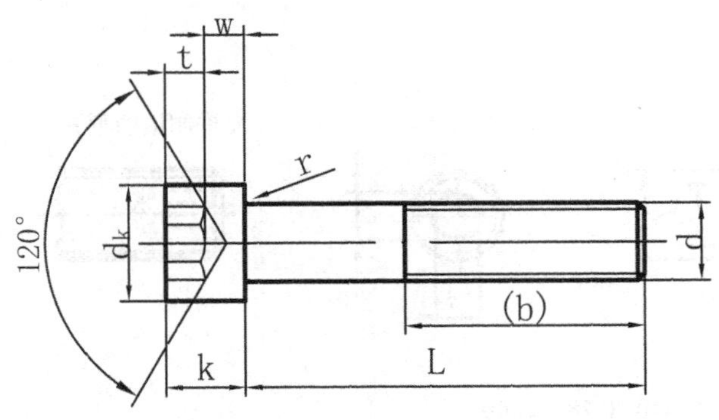

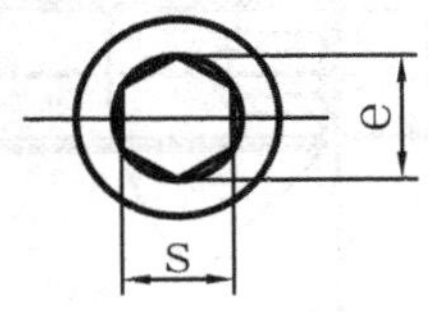

允许倒角或制出沉孔

附表 8　常用内六角圆柱头螺钉规格及尺寸　　mm

螺纹规格 d	M1.6	M2	M2.5	M3	M4	M5	M6	M8	M10	M12	M16	M20	M24	M30
d_k max	3	3.8	4.5	5.5	7	8.5	10	13	16	18	24	30	36	45
k max	1.6	2	2.5	3	4	5	6	8	10	12	16	20	24	30
t min	0.7	1	1.1	1.3	2	2.5	3	4	5	6	8	10	12	15.5
s 公称	1.5	1.5	2	2.5	3	4	5	6	8	10	14	17	19	22
e min	1.73	1.73	2.3	2.87	3.44	4.58	5.72	6.86	9.15	11.43	16	19.44	21.73	25.15
b（参考）	15	16	17	18	20	22	24	28	32	36	44	52	60	72
l	2.5～16	3～20	4～25	5～30	6～40	8～50	10～60	12～80	16～100	20～120	25～160	30～200	40～240	45～300
全螺纹时最大长度	16	16	20	20	25	25	30	35	40	50	60	70	80	100
l 系列	2.5,3,4,5,6,8,10,12,16,20,25,30,35,40,45,50,55,60,65,70,80,90,100,110,120,130,140,150,160,180,200,240,260,280,300													

(3) 内六角平端紧定螺钉(GB/T 77—2000)、内六角锥端紧定螺钉(GB/T 78—2000)

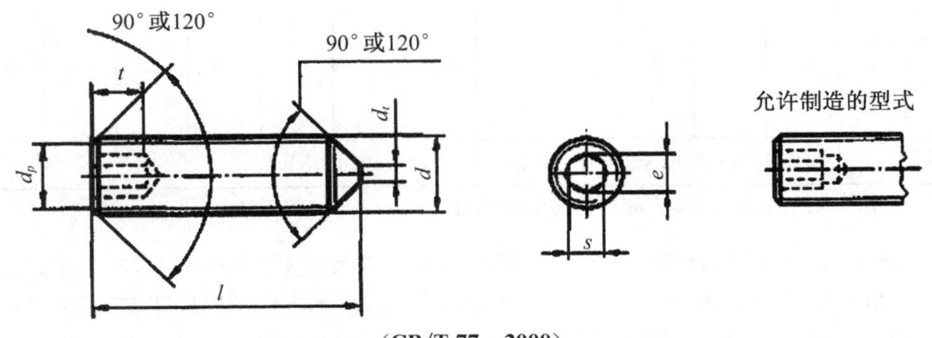

(GB/T 77—2000)

标记示例　螺纹规格 d=M6、公称长度 l=12 mm、性能等级为 45H 级、表面氧化的 A 级内六角平端紧定螺钉

螺钉 GB/T 77—2000　M6×12

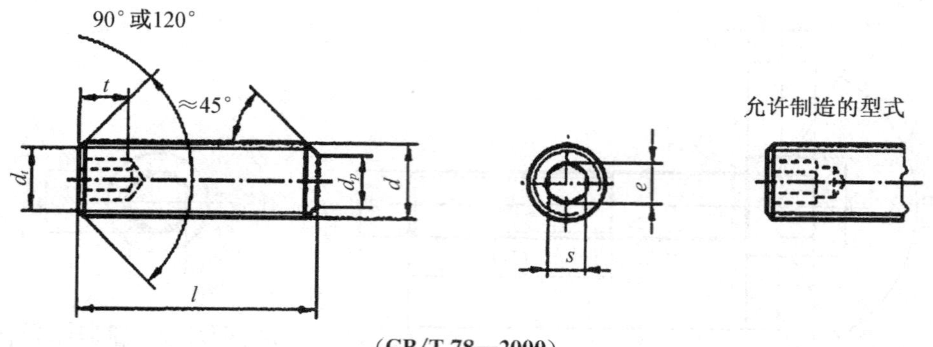

(GB/T 78—2000)

附表 9　常用内六角紧定螺钉规格及尺寸

mm

螺纹规格 d		M1.6	M2	M2.5	M3	M4	M5	M6	M8	M10	M12	M16	M20	M24
d_p max		0.8	1	1.5	2	2.5	3.5	4	5.5	7	8.5	12	15	18
d_t max		0.4	0.5	0.65	0.75	1	1.25	1.5	2	2.5	3	4	5	6
e max		0.8	1	1.43	1.73	2.3	2.87	3.44	4.58	5.72	6.86	9.15	11.43	13.72
s 公称		0.7	0.9	1.3	1.5	2	2.5	3	4	5	6	8	10	12
t min		1.5 (0.7)	1.7 (0.8)	2 (1.2)	2 (1.2)	2.5 (1.5)	3 (2)	3.5 (2)	5 (3)	6 (4)	8 (4.8)	10 (6.4)	12 (8)	15 (10)
公称长度 l	GB/T77	2~8	2~10	2~12	2~16	2.5~20	3~25	4~30	5~40	6~50	8~60	10~60	12~60	16~60
	GB/T78	2~8	2~10	2.5~12	2.5~16	3~20	4~25	5~30	8~45	8~50	10~60	12~60	16~60	20~60
公称长度 l≤右表内值时的短螺钉,应按上图中所注 120°角制成，而 90°用于其余长度	GB/T77	2	2.5	3	3	4	5	6	6	8	12	16	16	20
	GB/T78	2.5	2.5	3	3	4	5	6	8	10	12	16	20	25
l 系列		2,2.5,3,4,5,6,8,10,12,16,20,25,30,35,40,45,50,55,60												

注:t min 在括号内的值,用于 t≤上表内值时的短螺钉。

(4) 开槽锥端紧定螺钉(GB/T 71—1985)、开槽平端紧定螺钉(GB/T 73—1985)

开槽凹端紧定螺钉(GB/T 74—1985)、开槽长圆柱端紧定螺钉(GB/T 75—1985)

标记示例　螺纹规格 d=M5、公称长度 l=12 mm、性能等级为 14H 级、表面氧化的开槽锥端紧定螺钉

螺钉 GB/T 71—1985　M5×12

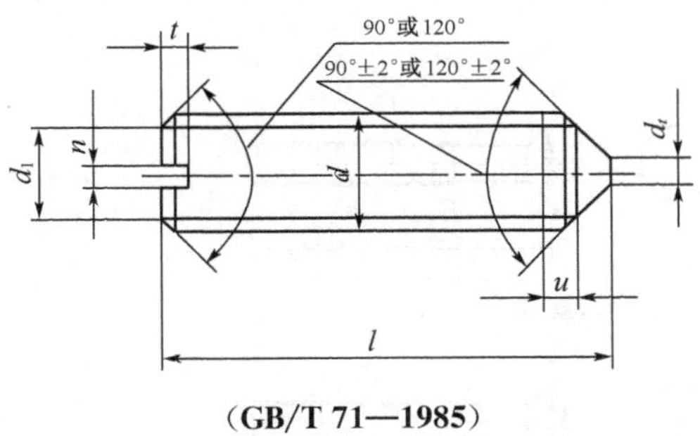

(GB/T 71—1985)

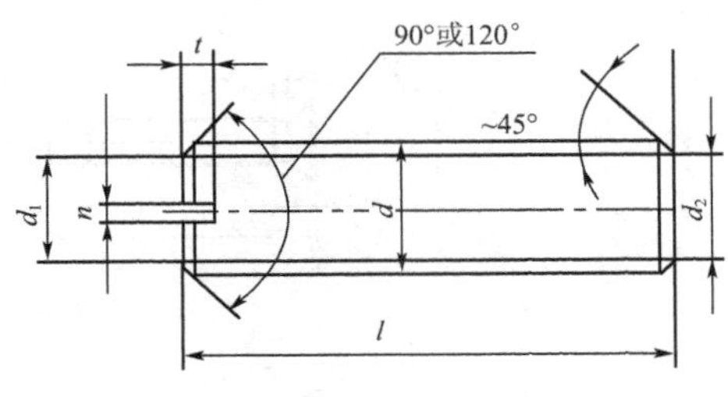

(GB/T 73—1985)

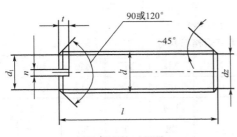

(GB/T 74—1985)

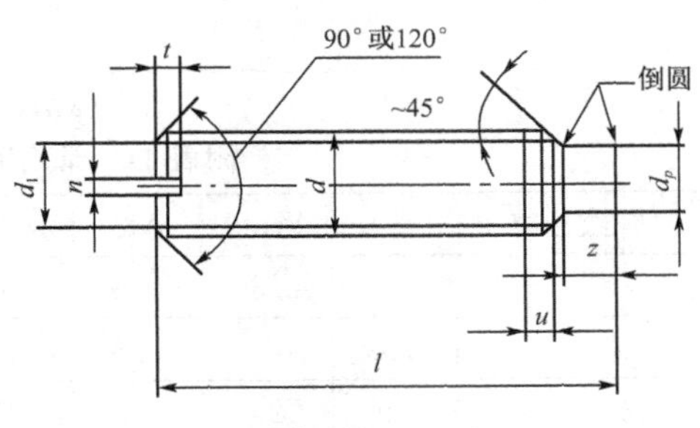

(GB/T 75—1985)

附表 10　常用开槽紧定螺钉规格与尺寸　　mm

螺纹规格 d		M1.2	M1.6	M2	M2.5	M3	M4	M5	M6	M8	M10	M12
n 公称		0.2	0.25	0.25	0.4	0.4	0.6	0.8	1	1.2	1.6	2
t min		0.4	0.56	0.64	0.72	0.8	1.12	1.28	1.6	2	2.4	2.8
d_t max		0.12	0.16	0.2	0.25	0.3	0.4	0.5	1.5	2	2.5	3
d_p max		0.6	0.8	1	1.5	2	2.5	3.5	4	5.5	7	8.5
d_z max			0.8	1	1.2	1.4	2	2.5	3	5	6	8
z max			1.05	1.25	1.5	1.75	2.25	2.75	3.25	4.3	5.3	6.3
公称长度 l	GB/T71	2～6	2～8	3～10	3～12	4～16	6～20	8～25	8～30	10～40	12～50	14～60
	GB/T73	2～6	2～8	2～10	2.5～12	3～16	4～20	5～25	6～30	8～40	10～50	12～60
	GB/T74		2～8	2.5～10	3～12	3～16	4～20	5～25	6～30	8～40	10～50	12～60
	GB/T75		2.5～8	3～10	4～12	5～16	6～20	8～25	8～30	10～40	12～50	14～60
公称长度 l ≤右表内值时的短螺钉，应按上图中所注 120°角制成，而 90°用于其余长度	GB/T71	2	2.5		3							
	GB/T73		2	2.5	3	3	4	5	6			
	GB/T74		2	2.5	3	4	5	5	6	8	10	12
	GB/T75		2.5	3	4	5	6	8	10	14	16	20
l 系列		2,2.5,3,4,5,6,8,10,12,(14),16,20,25,30,35,40,45,50,(55),60										

注：尽可能不采用括号内的规格。

(5) 十字槽沉头螺钉(摘自 GB/T 819.1—2000)

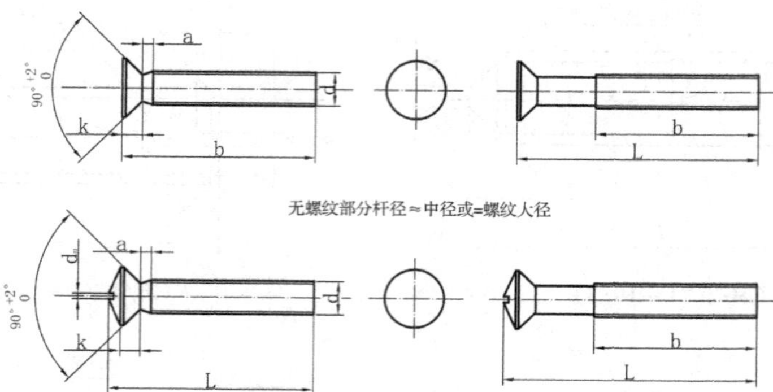

无螺纹部分杆径≈中径或=螺纹大径

附表 11 常用沉头螺钉规格与尺寸

mm

螺纹规格 d				M1.6	M2	M2.5	M3	M4	M5	M6	M8	M10
P				0.35	0.4	0.45	0.5	0.7	0.8	1	1.25	1.5
a			max	0.7	0.8	0.9	1	1.4	1.6	2	2.5	3
b			min	25	25	25	25	38	38	38	38	38
d_k	理论值		max	3.6	4.4	5.5	6.3	9.4	10.4	12.6	17.3	20
	实际值		max	3	3.8	4.7	5.5	8.4	9.3	11.3	15.8	18.3
			min	2.7	3.5	4.4	5.2	8	8.9	10.9	15.4	17.8
k max				1	1.2	1.5	1.65	2.7	2.7	3.3	4.65	5
r			max	0.4	0.5	0.6	0.8	1	1.3	1.5	2	2.5
x			max	0.9	1	1.1	1.25	1.75	2	2.5	3.2	3.8
十字槽	槽号 no.			0		1		2		3	4	
	H 型	m 参考		1.6	1.9	2.9	3.2	4.6	5.2	6.8	8.9	10
		插入深度	min	0.6	0.9	1.4	1.7	2.1	2.7	3	4	5.1
			max	0.9	1.2	1.8	2.1	2.6	3.2	3.5	4.6	5.7
	乙型	m 参考		1.6	1.9	2.8	3	4.4	4.9	6.6	8.8	9.8
		插入深度	min	0.7	0.95	1.45	1.6	2.05	2.6	3	4.15	5.2
			max	0.95	1.2	1.75	2	2.5	3.05	3.45	4.6	5.65

l											
公称	min	max									
3	2.8	3.2									
4	3.7	4.3									
5	4.7	5.3									
6	5.7	6.3									
8	7.7	8.3									
10	9.7	10.3			商品						
12	11.6	12.4									

（续表）

螺纹规格 d			M1.6	M2	M2.5	M3	M4	M5	M6	M8	M10
l											
公称	min	max									
(14)	13.6	14.4									
14	15.6	16.4					规格				
20	19.6	20.4									
25	24.6	25.4									
30	29.6	30.4							范围		
35	34.5	35.5									
40	39.5	40.5									
45	44.5	45.5									
50	49.5	50.5									
(55)	54.4	55.6									
60	59.4	60.6									

7. 螺母

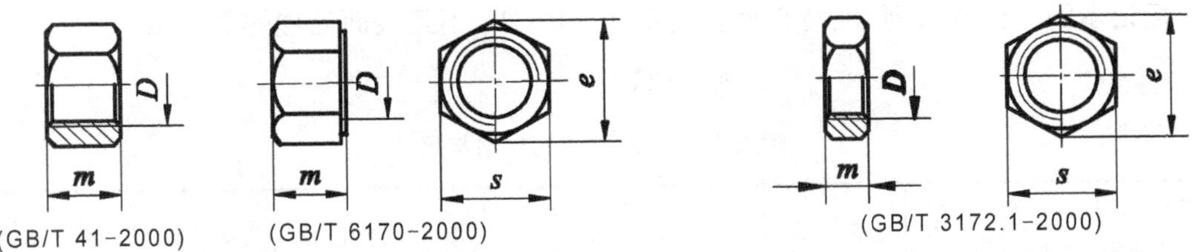

(GB/T 41-2000)　(GB/T 6170-2000)　(GB/T 3172.1-2000)

标记示例　① 螺纹规格 D=M10、性能等级为 5 级、不经表面处理、C 级的六角螺母

螺母 GB/T 41　M10

② 螺纹规格 D=M10、性能等级为 8 级、不经表面处理、A 级的六角螺母

螺母 GB/T 41　M10

附表 12　常用螺母规格与尺寸　mm

螺纹规格 D		M3	M4	M5	M6	M8	M10	M12	M16	M20	M24	M30	M36	M42
e	GB/T41			8.63	10.89	14.20	17.59	19.85	26.17	32.95	39.55	50.85	60.79	72.02
	GB/T6170	6.01	7.66	8.79	11.05	14.38	17.77	20.03	26.75	32.95	39.55	50.85	60.79	72.02
	GB/T6172.1	6.01	7.66	8.79	11.05	14.38	17.77	20.03	26.75	32.95	39.55	50.85	60.79	72.02

(续表)

螺纹规格 D		M3	M4	M5	M6	M8	M10	M12	M16	M20	M24	M30	M36	M42
s	GB/T41			8	10	13	16	18	24	30	36	46	55	65
	GB/T6170	5.5	7	8	10	13	16	18	24	30	36	46	55	65
	GB/T6172.1	5.5	7	8	10	13	16	18	24	30	36	46	55	65
m	GB/T41			5.6	6.1	7.9	9.5	12.2	15.9	18.7	22.3	26.4	31.5	34.9
	GB/T6170	2.4	3.2	4.7	5.2	6.8	8.4	10.8	14.8	18	21.5	25.6	31	34
	GB/T6172.1	1.8	2.2	2.7	3.2	4	5	6	8	10	12	15	18	21

注:A 级用于 $D \leqslant 16$;B 级用于 $D > 16$。

8. 垫圈

(1) 平垫圈

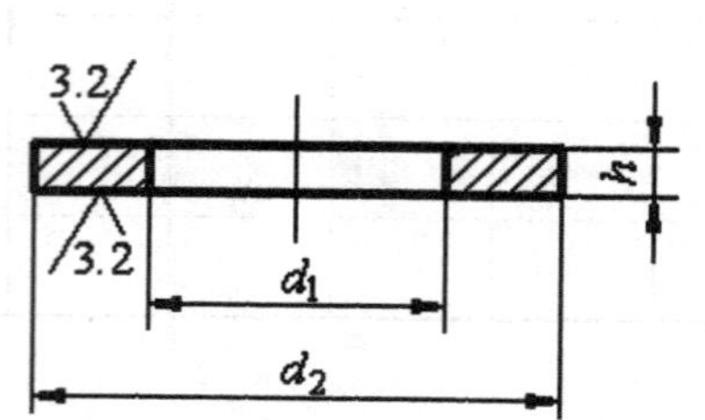

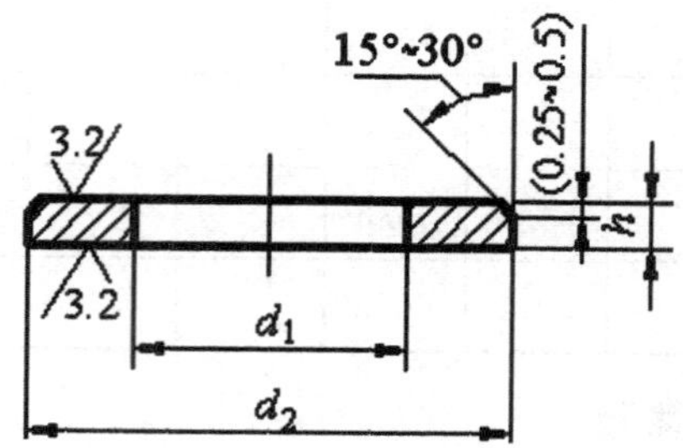

标记示例 标准系列、规格 8、性能等级为 140HV、不经表面处理的平垫圈

垫圈 GB/T 97.1 8

附表 13 常用平垫圈规格与尺寸

mm

公称尺寸(螺纹规格 d)		1.6	2	2.5	3	4	5	6	8	10	12	14	16	20	24	30	36
d_1	GB/T848	1.7	2.2	2.7	3.2	4.3	5.3	6.4	8.4	10.5	13	15	17	21	25	31	37
	GB/T97.1	1.7	2.2	2.7	3.2	4.3	5.3	6.4	8.4	10.5	13	15	17	21	25	31	37
	GB/T97.2						5.3	6.4	8.4	10.5	13	15	17	21	25	31	37
d_2	GB/T848	3.5	4.5	5	6	8	9	11	15	18	20	24	28	34	39	50	60
	GB/T97.1	4	5	6	7	9	10	12	16	20	24	28	30	37	44	56	66
	GB/T97.2						10	12	16	20	24	28	30	37	44	56	66
h	GB/T848	0.3	0.3	0.5	0.5	0.5	1	1.6	1.6	1.6	2	2.5	2.5	3	4	4	5
	GB/T97.1	0.3	0.3	0.5	0.5	0.8	1	1.6	1.6	2	2.5	2.5	3	3	4	4	5
	GB/T97.2						1	1.6	1.6	2	2.5	2.5	3	3	4	4	5

（2）弹簧垫圈

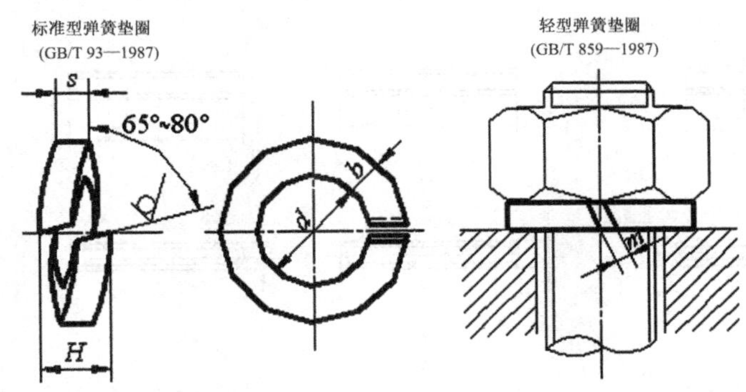

附表 14　常用弹簧垫圈规格与尺寸　　mm

规格(螺纹大径)		3	4	5	6	8	10	12	(14)	16	(18)	20	(22)	24	30
d		3.1	4.1	5.1	6.1	8.1	10.2	12.2	14.2	16.2	18.2	20.2	22.5	24.5	30.5
H	GB/T93	1.6	2.2	2.6	3.2	4.2	5.2	6.2	7.2	8.2	9	10	11	12	15
	GB/T859	1.2	1.6	2.2	2.6	3.2	4	5	6	6.4	7.2	8	9	10	12
s(*b*)	GB/T93	0.8	1.1	1.3	1.6	2.1	2.6	3.1	3.6	4.1	4.5	5	5.5	6	7.5
s	GB/T859	0.6	0.8	1.1	1.3	1.6	2	2.5	3	3.2	3.6	4	4.5	5	6
m≤	GB/T93	0.4	0.55	0.65	0.8	1.05	1.3	1.55	1.8	2.05	2.25	2.5	2.75	3	3.75
	GB/T859	0.3	0.4	0.55	0.65	0.8	1	1.25	1.5	1.6	1.8	2	2.25	2.5	3
b	GB/T859	1	1.2	1.5	2	2.5	3	3.5	4	4.5	5	5.5	6	7	9

注:[1] 括号内的规格尽可能不采用。
[2] *m* 应大于零。

二、常用键与销

1. 平键

(1) 平键和键槽的剖面尺寸(GB/T 1095—2003)、普通平键的型式尺寸(GB/T 1096—2003)

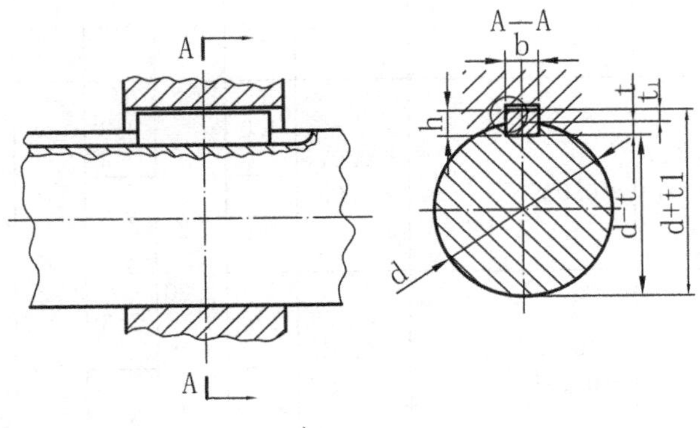

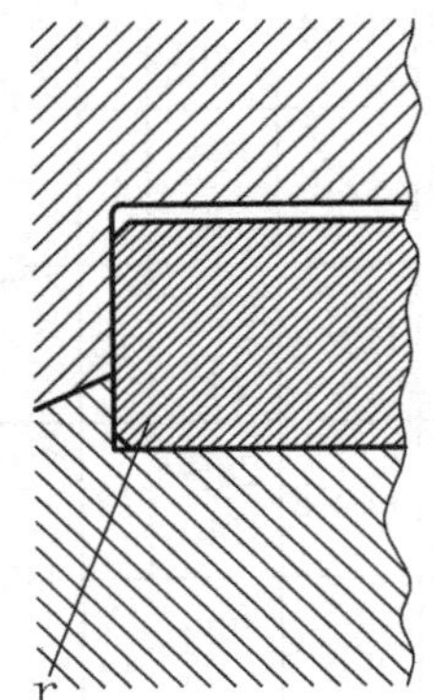

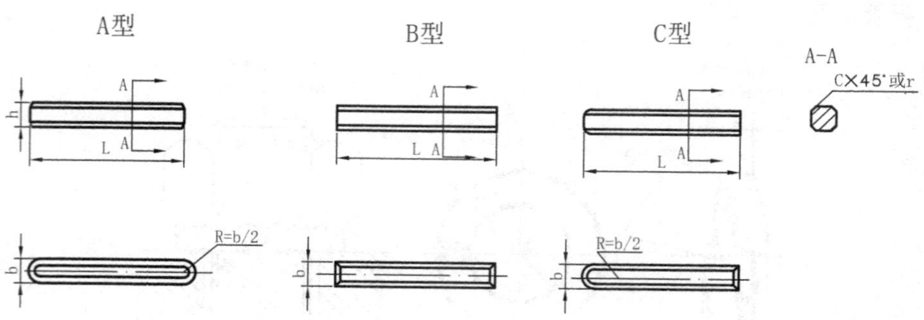

标记示例

圆头普通平键（A 型）b=16 mm、h=10 mm、l=100 mm　键 16×100 GB/T 1096—2003

平头普通平键（B 型）b=16 mm、h=10 mm、l=100 mm　键 B16×100 GB/T 1096—2003

单圆头普通平键（C 型）b=16 mm、h=10 mm、l=100 mm　键 C16×100 GB/T 1096—2003

附表 15　常用平键规格与尺寸

mm

轴	键		键槽											
公称直径 d	公称尺寸 $b\times h$	长度 l	宽度						深度				半径 r	
			公称尺寸 b	极限偏差					轴 t		毂 t_1			
				轻松键连接		一般键连接		较紧键连接						
				轴 H9	毂 D10	轴 N9	毂 JS9	轴和键 P9	公称尺寸	极限偏差	公称尺寸	极限偏差	最小	最大
自 6~8	2×2	6~20	2	+0.025 0	+0.206 0 +0.020	−0.004 −0.029	±0.012 5	−0.006 −0.031	1.2	+ 0.10	1	+ 0.10	0.08	0.16
>8~10	3×3	6~36	3						1.8		1.4			
>10~12	4×4	8~45	4	+0.030 0	+0.078 +0.030	0 −0.030	±0.015	−0.012 −0.042	2.5		1.8			
>12~17	5×5	10~56	5						3.0		2.3			
>17~22	6×6	14~70	6						3.5		2.8			
>22~30	8×7	18~90	8	+0.036 0	+0.098 +0.040	0 −0.036	±0.018	−0.015 −0.051	4.0	+ 0.20	3.3	+ 0.20	0.16	0.25
>30~38	10×8	22~110	10						5.0		3.3			
>38~44	12×8	28~140	12	+0.043 0	+0.120 +0.050	0 −0.043	±0.021 5	−0.018 −0.061	5.0		3.3			
>44~50	14×9	36~160	14						5.5		3.8		0.25	0.40

（续表）

<table>
<tr><th>轴</th><th colspan="2">键</th><th colspan="12">键　槽</th></tr>
<tr><th rowspan="4">公称直径 d</th><th rowspan="4">公称尺寸 $b\times h$</th><th rowspan="4">长度 l</th><th colspan="6">宽　度 b</th><th colspan="4">深　度</th><th rowspan="3" colspan="2">半　径 r</th></tr>
<tr><th rowspan="3">公称尺寸 b</th><th colspan="5">极限偏差</th><th colspan="2" rowspan="2">轴 t</th><th colspan="2" rowspan="2">毂 t_1</th></tr>
<tr><th colspan="2">轻松键连接</th><th colspan="2">一般键连接</th><th>较紧键连接</th></tr>
<tr><th>轴 H9</th><th>毂 D10</th><th>轴 N9</th><th>毂 JS9</th><th>轴和键 P9</th><th>公称尺寸</th><th>极限偏差</th><th>公称尺寸</th><th>极限偏差</th><th>最小</th><th>最大</th></tr>
<tr><td>>50～58</td><td>16×10</td><td>45～180</td><td>16</td><td rowspan="2"></td><td rowspan="2"></td><td rowspan="2"></td><td rowspan="2"></td><td rowspan="2"></td><td>6.0</td><td rowspan="7"></td><td>4.3</td><td rowspan="7"></td><td rowspan="3"></td><td rowspan="3"></td></tr>
<tr><td>>58～65</td><td>18×11</td><td>50～200</td><td>18</td><td>7.0</td><td>4.4</td></tr>
<tr><td>>65～75</td><td>20×12</td><td>56～220</td><td>20</td><td rowspan="4">+0.052 0</td><td rowspan="4">+0.149
+0.065</td><td rowspan="4">0
−0.052</td><td rowspan="4">±0.026</td><td rowspan="4">−0.022
−0.074</td><td>7.5</td><td>4.9</td></tr>
<tr><td>>75～85</td><td>22×14</td><td>63～250</td><td>22</td><td>9.0</td><td>5.4</td><td rowspan="4">0.40</td><td rowspan="4">0.60</td></tr>
<tr><td>>85～95</td><td>25×14</td><td>70～280</td><td>25</td><td>9.0</td><td>5.4</td></tr>
<tr><td>>95～110</td><td>28×16</td><td>80～320</td><td>28</td><td>10.0</td><td>6.4</td></tr>
<tr><td>>110～130</td><td>32×18</td><td>80～360</td><td>32</td><td rowspan="4">+0.062 0</td><td rowspan="4">+0.180
+0.080</td><td rowspan="4">0
−0.062</td><td rowspan="4">±0.031</td><td rowspan="4">−0.026
−0.088</td><td>11.0</td><td>7.4</td></tr>
<tr><td>>130～150</td><td>36×20</td><td>100～400</td><td>36</td><td>12.0</td><td rowspan="3">+
0.30</td><td>8.4</td><td rowspan="3">+
0.30</td><td rowspan="3">0.70</td><td rowspan="3">1.0</td></tr>
<tr><td>>150～170</td><td>40×22</td><td>100～400</td><td>40</td><td>13.0</td><td>9.4</td></tr>
<tr><td>>170～200</td><td>45×25</td><td>110～450</td><td>45</td><td>15.0</td><td>10.4</td></tr>
</table>

注：[1] $(d-t)$和$(d+t_1)$两组组合尺寸的极限偏差按相应的 t 和 t_1 的极限偏差选取，但$(d-t)$极限偏差应取负号；

[2] l 系列：6，8，10，12，14，16，18，20，22，25，28，32，36，40，45，50，56，63，70，80，90，100，110，125，140，160，180，200，220，250，280，320，330，400，450。

2. 半圆键(GB/T 1099.1—2003)

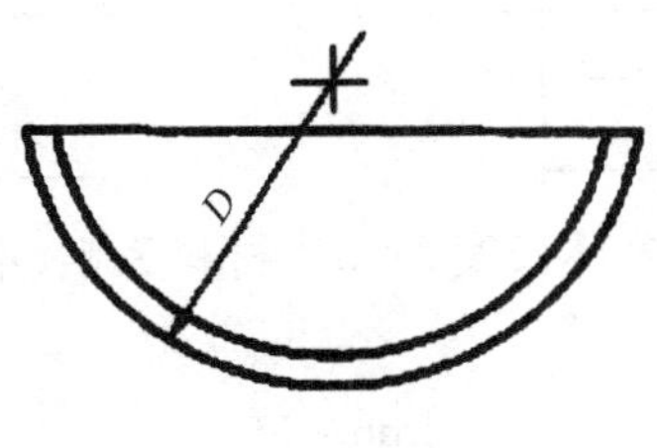

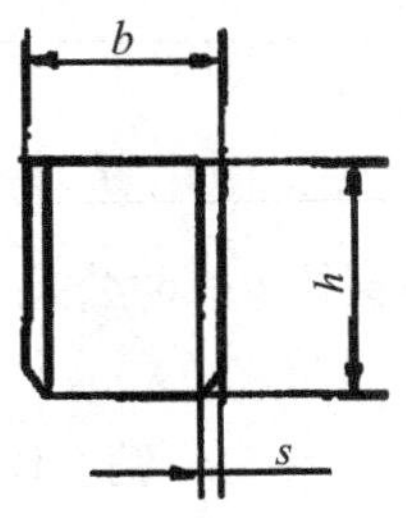

标记示例 宽度 b=6 mm、h=10 mm、D=25 mm 的普通型半圆键

键 GB/T 1099.1—2003　　6×10×25

附表 16　常用半圆键规格与尺寸

mm

<table>
<tr><th>键尺寸</th><th colspan="2">宽度 b</th><th colspan="2">高度 h</th><th colspan="2">直径 D</th><th colspan="2">倒角或倒圆 s</th></tr>
<tr><th>b×h×D</th><th>基本尺寸</th><th>极限偏差</th><th>基本尺寸</th><th>极限偏差
(h12)</th><th>基本尺寸</th><th>极限偏差
(h12)</th><th>min</th><th>max</th></tr>
<tr><td>1×1.4×4</td><td>1</td><td rowspan="16">0
−0.025</td><td>1.4</td><td rowspan="3">0
−0.10</td><td>4</td><td>0
−0.120</td><td rowspan="8">0.16</td><td rowspan="8">0.25</td></tr>
<tr><td>1.5×2.6×7</td><td>1.5</td><td>2.6</td><td>7</td><td rowspan="4">0
−0.150</td></tr>
<tr><td>2×2.6×7</td><td>2</td><td>2.6</td><td>7</td></tr>
<tr><td>2×3.7×10</td><td>2</td><td>3.7</td><td rowspan="3">0
−0.12</td><td>10</td></tr>
<tr><td>2.5×3.7×10</td><td>2.5</td><td>3.7</td><td>10</td></tr>
<tr><td>3×5×13</td><td>3</td><td>5</td><td>13</td><td rowspan="3">0
−0.180</td></tr>
<tr><td>3×6.5×16</td><td>3</td><td>6.5</td><td rowspan="8">0
−0.15</td><td>16</td></tr>
<tr><td>4×6.5×16</td><td>4</td><td>6.5</td><td>16</td></tr>
<tr><td>4×7.5×19</td><td>4</td><td>7.5</td><td>19</td><td>0
−0.210</td><td rowspan="6">0.25</td><td rowspan="6">0.40</td></tr>
<tr><td>5×6.5×16</td><td>5</td><td>6.5</td><td>16</td><td>0
−0.180</td></tr>
<tr><td>5×7.5×19</td><td>5</td><td>7.5</td><td>19</td><td rowspan="5">0
−0.210</td></tr>
<tr><td>5×9×22</td><td>5</td><td>9</td><td>22</td></tr>
<tr><td>6×9×22</td><td>6</td><td>9</td><td>22</td></tr>
<tr><td>6×10×25</td><td>6</td><td>10</td><td>25</td></tr>
<tr><td>8×11×28</td><td>8</td><td>11</td><td rowspan="2">0
−0.18</td><td>28</td><td rowspan="2">0.40</td><td rowspan="2">0.60</td></tr>
<tr><td>10×13×32</td><td>10</td><td>13</td><td>32</td><td>0
−0.250</td></tr>
</table>

(1) 圆柱销(GB/T 119.1—2000)不淬硬钢和奥氏体不锈钢

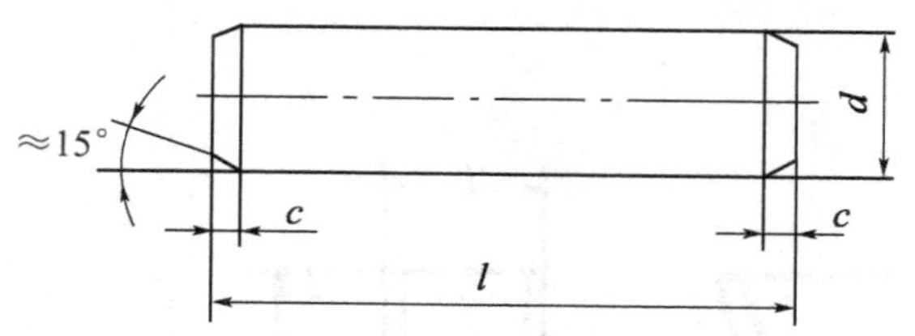

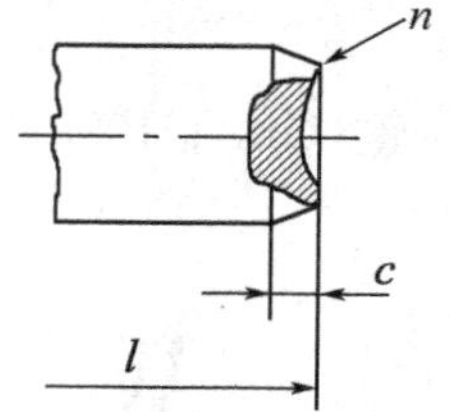

标记示例 公称直径 d=6、公差为 m6、公称长度 l=30、材料为钢、不经淬火、不经表面处理的圆柱销的标记

销 GB/T 119.1　　6m6×30

附表 17 常用圆柱销规格与尺寸

mm

公称直径 d(m6/h8)	0.6	0.8	1	1.2	1.5	2	2.5	3	4	5
$c\approx$	0.12	0.16	0.20	0.25	0.30	0.35	0.40	0.5	0.63	0.80
l(商品规格范围公称长度)	2~6	2~8	4~10	4~12	4~16	6~20	6~24	8~30	8~40	10~50
公称直径 d(m6/h8)	6	8	10	12	16	20	25	30	40	50
$c\approx$	1.2	1.6	2.0	2.5	3.0	3.5	4.0	5.0	6.3	8.0
l(商品规格范围公称长度)	12~60	14~80	18~95	22~140	26~180	35~200	50~200	60~200	80~200	95~200
l 系列	2,3,4,5,6,8,10,12,14,16,18,20,22,24,26,28,30,32,35,40,45,50,55,60,65,70,75,80,85,90,95,100,120,140,160,180,200									

注:[1] 材料用钢的强度要求为 125~245HV30,用奥氏体不锈钢 A1(GB/T3098.6)时硬度要求 210~280HV30。

[2] 公差 m6:$R_a \leqslant 0.8$ μm

公差 m8:$R_a \leqslant 1.6$ μm

(2) 圆锥销(GB/T 117—2000)

A 型(磨削) B 型(切削或冷镦)

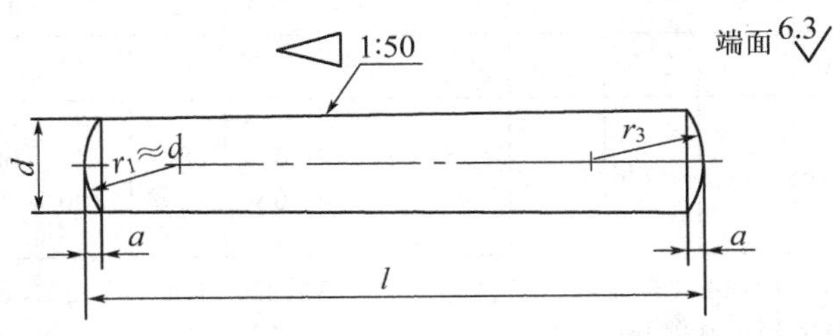

标记示例 公称直径 d=6、公称长度 l=60、材料为 35 钢、热处理硬度 28~38HRC、表面氧化处理的 A 型圆锥销:

销 GB/T 117 6×60

附表 18 常用圆锥销规格与尺寸

mm

d 公称	0.6	0.8	1	1.2	1.5	2	2.5	3	4	5
$a\approx$	0.08	0.1	0.12	0.16	0.2	0.25	0.3	0.4	0.5	0.63
l(商品规格范围公称长度)	4~8	5~12	6~16	6~20	8~24	10~35	10~35	12~45	14~55	18~60
d 公称	6	8	10	12	16	20	25	30	40	50
$a\approx$	0.8	1	1.2	1.6	2	2.5	3	4	5	6.3
l(商品规格范围公称长度)	22~90	22~120	26~160	32~180	40~200	45~200	50~200	55~200	60~200	65~200
l 系列	2,3,4,5,6,8,10,12,14,16,18,20,22,24,26,28,30,32,35,40,45,50,55,60,65,70,75,80,85,90,95,100,120,140,160,180,200									

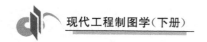

(3) 开口销(GB/T 91—2000)

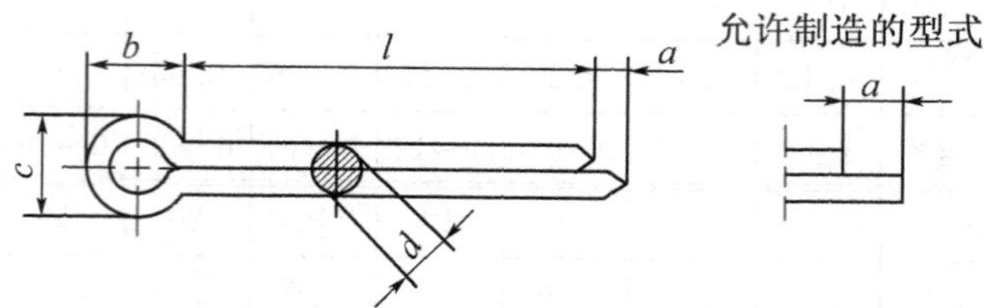

标记示例 公称直径 $d=5$、公称长度 $L=50$、材料为低碳钢、不经表面处理的开口销

销 GB/T 91 5×50

附表 19 常用开口销规格与尺寸

mm

公称规格		0.6	0.8	1	1.2	1.6	2	2.5	3.2	4	5	6.3	8	10	13
d	max	0.5	0.7	0.9	1.0	1.4	1.8	2.3	2.9	3.7	4.6	5.9	7.5	9.5	12.4
	min	0.4	0.6	0.8	0.9	1.3	1.7	2.1	2.7	3.5	4.4	5.7	7.3	9.3	12.1
c	max	1	1.4	1.8	2	2.8	3.6	4.6	5.8	7.4	9.2	11.8	15	19	24.8
	min	0.9	1.2	1.6	1.7	2.4	3.2	4	5.1	6.5	8	10.3	13.1	16.6	21.7
$b\approx$		2	2.4	3	3	3.2	4	5	6.4	8	10	12.6	16	20	26
a_{max}		1.6	1.6	1.6	2.5	2.5	2.5	2.5	3.2	4	4	4	4	6.3	6.3
l(商品规格范围公称长度)		4~12	5~16	6~20	8~26	8~32	10~40	12~50	14~65	18~80	22~100	30~120	40~160	45~200	70~200
l 系列		4,5,6,8,10,12,14,16,18,20,22,24,26,28,30,32,36,40,45,50,55,60,65,70,75,80,85,90,100,120,140,160,180,200													

注:公称规格等与开口销孔直径推荐的公差为

公称规格≤1.2:H13

公称规格>1.2:H14

三、常用滚动轴承

1. 深沟球轴承(GB/T 276—1994)6000 型

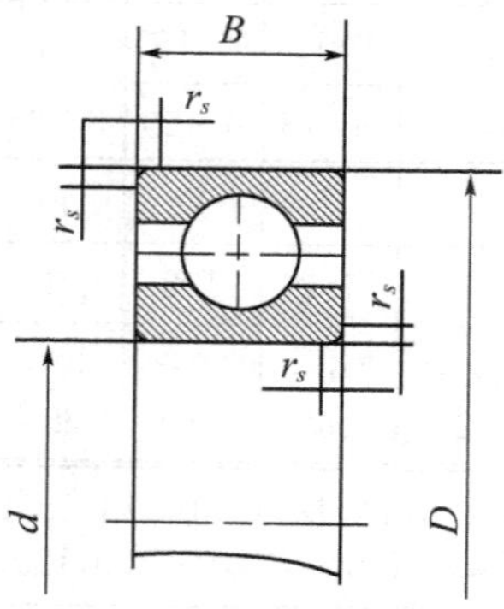

标记示例 内径 $d=50$ mm 的 6000 型深沟球轴承,尺寸系列为(0)2

滚动轴承 GB/T 276—1994 6210

附表 20　常用深沟球轴承规格与尺寸　mm

轴承代号	基本尺寸			
	d	D	B	r_s min
(1)0 尺寸系列				
6000	10	26	8	0.3
6001	12	28	8	0.3
6002	15	32	9	0.3
6003	17	35	10	0.3
6004	20	42	12	0.6
6005	25	47	12	0.6
6006	30	55	13	1
6007	35	62	14	1
6008	40	68	15	1
6009	45	75	16	1
6010	50	80	16	1
6011	55	90	18	1.1
6012	60	95	18	1.1
6013	65	100	18	1.1
6014	70	110	20	1.1
6015	75	115	20	1.1
6016	80	125	22	1.1
6017	85	130	22	1.1
6018	90	140	24	1.5
6019	95	145	24	1.5
6020	100	150	24	1.5
(0)2 尺寸系列				
6200	10	30	9	0.6
6201	12	32	10	0.6
6202	15	35	11	0.6
6203	17	40	12	0.6
6204	20	47	14	1
6205	25	52	15	1
6206	30	62	16	1
6207	35	72	17	1.1
6208	40	80	18	1.1
6209	45	85	19	1.1
6210	50	90	20	1.1
6211	55	100	21	1.5
6212	60	110	22	1.5
6213	65	120	23	1.5
(0)2 尺寸系列				
6214	70	125	24	1.5
6215	75	130	25	1.5
6216	80	140	26	2
6217	85	150	28	2
6218	90	160	30	2
6219	95	170	32	2.1
6220	100	180	34	2.1
(0)3 尺寸系列				
6300	10	35	11	0.6
6301	12	37	12	1
6302	15	42	13	1
6303	17	47	14	1
6304	20	52	15	1.1
6305	25	62	17	1.1
6306	30	72	19	1.1
6307	35	80	21	1.5
6308	40	90	23	1.5
6309	45	100	25	1.5
6310	50	110	27	2
6311	55	120	29	2
6312	60	130	31	2.1
6313	65	140	33	2.1
6314	70	150	35	2.1
6315	75	160	37	2.1
6316	80	170	39	2.1
6317	85	180	41	3
6318	90	190	43	3
6319	95	200	45	3
6320	100	215	47	3
(4)4 尺寸系列				
6403	17	62	17	1.1
6404	20	72	19	1.1
6405	25	80	21	1.5
6406	30	90	23	1.5
6407	35	100	25	1.5
6408	40	110	27	2

(续表)

轴承代号	基本尺寸				轴承代号	基本尺寸			
	d	D	B	r_s min		d	D	B	r_s min
(4)4 尺寸系列					(4)4 尺寸系列				
6409	45	120	29	2	6415	75	190	45	3
6410	50	130	31	2.1	6416	80	200	48	3
6411	55	140	33	2.1	6417	85	210	52	4
6412	60	160	35	2.1	6418	90	225	54	4
6413	65	160	37	2.1	6420	100	250	58	4
6414	70	180	42	3					

注:r_{smin}为 r 的单向最小倒角尺寸。

2. 推力球轴承(GB/T 301—1995)

51000 型

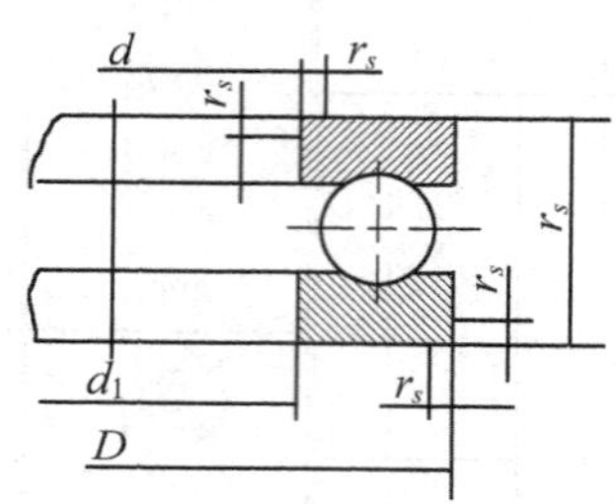

标记示例　内径 d=20 mm 的 51000 型推力球轴承,尺寸系列为 12

滚动轴承　51204　GB/T　301—1995

附表 21　推力球轴承规格与尺寸

mm

轴承代号	基本尺寸								
	d	d_2	D	T	T_1	d_1 min	D_1 max	D_2 max	B
12 系列									
51200	10	—	26	11	—	12	26	—	—
51201	12	—	28	11	—	14	28	—	—
51202	15	10	32	12	22	17	32	32	5
51203	17	—	35	12	—	19	35	—	—
51204	20	15	40	14	26	22	40	40	6
51205	25	20	47	15	28	27	47	47	7
51206	30	25	52	16	29	32	52	52	7
51207	35	30	62	18	34	37	62	62	8
51208	40	30	68	19	36	42	68	68	9
51209	45	35	73	20	37	47	73	73	9

（续表）

轴承代号	基本尺寸								
	d	d_2	D	T	T_1	d_1 min	D_1 max	D_2 max	B
12 系列									
51210	50	40	78	22	39	52	78	78	9
51211	55	45	90	25	45	57	90	90	10
51212	60	50	95	26	46	62	95	95	10
51213	65	55	100	27	47	67	100		10
51214	70	55	105	27	47	72	105		10
51215	75	60	110	27	47	77	110		10
51216	80	65	115	28	48	82	115		10
51217	85	70	125	31	55	88	125		12
51218	90	75	135	35	62	93	135		14
51220	100	85	150	38	67	103	150		15
13 系列									
51304	20	—	47	18	—	22	47		—
51305	25	20	52	18	34	27	52		8
51306	30	25	60	21	38	32	60		9
51307	35	30	68	24	44	37	68		10
51308	40	30	78	26	49	42	78		12
51309	45	35	85	28	52	47	85		12
51310	50	40	95	31	58	52	95		14
51311	55	45	105	35	64	57	105		15
51312	60	50	110	35	64	62	110		15
51313	65	55	115	36	65	67	115		15
51314	70	55	125	40	72	72	125		16
51315	75	60	135	44	79	77	135		18
51316	80	65	140	44	79	82	140		18
51317	85	70	150	49	87	88	150		19
51318	90	75	155	50	88	93	155		19
51320	100	85	170	55	97	103	170		21
14 系列									
51405	25	15	60	24	45	27	60		11
51406	30	20	70	28	52	32	70		12
51407	35	25	80	32	59	37	80		14
51408	40	30	90	36	65	42	90		15
51409	45	35	100	39	72	47	100		17

(续表)

轴承代号	基本尺寸								
	d	d_2	D	T	T_1	d_1 min	D_1 max	D_2 max	B
14 系列									
51410	50	40	110	43	78	52	110	18	
51411	55	45	120	48	87	57	120	20	
51412	60	50	130	51	93	62	130	21	
51413	65	50	140	56	101	68	140	23	
51414	70	55	150	60	107	73	150	24	
51415	75	60	160	65	115	78	160	160	26
51416	80	—	170	68	—	83	170	—	—
51417	85	65	180	72	128	88	177	179.5	29
51418	90	70	190	77	135	93	187	189.5	30
51420	100	80	210	85	150	103	205	209.5	33

3. 圆锥滚子轴承(GB/T 297—1994)

30000 型

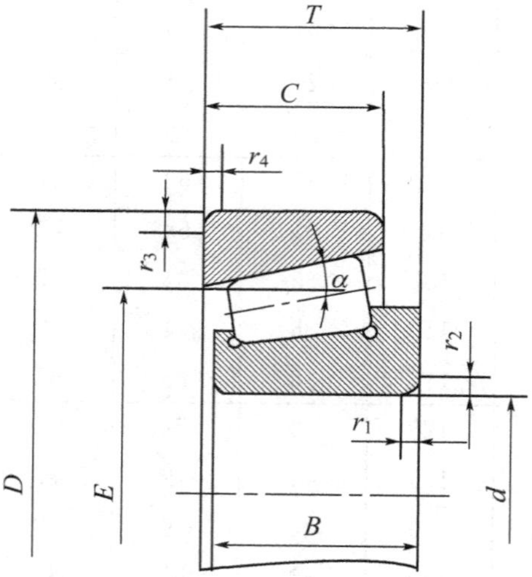

标记示例 内径 d=20 mm 的 30000 型圆锥滚子轴承，尺寸系列代号为 02

滚动轴承 GB/T 297—1994 30204

附表 22 常用圆锥滚子轴承规格与尺寸

mm

轴承代号	基本尺寸					
	d	D	T	B	C	$\alpha\approx$
02 系列						
30203	17	40	13.25	12	11	12°57′10″

（续表）

轴承代号	基本尺寸					
	d	D	T	B	C	$\alpha\approx$
02 系列						
30204	20	47	15.25	14	12	12°57′10″
30205	25	52	16.25	15	13	14°02′10″
30206	30	62	17.25	16	14	14°02′10″
30207	35	72	18.25	17	15	14°02′10″
30208	40	80	19.25	18	16	14°02′10″
30209	45	85	20.75	19	16	15°06′34″
30210	50	90	21.75	20	17	15°38′32″
30211	55	100	22.75	21	18	15°06′34″
30212	60	110	23.75	22	19	15°06′34″
30213	65	120	24.75	23	20	15°06′34″
30214	70	125	26.25	24	21	15°38′32″
30215	75	130	27.25	25	22	16°10′20″
30216	80	140	28.25	26	22	15°38′32″
30217	85	150	30.50	28	24	15°38′32″
30218	90	160	32.50	30	26	15°38′32″
30219	95	170	34.50	32	27	15°38′32″
30220	100	180	37.00	34	29	15°38′32″
03 系列						
30302	15	42	14.25	13	11	10°45′29″
30303	17	47	15.25	14	12	10°45′29″
30304	20	52	16.25	15	13	11°18′36″
30305	25	62	18.25	17	15	11°18′36″
30306	30	72	20.75	19	16	11°51′35″
30307	35	80	22.75	21	18	11°51′35″
30308	40	90	25.25	23	20	12°57′10″
30300	45	100	27.25	25	22	12°57′10″
30310	50	110	29.25	27	23	12°57′10″
30311	55	120	31.50	29	25	12°57′10″
30312	60	130	33.50	31	26	12°57′10″
30313	65	140	36.00	33	28	12°57′10″
30314	70	150	38.00	35	30	12°57′10″
30315	75	160	40.00	37	31	12°57′10″
30316	80	170	42.50	39	33	12°57′10″

轴承代号	基本尺寸					
	d	D	T	B	C	$\alpha\approx$
03 系列						
30317	85	180	44.50	41	34	12°57′10″
30318	90	190	46.50	43	36	12°57′10″
30319	95	200	49.50	45	38	12°57′10″
30320	100	215	51.50	47	39	12°57′10″
22 系列						
32204	20	47	19.25	18	15	12°28′
32205	25	52	19.25	18	16	13°30′
32206	30	62	21.25	20	17	14°02′10″
32207	35	72	24.25	23	19	14°02′10″
32208	40	80	24.75	23	19	14°02′10″
32209	45	85	24.75	23	19	15°06′34″
32210	50	90	24.75	23	19	15°38′32″
32211	55	100	26.75	25	21	15°06′34″
32212	60	110	29.75	28	24	15°06′34″
32213	65	120	32.75	31	27	15°06′34″
32214	70	125	33.25	31	27	15°38′32″
32215	75	130	33.25	31	27	16°10′20″
32216	80	140	35.25	33	28	15°38′32″
32217	85	150	38.50	36	30	15°38′32″
32218	90	160	42.50	40	34	15°38′32″
32219	95	170	45.50	43	37	15°38′32″
32220	100	180	49.00	46	39	15°38′32″

四、极限与配合(摘自 GB/T 1800.4—1999)

1. 轴:常用及优先用途轴的极限偏差(尺寸至 500 mm)

2. 孔:常用及优先用途孔的极限偏差(尺寸至 500 mm)

附表 23　轴的基本偏差数值

μm

基本尺寸/mm		常用及优先公差带(带括号者为优先公差带)																									
		a	b		c			d				e			f					g			h							
大于	至	11	11	12	9	10	(11)	8	(9)	10	11	7	8	9	5	6	(7)	8	9	5	(6)	7	5	(6)	(7)	8	(9)	10	(11)	12
—	3	−270 −330	−140 −200	−140 −240	−60 −85	−60 −100	−60 −120	−20 −34	−20 −45	−20 −60	−20 −80	−14 −24	−14 −28	−14 −39	−6 −10	−6 −12	−6 −16	−6 −20	−6 −31	−2 −6	−2 −8	−2 −12	0 −4	0 −6	0 −10	0 −14	0 −25	0 −40	0 −60	0 −100
3	6	−270 −345	−140 −215	−140 −260	−70 −100	−70 −118	−70 −145	−30 −48	−30 −60	−30 −78	−30 −105	−20 −32	−20 −38	−20 −50	−10 −15	−10 −18	−10 −22	−10 −28	−10 −40	−4 −9	−4 −12	−4 −16	0 −5	0 −8	0 −12	0 −18	0 −30	0 −48	0 −75	0 −120
6	10	−280 −370	−150 −240	−150 −300	−80 −116	−80 −138	−80 −170	−40 −62	−40 −76	−40 −98	−40 −130	−25 −40	−25 −47	−25 −61	−13 −19	−13 −22	−13 −28	−13 −35	−13 −49	−5 −11	−5 −14	−5 −20	0 −6	0 −9	0 −15	0 −22	0 −36	0 −58	0 −90	0 −150
10 14	14 18	290 −400	−150 −260	−150 −330	−95 −138	−95 −165	−95 −205	−50 −77	−50 −93	−50 −120	−50 −160	−32 −50	−32 −59	−32 −75	−16 −24	−16 −27	−16 −34	−16 −43	−16 −59	−6 −14	−6 −17	−6 −24	0 −8	0 −11	0 −18	0 −27	0 −43	0 −70	0 −110	0 −180
18 24	24 30	300 −430	−160 −290	−160 −370	−110 −162	−110 −194	−110 −240	−65 −98	−65 −117	−65 −149	−65 −195	−40 −61	−40 −73	−40 −92	−20 −29	−20 −33	−20 −41	−20 −53	−20 −72	−7 −16	−7 −20	−7 −28	0 −9	0 −13	0 −21	0 −33	0 −52	0 −84	0 −130	0 −210
30	40	−310 −470	−170 −330	−170 −420	−120 −182	−120 −220	−120 −280	−80 −119	−80 −142	−80 −180	−80 −240	−50 −75	−50 −89	−50 −112	−25 −36	−25 −41	−25 −50	−25 −64	−25 −87	−9 −20	−9 −25	−9 −34	0 −11	0 −16	0 −25	0 −39	0 −62	0 −100	0 −160	0 −250
40	50	−320 −480	−180 −340	−180 −430	−130 −192	−130 −230	−130 −290																							
50	65	−340 −530	−190 −380	−190 −490	−140 −214	−140 −260	−140 −330	−100 −146	−100 −174	−100 −220	−100 −290	−60 −90	−60 −106	−60 −134	−30 −43	−30 −49	−30 −60	−30 −76	−30 −104	−10 −23	−10 −29	−10 −40	0 −13	0 −19	0 −30	0 −46	0 −74	0 −120	0 −190	0 −300
65	80	−360 −550	−200 −390	−200 −500	−150 −224	−150 −270	−150 −340																							
80	100	−380 −600	−220 −440	−220 −570	−170 −257	−170 −310	−170 −390	−120 −174	−120 −207	−120 −260	−120 −340	−72 −107	−72 −126	−72 −159	−36 −51	−36 −58	−36 −71	−36 −90	−36 −123	−12 −27	−12 −34	−12 −47	0 −15	0 −22	0 −35	0 −54	0 −87	0 −140	0 −220	0 −350
100	120	−410 −630	−240 −460	−240 −590	−180 −267	−180 −320	−180 −400																							

(f,g,h 所有非零数值前均加负号)

（续表）

基本尺寸/mm		常用及优先公差带(带括号者为优先公差带)																												
		a	b		c			d				e			f					g			h							
大于	至	11	11	12	9	10	(11)	8	(9)	10	11	7	8	9	5	6	(7)	8	9	5	(6)	7	5	(6)	(7)	8	(9)	10	(11)	12
120	140	-460 -710	-260 -510	-260 -660	-200 -300	-200 -360	-200 -450																							
140	160	-520 -770	-280 -530	-280 -680	-210 -310	-210 -370	-210 -460	-145 -208	-145 -245	-145 -305	-145 -395	-85 -125	-85 -148	-85 -185	-43 -61	-43 -68	-43 -83	-43 -106	-43 -143	-14 -32	-14 -39	-14 -54	0 -18	0 -25	0 -40	0 -63	0 -100	0 -160	0 -250	0 -400
160	180	-580 -830	-310 -560	-310 -710	-230 -330	-230 -390	-230 -480																							
180	200	-660 -950	-340 -630	-340 -800	-240 -355	-240 -425	-240 -530																							
200	225	-740 -1030	-380 -670	-380 -840	-260 -375	-260 -445	-260 -550	-170 -242	-170 -285	-170 -355	-170 -460	-100 -146	-100 -172	-100 -215	-50 -70	-50 -79	-50 -96	-50 -122	-50 -165	-15 -35	-15 -44	-15 -61	0 -20	0 -29	0 -46	0 -72	0 -115	0 -185	0 -290	0 -460
225	250	-820 -1110	-420 -710	-420 -880	-280 -395	-280 -465	-280 -570																							
250	280	-920 -1240	-480 -800	-480 -1000	-300 -430	-300 -510	-300 -620	-190 -271	-190 -320	-190 -400	-190 -510	-110 -162	-110 -191	-110 -240	-56 -79	-56 -88	-56 -108	-56 -137	-56 -186	-17 -40	-17 -49	-17 -69	0 -23	0 -32	0 -52	0 -81	0 -130	0 -210	0 -320	0 -520
280	315	-1050 -1370	-540 -860	-540 -1060	-330 -460	-330 -540	-330 -650																							
315	355	-1200 -1560	-600 -960	-600 -1170	-360 -500	-360 -590	-360 -720	-210 -299	-210 -350	-210 -440	-210 -570	-125 -182	-125 -214	-125 -265	-62 -87	-62 -98	-62 -119	-62 -151	-62 -202	-18 -43	-18 -54	-18 -75	0 -25	0 -36	0 -57	0 -89	0 -140	0 -230	0 -360	0 -570
355	400	-1350 -1710	-680 -1040	-680 -1250	-400 -540	-400 -630	-400 -760																							
400	450	-1500 -1900	-760 -1160	-760 -1390	-440 -595	-440 -690	-440 -840	-230 -327	-230 -385	-230 -480	-230 -630	-135 -198	-135 -232	-135 -290	-68 -95	-68 -108	-68 -131	-68 -165	-68 -223	-20 -47	-20 -60	-20 -83	0 -27	0 -40	0 -63	0 -97	0 -155	0 -250	0 -400	0 -630
450	500	-1650 -2050	-840 -1240	-840 -1470	-480 -635	-480 -730	-480 -880																							

(f,g,h所有非零数值前均加负号)

续附表 23

μm

基本尺寸/mm		常用及优先公差带(带括号者为优先公差带)																													
		js			k			m			n			p			r			s			t			u		v	x	y	z
大于	至	5	6	7	5	(6)	7	5	6	7	5	(6)	7	5	(6)	7	5	6	7	5	6	7	5	6	7	6	7	6	6	6	6
—	3	±2	±3	±5	+4 0	+6 0	+10 0	+6 +2	+8 +2	+12 +2	+8 +4	+10 +4	+14 +4	−10 −6	+12 +6	+16 +6	+14 +10	+16 +10	+20 +10	+18 +14	+20 +14	+24 +14	—	—	—	+24 +18	+28 +18	—	+26 +20	—	+32 +26
3	6	±2.5	±4	±6	+6 +1	+9 +1	+13 +1	+9 +4	+12 +4	+16 +4	+13 +8	+16 +8	+20 +8	−17 −12	+20 +12	+24 +12	+20 +15	+23 +15	+27 +15	+24 +19	+27 +19	+31 +19	—	—	—	+31 +23	+35 +23	—	+36 +28	—	+43 +35
6	10	±3	±4.5	±7	+7 +1	+10 +1	+16 +1	+12 +6	+15 +6	+21 +6	+16 +10	+19 +10	+25 +10	−21 −15	+24 +15	+30 +15	+25 +19	+28 +19	+34 +19	+29 +23	+32 +23	+38 +23	—	—	—	+37 +28	+43 +28	—	+43 +34	—	+51 +42
10	14	±4	±5.5	±9	+9 +1	+12 +1	+19 +1	+15 +7	+18 +7	+25 +7	+20 +12	+23 +12	+30 +12	−26 −18	+29 +18	+36 +18	+31 +23	+34 +23	+41 +23	+36 +28	+39 +28	+46 +28	—	—	—	+44 +33	+51 +33	—	+51 +40	—	+61 +50
14	18																						—	—	—			+50 +39	+56 +45	—	+71 +60
18	24	±4.5	±6.5	±10	+11 +2	+15 +2	+23 +2	+17 +8	+21 +8	+29 +8	+24 +15	+28 +15	+36 +15	−31 −22	+35 +22	+43 +22	+37 +28	+41 +28	+49 +28	+44 +35	+48 +35	+56 +35	—	—	—	+54 +41	+62 +41	+60 +47	+67 +54	+76 +63	+86 +73
24	30																						+50 +41	+54 +41	+62 +41	+61 +48	+69 +48	+68 +55	+77 +64	+88 +75	+101 +88
30	40	±5.5	±8	±12	+13 +2	+18 +2	+27 +2	+20 +9	+25 +9	+34 +9	+28 +17	+33 +17	+42 +17	−37 −26	+42 +26	+51 +26	+45 +34	+50 +34	+59 +34	+54 +43	+59 +43	+68 +43	+59 +48	+64 +48	+73 +48	+76 +60	+85 +60	+84 +68	+96 +80	+110 +94	+128 +112
40	50																						+65 +54	+70 +54	+79 +54	+86 +70	+95 +70	+97 +81	+113 +97	+130 +114	+152 +136
50	65	±6.5	±9.5	±15	+15 +2	+21 +2	+32 +2	+24 +11	+30 +11	+41 +11	+33 +20	+39 +20	+50 +20	−45 −32	+51 +32	+62 +32	+54 +41	+60 +41	+71 +41	+66 +53	+72 +53	+83 +53	+79 +66	+85 +66	+96 +66	+106 +87	+117 +87	+121 +102	+141 +122	+163 +144	+191 +172
65	80																+56 +43	+62 +43	+73 +43	+72 +59	+78 +59	+89 +59	+88 +75	+94 +75	+105 +75	+121 +102	+132 +102	+139 +120	+165 +146	+193 +174	+229 +210
80	100	±7.5	±11	±17	+18 +3	+25 +3	+38 +3	+28 +13	+35 +13	+48 +13	+38 +23	+45 +23	+58 +23	−52 −37	+59 +37	+72 +37	+66 +51	+73 +51	+86 +51	+86 +71	+93 +71	+106 +71	+106 +91	+113 +91	+126 +91	+146 +124	+159 +124	+168 +146	+200 +178	+236 +214	+280 +258
100	120																+69 +54	+76 +54	+89 +54	+94 +79	+101 +79	+114 +79	+119 +104	+126 +104	+139 +104	+166 +144	+179 +144	+194 +172	+232 +210	+276 +254	+332 +310

(续表)

基本尺寸/mm		常用及优先公差带(带括号者为优先公差带)																																
		js			k			m			n			p			r			s			t			u		v	x	y	z
大于	至	5	6	7	5	(6)	7	5	6	7	5	(6)	7	5	(6)	7	5	6	7	5	6	7	5	6	7	6	7	6	6	6	6
120	140																+81 +63	+88 +63	+103 +63	+110 +92	+117 +92	+132 +92	+140 +122	+147 +122	+162 +122	+195 +170	+210 +170	+227 +202	+273 +248	+325 +300	+390 +365
140	160	±9	± 12.5	±20	+21 +3	+28 +3	+43 +3	+33 +15	+40 +15	+55 +15	+45 +27	+52 +27	+67 +27	−61 −43	+68 +43	+83 +43	+83 +65	+90 +65	+105 +65	+118 +100	+125 +100	+140 +100	+152 +134	+159 +134	+174 +134	+215 +190	+230 +190	+253 +228	+305 +280	+365 +340	+440 +415
160	180																+86 +68	+93 +68	+108 +68	+126 +108	+133 +108	+148 +108	+164 +146	+171 +146	+186 +146	+235 +210	+250 +210	+277 +252	+335 +310	+405 +380	+490 +465
180	200																+97 +77	+106 +77	+123 +77	+142 +122	+151 +122	+168 +122	+186 +166	+195 +166	+212 +166	+265 +236	+282 +236	+313 +284	+379 +350	+454 +425	+549 +520
200	225	±10	± 14.5	±23	+24 +4	+33 +4	+50 +4	+37 +17	+46 +17	+63 +17	+51 +31	+60 +31	+77 +31	−70 −50	+79 +50	+96 +50	+100 +80	+109 +80	+126 +80	+150 +130	+159 +130	+176 +130	+200 +180	+209 +180	+226 +180	+287 +258	+304 +258	+339 +310	+414 +385	+499 +470	+604 +575
225	250																+104 +84	+113 +84	+130 +84	+160 +140	+169 +140	+186 +140	+216 +196	+225 +196	+242 +196	+313 +284	+330 +284	+369 +340	+454 +425	+549 +520	+669 +640
250	280	± 11.5	±16	±26	+27 +4	+36 +4	+56 +4	+43 +20	+52 +20	+72 +20	+57 +34	+66 +34	+86 +34	−79 −56	+88 +56	+108 +56	+117 +94	+126 +94	+146 +94	+181 +158	+190 +158	+210 +158	+241 +218	+250 +218	+270 +218	+347 +315	+367 +315	+417 +385	+507 +475	+612 +580	+742 +710
280	315																+121 +98	+130 +98	+150 +98	+193 +170	+202 +170	+222 +170	+263 +240	+272 +240	+292 +240	+382 +350	+402 +350	+457 +425	+557 +525	+682 +650	+822 +790
315	355	± 12.5	±18	±28	+29 +4	+40 +4	+61 +4	+46 +21	+57 +21	+78 +21	+62 +37	+73 +37	+94 +37	−87 −62	+98 +62	+119 +62	+133 +108	+144 +108	+165 +108	+215 +190	+226 +190	+247 +190	+293 +268	+304 +268	+325 +268	+426 +390	+447 +390	+511 +475	+626 +590	+766 +730	+936 +900
355	400																+139 +114	+150 +114	+171 +114	+233 +208	+244 +208	+265 +208	+319 +294	+330 +294	+351 +294	+471 +435	+492 +435	+566 +530	+696 +660	+856 +820	+1036 +1000
400	450	± 13.5	±20	±31	+32 +5	+45 +5	+68 +5	+50 +23	+63 +23	+86 +23	+67 +40	+80 +40	+103 +40	−95 −68	+108 +68	+131 +68	+153 +126	+166 +126	+189 +126	+259 +232	+272 +232	+295 +232	+357 +330	+370 +330	+393 +330	+530 +490	+553 +490	+635 +595	+780 +740	+960 +920	+1140 +1100
450	500																+159 +132	+172 +132	+195 +132	+279 +252	+292 +252	+315 +252	+387 +360	+400 +360	+423 +360	+580 +540	+603 +540	+700 +660	+860 +820	+1040 +1000	+1290 +1250

附表 24　孔的基本偏差数值

μm

基本尺寸/mm		常用及优先公差带(带括号者为优先公差带)																								
		A	B		C	D				E		F				G		H						
大于	至	11	11	12	(11)	8	(9)	10	11	8	9	6	7	(8)	9	6	(7)	6	(7)	(8)	(9)	10	(11)	12
—	3	+330 +270	+200 +140	+240 +140	+120 +60	+34 +20	+45 +20	+60 +20	+80 +20	+28 +14	+39 +14	+12 +6	+16 +6	+20 +6	+31 +6	+8 +2	+12 +2	+6 0	+10 0	+14 0	+25 0	+40 0	+60 0	+100 0
3	6	+345 +270	+215 +140	+260 +140	+145 +70	+48 +30	+60 +30	+78 +30	+105 +30	+38 +20	+50 +20	+18 +10	+22 +10	+28 +10	+40 +10	+12 +4	+16 +4	+8 0	+12 0	+18 0	+30 0	+48 0	+75 0	+120 0
6	10	+370 +280	+240 +150	+300 +150	+170 +80	+62 +40	+76 +40	+98 +40	+130 +40	+47 +25	+61 +25	+22 +13	+28 +13	+35 +13	+49 +13	+14 +5	+20 +5	+9 0	+15 0	+22 0	+36 0	+58 0	+90 0	+150 0
10 14	14 18	+400 +290	+260 +150	+330 +150	+205 +95	+77 +50	+93 +50	+120 +50	+160 +50	+59 +32	+75 +32	+27 +16	+34 +16	+43 +16	+59 +16	+17 +6	+24 +6	+11 0	+18 0	+27 0	+43 0	+70 0	+110 0	+180 0
18 24	24 30	+430 +300	+290 +160	+370 +160	+240 +110	+98 +65	+117 +65	+149 +65	+195 +65	+73 +40	+92 +40	+33 +20	+41 +20	+53 +20	+72 +20	+20 +7	+28 +7	+13 0	+21 0	+33 0	+52 0	+84 0	+130 0	+210 0
30	40	+470 +310	+330 +170	+420 +170	+280 +120	+119 +80	+142 +80	+180 +80	+240 +80	+89 +50	+112 +50	+41 +25	+50 +25	+64 +25	+87 +25	+25 +9	+34 +9	+16 0	+25 0	+39 0	+62 0	+100 0	+160 0	+250 0
40	50	+480 +320	+340 +180	+430 +180	+290 +130																			
50	65	+530 +340	+380 +190	+490 +190	+330 +140	+146 +100	+174 +100	+220 +100	+290 +100	+106 +60	+134 +60	+49 +30	+60 +30	+76 +30	+104 +30	+29 +10	+40 +10	+19 0	+30 0	+46 0	+74 0	+120 0	+190 0	+300 0
65	80	+550 +360	+390 +200	+500 +200	+340 +150																			
80	100	+600 +380	+440 +220	+570 +220	+390 +170	+174 +120	+207 +120	+260 +120	+340 +120	+126 +72	+159 +72	+58 +36	+71 +36	+90 +36	+123 +36	+34 +12	+47 +12	+22 0	+35 0	+54 0	+87 0	+140 0	+220 0	+350 0
100	120	+630 +410	+460 +240	+590 +240	+400 +180																			
120	140	+710 +460	+510 +260	+660 +260	+450 +200	+174 +120	+207 +120	+260 +120	+340 +120	+126 +72	+159 +72	+58 +36	+71 +36	+90 +36	+123 +36	+34 +12	+54 +14	+25 0	+40 0	+63 0.	+100 0	+160 0	+250 0	+400 0
140	160	+770 +520	+530 +280	+680 +280	+460 +210																			
160	180	+830 +580	+560 +310	+710 +310	+480 +230																			

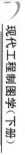

（续表）

基本尺寸/mm		常用及优先公差带（带括号者为优先公差带）																						
		A	B		C	D				E		F				G		H						
大于	至	11	11	12	(11)	8	(9)	10	11	8	9	6	7	(8)	9	6	(7)	6	(7)	(8)	(9)	10	(11)	12
180	200	+950 +660	+630 +340	+800 +340	+530 +240	+242 +170	+285 +170	+355 +170	+460 +170	+172 +100	+215 +100	+79 +50	+96 +50	+122 +50	+165 +50	+44 +15	+61 +15	+29 0	+46 0	+72 0	+115 0	+185 0	+290 0	+460 0
200	225	+1030 +740	+670 +380	+840 +380	+550 +260																			
225	250	+1110 +820	+710 +420	+880 +420	+570 +280																			
250	280	+1240 +920	+800 +480	+1000 +480	+620 +300	+271 +190	+320 +190	+400 +190	+510 +190	+191 +110	+240 +110	+88 +56	+108 +56	+137 +56	+186 +56	+49 +17	+69 +17	+32 0	+52 0	+81 0	+130 0	+210 0	+320 0	+520 0
280	315	+1370 +1050	+860 +540	+1060 +540	+650 +330																			
315	355	+1560 +1200	+960 +600	+1170 +600	+720 +360	+299 +210	+350 +210	+440 +210	+570 +210	+214 +125	+265 +125	+98 +62	+119 +62	+151 +62	+202 +62	+54 +18	+75 +18	+36 0	+57 0	+89 0	+140 0	+230 0	+360 0	+570 0
355	400	+1710 +1350	+1040 +680	+1250 +680	+760 +400																			
400	450	+1900 +1500	+1160 +760	+1390 +760	+840 +440	+327 +230	+385 +230	+480 +230	+630 +230	+232 +135	+290 +135	+108 +68	+131 +68	+165 +68	+223 +68	+60 +20	+83 +20	+40 0	+63 0	+97 0	+155 0	+250 0	+400 0	+630 0
450	500	+2050 +1650	+1240 +840	+1470 +840	+880 +480																			

续附表 24

μm

基本尺寸/mm		常用及优先公差带(带括号者为优先公差带)																				
		JS			K			M			N			P		R		S		T		U
大于	至	6	7	8	6	(7)	8	6	7	8	6	(7)	8	6	(7)	6	7	6	(7)	6	7	(7)
—	3	±3	±5	±7	0 −6	0 −10	0 −14	−2 −8	−2 −12	−2 −16	−4 −10	−4 −14	−4 −18	−6 −12	−6 −16	−10 −16	−10 −20	−14 −20	−14 −24	—	—	−18 −28
3	6	±4	±6	±9	+2 −6	+3 −9	+5 −13	−1 −9	0 −12	+2 −16	−5 −13	−4 −16	−9 −20	−9 −17	−8 −20	−12 −20	−11 −23	−16 −24	−15 −27	—	—	−19 −31
6	10	±4.5	±7	±11	+2 −7	+5 −10	+6 −16	−3 −12	0 −15	+1 −21	−7 −16	−4 −19	−3 −25	−12 −21	−9 −24	−16 −25	−13 −28	−20 −29	−17 −32	—	—	−22 −37
10	14	±5.5	±9	±13	+2 −9	+6 −12	+8 −19	−4 −15	0 −18	+2 −25	−9 −20	−5 −23	−3 −30	−15 −26	−11 −29	−20 −31	−16 −34	−25 −35	−21 −39	—	—	−26 −44
14	18																					
18	24	±6.5	±10	±16	+2 −11	+6 −15	+10 −23	−4 −17	0 −21	+4 −29	−11 −24	−7 −28	−3 −36	−18 −31	−14 −35	−24 −37	−20 −41	−31 −44	−27 −48	—	—	−33 −54
24	30																			−37 −50	−33 −54	−40 −61
30	40	±8	±12	±19	+3 −13	+7 −18	+12 −27	−4 −20	0 −25	+5 −34	−12 −28	−8 −33	−3 −42	−21 −37	−17 −42	−29 −45	−25 −50	−38 −54	−34 −59	−43 −59	−39 −64	−51 −76
40	50																			−49 −65	−45 −70	−61 −86
50	65	±9.5	±15	±23	+4 −15	+9 −21	+14 −32	−5 −24	0 −30	+5 −41	−14 −33	−9 −39	−4 −50	−26 −45	−21 −51	−35 −54	−30 −60	−47 −66	−42 −72	−60 −79	−55 −85	−76 −106
65	80															−37 −56	−32 −62	−53 −72	−48 −78	−69 −88	−64 −94	−91 −121
80	100	±11	±17	±27	+4 −18	+10 −25	+16 −38	−6 −28	0 −35	+6 −48	−16 −38	−10 −45	−4 −58	−30 −52	−24 −59	−44 −66	−38 −73	−64 −86	−58 −93	−84 −106	−78 −113	−111 −146
100	120															−47 −69	−41 −76	−72 −94	−66 −101	−97 −119	−91 −126	−131 −166

（续表）

基本尺寸/mm		常用及优先公差带（带括号者为优先公差带）																				
		JS			K			M			N			P		R		S		T		U
大于	至	6	7	8	6	(7)	8	6	7	8	6	(7)	8	6	(7)	6	7	6	(7)	6	7	(7)
120	140															−56 −81	−48 −88	−85 −110	−77 −117	−115 −140	−107 −147	−155 −195
140	160	±12.5	±20	±31	+4 −21	+12 −28	+20 −43	−8 −33	0 −40	+8 −55	−20 −45	−12 −52	−4 −67	−36 −61	−28 −68	−58 −83	−50 −90	−93 −118	−85 −125	−127 −152	−119 −159	−175 −215
160	180															−61 −86	−53 −93	−101 −126	−93 −133	−139 −164	−131 −171	−195 −235
180	200															−68 −97	−60 −106	−113 −142	−105 −151	−157 −186	−149 −195	−219 −265
200	225	±14.5	±23	±36	+5 −24	+13 −33	+22 −50	−8 −37	0 −46	+9 −63	−22 −51	−14 −60	−5 −77	−41 −70	−33 −79	−71 −100	−68 −109	−121 −150	−113 −159	−171 −200	−163 −209	−241 −287
225	250															−75 −104	−67 −113	−131 −160	−123 −169	−187 −216	−179 −225	−267 −313
250	280	±16	±26	±40	+5 −27	+16 −36	+25 −56	−9 −41	0 −52	+9 −72	−25 −57	−14 −66	−5 −86	−47 −79	−36 −88	−85 −117	−74 −126	−149 −181	−138 −190	−209 −241	−198 −250	−295 −347
280	315															−89 −121	−78 −130	−161 −193	−150 −202	−231 −263	−220 −272	−330 −382
315	355	±18	±28	±44	+7 −29	+17 −40	+28 −61	−10 −46	0 −57	+11 −78	−26 −62	−16 −73	−5 −94	−51 −87	−41 −98	−97 −133	−87 −144	−179 −215	−169 −226	−257 −293	−247 −304	−369 −426
355	400															−103 −139	−93 −150	−197 −233	−187 −244	−283 −319	−273 −330	−414 −471
400	450	±20	±31	±48	+8 −32	+18 −45	+29 −68	−10 −50	0 −63	+11 −86	−27 −67	−17 −80	−6 −103	−55 −95	−45 −108	−113 −153	−103 −166	−219 −259	−209 −272	−317 −357	−307 −370	−467 −530
450	500															−119 −159	−109 −172	−239 −279	−229 −292	−347 −387	−337 −400	−517 −580

五、紧固件通孔及沉孔尺寸(摘自 GB/T 5277—1985、GB/T 152.2～152.4—1988)

附表 25　紧固件通孔及沉孔尺寸

mm

螺栓或螺钉直径 d		3	3.5	4	5	6	8	10	12	14	16	20	24	30	36
通孔直径 d_h (GB/T 5277—1985)	精装配	3.2	3.7	4.3	5.3	6.4	8.4	10.5	13	15	17	21	25	31	37
	中等装配	3.4	3.9	4.5	5.5	6.6	9	11	13.5	15.5	17.5	22	26	33	39
	粗装配	3.6	4.2	4.8	5.8	7	10	12	14.5	16.5	18.5	24	28	35	42
六角头螺栓和六角螺母用沉孔 (GB/T 152.4—1988)	d_2	9	—	10	11	13	18	22	26	30	33	40	48	61	71
	t	只要能制出与通孔轴线垂直的圆平面即可													
沉头用沉孔 (GB/T 152.2—1988)	d_2	6.4	8.4	9.6	10.6	12.8	17.6	20.3	24.4	28.4	32.4	40.4	—	—	—
开槽圆柱头螺钉用圆柱头沉孔 (GB/T 152.3—1988)	d_2	—	—	8	10	11	15	18	20	24	26	33	—	—	—
	t	—	—	3.2	4	4.7	6	7	8	9	10.5	12.5	—	—	—
内六角圆柱头用圆柱头沉孔 (GB/T 152.3—1988)	d_2	6	—	8	10	11	15	18	20	24	26	33	40	48	57
	t	3.4	—	4.6	5.7	6.8	9	11	13	15	17.5	21.5	25.5	32	38

六、常用材料及热处理

1. 金属材料

(1) 铸铁

灰铸铁(GB/T 9439—1988)

球墨铸铁(GB/T 1348—1988)

可锻铸铁(GB/T 9440—1988)

附表 26 铸铁牌号及用途

名称	牌号	应用举例	说明
灰铸铁	HT100 HT150	用于低强度铸件,如盖、手轮、支架等 用于中强度铸件,如底座、刀架、轴承座、胶带轮盖等	"HT"表示灰铸铁,后面的数字表示抗拉强度值(N/mm²)
	HT200 HT250	用于高强度铸件,如床身、机座、凸轮、齿轮、汽缸泵体、联轴器等	
	HT300 HT350	用于高强度耐磨铸件,如齿轮、凸轮、重载荷床身、高压泵、阀壳体、锻模、冷冲压模等	
球墨铸铁	QT800—2 QT700—2 QT600—2	具有较高强度,但塑性低,用于曲轴、凸轮、齿轮、汽缸、缸套、轧辊、水泵轴、活塞环、摩擦片等	"QT"表示球墨铸铁,其后第一组数字表示抗拉强度值(N/mm²),第二组数字表示延伸率(%)
	QT500—5 QT420—10 QT400—17	具有较高的塑性和适当的强度,用于承受冲击负载的零件	
可锻铸铁	KTH300—06 KTH330—08 * KTH350—10 KTH370—12 *	黑心可锻铸铁,用于承受冲击振动的零件:汽车、拖拉机、农机铸件等	
	KTB350—04 KTB380—12 KTB400—05 KTB450—07	白心可锻铸铁,韧性较低,但强度高,耐磨性、加工性好,可代替低、中碳钢及低合金钢的重要零件,如曲轴、连杆、机床附件等	

(2) 钢

普通碳素结构钢(GB/T 700—1988)

优质碳素结构钢(GB/T 699—1988)

合金结构钢(GB/T 3077—1988)

碳素工具钢(GB/T 1298—1986)

一般工程用铸造碳钢(GB/T 11352—1989)

附表 27 钢牌号及用途

名称	牌号	应用举例	说明
普通碳素结构钢	Q215 A级 B级	金属结构件、拉杆、套圈、铆钉、螺栓、短轴、心轴、凸轮(载荷不大的)、垫圈;渗碳零件及焊接件	"Q"为碳素结构钢屈服点"屈"字的汉语拼音首位字母,后面数字表示屈服点数值,如Q235表示碳素结构钢屈服点235N/mm²
	Q235 A级 B级 C级 D级	金属结构件,心部强度要求不高的渗碳或氰化零件,拉杆、套圈、吊钩、螺栓、轮轴、连杆、盖及焊接件	
	Q275	轴、轴销、刹车杆、螺母、螺栓、垫圈、连杆、齿轮以及其他强度较高的零件	

（续表）

名　称	牌　号	应用举例	说　明
优质碳素结构钢	08F 10 15 20 25 30 35 40 45 50 55 60 65	可塑性要求高的零件，如管子、垫圈、渗碳件、氰化件等； 拉杆、卡头、垫圈、焊件； 渗碳件、紧固件、冲模锻件、化工储器； 杠杆、轴套、钩、螺钉、渗碳件、氰化件； 轴、辊子、连接器、紧固件中的螺栓、螺母； 曲轴、转轴、轴销、连杆、横梁、星轮； 曲轴、摇杆、拉杆、键、销、螺栓； 齿轮、齿条、链轮、凸轮、轧辊、曲柄轴； 齿轮、轴、联轴器、衬套、活塞销、链轮； 活塞杆、轮轴、齿轮、不重要的弹簧； 齿轮、连杆、扁弹簧、轧辊、偏心轮、轮圈、轮缘； 偏心轮、偏心轴、弹簧圈、垫圈、调整片等； 叶片弹簧、螺旋弹簧	牌号的两位数字表示平均含碳量，称为碳的质量分数。45 号钢即表示碳的质量分数为 0.45%，表示平均含碳量为 0.45%； 碳的质量分数≤0.25%的碳钢，属低碳钢（渗碳钢）； 碳的质量分数在 0.25%～0.6%的碳钢，属中碳钢（调质钢）； 碳的质量分数≥0.6%的碳钢，属高碳钢； 在牌号后加符号“F”表示沸腾钢
	15Mn 20Mn 30Mn 40Mn 45Mn 50Mn 60Mn 65Mn	活塞销、凸轮轴、拉杆、铰链、焊管、钢板； 螺栓、传动螺杆、制动板、传动装置、转换拨叉； 万向联轴器、分配轴、曲轴、高强度螺栓、螺母； 滑动滚子轴； 承受磨损零件、摩擦片、转动滚子、齿轮、凸轮； 弹簧、发条； 弹簧环、弹簧垫圈	锰的质量分数较高的钢，须加注化学元素符号“Mn”
铬　钢	15Cr 20Cr 30Cr 40Cr 45Cr 50Cr	渗碳齿轮、凸轮、活塞销、离合器； 较重要的渗碳件； 重要的调质零件，如轮轴、齿轮、摇杆、螺栓等； 较重要的调质零件，如齿轮、进气阀、辊子、轴等； 强度及耐磨性高的轴、齿轮、螺栓等； 重要的轴、齿轮、螺旋弹簧、止推环	钢中加入一定量的合金元素，提高了钢的力学性能和耐磨性，也提高了钢在热处理时的淬透性，保证金属在较大截面上获得好的力学性能； 铬钢、铬锰钢和铬锰钛钢都是常用的合金结构钢（GB/T 3077—1988）
铬锰钢	15CrMn 20CrMn 40CrMn	垫圈、汽封套筒、齿轮、滑键拉钩、卤杆、偏心轮； 轴、轮轴、连杆、曲柄轴及其他高耐磨零件； 轴、齿轮	
铬锰钛钢	18CrMnTi 30CrMnTi 40CrMnTi	汽车上重要渗碳件，如齿轮等； 汽车、拖拉机上强度特高的渗碳齿轮； 强度高、耐磨性高的大齿轮、主轴等	
碳素工具钢	T7 T7A	能承受振动和冲击的工具，硬度适中时有较大的韧性，用于制造凿子、钻软岩石的钻头，冲击式打眼机钻头，大锤等	用“碳”或“T”后附以平均含碳量的千分数表示，有 T7～T13，高级优质碳素工具钢须在牌号后加注“A”； 平均含碳量约为 0.7%～1.3%
	T8 T8A	有足够的韧性和较高的硬度，用于制造能承受振动的工具，如钻中等硬度岩石的钻头、简单模子、冲头等	

(续表)

名 称	牌 号	应用举例	说 明
	ZG200—400	各种形状的机件,如机座、箱壳	ZG230—450 表示:工程用铸钢,屈服点 230 N/mm^2,抗拉强度 450N/mm^2
	ZG230—450	铸造平坦的零件,如机座、机盖、箱体、铁砧台,工作温度在 450℃以下的管路附件等,焊接性良好	
	ZG270—500	各种形状的铸件,如飞轮、机架、联轴器等,焊接性能尚可	
	ZG310—570	各种形状的机件,如齿轮、齿圈、重负荷机架等	
	ZG340—640	起重、运输机中的齿轮、联轴器等重要的机件	

注:[1] 钢随着平均含碳量的上升,抗拉强度及硬度增加,延伸率降低;
[2] 在 GB/T 5613—1985 中铸钢用“ZG”后跟名义万分碳含量表示,如 ZG25、ZG45 等。

(3) 有色金属及其合金

普通黄铜(GB/T 5232—1985)

铸造铜合金(GB/T 1176—1987)

铸造铝合金(GB/T 1173—1995)

铸造轴承合金(GB/T 1174—1992)

硬铝(GB/T 3190—1982)

附表 28 有色金属及其合金种类及用途

合金牌号	合金名称(或代号)	铸造方法	应用举例	说 明
普通黄铜(GB/T 5232—1985)及铸造铜合金(GB/T 1176—1987)				
H62	普通黄铜		散热器、垫圈、弹簧、各种网、螺钉等	H 表示黄铜,后面数字表示平均含铜量的百分数
ZcuSn5Pb5Zn5	5—5—5 锡青铜	S、J Li、Ia	较高负荷、中速下工作的耐磨耐蚀件,如轴瓦、衬套、缸套及蜗轮等	“Z”为铸造汉语拼音的首位字母、各化学元素后面的数字表示该元素含量的百分数
ZcuSn10P1	10—1 锡青铜	S J Li La	较高负荷(20 MPa 以下)和高滑动速度(8 m/s)下工作的耐磨件,如连杆、衬套、轴瓦、蜗轮等	
ZcuSn10Pb5	10—5 锡青铜	S J	耐蚀、耐酸件及破碎机衬套、轴瓦等	
ZcuPb17Sn4Zn4	17—4—4 铅青铜	S J	一般耐磨件、轴承等	
ZcuAl10Fe3	10—3 铝青铜	S J Li、La	要求强度高、耐磨、耐蚀的零件,如轴套、螺母、蜗轮、齿轮等	
ZcuA 110Fe3Mn2	10—3—2 铝青铜	S J		

（续表）

合金牌号	合金名称（或代号）	铸造方法	应用举例	说　明
普通黄铜(GB/T 5232—1985)及铸造铜合金(GB/T 1176—1987)				
ZcuZn38	38 黄铜	S J	一般结构件和耐蚀件，如法兰、阀座、螺母等	
ZcuZn40Pb2	40—2 铅黄铜	S J	一般用途的耐磨、耐蚀件，如轴套、齿轮等	
ZcuZn 38Mn2Pb2	38—2—2 锰黄铜	S J	一般用途的结构件，如套筒、衬套、轴瓦、滑块等耐磨零件	
ZcuZn16Si4	16—4 硅黄铜	S J	接触海水工作的管配件以及水泵、叶轮等	
铸造铝合金(GB/T 1173—1995)				
ZalSi12	ZL102 铝硅合金	SB、JB RB、KB J	汽缸活塞以及高温工作的承受冲击载荷的复杂薄壁零件	ZL102 表示含硅(10%～13%)，余量为铝的铝硅合金
ZalSi9Mg	ZL104 铝硅合金	S、J、R、K J SB、RB、KB J、JB	形状复杂的高温静载荷或受冲击作用的大型零件，如扇风机叶片、水冷汽缸头	
ZalMg5Si1	ZL303 铝镁合金	S、J、R、K	高耐蚀性或在高温度下工作的零件	
ZalZn11Si7	ZL401 铝锌合金	S、R、K J	铸造性能较好，可不热处理，用于形状复杂的大型薄壁零件，耐蚀性差	
铸造轴承合金(GB/T 1174—1992)				
ZSnSb 12Pb10Cu4 ZSnSb11Cu6 ZSnSb8Cu4	锡基轴承合金	J J J	汽轮机、压缩机、机车、发电机、球磨机、轧机减速器、发动机等各种机器的滑动轴承衬	各化学元素后面的数字表示该元素含量的百分数
ZPbSb 16Sn16Cu2 ZPbSb15Sn10 ZPbSb15Sn5	铅基轴承合金	J J J		
硬铝(GB/T 3190—1982)				
LY13	硬铝		适用于中等强度的零件，焊接性能好	含铜、镁和锰的合金

注：铸造方法代号 S—砂型铸造；J—金属型铸造；Li—离心铸造；La—连续铸造；R—熔模铸造；K—壳型铸造；B—变质处理。

2. 常用热处理工艺

附表 29　常用热处理工艺说明

名　词	代　号	说　明	应　用
退　火	5111	将钢件加热到临界温度以上(一般是710℃～715℃,个别合金钢800℃～900℃)30℃～50℃,保温一段时间,然后缓慢冷却(一般在炉中冷却)	用来消除铸、锻、焊零件的内应力,降低硬度,便于切削加工,细化金属晶粒,改善组织,增加韧性
正　火	5121	将钢件加热到临界温度以上,保温一段时间,然后用空气冷却,冷却速度比退火快	用来处理低碳和中碳结构钢及渗碳零件,使其组织细化,增加强度与韧性,减少内应力,改善切削性能
淬　火	5131	将钢件加热到临界温度以上,保温一段时间,然后在水、盐水或油中(个别材料在空气中)急速冷却,使其得到高硬度	用来提高钢的硬度和强度极限,但淬火会引起内应力使钢变脆,所以淬火后必须回火
淬火和回火	5141	回火是将淬硬的钢件加热到临界点以上的温度,保温一段时间,然后在空气中或油中冷却下来	用来消除淬火后的脆性和内应力,提高钢的塑性和冲击韧性
调　质	5151	淬火后在450℃～650℃进行高温回火,称为调质	用来使钢获得高的韧性和足够的强度,重要的齿轮、轴及丝杆等零件是调质处理的
表面淬火和回火	5210	用火焰或高频电流将零件表面迅速加热至临界温度以上,急速冷却	使零件表面获得高硬度,而心部保持一定的韧性,使零件既耐磨又能承受冲击,表面淬火常用来处理齿轮等
渗　碳	5310	在渗碳剂中将钢件加热到900℃～950℃,停留一定时间,将碳渗入钢表面,深度约为0.5 mm～2 mm,再淬火后回火	增加钢件的耐磨性能,表面硬度、抗拉强度及疲劳极限; 适用于低碳、中碳(碳含量＜0.4%)结构钢的中小型零件
渗　氮	5330	渗氮是在500℃～600℃通入氨的炉子内加热,向钢的表面渗入氮原子的过程。氮化层为0.025 mm～0.8 mm,氮化时间需40～50小时	增加钢件的耐磨性能、表面硬度、疲劳极限和抗蚀能力; 适用于合金钢、碳钢、铸铁件,如机床主轴、丝杆以及在潮湿碱水和燃烧气体介质的环境中工作的零件
氰　化	Q59(氰化淬火后,回火至56—62HRC)	在820℃～860℃炉内通入碳和氨,保温1～2小时,使钢件的表面同时渗入碳、氮原子,可得到0.2 mm～0.5 mm的氰化层	增加表面硬度、耐磨性、疲劳强度和耐蚀性; 用于要求硬度高,耐磨的中、小型及薄片零件和刀具等
时　效	时效处理	低温回火后,精加工之前,加热到100℃～160℃,保持10～40小时。对铸件也可用天然时效(放在露天中一年以上)	使工作消除内应力和稳定形状,用于量具、精密丝杆、床身导轨、床身等

（续表）

名　词	代　号	说　明	应　用
发　蓝 发　黑	发蓝或发黑	将金属零件放在很浓的碱和氧化剂溶液中加热氧化，使金属表面形成一层氧化铁所组成的保护性薄膜	防腐蚀、美观，用于一般连接的标准件和其他电子类零件
镀　镍	镀　镍	用电解方法，在钢铁表面镀一层镍	防腐蚀、美化
镀　铬	镀　铬	用电解方法，在钢铁表面镀一层铬	提高表面硬度、耐磨性和耐蚀能力，也用于修复零件上磨损了的表面
硬　度	HB(布氏硬度)	材料抵抗硬的物体压入其表面的能力称“硬度”，根据测定的方法不同，可分布氏硬度、洛氏硬度和维氏硬度，硬度的测定是检验材料经热处理后的机械性能——硬度	用于退火、正火、调质的零件及铸件的硬度检验
硬　度	HRC（洛氏硬度）		用于经淬火、回火及表面渗碳、渗氮等处理的零件硬度检验
硬　度	HV(维氏硬度)		用于薄层硬化零件的硬度检验

注：热处理工艺代号尚可细分，如空冷淬火代号为 5131a，油冷淬火代号为 5131e，水冷淬火代号为 5131w 等。本附录不再罗列，详情请查阅 GB/T 12603—1990。

3. 非金属材料

附表 30　非金属材料种类及用途

材料名称	牌　号	说　明	应用举例
耐油石棉橡胶板		有厚度 0.4 mm～3.0 mm 的 10 种规格	供航空中发动机用的煤油润滑油及冷气系统结合处的密封衬垫材料
耐酸碱橡胶板	2030 2040	较高硬度 中等硬度	具有耐酸碱性能，在温度为 30℃～60℃的 20%浓度的酸碱液体中工作，用作冲制密封性能较好的垫圈
耐油橡胶板	3001 3002	较高硬度	可在一定温度的机油、变压器油、汽油等介质中工作，适用于冲制各种形状的垫圈
耐热橡胶板	4001 4002	较高硬度 中等硬度	可在－30℃～100℃、且压力不大的条件下，在热空气、蒸汽介质中工作，用作冲制各种垫圈和隔热垫板
酚醛层压板	3302—1 3302—2	3302—1 的机械性能比 3302—2 高	用作结构材料及用以制造各种机械零件
聚四氟乙烯树脂	SFL—4～13	耐腐蚀、耐高温（250℃），并具有一定的强度，能切削加工成各种零件	用于在腐蚀介质中起密封和减磨作用，用作垫圈等

(续表)

材料名称	牌　号	说　明	应用举例
工业有机玻璃		耐盐酸、硫酸、草酸、烧碱和纯碱等一般酸碱以及二氧化硫、臭氧等气体腐蚀	适用于耐腐蚀和需要透明的零件
油浸石棉盘根	YS450	盘根形状分 F(方形)、Y(圆形)、N(扭制)三种,按需选用	适用于回转轴、往复活塞或阀门杆上作密封材料,介质为蒸汽、空气、工业用水、重质石油产品
橡胶石棉盘根	XS450	该牌号盘根只有 F(方形)	适用作蒸汽机、往复泵的活塞和阀门杆上作密封材料
工业用平面毛毡	112—44 232—36	厚度为 1 mm～40 mm,112—44 表示白色细毛块毡,密度为 0.44 g/cm^3;232—36 表示灰色粗毛块毡,密度为 0.36 g/cm^3	用作密封、防漏油、防振、缓冲衬垫等。按需要选用细毛、半粗毛、粗毛
软钢纸板		厚度为 0.5 mm～3.0 mm	用作密封连接处的密封垫片
尼龙	尼龙 6 尼龙 9 尼龙 66 尼龙 610 尼龙 1010	具有优良的机械强度和耐磨性。可以使用成形加工和切削加工制造零件,尼龙粉末还可喷涂于各种零件表面提高耐磨性和密封性	广泛用作机械、化工及电子零件,例如:轴承、齿轮、凸轮、滚子、辊轴、泵叶轮、风扇叶轮、蜗轮、螺钉、螺母、垫圈、高压密封圈、阀座、输油管、储油容器等,尼龙粉末还可喷涂于各种零件表面
MC 尼龙(无填充)		强度特高	适于制造大型齿轮、蜗轮、轴套、大型阀门密封圈、导向环、导轨、滚动轴承保持架、船尾轴承、起重汽车吊索绞盘蜗轮、柴油发动机燃料泵齿轮、矿山铲掘机轴承、水压机立柱导套、大型轧钢机辊道轴瓦等
聚甲醛(均聚物)		具有良好的摩擦性能和抗磨损性能,尤其是优越的干摩擦性能	用于制造轴承、齿轮、凸轮、滚轮、辊子、阀门上的阀杆螺母、垫圈、法兰、垫片、泵叶轮、鼓风机叶片、弹簧、管道等
聚碳酸酯		具有高的冲击韧性和优异的尺寸稳定性	用于制造轴承、齿轮、齿条、蜗轮、蜗杆、凸轮、滑轮、铰链、螺母、螺栓、垫圈、铆钉、泵叶轮、汽车化油器部件、节流阀、各种外壳等

参 考 文 献

[1] 刘朝儒等. 机械制图[M]. 第4版. 北京:高等教育出版社,2003.
[2] 同济大学制图教研室主编. 机械制图[M]. 北京:高等教育出版社,1998.
[3] 杨裕根,诸世敏主编. 现代工程图学[M]. 第2版. 北京:北京邮电大学出版社,2005.
[4] 杨裕根,诸世敏主编. 现代工程图学习题集[M]. 第2版. 北京:北京邮电大学出版社,2005.
[5] 刘潭玉,李新华主编. 工程制图[M]. 长沙:湖南大学出版社,2005.
[6] 王兰美主编. 机械制图[M]. 北京:高等教育出版社,2007.
[7] 王兰美主编. 机械制图习题集[M]. 北京:高等教育出版社,2007.
[8] 何铭新,钱可强主编. 机械制图[M]. 第4版. 北京:高等教育出版社,1997.
[9] 谭建荣等编. 图学基础教程[M]. 第2版. 北京:高等教育出版社,2007.

《现代工程制图学》读者信息反馈表

尊敬的读者：

感谢您购买和使用南京大学出版社的图书，我们希望通过这张小小的反馈卡来获得您更多的建议和意见，以改进我们的工作；加强双方的沟通和联系。我们期待着能为更多的读者提供更多的好书。

请您填妥下表后，寄回或传真给我们，对您的支持我们不胜感激！

1. 您是从何种途径得知本书的：

   □ 书店　□ 网上　□ 报纸杂志　□ 朋友推荐

2. 您为什么购买本书：

   □ 工作需要　□ 学习参考　□ 对本书主题感兴趣　□ 随便翻翻

3. 您对本书内容的评价是：

   □ 很好　□ 好　□ 一般　□ 差　□ 很差

4. 您在阅读本书的过程中有没有发现明显的专业及编校错误，如果有，它们是：________

   ____

   ____

   ____

5. 您对哪些专业的图书信息比较感兴趣：________________

   ____

6. 如果方便，请提供您的个人信息，以便于我们和您联系（您的个人资料我们将严格保密）：

   您供职的单位：　　　　　　　　　您教授或学习的课程：

   您的通信地址：　　　　　　　　　您的电子邮箱：

请联系我们：
电话：025－83596997
传真：025－83686347
通讯地址：南京市汉口路22号　210093
南京大学出版社理工图书编辑部